全国中等职业技术学校数控加工专业一体化精品教材

数控车床加工技术

人力资源和社会保障部教材办公室组织编写

中国劳动社会保障出版社

简介

本书的主要内容包括：数控车床操作基础，数控车削仿真加工，数控车削编程加工入门，内、外轮廓加工，槽加工，螺纹车削，自动编程，综合训练，数控车床的结构与维护等。

本书由杜强主编，宋乃林任副主编，徐静、翟勇波、李红波、蒋济腾、张德荣参编，熊彦、向成刚审稿。

图书在版编目(CIP)数据

数控车床加工技术/人力资源和社会保障部教材办公室组织编写. —北京：中国劳动社会保障出版社，2010

全国中等职业技术学校数控加工专业一体化精品教材

ISBN 978-7-5045-8520-2

Ⅰ.①数…　Ⅱ.①人…　Ⅲ.①数控机床：车床-加工工艺-专业学校-教材
Ⅳ.①TG519.1

中国版本图书馆 CIP 数据核字(2010)第 145347 号

中国劳动社会保障出版社出版发行

（北京市惠新东街 1 号　邮政编码：100029）

出 版 人：张梦欣

*

三河市华骏印务包装有限公司印刷装订　新华书店经销

787 毫米×1092 毫米　16 开本　22.25 印张　528 千字

2010 年 7 月第 1 版　2024 年 8 月第 17 次印刷

定价：36.00 元

营销中心电话：400—606—6496

出版社网址：http: // www.class.com.cn

http: // jg.class.com.cn

前 言

为了更好地适应全国中等职业技术学校数控加工专业的教学要求，全面提升教学质量，人力资源和社会保障部教材办公室组织全国有关学校的一线教师和行业、企业专家，在充分调研企业生产和学校教学情况的基础上，研发、出版了全国中等职业技术学校数控加工专业一体化精品教材。本套教材充分吸收国内外职业教育教学的先进理念，借鉴一体化教学改革的最新成果，在体系构建和内容设置上具有突出特点。

一是教材体系完整，为教和学提供有力支持。

从数控加工专业教学实际需求出发，构建既有通用基础平台又有不同专业方向平台的完整的一体化教材体系。其中，通用基础平台的教材包括《机械基础》《极限配合与机械测量》《钳工工艺与技能》；专业方向平台的教材包括《车工工艺与技能》《铣工工艺与技能》《数控车床加工技术》《数控铣床加工中心加工技术》《数控电加工技术》等，适用于数控车床加工、数控铣床加工中心加工、数控电加工三个专业方向的教学。从“助教”和“助学”的角度构建每门课程对应的教学资源，结构如下：

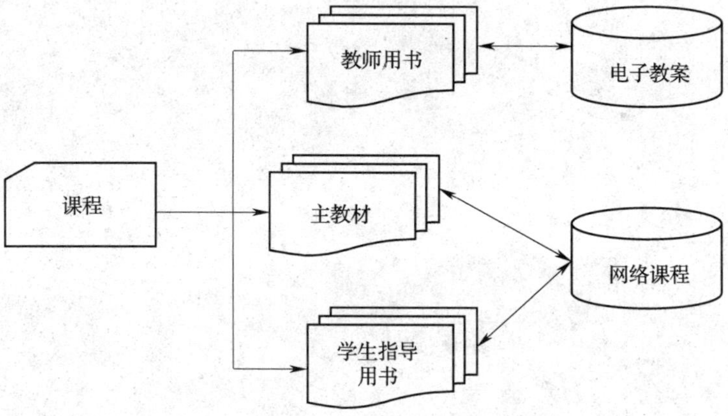

其中，主教材讲授各门课程的主要知识和技能，内容准确、针对性强，并通过课题的设置和栏目的设计，突出教学的互动性，启发学生自主学习。教师用书涵盖教材内容分析、教学过程建议、课堂活动设计等多个方面的内容，为教师提供全面的教学指导服务。在教师用书之后还附有教学用电子教案等多媒体教学素材光盘。学生指导用书除包含课后习题外，还设置了与教师用书配套的课堂活动设计内容，注重学生综合素质培养、知识面拓展和能力强化，成为贯穿学生整个学习过程的学习指导材料。网络课程根据主教材和学生指导用书开发，用于学生通过网络进行远程自学。

二是教材内容精良，为能力培养打造坚实平台。

在内容的选择和组织上，坚持以能力为本位，重视实践能力的培养。力求使教材内容涵盖《国家职业标准·数控车工》（中级）、《国家职业标准·数控铣工》（中级）、《国家职业标准·加工中心操作工》（中级）、《国家职业标准·电切削工》（中级）的知识和技能要求。结合一体化教学理念，以典型工作任务为载体，整合相应的知识和技能，实现理论与操作技能的统一，使学生在一个个贴近企业的具体职业情境中学习，既符合职业教育的基本规律，又有利于培养学生分析问题和解决问题的综合职业能力。

在内容的呈现方式上，尽可能使用图片、实物照片或表格等形式将各个知识点和操作过程生动地展示出来，力求给学生营造一个更加直观的认知环境。同时，设计了很多贴近生活的导入和小栏目，以期激发学生的学习兴趣。

本套教材的开发得到了河北、江苏、陕西、河南、广西、广东等省、自治区人力资源和社会保障厅及有关学校的大力支持，在此我们表示诚挚的谢意。

人力资源和社会保障部教材办公室

2010 年 7 月

目　录

项目一

数控车床操作基础

任务1　认识数控车床

学习目标

1. 通过现场参观初步了解数控车床的工作过程。
2. 通过普通车床与数控车床的比较，熟悉两者之间的区别。
3. 掌握数控车床的特点及其适用范围。
4. 掌握数控车床的组成和分类方法。
5. 通过现场参观，体验车间生产氛围，提高学习兴趣。

工作任务

数控机床是指采用数字控制技术对机床的加工过程进行自动控制的机床，数控机床在结构上与普通机床有很大的不同。因此，在深入学习数控车床之前，先通过参观来认识数控车床。

在参观过程中，须认真仔细观察数控车床加工，比较数控车床与普通车床的不同之处，深入地了解数控车床加工的内容、加工特点、数控车床种类等基本知识，同时体验数控车床加工的工作氛围，为进一步学习数控车床的操作做准备。

相关理论

一、数控车床的工作过程

先通过圆弧加工实例来了解数控车床实现数字控制的工作过程。在数控车床上车削如图1—1所示的球头手柄时，数控车床控制车刀刀尖从工件原点 O 出发，车削凸凹球面的工作过程见表1—1。球头手柄实物如图1—2所示。

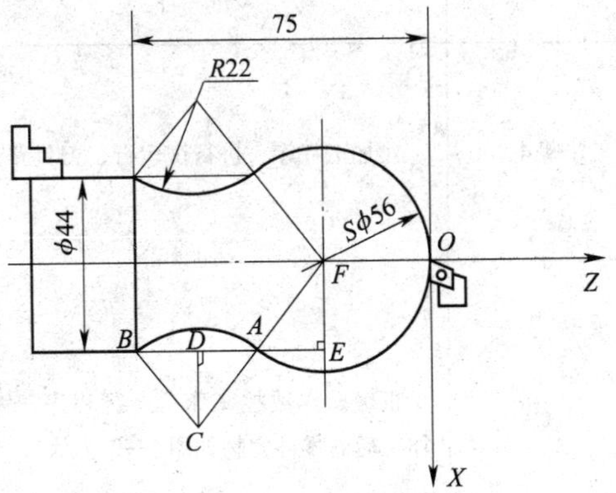

图1—1　圆弧加工实例

表 1—1　　　　　　　　　　球头手柄数控车削加工过程

步骤	工作内容	工作原理示意图
步骤 1	根据零件加工图样进行工艺分析，确定加工方案和工艺参数，并经过数值计算，确定位移数据 本例如图 1—1 所示以 *O* 点为坐标原点建立坐标系，经过数值计算，得到圆弧起点、终点坐标为：*O*（0，0），*A*（44，－45.32），*B*（44，－75） 确定刀具进给量为 0.1 mm/r	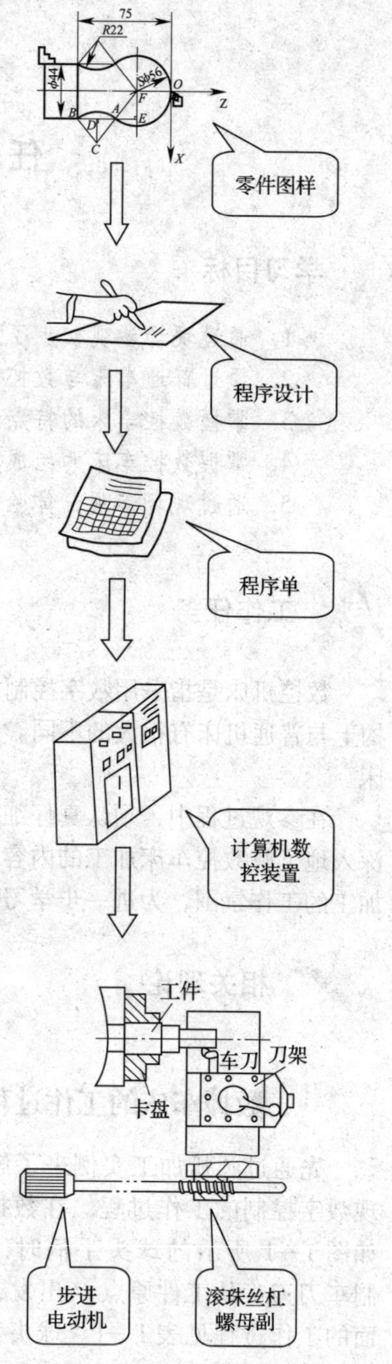
步骤 2	用规定的程序代码和格式编写零件加工程序单；或用 CAD/CAM 软件进行自动编程，直接生成零件的加工程序文件 车刀刀尖从工件原点 *O* 出发，车削凸凹球面的加工程序见表 1—2	
步骤 3	如果是手工编写的程序，可以通过数控车床的操作面板输入程序；如果是编程软件生成的程序，可以通过计算机的串行通信接口直接传输到数控车床的数字控制装置中	
步骤 4	对加工程序，进行试运行、刀具路径模拟等	
步骤 5	正确操作数控车床，运行程序，完成零件的加工。加工后的零件实物如图 1—2 所示	

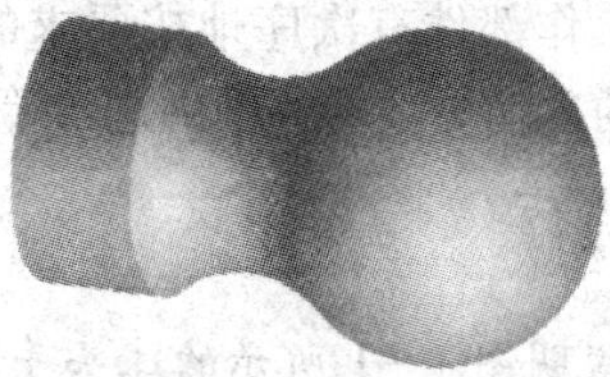

图 1—2　球头手柄实物图

表 1—2　　　　　　　　　　　　　　**程序编制**

程序号	程序	简要说明
…	…	…
N××	G03 X44.0 Z－45.32 R28.0 F0.1	*O*→*A*：车刀刀尖从工件原点 *O*（0，0）出发，先加工直径为 56 mm（半径为28.0 mm）的 *OA* 段球面，终点为程序段中给定的点 *A*（44，－45.32），数控车床进给部件的进给量为 0.1 mm/r
N××	G02 X44.0 Z－75.0 R22.0 F0.1	*A*→*B*：以 *A* 点为起点，加工半径为 22 mm 的 *AB* 段曲面，终点为程序段中给定的点 *B*（44，－75），数控车床进给部件的进给量为 0.1 mm/r
…	…	…

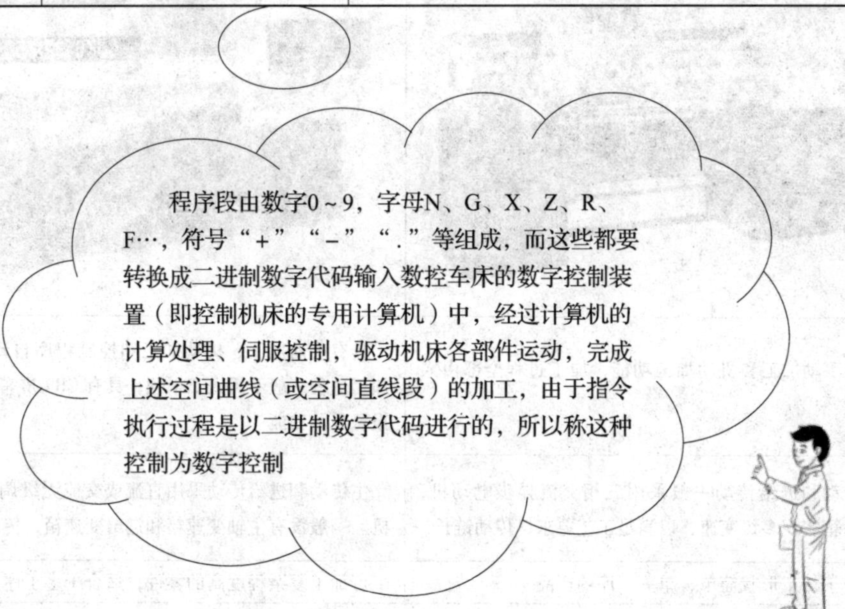

由上述加工实例可知数控车床的工作原理如下：首先根据被加工零件的图样，将工件的形状、尺寸及技术要求等，采用手工或计算机按运动顺序和所用数控车床规定的指令代码及程序格式编成加工程序单，并将这些程序代码存储在信息载体上。然后用通信方式或直接键盘输入的方式，输入到计算机数控装置中。

计算机数控装置对输入的指令进行一系列处理和运算，变成脉冲信号，并将其输入驱动装置，带动机床传动机构，机床工作部件有次序地按要求的程序自动进行工作（如工件夹紧与放松、切削液的开闭、刀具的自动更换、各轴的进给等），加工出图样要求的零件。

回顾并说明图 1—1 所示的球头手柄在普通车床上的加工过程，并与数控车床上的加工过程进行比较，并列举两者之间的区别。

二、普通车床与数控车床的区别

普通车床与数控车床的区别见表 1—3。

表 1—3　　普通车床与数控车床的区别

	普通车床	数控车床
实物外形	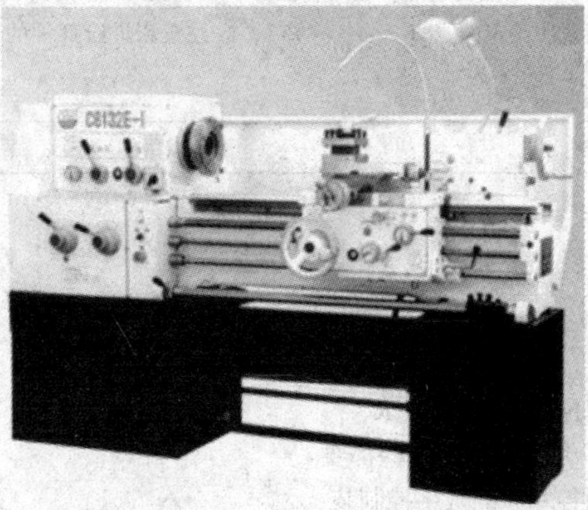	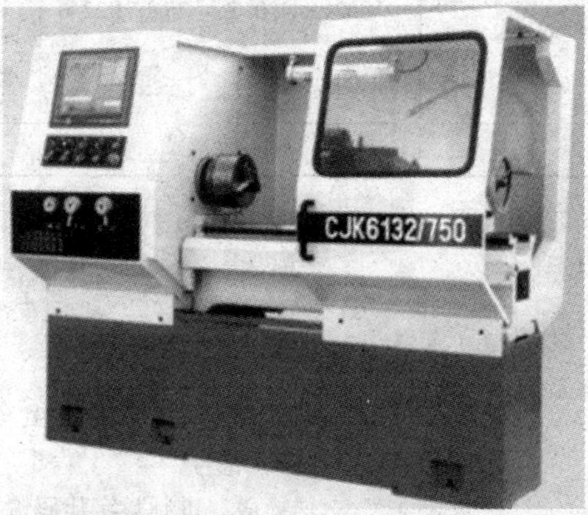
功能比较	具有手动加工和机动加工功能，加工过程全部由人工干预	具有手动加工、机动加工和控制程序自动加工功能，加工过程一般不需人工干预；具有 CRT 屏幕显示和自动报警显示功能
	主传动和进给传动一般采用三相交流异步电动机，由变速箱实现多级变速，以满足工艺要求，传动链长	主传动和进给传动采用直流或交流无级调速伺服电动机。一般没有主轴变速箱和进给变速箱，传动链短
	适合于加工形状简单、单一工序的产品	可加工复杂程度高的零件，适合于多工序加工
	操作者以自己的方式完成加工，加工方式多样	适合于长时间无人操作和加工自动化
	加工过程中，必须由人工不断地进行测量，保证工件的加工精度	具有工件测量系统，加工过程中不需进行工件尺寸的人工测量
	高质量、高精度的加工要求操作者具有较高的技能水平	加工精度高，质量稳定，较少依赖操作者的技能水平

要点提示

数控车床与普通车床最显著的区别是：当加工对象（工件）改变时，数控车床只需改变加工程序，而不需对机床作较大的调整，就能满足不同工件的加工。

三、数控车床的特点及适用范围

1. 数控车床的特点

数控车床的特点见表1—4。

表1—4　　数控车床的特点

数控车床的特点	说明
适应能力强	在数控车床上改变加工对象时，只要重新编制或修改加工程序，不需更换许多工具、夹具，更不需更新机床，就可以迅速达到加工要求，大大缩短了更换机床硬件的技术准备时间，因此适用于新产品试制和多品种、单件或小批量加工
加工精度高	由于数控车床集机、电等高新技术于一体，机床本身的零部件都具有很高的制造精度，特别是数控车床上能实现机械间隙补偿和刀具补偿，因此能够加工形状和尺寸精度要求较高的零件
	一般情况下机床的加工精度通常是定位精度的2～3倍，数控车床的定位精度是重复定位精度的2.3～2.5倍。对于批量生产的中小型零件，机床的重复定位精度直接影响一批零件加工尺寸的一致性
	数控车床的加工过程是由计算机根据预先输入的程序进行控制的，这就避免了因操作者技术水平的差异而引起的产品质量的不同。此外数控车床的加工过程受操作者的体力、情绪变化的影响也很小，消除了操作者的人为操作误差，使加工质量更稳定，产品合格率更高
生产效率高	数控车床具有较高的刚度，可采用较大的切削用量，有效地减少了加工中的切削时间
	具有自动变速、自动换刀和其他辅助操作自动化等功能，而且无须工序间的检验与测量，使辅助时间大为缩短
	工序集中、一机多用，如车削中心，在一次装夹工件后几乎可以完成零件的全部加工工序，这样不仅可减小装夹误差，还可减少半成品的周转时间，生产效率的提高更为明显
	通过增加数控车床的控制轴，就能在一台数控车床上同时加工出两个多工序的相同或不同的零件，也便于实现一批复杂零件车削全过程的自动化。如在一台车削中心上，左右两个同轴线的主轴和前后配置的两个刀架，在数控系统的控制之下进行多个零件的多工序加工
适合复杂零件的加工	由于数控车床能实现两轴或两轴以上的联动，所以能完成轮廓形状复杂零件的加工，特别是对于可用数学方程式和坐标点表示的形状复杂的零件，加工非常方便
	由于数控车床进给传动系统是由伺服驱动系统来实现的，可以任意调节进给速度，数控车床不仅能车削任何等导程的圆柱螺纹、圆锥螺纹及端面螺纹，还能车削变导程螺纹以及要求等导程与变导程之间平滑过渡的螺纹

续表

数控车床的特点	说明
减轻劳动强度	数控车床可按加工程序要求连续地进行切削加工，操作者手工操作工作量较小，大大降低了劳动强度，劳动条件也得到了很大的改善
有利于实现制造和生产管理的现代化	采用数控车床加工零件，能准确地计算产品生产的工时，并有效地进行工夹具和半成品的管理工作。数控车床使用数字信号与标准代码作为输入信号，适宜与计算机网络连接，构成由计算机控制和管理的生产系统，为计算机辅助设计、制造及管理一体化奠定了基础

2. 数控车床的适用范围

从数控车床的特点可以看出，最适合于数控车床加工的零件包括：

（1）多品种、小批量生产的零件或新产品试制中的零件。

（2）轮廓形状复杂的零件。

（3）加工过程中必须进行多工序加工的零件。

（4）用普通车床加工时，需要有昂贵的工艺装备的零件。

（5）同一批加工零件的尺寸一致性必须严格控制，对加工精度要求高的零件。

（6）工艺设计需多次改型的零件。

（7）价格昂贵，加工中不允许报废的关键零件。

（8）需要最短生产周期的零件。

四、数控车床的组成

数控车床主要由信息输入、信息运算及控制、伺服驱动系统和位置检测反馈、机床本体、机电接口五大部分组成。

一般将信息输入、运算及控制、伺服驱动中的位置控制、PC 控制统称为数控系统，将它们安装在一个柜式装置中，称为数控装置。伺服驱动（常指速度控制环）单元、伺服电动机、机械传动环节统称为伺服系统。图 1—3 所示为数控车床组成示意图。表 1—5 为数控车床的组成。

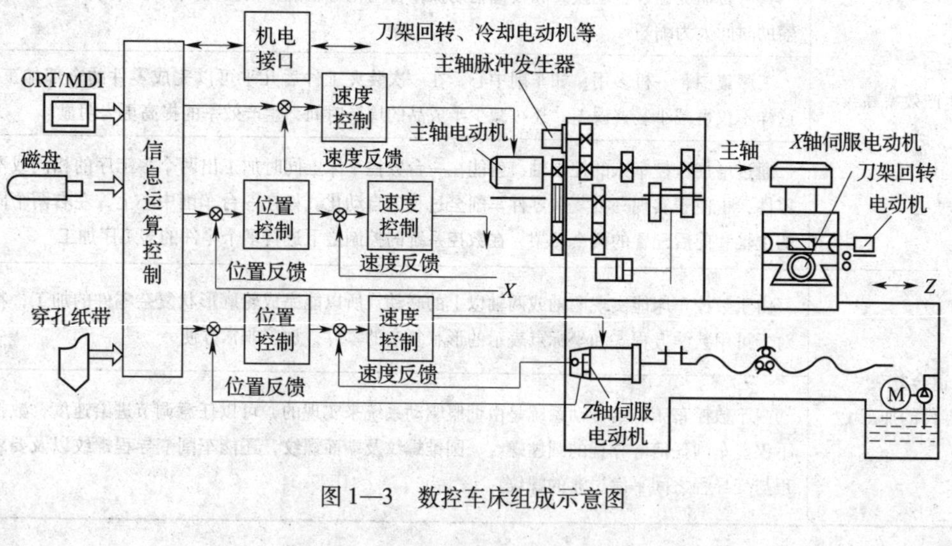

图 1—3　数控车床组成示意图

表 1—5　　　　数控车床的组成

数控车床组成	说明
信息输入	数控车床是按照输入的零件加工程序运行的。零件加工程序中，包括机床上刀具和工件的相对运动轨迹、工艺参数（进给速度、主轴转速等）和辅助运动等信息。将零件加工程序以一定的格式和代码，存储在一种载体上，如穿孔纸带、磁带或软磁盘等，通过数控车床的输入装置，将程序信息输入到数控装置内
信息运算及控制	这一部分是数控车床的核心。整个数控车床的功能强弱主要由这一部分决定。输入到数控装置内的程序信息，由专用（或通用）计算机经过译码、轨迹计算（速度计算）、插补运算和补偿计算，再给各个坐标轴的伺服驱动系统分配速度、位移指令，实现刀具和工件间的相对运动
伺服驱动系统	伺服驱动系统接受计算机运算处理后分配来的信号，该信号经过调解、转换、放大以后去驱动伺服电动机，带动数控车床的执行部件运动。它的伺服精度和动态响应是影响数控车床的加工精度、表面质量和生产率的重要因素之一
机床本体	数控车床的主机包括车床的主运动部件、进给运动部件、执行部件和基础部件，如床身、滑鞍、刀架、导轨等。与传统的车床相比，数控车床在结构强度、刚度和抗振性，传动系统与刀具系统的部件结构、操作机构等方面更加优越，其目的是满足数控技术的要求和充分发挥数控车床的效能
机电接口	数控车床上有一些属于数控装置和机床本体之间的接口，统称为机电接口，用于实现数控车床上除了加工零件轮廓轨迹控制外的许多其他的控制，如主轴的启停，刀具的更换，工件的夹紧松开，切削液开停，各种辅助交流电动机的启停，电磁铁的吸合、释放，离合器的开、合，电磁阀的打开与关闭等

五、数控车床的分类

随着数控车床制造技术的不断发展，数控车床品种越来越多，可采用不同的方法进行分类。表 1—6 为数控车床的分类。

表 1—6　　　　数控车床的分类

分类方法	种类	说明	图例
按车床主轴配置形式分类	立式数控车床	主轴轴线处于垂直位置的数控车床	

续表

分类方法	种类	说明	图例
按车床主轴配置形式分类	卧式数控车床	主轴轴线处于水平位置的数控车床	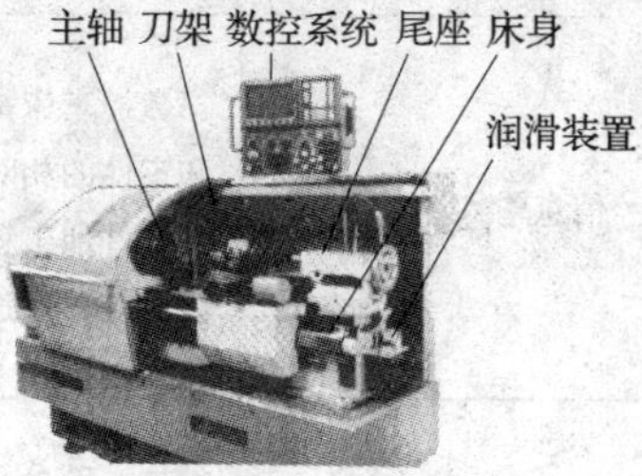 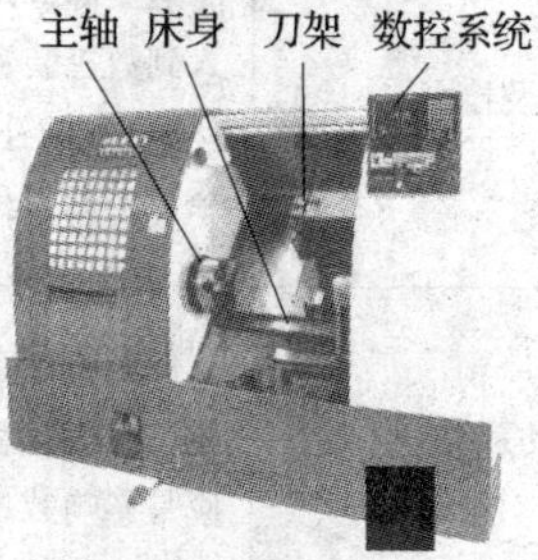
	双轴卧式（立式）数控车床	具有两根主轴的数控车床	
按加工零件的基本类型分类	卡盘式数控车床	这类车床未设置尾座，适合车削盘类（含短轴类）零件	
	顶尖式数控车床	这类数控车床配置有普通尾座或数控尾座，适合车削较长的轴类零件及直径不太大的盘套类零件	
	专用数控车床	如螺纹数控车床、活塞数控车床、曲轴数控车床等	

续表

分类方法	种类	说明	图例
按刀架数量分类	单刀架数控车床	普通数控车床一般都配置有各种形式的单刀架，如四工位卧式自动转位刀架或多工位转塔式自动转位刀架	
	双刀架数控车床	这类车床其双刀架的配置（即移动导轨分布）可以是平行分布，也可以是相互垂直分布，以及同轨结构	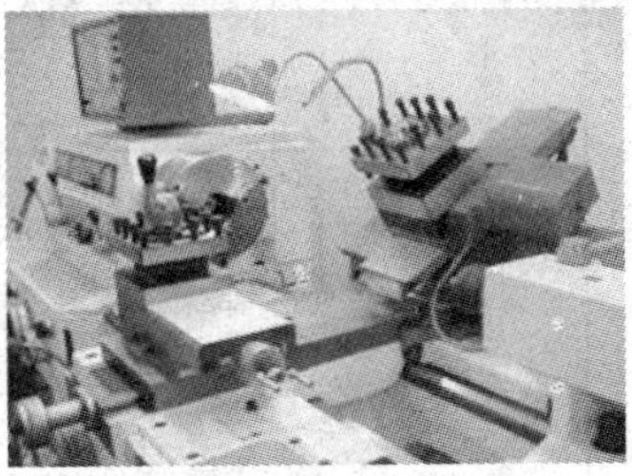
按坐标轴数分类	两坐标数控车床	两坐标数控车床是指可以控制两个坐标轴同时运动来加工曲线轮廓零件的车床，即两轴联动，例如可以同时控制 X 和 Z 坐标轴的数控车床	
	多坐标数控车床	联动坐标轴以及可以控制的坐标轴均为三轴或三轴以上的车床，统称为多坐标数控车床。这类数控车床的控制精度较高，加工零件的形状多为空间曲面，故适宜加工形状特别复杂、精度要求较高的零件	
按机床的功能分类	经济型数控车床	经济型数控车床是在普通车床基础上进行改进设计的，其加工精度不高，主要用于精度要求不高，有一定复杂程度的零件	

续表

分类方法	种类	说明	图例
	全功能型数控车床	全功能型数控车床一般采用后置转塔式刀架，倾斜床身结构，数控系统的功能较多，具有高刚度、高精度、高效率等特点。适用于对回转体、轴类和盘类零件进行直线、圆弧、曲面、螺纹、沟槽和锥面等高效、精密、自动车削加工	
按机床的功能分类	车削中心	车削中心的主体是数控车床，除具有数控车削加工功能外，还采用了动力刀架，具有先进的动力刀具功能，即在自动转位刀架的某个刀位或所有刀位上，可使用多种旋转刀具，如铣刀、钻头等，可实现车、铣复合加工，这样即可对车削工件的某些部位进行钻、铣削加工，如铣削端面槽、多棱柱及螺纹槽等	
	FMC 车床	FMC 是英文 Flexible Manufacturing Cell（柔性加工单元）的缩写。FMC 车床实际上就是一个由数控车床、机器人等构成的系统。它能实现工件搬运、装卸的自动化和加工调整准备的自动化操作	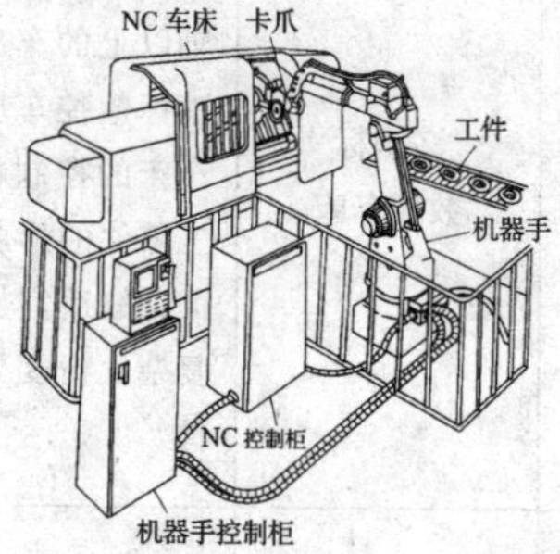 

任务实施

一、参观数控车床工作现场

数控车床的工作现场如图 1—4 所示。

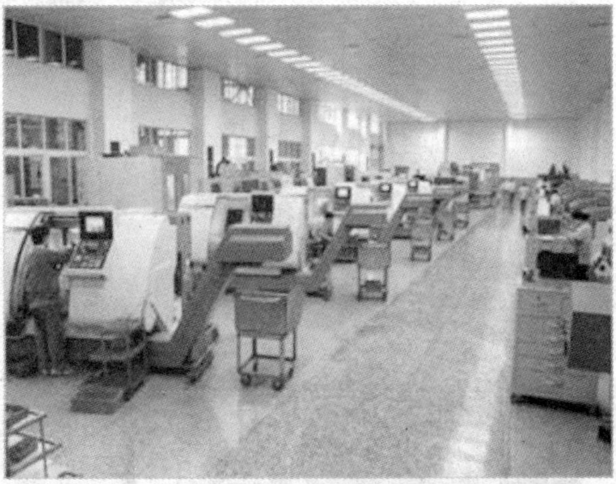

图 1—4　数控车床的工作现场

安全提示

第一次近距离接触数控车床，会有很大的好奇心，但此时此刻千万不要忘记安全问题。观察数控车床加工时，一定要防止切屑伤害。要学会适应不同的工作环境，首要是保护好自己的眼睛。

二、认识数控车床

数控车床本体仍然继承了普通车床的构成模式。但是，由于数控车床的一系列特点，也就导致了数控车床的局部具体结构上的不同，逐步形成了数控车床独特的机械结构。

通过近距离观察数控车床，初步了解数控车床的基本结构。从数控车床外观上可直接观察到数控车床主要由床身、导轨、主传动系统、主轴、进给系统、刀架、尾座、数控系统、控制面板、排屑系统、冷却系统、防护罩等部分组成。如图 1—5 所示为数控车床组成结构的位置和作用。

数控车床的自动换刀装置（刀架）是数控车床的重要功能部件，对数控车床能在工件一次装夹中完成多工序加工，缩短辅助时间，减少多次安装工件所引起的误差有着十分重要的意义。如图 1—6 所示为回转刀架的位置和作用。表 1—7 为数控车床自动换刀装置的类型、特点和适用范围。

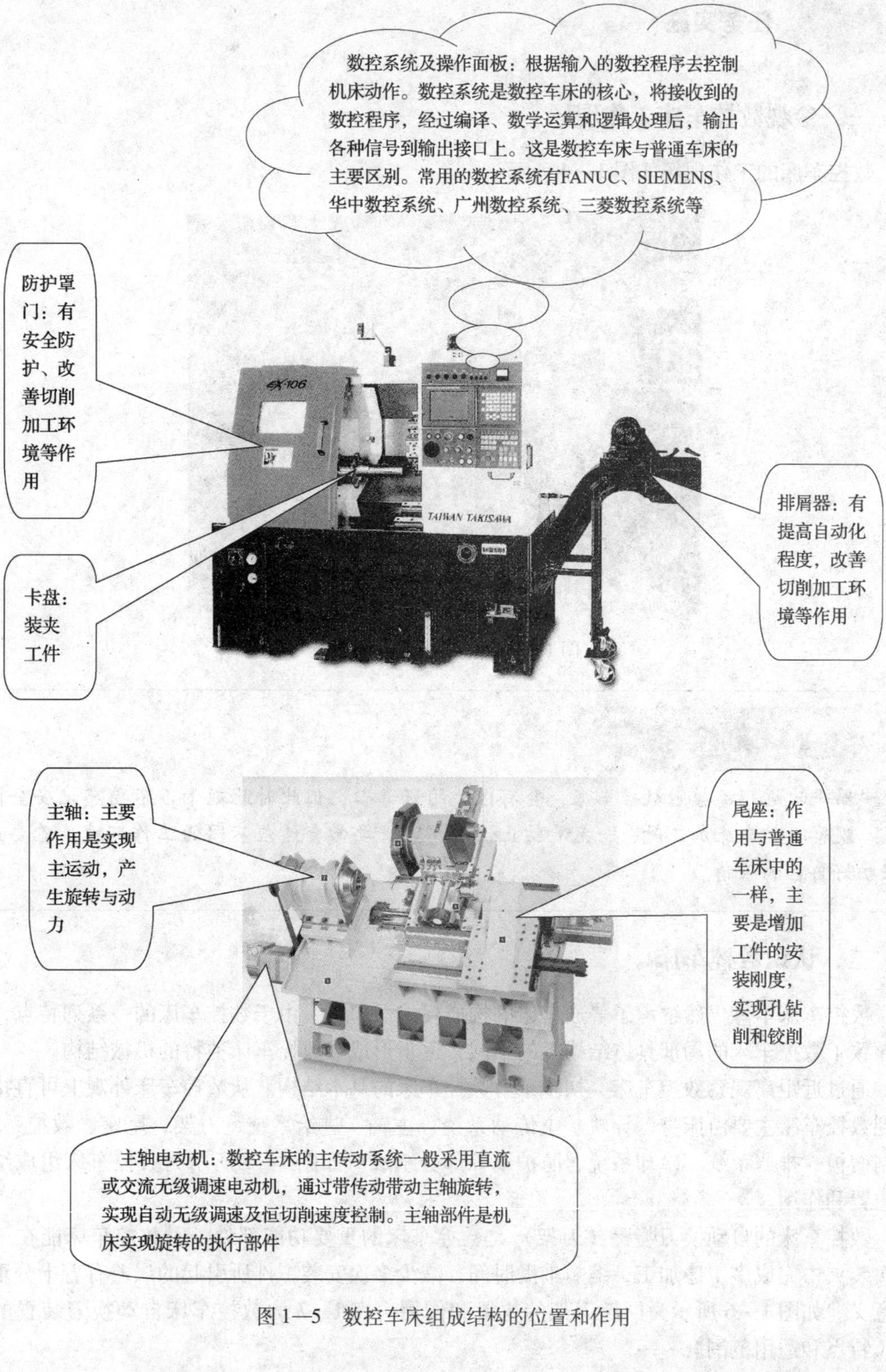

图1—5　数控车床组成结构的位置和作用

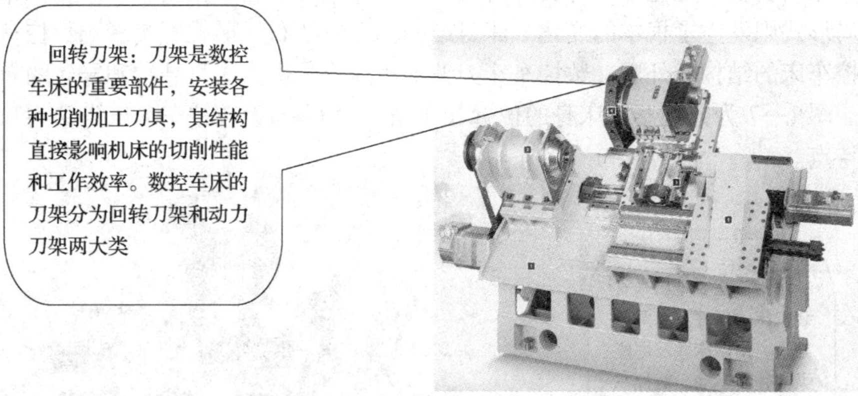

图 1—6　回转刀架的位置和作用

表 1—7　　数控车床自动换刀装置的类型、特点和适用范围

类型		特点	适用范围	实物图
回转刀架	立轴回转刀架	刀架结构简单，经济性好	在经济型数控车床及卧式车床的数控化改造中得到广泛的应用	
回转刀架	卧轴回转刀架	整个刀架控制是一个纯电气系统，结构简单可靠	各种数控车床	
动力刀架		能完成车、铣、钻、镗等各种复杂工序，实现工序高度集中，进一步提高加工过程自动化和加工效率	车削中心	

数控车床的主轴、尾座等部件在床身上的布局形式与普通车床基本一致，而床身结构和导轨的布局形式则发生了根本的变化。床身结构和导轨的布局形式直接影响数控车床的使用性能及数控车床的结构和外观。数控车床刀架的布局形式也因床身结构和导轨的布局形式变化而变化。图 1—7 为数控车床床身的位置和作用。表 1—8 为数控车床床身结构和导轨的布局形式及特点。

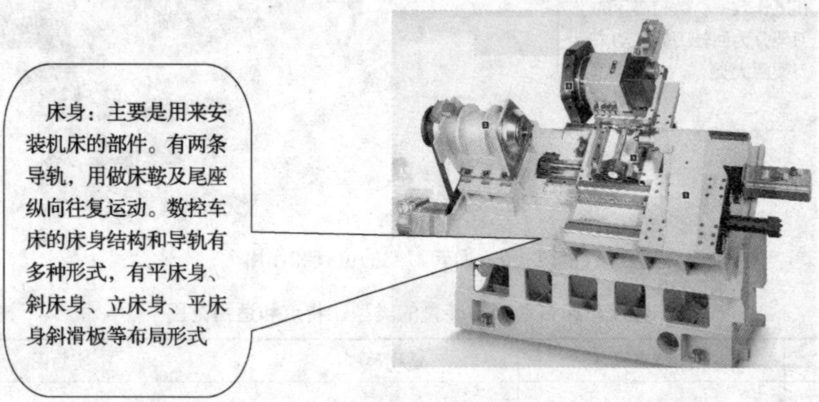

图 1—7　床身的位置和作用

表 1—8　　数控车床床身结构和导轨的布局形式及特点

	平床身	斜床身	立床身	平床身斜滑板
布局形式	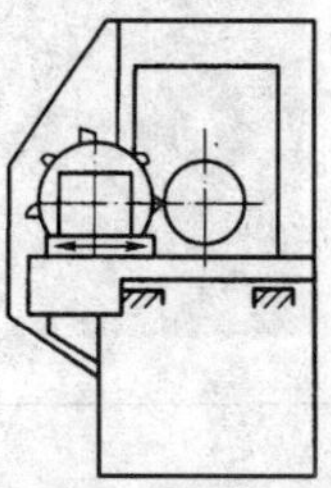	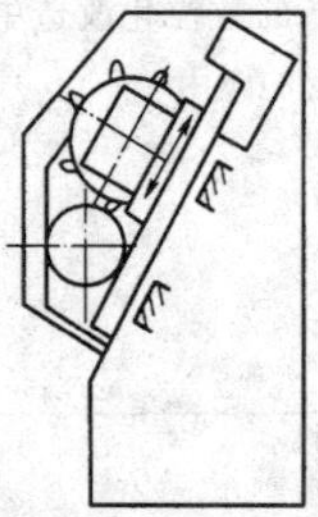	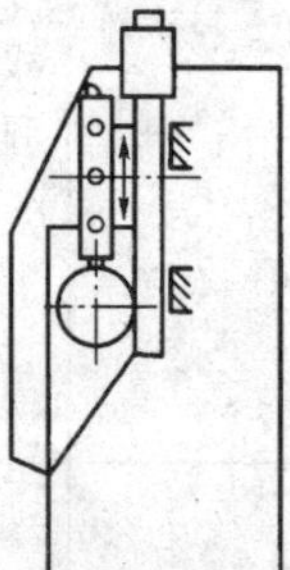	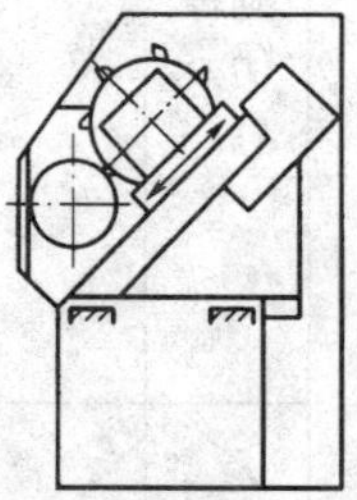
特点	具有工艺性好，便于导轨面的加工，水平配置的刀架可提高刀架的运动速度等优点。平床身的主要缺点是排屑不畅，切屑容易积聚在床身上，将大量切削热散发传递给机床床身，从而使床身局部温度升高，导致较大的机床热变形，影响加工精度。从结构尺寸上看，刀架水平放置使得滑板横向尺寸较长，从而加大了机床宽度方向的结构尺寸	斜床身的导轨倾斜的角度可为 30°、45°、60°、75° 和 90°（称为立床身）等几种。倾斜角度小，排屑不便；倾斜角度大，导轨的导向性差，受力情况也差。导轨倾斜角度的大小还会直接影响机床外形高度与宽度的比例。中小规格的数控车床，其床身的倾斜度以 60° 为宜		在水平床身上配上倾斜放置的滑板，并配置倾斜式导轨防护罩。这种布局形式，一方面有水平床身工艺性好的特点，另一方面机床宽度方向的尺寸较水平配置滑板的要小，且排屑方便
		排屑容易，切屑不会堆积在导轨上，也便于安装自动排屑器；操作方便，易于安装机械手，以实现单机自动化；机床占地面积小，外形简洁、美观，容易实现封闭式防护。被中小型数控车床普遍采用		

安全提示

参观过程中，严格服从教师的管理，禁止擅自操作机床。

三、参观数控车床加工的产品

图 1—8 所示为数控车床加工的产品。

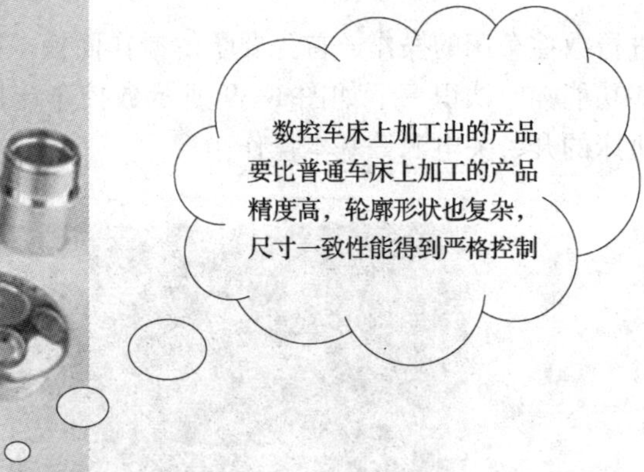

图 1—8　数控车床加工的产品

要点提示

从课堂到车间，第一次亲身接触数控车床，要抓住这次学习机会，培养学习兴趣。从开始就树立安全意识、质量意识、节约意识，从而养成良好的习惯，为以后适应不同工作打下坚实基础。

任务 2　认识数控车床的操作面板

学习目标

1. 掌握数控车床数控系统操作面板上各功能按钮的含义与用途。
2. 掌握数控车床机床控制面板上各功能按钮的含义与用途。

工作任务

要进行数控车床的操作，首先要了解操作面板。操作面板上有许多按钮，这些按钮究竟具有哪些功能呢？认识一下如图 1—9 所示数控车床操作面板，了解这些按钮的主要用途，并完成机床的开、关电源等基本操作。

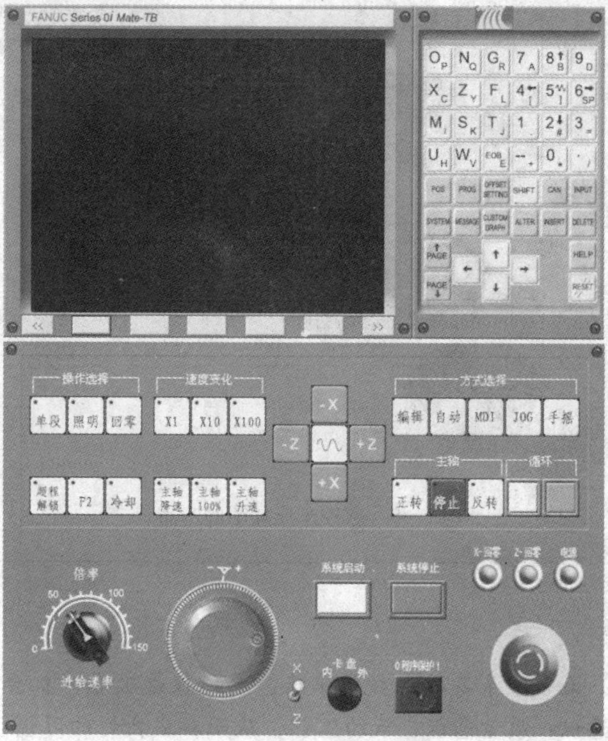

图 1—9　数控车床操作面板

相关理论

一、数控车床操作面板的组成

图 1—10 为数控车床操作面板在机床上的位置。

图 1—10　数控车床操作面板在机床上的位置

数控车床操作面板由两大部分组成：数控系统操作面板和机床控制面板，如图 1—11 所示。

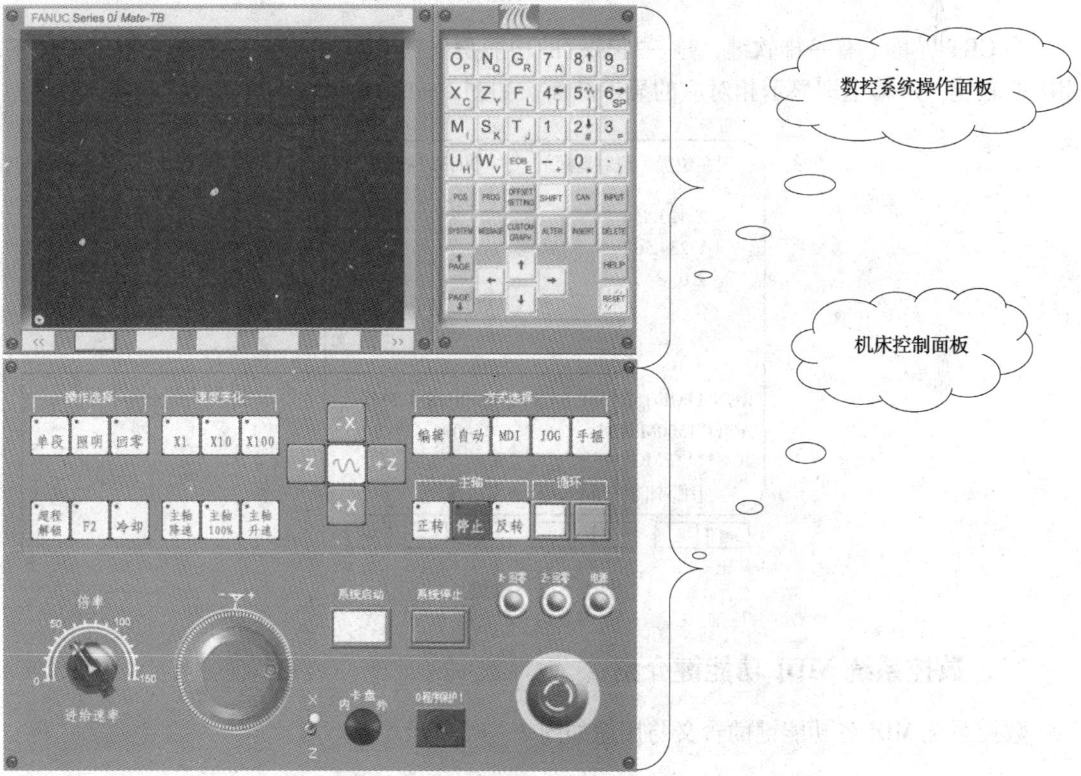

图 1—11　数控系统操作面板和机床控制面板

数控系统操作面板一般分为三大区域：显示区（CRT 屏幕）、MDI 键盘区和功能软键区，如图 1—12 所示。

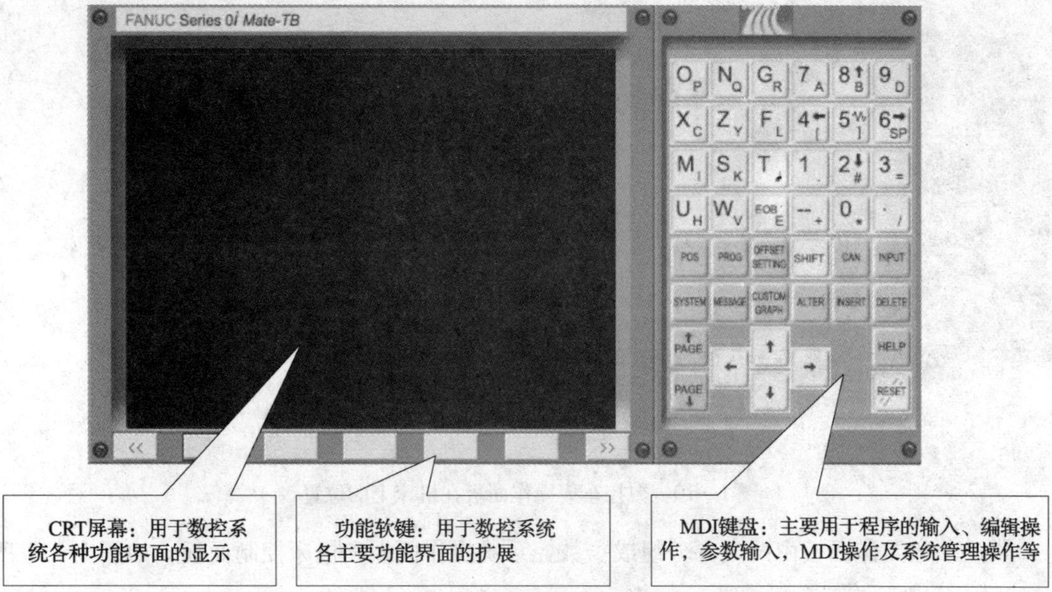

图 1—12　数控系统操作面板的组成

在 CRT 屏幕下有一排软键，这一排软键的功能是根据 CRT 中对应的提示来指定，按下相应的软键，屏幕上即显示相对应的显示画面，如图 1—13 所示。

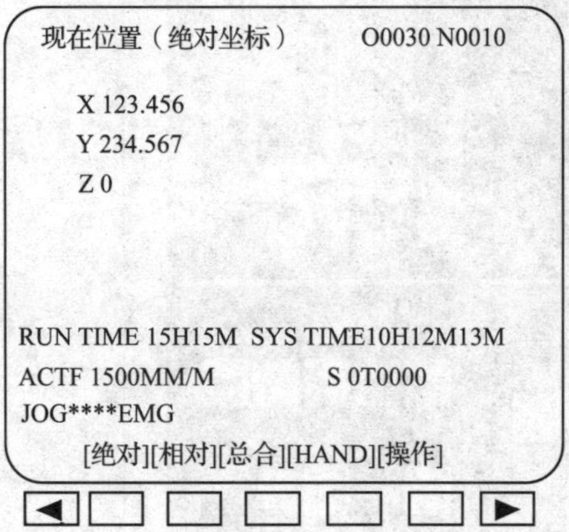

图 1—13　软键

二、数控系统 MDI 功能键介绍

数控系统 MDI 各功能键的含义与用途如图 1—14 所示。

三、机床控制面板功能键介绍

数控车床机床控制面板各功能键的含义与用途如图 1—15 所示。

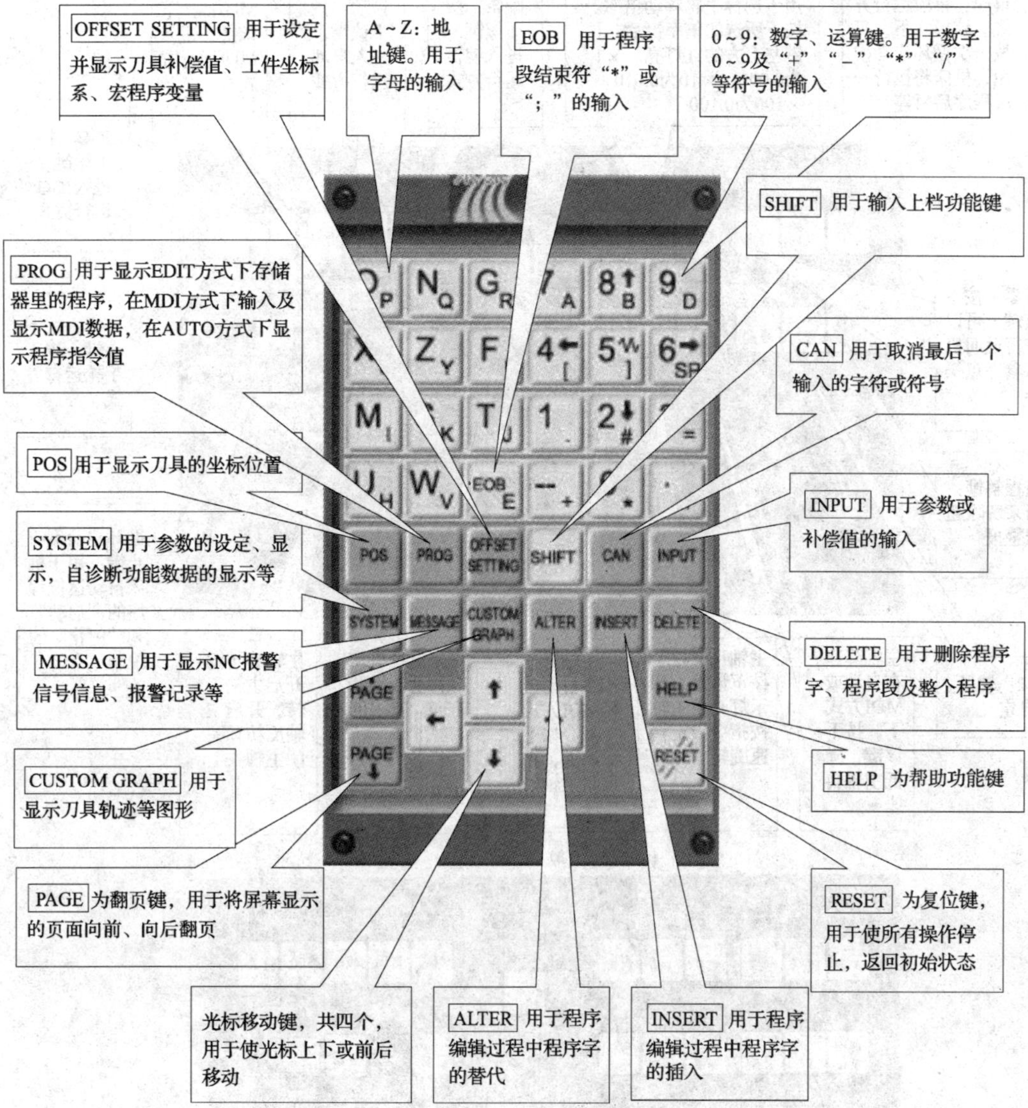

图 1—14　数控系统 MDI 各功能键的含义与用途

任务实施

在数控车床上进行基本操作，内容是开/关机床、回参考点（回零）、手动进给、手摇（增量）操作和 MDI 方式操作。这些是数控车床操作最基本的内容，是学习操作数控车床的基础，必须熟练掌握。

一、准备工作

开机前应对数控车床进行一次全面检查，检查卡盘上所装夹的工件是否牢靠，润滑系统是否正常，机床各部位安全装置是否正常等。当确认各部位情况正常后，方可开机。

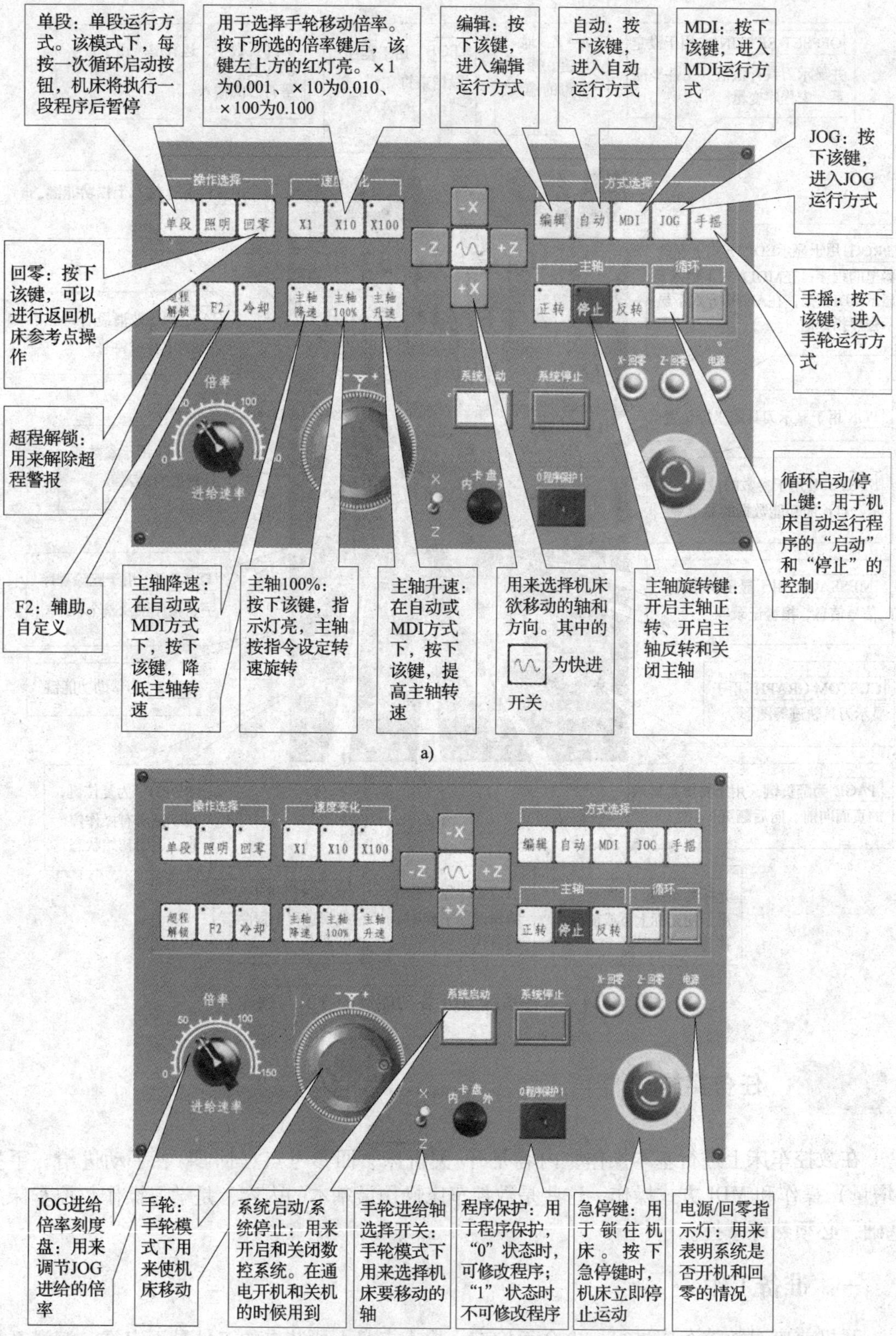

图1—15　机床控制面板各功能键的含义与用途

要点提示

开机顺序：开电闸→开电源→开机床电源→打开数控系统电源。

二、基本操作

表1—9为数控车床基本操作的内容及操作步骤。

表1—9　　　　数控车床基本操作的内容及操作步骤

任务	操作步骤	操作面板按钮图标
开机	（1）检查“急停”按钮是否松开 （2）打开机床电源 （3）按“系统启动”按钮	急停　系统启动
关机	（1）按下“急停”按钮 （2）按“系统停止”按钮 （3）切断机床电源	急停　系统停止
回参考点（回零）操作	（1）开机 （2）按下“回零”键 （3）按“+X”键（刀具沿 *X* 轴正方向运动） （4）按“+Z”键（刀具沿 *Z* 轴正方向运动） 运动结束后，相应的指示灯会亮，说明“回零”完成	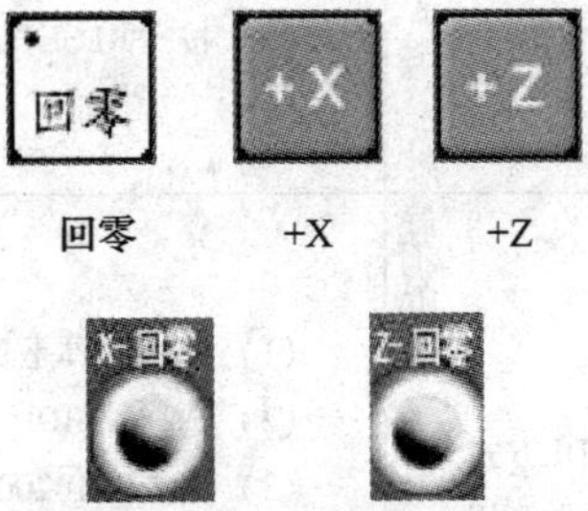回零　+X　+Z *X*回零指示灯　*Z*回零指示灯
手动进给操作	（1）选择“JOG”方式 （2）按相应的“-Z”“-X”“+X”“+Z”键使机床移动，若同时按“快速移动”键，机床将快速移动	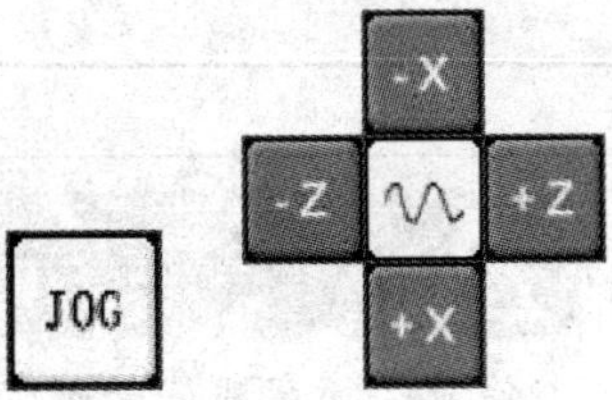JOG　进给轴和方向选择开关

续表

任务	操作步骤	操作面板按钮图标
手摇（增量）操作	（1）选择“手摇”方式 （2）拨进给轴选择开关选择所要移动的坐标轴 （3）按手轮进给倍率键选择合适的进给倍率（×1、×10、×100） （4）摇动手轮。顺时针（+）：向坐标轴正方向移动；逆时针（-）：向坐标轴负方向移动	 手摇  进给轴选择开关  手轮进给倍率  手轮
MDI 方式操作主轴正转（转速为 500 r/min）	（1）选择“MDI”方式 （2）输入指令“M03 S500;” （3）按“INSERT”键，完成输入 （4）按“循环启动”键，主轴以 500 r/min 转速正转 （5）按“RESET”键，结束 MDI 操作	 MDI  INSERT（插入键）  循环启动  RESET（复位键）
MDI 方式操作调用刀具（2 号刀）	（1）检查刀具是否处于安全位置 （2）选择“MDI”方式 （3）输入“T0200;” （4）按“INSERT”键 （5）按“循环启动”键	 MDI  INSERT（插入键）  循环启动

安全提示

工作前必须穿戴好劳动保护用品，女同学戴好工作帽，不准围围巾，禁止穿高跟鞋。操作时不准戴手套，不准与他人闲谈，注意力要集中。

任务3　数控车床的手动操作

学习目标

1. 掌握数控车床坐标系的确定方法。
2. 巩固数控车床基本操作技能。
3. 掌握对刀操作技能。

工作任务

本任务是采用手摇（HANDLE）或手动（JOG）切削方式加工如图1—16所示工件，工件材料选用ϕ50 mm×90 mm的45钢，刀具的装夹与校正运用普通车床操作技能来完成。

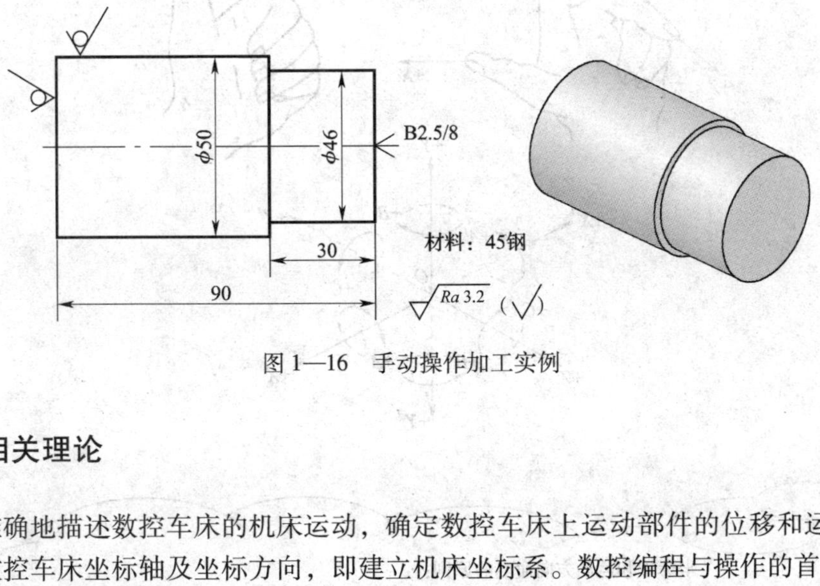

图1—16　手动操作加工实例

相关理论

为了准确地描述数控车床的机床运动，确定数控车床上运动部件的位移和运动的方向，需要规定数控车床坐标轴及坐标方向，即建立机床坐标系。数控编程与操作的首要任务就是确定机床的坐标系。

一、数控车床的坐标系

图1—17为数控车床的坐标系。

1．坐标系的规定

数控车床上的坐标系是采用右手直角笛卡儿坐标系。图1—18所示为右手直角笛卡儿坐标系。图中，大拇指的方向为X轴的正方向，食指为Y轴的正方向，中指为Z轴的正方向。

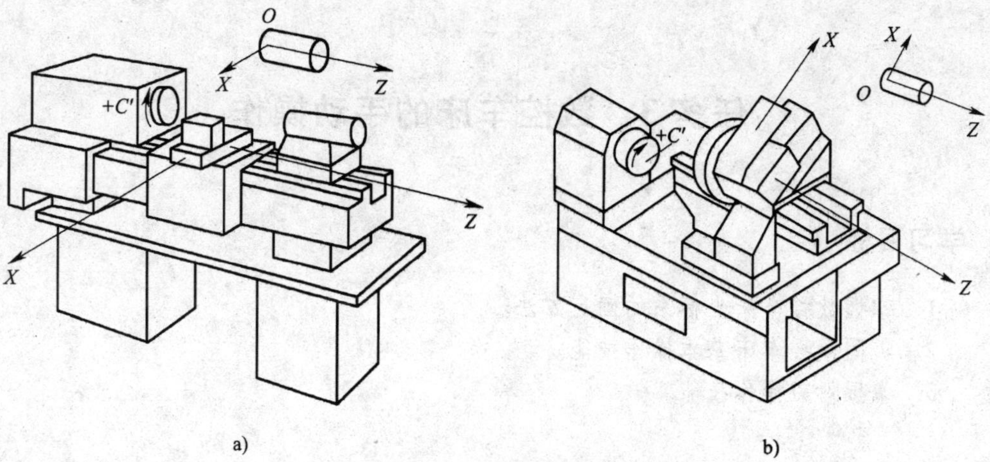

图 1—17　数控车床的坐标系

a）前置刀架数控车床　b）后置刀架数控车床

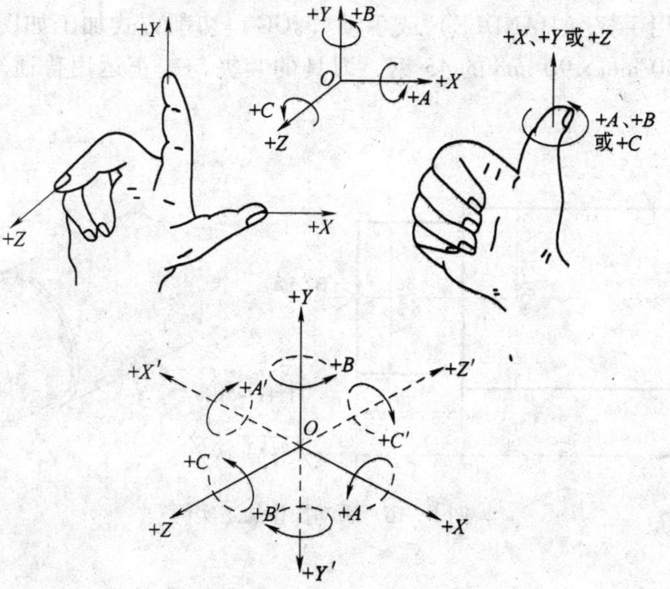

坐标轴和运动方向命名的原则：

（1）机床在加工零件时可以是刀具移向工件，也可以是工件移向刀具。为了根据图样确定机床的加工过程，永远假定刀具相对于静止的工件运动

（2）刀具远离工件的运动方向为坐标轴的正方向

（3）机床主轴旋转运动的正方向是按照右旋螺纹进入工件的方向

图 1—18　右手直角笛卡儿坐标系

2. 运动方向的确定

表 1—10 为运动方向的确定。

表 1—10　　运动方向的确定

运动类别	说明
Z 坐标的运动	*Z* 坐标的运动由传递切削力的主轴决定，与主轴轴线平行的坐标轴即为 *Z* 坐标轴。如果机床上有几个主轴，则选一垂直于工件装夹面的主轴作为主要的主轴
X 坐标的运动	*X* 坐标为水平的且平行于工件装夹面的方向，这是在刀具或工件定位平面内运动的主要坐标。对于工件旋转的机床（如车床等），*X* 坐标的方向在工件的径向上，且平行于横滑座。刀具离开工件旋转中心的方向为 *X* 轴正方向
Y 坐标的运动	*Y* 坐标轴垂直于 *X*、*Z* 坐标轴，*Y* 坐标运动的正方向根据 *X* 和 *Z* 坐标的正方向，按右手直角坐标系来判断（普通数控车床没有 *Y* 轴方向的移动）
旋转运动 *A*、*B* 和 *C*	*A*、*B* 和 *C* 相应地表示其轴线平行于 *X*、*Y* 和 *Z* 坐标轴的旋转运动。*A*、*B* 和 *C* 的正方向，相应地表示在 *X*、*Y* 和 *Z* 坐标正方向上按照右旋螺纹前进的方向

按我国部颁标准 JB/T 3051—1999《数字控制机床坐标和运动方向的命名》中的规定，数控车床的主轴轴线方向作为 *Z* 轴，其正方向为刀具远离工件的方向，*X* 轴位于与工件安装面平行的水平平面内，垂直于主轴轴线方向，刀具远离主轴轴线的方向为 *X* 轴的正方向。

表 1—11 为卧式数控车床坐标轴方向的确定。

表 1—11　　卧式数控车床坐标轴方向的确定

数控车床分类	刀架类型	*Z* 轴方向的确定	*X* 轴方向的确定	图例
刀架前置的数控车床	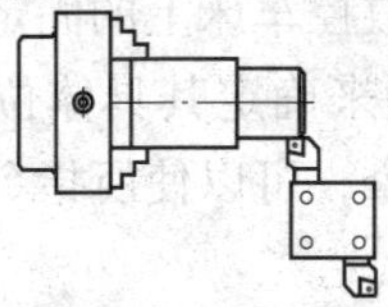 前置四方形回转刀架	刀具沿 *Z* 轴远离工件的方向为正方向	刀架沿 *X* 轴向前运动为负，向后运动为正	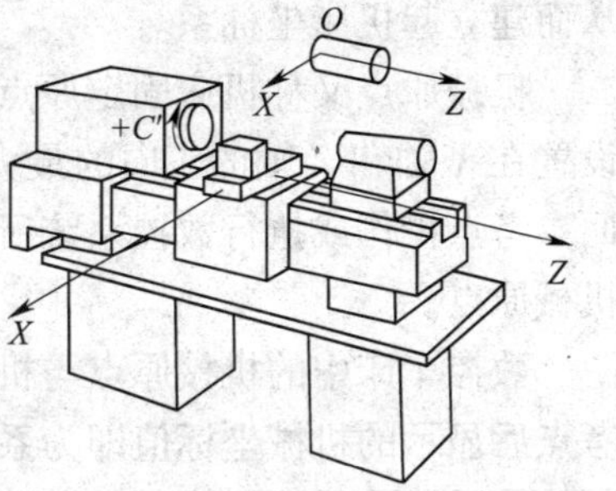
刀架后置的数控车床	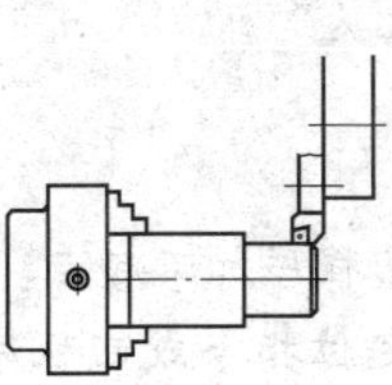 后置转塔刀架		刀架沿 *X* 轴向前运动为正，向后运动为负	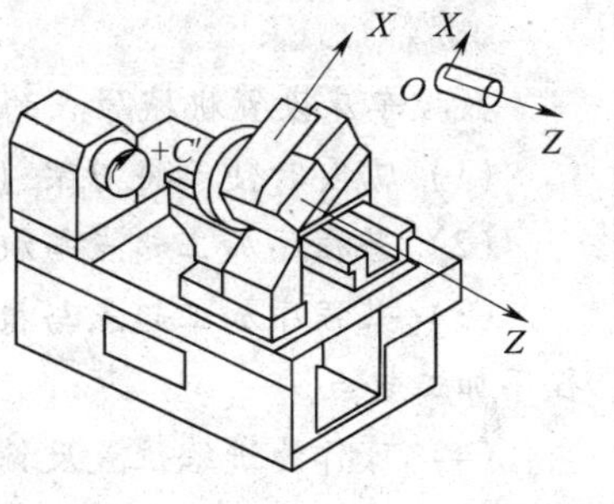

二、数控车床坐标系中的各原点

数控车床的坐标系统，包括坐标系、坐标原点和运动方向。数控车床的一些主要的原点及其机床坐标系和编程坐标系，对于数控车床加工和编程都是十分重要的概念。

图 1—19 所示为数控车床坐标系中的各原点。

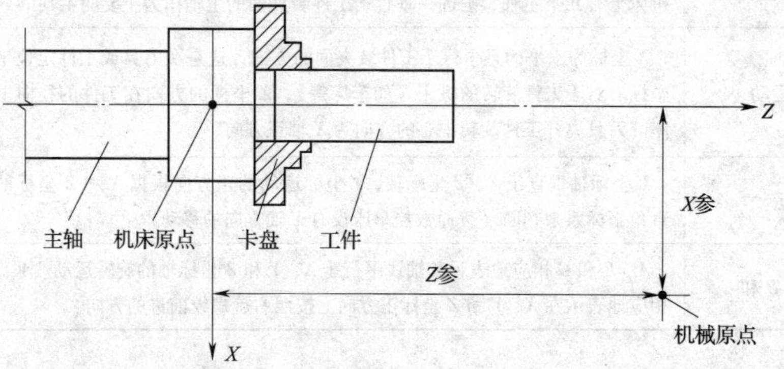

图 1—19　数控车床坐标系中的各原点

1．机床原点

机床原点也称为机床零点。其位置通常由机床制造厂确定，数控车床的机床坐标系原点的位置大多规定在其主轴轴线与装夹卡盘的法兰盘端面的交点上，该原点是确定机床固定原点的基准。

2．机械原点（机械零点）

对于大多数数控机床，开机第一步总是先使机床返回机械原点（即所谓的机床回零），从而建立起机床坐标系。

机械原点又称机床固定原点或机床参考点。机械原点为数控车床上的固定的位置，通常设置在 X 轴和 Z 轴的正向的最大行程处，并由行程限位开关来确定其具体位置。利用机床回参考点操作或执行数控系统所指定的自动返回机械原点指令，可以使所指令的轴自动返回机械原点。

数控车床中的机械原点与机床原点一般不重合，其距离由系统参数设定，机床开机回参考点后显示的机械坐标值即为系统参数中设定的距离值。

要点提示

数控车床设置机械原点的目的主要是：

（1）需要时便于将刀架（刀具）自动返回该点。

（2）若程序加工起点与机械原点一致，可执行自动返回程序加工起点。

（3）若程序加工起点与机械原点不一致，可通过快速定位指令或回程序起点方式回程序加工起点。

（4）可作为进给位置反馈的测量基准点。

三、工件坐标系

1．工件坐标系

机床坐标系的建立保证了刀具在机床上的正确运动。而实际加工中，刀具的运动轨迹往往是相对被加工工件描述的，为方便编程和加工，还应在工件上建立工件坐标系。图 1—20 为工件坐标系。

2．工件坐标系原点

工件坐标系原点是指工件装夹完成后，选择工件上的某一点作为编程或工件加工的基准点。工件坐标系原点在零件图中以符号“⊕”表示。

数控车床工件坐标系原点的选取如图 1—20 所示。X 向一般选在工件的回转中心，而 Z 向一般选在完工工件的右端面（O 点）或左端面（O'点）。

四、刀位点与手动对刀

1．刀位点

所谓刀位点是指编制程序和加工时，用于表示刀具特征的点，也是对刀和加工的基准点。数控车刀的刀位点如图 1—21 所示：在不考虑刀尖微小圆弧的情况下，尖形车刀的刀位点通常是指刀具的刀尖；圆弧形车刀的刀位点是指圆弧刃的圆心；成形车刀的刀位点也通常是指刀具的刀尖。

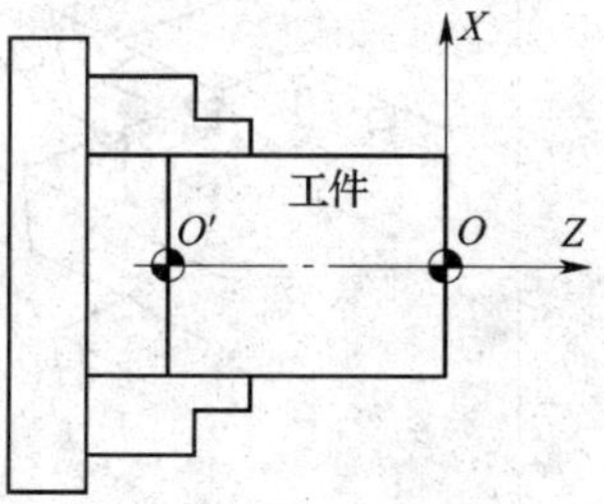

图 1—20　工件坐标系

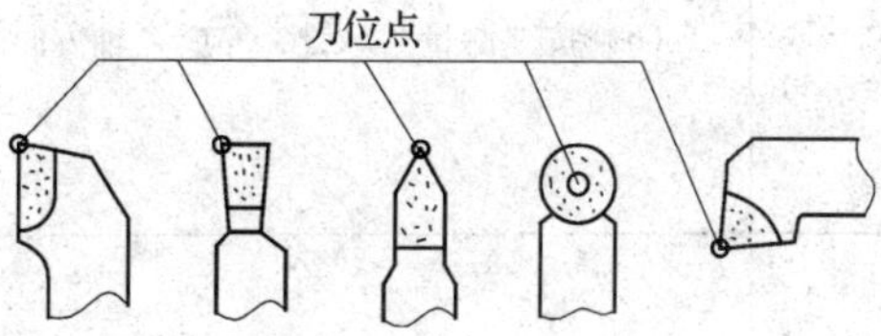

图 1—21　数控车刀的刀位点

数控编程的实质就是描述刀具的刀位点在编程坐标系中运动的轨迹。

2．手动对刀

手动对刀也可称为试切法对刀，手动对刀的目的是建立工件坐标系及对刀架上安装的多把刀具进行刀具位置补偿，从而在程序执行中使各刀具的刀位点相对工件具有正确的运动轨迹。在数控车床的对刀操作中，目前普遍采用刀具几何偏移的方法进行对刀。

任务实施

一、对刀操作

对刀操作在整个加工过程中的作用非常重要，将直接影响加工的精度。若对刀错误，就会有发生生产事故的危险，直接危害机床和操作者的安全，所以，要规范、正确、熟练掌握。

表 1—12 为对刀操作的步骤及内容。

表 1—12　　对刀操作的步骤及内容

步骤	内容	图示
准备工作	（1）开机 （2）回参考点（回零） （3）用三爪自定心卡盘安装工件（伸出约 100 mm） （4）用“MDI”方式换为 1 号刀位 （5）在 1 号刀位安装外圆/端面车刀 （6）手动进给，将刀具靠近工件端面	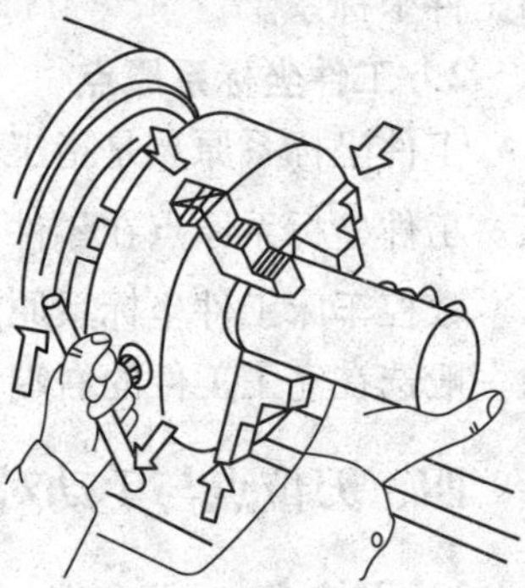
Z 轴方向对刀	（1）手摇操作，车削工件端面 （2）沿 $+X$ 方向退刀（Z 轴不动） （3）按“OFFSET SETTING”键 （4）按“形状”软键 （5）输入“Z0”（以工件右端面为 Z 轴方向零点） （6）按“测量”软键，完成 Z 轴方向的对刀	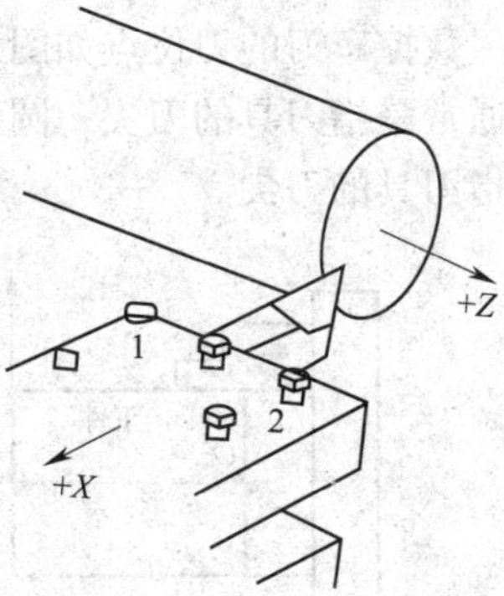
X 轴方向对刀	（1）手摇操作，车削工件外圆柱面 （2）沿 $+Z$ 方向退刀（X 轴不动） （3）按“RESET”键，停止机床 （4）测量圆柱面直径尺寸（假设为 d） （5）按“OFFSET SETTING”键 （6）按“形状”软键 （7）输入“Xd”（以工件轴线位置为 X 轴方向零点） （8）按“测量”软键，完成 X 轴方向的对刀	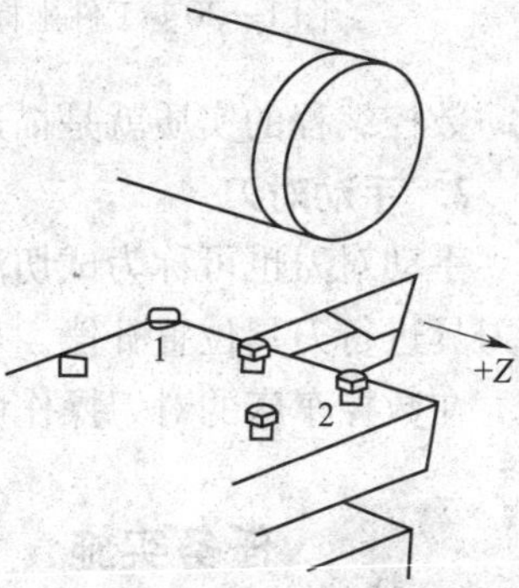

二、手动切削加工工件

表 1—13 为手动切削加工本任务工件的操作步骤。

表 1—13　　　　　　　　　　　　　手动切削加工工件的操作步骤

操作步骤	图示
确定刀具切削轨迹及各基点坐标如图所示，由于总切削量较大，所以分两层手动切削，其轨迹为 *ABCDA* 和 *AEFDA*	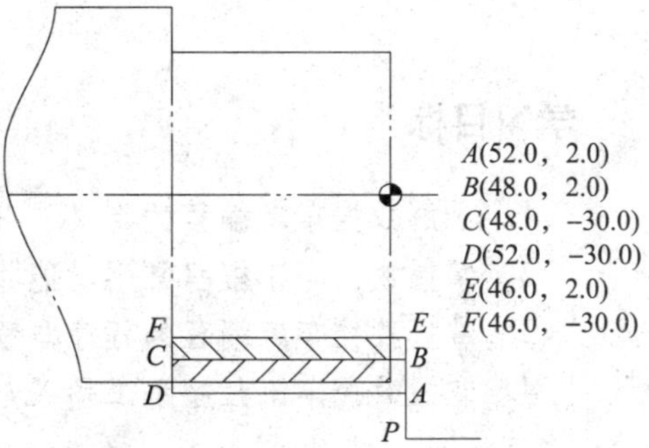
按手摇键，进入手轮方式；按下主轴正转键，主轴正转	 手摇键  主轴正转键
按 MDI 功能键“POS”键，显示位置屏幕，按屏幕下方的软键“总合”，显示相应位置屏幕	 POS键
按下手轮进给倍率键“×100”键，根据刀具当前位置和屏幕上显示的绝对坐标系值，手摇手轮，移动刀具到坐标点 *A* 点处（当靠近该点时，应选择较小的增量步长），使屏幕中显示的绝对坐标值为：X52.0，Z2.0（*X* 坐标为直径值）	 0.100手轮进给倍率键  手轮
拨手轮进给轴选择开关，选择手摇进给轴“X”轴，仅在 −*X* 轴方向移动刀具至绝对坐标为 X48.0 处（*B* 点）	 手轮进给轴选择开关  手轮
按下手轮进给倍率键“×10”键；拨手轮进给轴选择开关，选择手摇进给轴“Z”轴，在 −*Z* 轴方向移动刀具至 *C* 点（48.0，−30.0）；拨手轮进给轴选择开关，选择手摇进给轴“X”轴，在 +*X* 轴方向移动刀具至 *D* 点（52.0，−30.0）；拨手轮进给轴选择开关，选择手摇进给轴“Z”轴，将刀具沿 +*Z* 轴方向移动至 *A* 点（52.0，2.0）	 0.010手轮进给倍率键  手轮进给轴选择开关  手轮
用与以上同样的方法，完成 ϕ46 mm 外圆的切削，完成后退出刀具	

任务4　数控程序的输入与编辑

学习目标

1. 了解数控车床编程的定义、分类、步骤、特点与要求。
2. 掌握数控车床编程常用功能指令。
3. 掌握数控车床编程的程序与程序段格式。
4. 掌握数控车床程序手工输入与编辑的方法。

工作任务

数控机床能忠实地执行数控系统发出的命令，而这些命令则通过数控程序来体现。因此，数控机床操作的首要任务就是将数控程序正确、快速地输入数控系统。本任务是通过实际操作如图1—22所示FANUC 0i Mate－TB数控车床的数控系统操作面板，来完成数控车床程序输入与编辑任务。同时，掌握数控编程、数控程序及程序段格式、数控系统常用功能等理论知识。

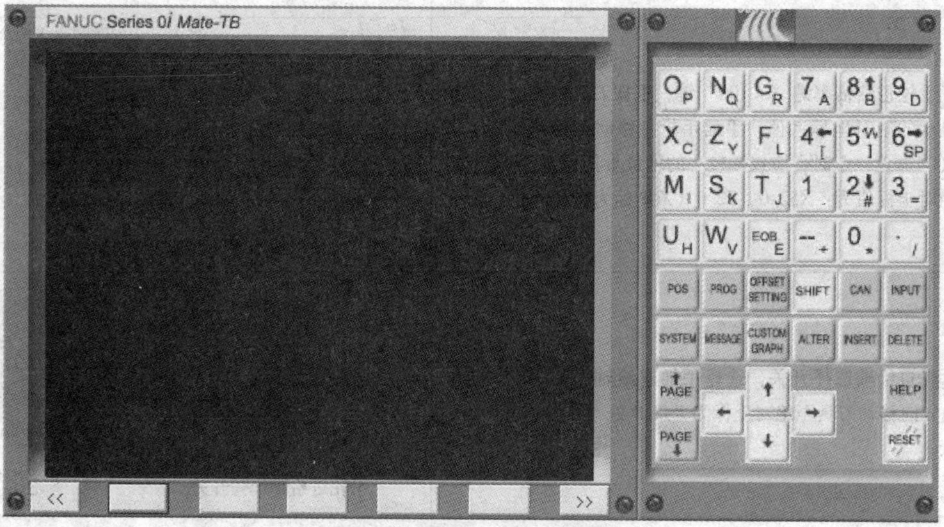

图1—22　数控系统操作面板

相关理论

一、数控车床编程内容

从分析零件图样到获得数控车床所需的加工程序并进行程序校核的过程，称为程序编制。图1—23所示为数控车床程序编制的过程。

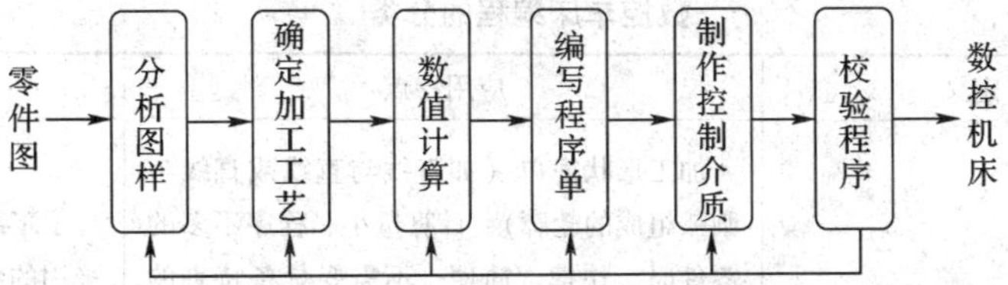

图 1—23　数控车床程序编制的过程

一般来讲，数控车床加工程序的编制包括表 1—14 中的几个方面的工作。

表 1—14　　数控车床加工程序的编制

程序编制内容	说明
分析零件图样	包括对零件轮廓的分析，对零件尺寸精度、形位精度、表面粗糙度、技术要求的分析，对零件材料、热处理等要求的分析
确定加工工艺	合理选择加工方案，确定加工顺序、加工路线、装夹方法、刀具及切削参数等；同时还要考虑所用数控车床的指令功能，充分发挥数控车床的效能；加工路线要短，正确地选择对刀点、换刀点，减少换刀次数
数值计算	根据零件图的几何尺寸确定工艺路线及设定坐标系，计算零件粗、精加工运动的轨迹，得到刀位数据。对于形状比较简单的零件（如直线和圆弧组成的零件）的轮廓加工，要计算出几何元素的起点和终点、圆弧的圆心、两几何元素的交点或切点的坐标值，有的还要计算刀具中心的运动轨迹坐标值。对于形状比较复杂的零件（如非圆曲线、曲面组成的零件），可用计算机进行辅助计算
编写加工程序	加工路线、工艺参数及刀位数据确定以后，就可根据数控系统规定的功能指令代码及程序段格式，逐段编写加工程序单。此外，必要时还应附上加工示意图以及说明
制作控制介质	有时，需要把编制好的加工程序的内容记录在控制介质上，如磁带、软盘等，便于输入到数控系统中。一般情况下，加工程序是通过手工输入或通信传输送入数控系统的
程序校核	加工程序必须经过校验和试切削才能正式使用，通常可以通过数控车床的空运行来检查程序格式有无错误，或用模拟仿真软件来检查刀具加工轨迹的正误，根据加工模拟轮廓的形状与图样对照检查。但是，这些方法仍无法检查出刀具偏置误差和编程计算不准而造成的零件误差大小，切削用量是否合适，刀具断屑效果和工件表面质量是否达到要求。所以必须采用首件试切的方法来进行实际效果的检查，以便对程序进行修正

二、数控车床程序编制的方法

数控车床编程一般分为手工编程和自动编程两种。表 1—15 为数控车床编程的分类。

表 1—15　　数控车床编程的分类

分类	定义	应用特点	说明
手工编程	从分析零件图样、确定加工工艺过程、数值计算、编写零件加工程序单、制作控制介质到程序校验都由人工完成的编程方法	加工形状简单（如直线与直线或直线与圆弧组成的轮廓）、计算量小、程序不多的零件时，快捷、简便；不需要具备特别的条件（价格较高的自动编程机及相应的硬件和软件等）；对机床操作者或程序员不受特别条件的制约；具有较大的灵活性和编程费用少等。但是，对于形状复杂的零件，特别是具有非圆曲线、列表曲线及曲面组成的零件，用手工编程就有一定困难，出错的概率增大，有时甚至无法编出程序	手工编程在目前仍是广泛采用的编程方法，即使在自动编程高速发展的将来，手工编程的重要地位也不可取代。在先进的自动编程方法中，许多重要的经验都来源于手工编程。手工编程一直是自动编程的基础。
自动编程	编程人员只需根据零件图样的要求，使用数控语言编制成源程序输入到计算机中或将零件的几何图形绘制到计算机上，利用计算机专用软件，由计算机自动地进行数值计算及后置处理，编写出零件加工程序单的编程方法	自动编程具有编程速度快、周期短、质量高、使用方便等一系列优点。自动编程使得一些计算烦琐、手工编程困难或无法编出的程序能够顺利地完成。与手工编程相比，自动编程可提高编程效率数倍乃至数十倍，零件越是复杂，其技术经济效果越是显著	加工程序可通过直接通信的方式送入数控车床数控系统，指挥数控车床执行加工。因此，自动编程在复杂零件加工中的应用是非常广泛的，代表着数控编程的发展方向

三、数控车床编程的基础知识

1. 编程坐标系和编程原点

加工程序的编制通常是针对某一工件并根据零件图样进行的。为了便于尺寸计算与检查，加工程序的坐标原点一般都尽量与零件图样的尺寸基准一致。这种针对某一工件并根据零件图样建立的坐标系称为编程坐标系。编程坐标系的原点称为工件编程原点，工件编程原点可浮动，用来确定工件轮廓坐标值。

图 1—24 为编程坐标系。

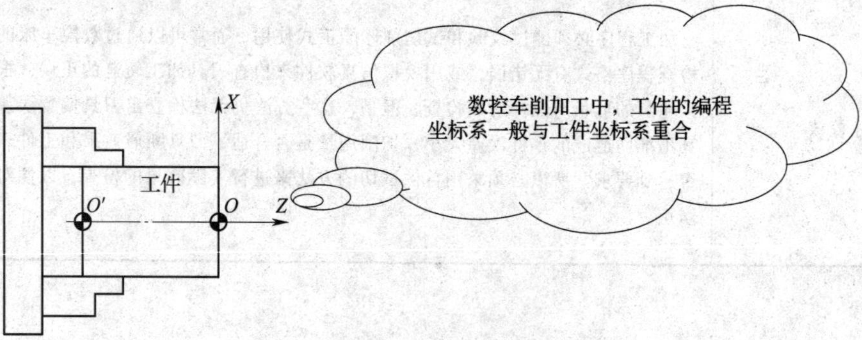

图 1—24　编程坐标系与编程原点

要点提示

确定工件编程原点的原则：

（1）工件编程原点的位置在给定的图样上应为已知。

（2）在该点建立的坐标系中，各几何要素关系应简洁明了，便于坐标值的确定。

（3）编程原点应尽可能选在零件的设计基准或工艺基准上，使加工引起的误差最小。

2．绝对坐标与相对（增量）坐标

表 1—16 为绝对坐标与相对（增量）坐标的定义和举例。

表 1—16　　绝对坐标与相对（增量）坐标

分类	定义	举例	图示
绝对坐标值	指刀具刀位点相对于编程坐标系原点的坐标值	刀具从 *A* 点移动到 *B* 点，使用 *B* 点的坐标值，其指令如下： X30.0 Z70.0；	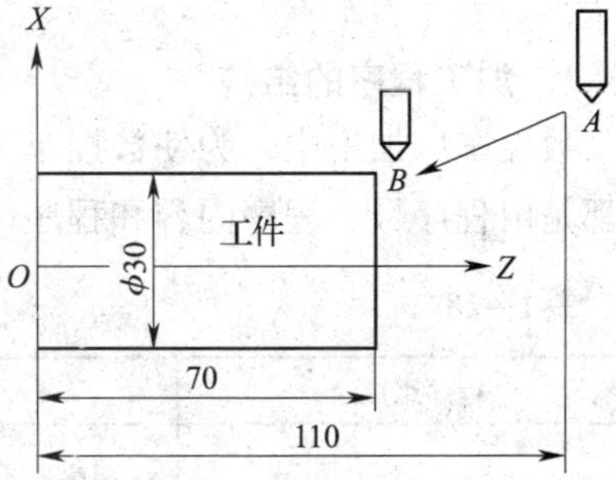
相对（增量）坐标值	指刀具刀位点运动终点相对于起点在相应坐标方向上的增量值	刀具从 *A* 点移动到 *B* 点，其指令如下： U-30.0 W-40.0；	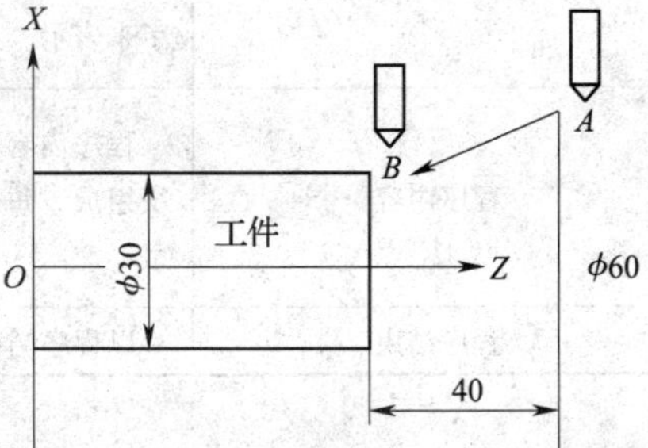

编写程序时，需要给定轨迹终点或目标位置的坐标值，按编程坐标值类型可分为：绝对坐标编程、相对（增量）坐标编程和混合坐标编程三种编程方式。表 1—17 为绝对坐标编程、相对（增量）坐标编程和混合坐标编程。

表 1—17　　绝对坐标编程、相对（增量）坐标编程和混合坐标编程

分类	定义
绝对坐标编程	使用 *X*、*Z* 轴的绝对坐标值（用 X、Z 表示）编程
相对（增量）坐标编程	使用 *X*、*Z* 轴的相对位移量（用 U、W 表示）编程
混合坐标编程	允许在同一程序段中，*X*、*Z* 轴分别使用绝对坐标值和相对（增量）位移量编程

3. 直径、半径方式编程

直径/半径两种编程方式可通过准备功能指令 G22/G23 指定。对数控车床而言，开机默认为直径方式编程，即用直径尺寸对 *X* 轴方向的坐标数据进行表述。比如，车削直径为 ϕ50 mm的轴的端面，车刀首先走刀至端面外缘处，此时车刀刀位点距离编程坐标系原点的实际 *X* 向尺寸为 25 mm，但在程序中 *X* 坐标应写为 X50。

> **要点提示**
>
> 绝对坐标编程、相对（增量）坐标编程和混合坐标编程，对于 *X* 轴，可使用直径编程或半径编程。

四、数控车床程序的结构

1. 加工程序的结构

数控车床加工中，为使数控车床运行而送到数控系统中的一组指令称为程序。每一个程序都是由程序号、程序内容和程序结束三部分组成。表 1—18 为程序组成。

表 1—18　　程序组成

程序组成	说明
程序号	程序号为程序的开始部分，为了区别存储器中的程序，每个程序都要有程序编号，在编号前采用程序编号地址码。程序号通常由字符“O”“P”“%”及后跟数字来表示
程序内容	程序内容是整个程序的核心，由许多程序段组成，每个程序段由一个或若干个字组成，每个字又由地址符和数字字符组成。在程序中能作为指令的最小单位是字
程序结束	以程序结束指令 M02、M30 等作为整个程序结束的符号，来结束整个程序

表 1—19 为加工程序结构举例。

表 1—19　　加工程序结构举例

加工程序	加工程序的结构说明
O0001；	程序号
N10 G50 X100.0 Z100.0；	程序内容
N20 M03 S500；	
N30 T0101；	
N40 G00 X50.0 Z2.0；	
⋮	
N220 M30；	程序结束

要点提示

数控车床加工中，零件加工程序的结构形式，还随数控系统功能的强弱而略有不同。对功能较强的数控系统，加工复杂零件时，加工程序还可分为主程序和子程序。

2. 程序段格式

图 1—25 为程序段格式举例。

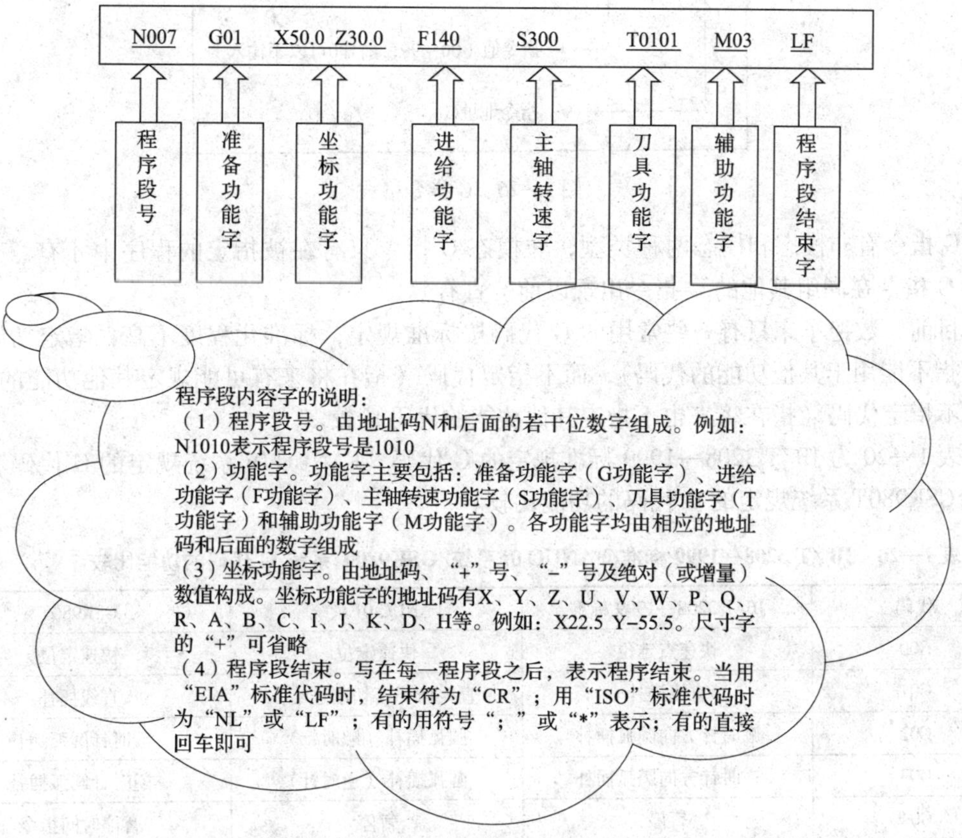

图 1—25 程序段格式举例

要点提示

通常程序段格式为可变程序段格式。并不是所有程序段都必须包括所有功能字，有时一个程序段内可仅包括其中一个或几个功能字。

五、数控车床的基本功能

数控车床常用的功能指令有准备功能（G 功能）和辅助功能（M 功能），另外还有进给功能（F 功能）、主轴转速功能（S 功能）和刀具功能（T 功能）等。准备功能和辅助功能描述了程序段的各种操作和运动特征，是程序段的主要组成部分。

1. 准备功能 G 功能

准备功能 G 功能又称 G 指令或 G 代码。准备功能指令是由地址 G 和两位数字（少数使用三位数字）组成，G 后面两位数字决定准备功能的意义。它主要是用来指令机床进行加工运动和插补方式的功能。

图 1—26 所示为 G 指令格式。

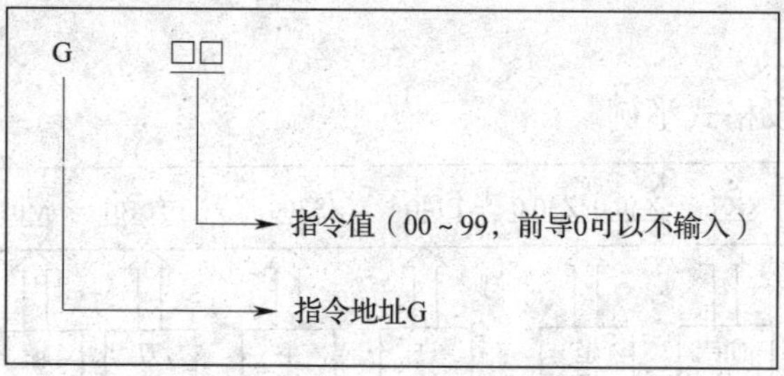

图 1—26　G 指令格式

G 指令有非模态和模态两种类型，非模态 G 指令只有在被指定的程序中才有意义，而模态 G 指令在同组其他的 G 指令出现以前一直有效。

目前，数控车床只有一些常用的 G 代码按标准规定，标准化程度不高，指定功能代码少（指不能用于其他功能的代码），而不指定代码（指在将来有可能规定其他功能的代码）和永不指定代码（指在将来也不指定其他功能的代码）较多。

表 1—20 为 JB/T 3208—1999 标准规定的 G 代码、FANUC 0i 系统规定的 G 代码和广州数控 GSK980T 系统规定的 G 代码的功能比较。

表 1—20　JB /T 3208—1999 标准/FANUC 0i 系统/GSK980T 系统 G 代码的功能比较

代码	JB/T 3208—1999 标准	FANUC 0i 系统	GSK980T
G00	快速点定位	快速定位	快速定位
G01	直线插补	直线插补（切削进给）	直线插补
G02	顺时针方向圆弧插补	圆弧插补（顺时针）	顺时针圆弧插补
G03	逆时针方向圆弧插补	圆弧插补（逆时针）	逆时针圆弧插补
G04	暂停	暂停	暂停时间指令
G05	不指定		
G06	抛物线插补		
G07	不指定		
G08	加速		
G09	减速		
G10	不指定	可编程数据输入	
G11	不指定	可编程数据输入方式取消	
G12 ~ G16	不指定		
G17	*XY* 平面选择		
G18	*ZX* 平面选择		

续表

代码	JB/T 3208—1999 标准	FANUC 0i 系统	GSK980T
G19	*YZ* 平面选择		
G20	不指定	英制输入	
G21	不指定	米制输入	
G22 ~ G26	不指定		
G27	不指定	返回参考点检查	
G28	不指定	返回参考位置	返回参考点（机械原点）
G29 ~ G31	不指定		
G32	不指定	螺纹切削	螺纹切削
G33	螺纹切削、等螺距		
G34	螺纹切削、增螺距	变螺距螺纹切削	
G35	螺纹切削、减螺距		
G36	永不指定	自动刀具补偿 *X*	
G37	永不指定	自动刀具补偿 *Z*	
G38 ~ G39	永不指定		
G40	刀具补偿/刀具偏置注销	取消刀尖圆弧半径补偿	
G41	刀具补偿—左	刀尖圆弧半径左补偿	
G42	刀具补偿—右	刀尖圆弧半径右补偿	
G43	刀具偏置—正		
G44	刀具偏置—负		
G45	刀具偏置 +/ +		
G46	刀具偏置 +/ -		
G47	刀具偏置 -/ -		
G48	刀具偏置 -/ +		
G49	刀具偏置 0/ +		
G50	刀具偏置 0/ -	坐标系或主轴最大转速设定	坐标系设定
G51	刀具偏置 +/0		
G52	刀具偏置 -/0	局部坐标系设定	
G53	直线偏移，注销	机床坐标系设定	
G54	直线偏移 *X*	选择工件坐标系 1	
G55	直线偏移 *Y*	选择工件坐标系 2	
G56	直线偏移 *Z*	选择工件坐标系 3	
G57	直线偏移 *XY*	选择工件坐标系 4	
G58	直线偏移 *XZ*	选择工件坐标系 5	
G59	直线偏移 *YZ*	选择工件坐标系 6	
G60	准确定位 1（精）		
G61	准确定位 2（中）		

续表

代码	JB/T 3208—1999 标准	FANUC 0i 系统	GSK980T
G62	快速定位（粗）		
G63	攻螺纹		
G64	不指定		
G65	不指定	调用宏指令	宏程序命令
G66 ~ G67	不指定		
G68	刀具偏置（内角）		
G69	刀具偏置（外角）		
G70	不指定	精加工循环	精加工循环
G71	不指定	外圆粗车循环	外圆粗车循环
G72	不指定	端面粗车循环	端面粗车循环
G73	不指定	多重车削循环	封闭切削循环
G74	不指定	排屑钻端面孔	端面深孔加工循环
G75	不指定	外径/内径钻孔循环	外圆/内圆切槽循环
G76	不指定	多线螺纹循环	
G77 ~ G79	不指定		
G80	固定循环注销	固定钻循环取消	
G81	固定循环		
G82	固定循环		
G83	固定循环	钻孔循环	
G84	固定循环	攻螺纹循环	
G85	固定循环	正面镗循环	
G86	固定循环		
G87	固定循环	侧钻循环	
G88	固定循环	侧攻螺纹循环	
G89	固定循环	侧镗循环	
G90	绝对尺寸	外径/内径车削循环	外圆/内圆车削循环
G91	增量尺寸		
G92	预置寄存	螺纹车削循环	螺纹切削循环
G93	时间倒数，进给速度		
G94	每分钟进给	端面车削循环	端面切削循环
G95	主轴每转进给		
G96	恒线速度	恒表面切削速度控制	恒线速开
G97	每分钟转数（主轴）	恒表面切削速度控制取消	恒线速关
G98	不指定	每分钟进给	每分钟进给状态
G99	不指定	每转进给	每转进给状态

要点提示

不同数控系统G代码功能并不一致，使得不同数控系统的编程差异较大。编程时，必须按照所用数控系统的说明书的具体规定使用，不可张冠李戴。

2. 辅助功能M功能

辅助功能M功能又称M指令或M代码。辅助功能指令是由地址M和两位数字（少数使用三位数字）组成，它与数控系统插补器运算无关，主要是数控机床加工、操作时的一些辅助动作的开/关功能，如主轴的正、反转，切削液的开、关等。

图1—27所示为M代码格式。

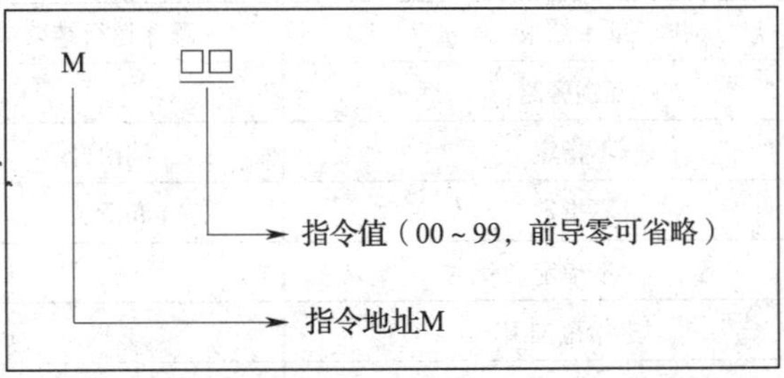

图1—27 M代码格式

实际使用过程中，数控机床的M代码与G代码一样，标准化的程度不高，指定代码少，不指定和永不指定代码多。

表1—21为JB/T 3208—1999标准规定的M代码、广州数控GSK980T系统常用M代码和FANUC 0i系统常用M代码的功能比较。

表1—21 JB/T 3208—1999标准、GSK980T系统和FANUC 0i系统常用M代码的功能比较

代码	JB/T 3208—1999 标准M代码功能	GSK980T系统常用 M代码功能	FANUC 0i系统常用 M代码功能
M00	程序停止	程序暂停	程序暂停
M01	计划停止		程序选择停止
M02	程序结束		程序结束
M03	主轴顺时针方向旋转	主轴正转	主轴顺时针方向旋转
M04	主轴逆时针方向旋转	主轴反转	主轴逆时针方向旋转
M05	主轴停转	主轴停止	主轴停转
M06	换刀		
M07	2号切削液开		
M08	1号切削液开	切削液开	切削液开
M09	切削液关	切削液关	切削液关
M10	夹紧	尾座进	
M11	松开	尾座退	

续表

代码	JB/T 3208—1999 标准 M 代码功能	GSK980T 系统常用 M 代码功能	FANUC 0i 系统常用 M 代码功能
M12	不指定	卡盘夹紧	
M13	主轴顺时针方向，切削液开	卡盘松开	
M14	主轴逆时针方向，切削液开		
M15	正运动		
M16	负运动		
M17 ~ M18	不指定		
M19	主轴定向停止		
M20 ~ M29	永不指定		
M30	纸带结束	程序运行结束	主轴停转，程序结束
M31	互锁旁路		
M32	不指定	润滑开	
M33	不指定	润滑关	
M34 ~ M35	不指定		
M36	进给范围 1		
M37	进给范围 2		
M38	主轴速度范围 1		
M39	主轴速度范围 2		
M40	如有需要作为齿轮换挡，此外，不指定		
M41	如有需要作为齿轮换挡，此外，不指定	主轴换挡至第 1 挡位	
M42	如有需要作为齿轮换挡，此外，不指定	主轴换挡至第 2 挡位	
M43	如有需要作为齿轮换挡，此外，不指定	主轴换挡至第 3 挡位	
M44	如有需要作为齿轮换挡，此外，不指定	主轴换挡至第 4 挡位	
M45	如有需要作为齿轮换挡，此外，不指定		
M46 ~ M47	不指定		
M48	注销 M49		
M49	进给速度修正旁路		
M50	3 号切削液开		
M51	4 号切削液开		
M52 ~ M54	不指定		
M55	刀具直线位移，位置 1		
M56	刀具直线位移，位置 2		
M57 ~ M59	不指定		
M60	更换工件		
M61	工件直线位移，位置 1		
M62	工件直线位移，位置 2		

续表

代码	JB/T 3208—1999 标准M代码功能	GSK980T系统常用 M代码功能	FANUC 0i系统常用 M代码功能
M63 ~ M70	不指定		
M71	工件角度位移，位置1		
M72	工件角度位移，位置2		
M73 ~ M89	不指定		
M90 ~ M97	永不指定		
M98	永不指定	子程序调用	调用子程序
M99	永不指定	从子程序返回	返回主程序

要点提示

M功能代码常因数控系统生产厂家及机床结构的差异和规格的不同而有所差别。因此，编程人员必须熟悉具体所使用数控系统的M功能代码的功能含义，不可盲目套用。

3. 刀具功能T功能

刀具功能也称为T功能，用于指令加工中所用刀具号及自动补偿编组号的地址字，其自动补偿内容主要指刀具的刀位偏差及刀具半径补偿。在数控车床中，对地址符T及后面的数字主要有表1—22中的两种规定。

表1—22　　刀具功能的规定

规定	说明	应用	举例
两位数	两位数规定的格式为T××，T后面的数字用来指定刀具和刀具补偿号，首位数一般表示刀具号，常用0~8共9个数字，其中0表示不转刀，末位数表示刀具补偿的编组号，常用0~8共9个数字，其中0表示不执行刀补，补偿量为零	经济型数控系统一般采用两位数的规定	T23表示将2号刀转到切削位置，并执行第3组刀具补偿量 T10表示将1号刀转到切削位置，不执行刀补，补偿量为零
四位数	四位数规定的格式为T××××，T后面数字前两位为刀具号，后两位为刀具补偿的编组号或同时为刀尖圆弧半径补偿的编组号	刀具较多的数控车床或车削中心，其数控系统一般采用四位数的规定	T0203表示将2号刀转到切削位置，并执行第3组刀具补偿量 T0100表示将1号刀转到切削位置，不执行刀补，补偿量为零

4. 主轴功能S功能

主轴功能S功能用于控制主轴的转速，由地址S和其后的数字表示，目前有S2（两位数）、S4（四位数）的表示法，即S××和S××××。

对具有无级调速功能的数控车床，可由后续数字直接指令其主轴的转速（r/min），如 S1300 即表示主轴转速 1 300 r/min。对具有恒线速度切削功能的数控车床，其加工程序中的 S 指令既可指令恒定转速（r/min），也可指令车削时的恒定线速度（m/min），即车削时，其主轴转速随着车削直径的变化而自动变化，始终保持线速度为给定的恒定值。

也有少数数控系统用 S 后面两位代码表示主轴转速，这种情况就要查表才可知道主轴转速。

主轴的转速可以用 G96（恒线速度控制指令）、G97（恒转速控制指令）及 M 代码配合 S 代码来指定。表 1—23 为 G96 和 G97 的应用。

表 1—23　　G96 和 G97 的应用

指令	说明	应用	举例
G96	车削加工时由数控系统自动控制主轴的转速变化以保持恒定的线速度	车削端面或工件直径变化较大时使用	G96 S200 M03； 表示主轴正转使切削点的线速度为 200 m/min
G97	设定主轴转速为恒转速并取消恒线速度控制	一般在车螺纹或车削工件直径变化不大时使用	G97 S2000 M03； 表示主轴以 2 000 r/min 转速正转

5. 进给功能 F 功能

用来指定刀具相对于工件运动速度的功能称为进给功能，由地址符 F 和其后面的数字组成。进给功能有每分钟进给和每转进给两种。表 1—24 为进给功能的种类。

表 1—24　　进给功能的种类

种类	单位	说明	举例
每分钟进给	mm/min	每分钟进给通过准备功能字 G98 来指定，其值为大于零的常数	G98 G01 X20.0 F100； 进给速度为 100 mm/min
每转进给	mm/r	每转进给通过准备功能字 G99 来指定	G99 G01 X20.0 F0.2； 进给量为 0.2 mm/r

要点提示

在加工米制螺纹过程中，常使用每转进给来指定，该进给量即表示螺纹的螺距或导程。

任务实施

表 1—25 为数控车床程序输入与编辑的操作步骤。

表 1—25　　数控车床程序输入与编辑的操作步骤

任务	操作步骤	操作面板按钮图标
创建程序	（1）按编辑键，进入编辑运行方式 （2）按下“PROG”功能键 （3）输入地址 O，输入程序号（如 O1000），按下“INSERT”键 （4）按下“EOB”键 （5）再次按下“INSERT”键即可在程序编辑界面完成新程序“O1000”的输入	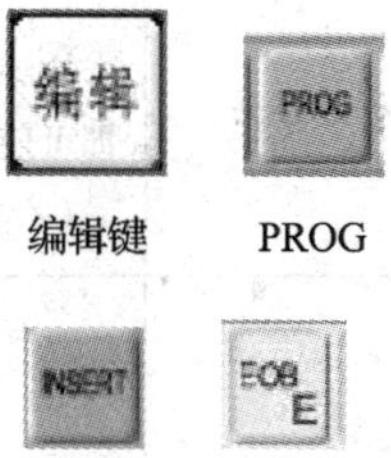 编辑键　PROG INSERT　EOB
调用内存中储存的程序	（1）按编辑键，进入编辑运行方式 （2）按下“PROG”功能键 （3）输入地址 O，输入要调用的程序号（如 O1000） （4）按下光标向下移动键即可完成程序“O1000”的调用	 编辑键　PROG 光标向下移动键
删除程序	（1）按编辑键，进入编辑运行方式 （2）按下“PROG”功能键 （3）输入地址 O，输入要调用的程序号（如 O1000） （4）按下“DELETE”键 （5）根据屏幕提示，按下屏幕下方的“EXEC”软键，即可完成单个程序“O1000”的删除	 编辑键　PROG　DELETE
删除程序段	（1）按编辑键，进入编辑运行方式 （2）用光标移动键检索到将要删除的程序段地址 N（如 N0010） （3）按下“EOB”键 （4）按下“DELETE”键，即可将当前光标所在的程序段删除	 编辑键　EOB　DELETE
程序字的检索	按编辑键，进入编辑运行方式。用光标移动键检索，按下光标向左或向右移键，光标将在屏幕上向左或向右移动一个地址字。按下光标向上或向下移动键，光标将移动到上一个或下一个程序段的开头。按下“PAGE”键，光标将向前或向后翻页显示	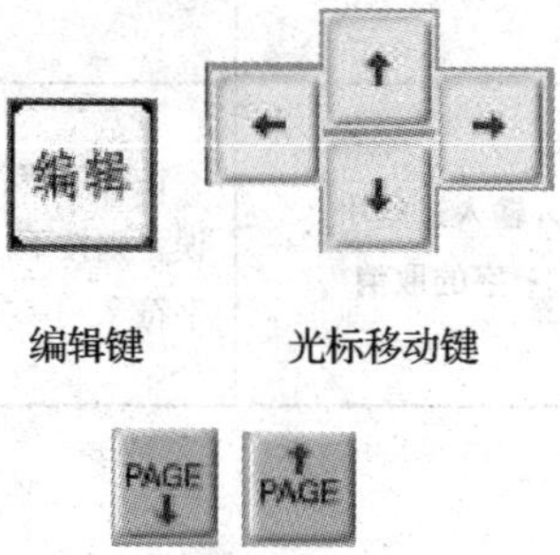 编辑键　光标移动键 翻页键

续表

任务	操作步骤	操作面板按钮图标
跳到程序开头	按编辑键，进入编辑运行方式。按下“RESET”键即可使光标跳到程序开头	 编辑键  RESET
程序字的插入	按编辑键，进入编辑运行方式。用光标移动键检索到要插入位置前的字，键入要插入的地址字和数据，按下“INSERT”键即可完成插入	 编辑键 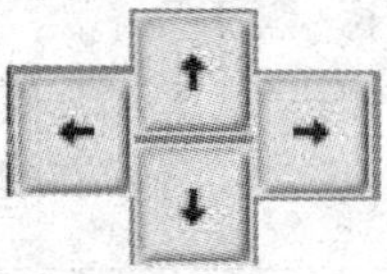 光标移动键  INSERT
程序字的替换	按编辑键，进入编辑运行方式。用光标移动键检索到将要替换的字，键入要替换的地址字和数据，按下“ALTER”键即可完成替换	 编辑键 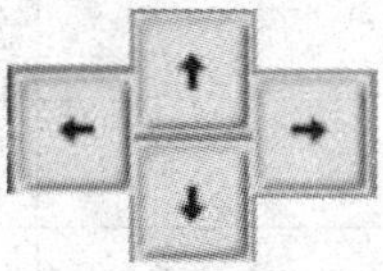 光标移动键  ALTER
程序字的删除	按编辑键，进入编辑运行方式。用光标移动键检索到将要删除的字，按下“DELETE”键即可完成删除	 编辑键 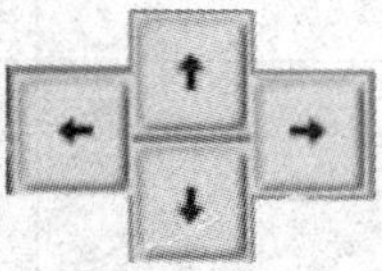 光标移动键  DELETE
输入过程中字的取消	在程序字符的输入过程中，如发现当前字符输入错误，则按下一次“CAN”键，则删除一个当前输入的字符	 CAN

项目二

数控车削仿真加工

任务1　VNUC数控仿真软件的使用

学习目标

1. 掌握VNUC数控仿真软件的主要功能。
2. 掌握VNUC数控车床仿真软件数控操作界面的组成。
3. 掌握VNUC数控车床仿真软件的启动和文件管理的使用方法。

工作任务

本任务是通过实际操作如图2—1所示VNUC数控车床仿真软件数控操作界面，学习VNUC数控车床仿真软件的启动和文件管理的方法。同时，初步掌握VNUC数控车床仿真软件数控操作界面各组成部分的功能。

图2—1　VNUC数控车床仿真软件数控操作界面

相关理论

VNUC 数控仿真软件是我国自行研制开发的包含多种数控系统的仿真软件，可以进行数控机床的各种模拟操作，具有逼真的三维数控机床模型和数控系统仿真操作面板，实现对零件铣削加工和车削加工全过程仿真，具有三维图形动态旋转、缩放、移动等功能，可实现毛坯、夹具、刀具定义与选用，工件坐标系的设置，数控程序输入、编辑和调试，加工仿真以及各种错误检测等实时的交互操作。表 2—1 为 VNUC 数控仿真软件的主要功能。

表 2—1　VNUC 数控仿真软件的主要功能

功能	说明
数控 G 代码编程练习	可以使用软件的仿真按钮，进行面对机床和数控系统的操作编程模拟练习
模拟加工仿真	在编写好程序后，像数控机床一样，进行一系列的数控加工：设定机床、定义毛坯、设定刀具、基准测量、设定工件坐标系、代码处理、面板操作、测量、自动加工等，最后加工出预想好的零件模型
具有多种数控系统	软件支持 FANUC 、西门子、华中数控、广州数控等多种数控系统的不同数控型号的仿真面板
支持所有 CAD/CAM 系统生成的标准化 G 代码	软件支持所有 CAD/CAM 软件生成的标准化 G 代码，如 Pro/E、UG、CAXA 等
具备刀具库	软件中除提供一些自带的刀具之外，可进行加工刀具刀柄的标准化选择及自定义使用
夹具、基准、测量功能	软件中提供的夹具包括：虎钳、压板、工艺板、三爪自定心卡盘等。支持多种装夹方式和专用部件。同时，具有基准对刀、测量等功能
教学与管理	软件的项目管理功能可以对使用者操作的数据及操作的结果进行保存与管理，有助于使用者相互之间的学习与交流。软件的教学管理功能充分利用互联网优势可以全面实现远程课程培训、教学交流、远程考试，并可通过互联网下载更新相关的教学内容

图 2—2 为 VNUC 数控车床仿真软件数控操作界面组成。

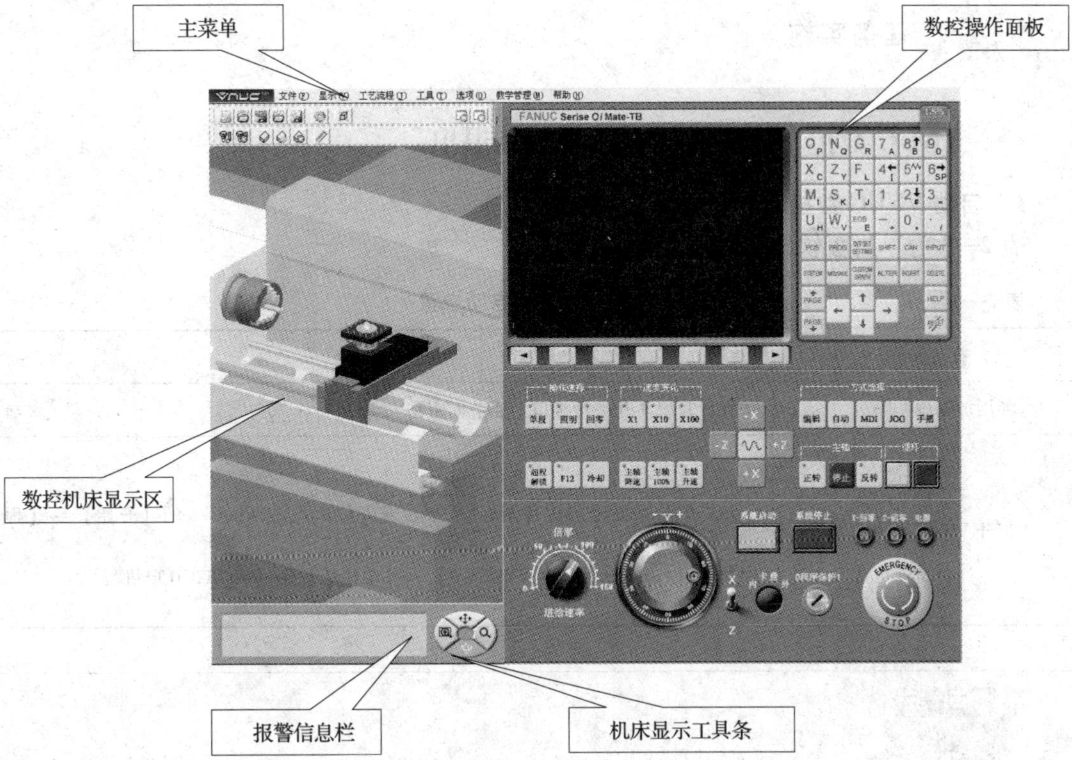

图 2—2　VNUC 数控车床仿真软件数控操作界面组成

表 2—2 为 VNUC 数控车床仿真软件数控操作界面的各组成的内容及功能。

表 2—2　　VNUC 数控车床仿真软件数控操作界面的各组成的内容及功能

组成	内容及功能
主菜单	有文件、显示、工艺流程、工具、选项、教学管理和帮助等内容，可以根据需要选择其中的某一个菜单条
机床显示工具条	有移动机床、旋转机床、局部扩大和扩大/缩小机床等内容，主要用于调整数控机床的显示方式
报警信息栏	用于显示在操作过程中的警告、通知等信息
数控机床显示区	可以显示在模拟数控机床上装夹工件、刀具选择、对刀、零件加工等方面的操作过程
数控操作面板	由数控系统操作面板和机床控制面板两大部分组成。通过对数控操作面板的操作，可以完成数控车床各项基本操作

任务实施

一、VNUC 数控车床仿真软件的启动和退出

1. 启动 VNUC 数控车床仿真单机版软件

表 2—3 为单机版软件的启动步骤。

表 2—3　　单机版软件的启动步骤

操作步骤	操作内容
1. 使用加密狗	在计算机 9 孔串行接口上插上加密狗
2. 打开 VNUC 系统	双击电脑桌面上的软件图标，或者依次点击 Windows 的【开始】→【程序】→【LegalSoft】→【VNUC3. 0】→【单机版】→【VNUC3. 0 单机版】

要点提示

如果启动软件时忘记插上加密狗，就会进入限制模式状态，这时虽然也可进入 VNUC 系统，但是不能执行加工操作。

2. 启动 VNUC 数控车床仿真网络版软件

(1) 启动服务器

表 2—4 为服务器的启动步骤。

表 2—4　　服务器的启动步骤

操作步骤	操作内容
启动服务器	点击服务器桌面上的图标或者依次点击 Windows 的【开始】→【程序】→【LegalSoft】→【VNUC3. 0】→【网络版】→【Server】→【VNUC 服务器】

要点提示

只有当服务器启动后，客户端用户才可进行操作，所以在客户端用户操作软件过程中，必须始终开着服务器端软件。

（2）启动客户端软件

服务器端软件启动后，就可以启动客户端软件了。表 2—5 为客户端软件的启动步骤。

表 2—5　　客户端软件的启动步骤

操作步骤	操作内容
1. 打开登录系统窗口	客户端用户双击电脑桌面上的软件图标 ，或者依次点击 Windows 的【开始】→【程序】→【LegalSoft】→【VNUC3.0】→【网络版】→【VNUC3.0 网络版】，弹出如图 2—3 所示的登录系统窗口
2. 打开 VNUC 系统	“用户名”“密码”栏分别输入名称和密码。然后按“登录”键，就可打开 VNUC 系统

图 2—3　登录系统窗口

（3）新用户注册

首次使用客户端软件的用户要经过注册、授权后才可登录使用软件。注册操作步骤见表 2—6。

表 2—6　　新用户注册操作步骤

操作步骤	操作内容
1. 打开登录系统窗口	客户端用户双击电脑桌面上的软件图标 ，或者依次点击 Windows 的【开始】→【程序】→【LegalSoft】→【VNUC3.0】→【网络版】→【VNUC3.0 网络版】，弹出如图 2—3 所示的登录系统窗口
2. 打开注册用户窗口	按下登录窗口中的注册键，弹出如图 2—4 所示的注册用户窗口
3. 填写注册用户窗口内容	逐项填写各栏内容，然后按“注册”键，注册窗口自动关闭
4. 登录	等待管理员进行授权。得到授权后就可以输入用户名和密码登录软件了

图 2—4　注册用户窗口

3. 退出 VNUC 数控车床仿真软件系统

（1）关闭单机版和网络版客户端软件

表 2—7 为关闭单机版和网络版客户端软件操作步骤。

表 2—7　　关闭单机版和网络版客户端软件操作步骤

操作步骤	操作内容
1. 选择退出路径	点击 VNUC 系统主菜单“文件”项下面的“退出”，或者按快捷键 Ctrl + Q
2. 退出	弹出提示框，询问是否退出，按“确定”就可退出当前数控系统

要点提示

退出 VNUC 系统时，系统会记住用户当前使用的机床和数控系统，下次登录后显示的将是上次退出前的系统。

（2）退出网络版服务器

表 2—8 为退出网络版服务器的操作步骤。

表 2—8　　退出网络版服务器的操作步骤

操作步骤	操作内容
关闭服务器	在服务器上，单击管理程序右上角的 ×，服务器关闭

要点提示

服务器关闭后，即使客户端用户尚未退出 VNUC 系统，也不能继续操作了。

二、VNUC 数控车床仿真软件的文件管理

1. 管理项目

在进行正式加工前，可以建立一个新的项目。

建立项目有两个作用：

一是新建的项目会将这次操作所选用的毛坯、刀具、数控程序等记载下来，以后想加工同样的零件时，只要打开这个项目文件就可以进行加工，而不必再重新进行设置。

二是当操作进行到一半时，如果想退出操作留到下次再加工，可将建立的项目予以保存，下次使用时打开这个项目，还可以接着上一次继续进行操作。

（1）新建项目

表 2—9 为新建项目的操作步骤。

表 2—9　新建项目的操作步骤

操作步骤	操作内容
新建项目	单击菜单栏【文件】→【新建项目】，系统即建立了一个新项目

要点提示

新建项目这个菜单命令与其他菜单命令不同，点击命令后，系统不会弹出对话框或其他信息提示，主窗口中看不到任何变化，但是该命令已经开始执行，新的项目已经自动建立了。如果在第二次按“新建项目”前，没有对第一次建立的项目予以保存，那么第一次建立的项目将无效。

（2）保存项目

表 2—10 为保存项目的操作步骤。

表 2—10　保存项目的操作步骤

操作步骤	操作内容
1. 打开“另存为”对话框	单击菜单栏【文件】→【保存项目】，弹出 Windows“另存为”对话框
2. 处理“另存为”对话框	在对话框中选择要保存项目文件的文件夹和路径，在文件名栏输入项目的名称
3. 保存	按“保存”键保存

要点提示

为方便管理多个项目文件，可以在电脑上建立一个统一的文件夹，以后所有的项目文件都保存在它下面。

（3）打开项目

表 2—11 为打开项目的操作步骤。

表 2—11　　打开项目的操作步骤

操作步骤	操作内容
1. 打开“打开”对话框	单击菜单栏【文件】→【打开项目】，弹出 Windows“打开”对话框
2. 处理“打开”对话框	在对话框中选择保存项目文件的文件夹和文件
3. 打开	按“打开”键打开

要点提示

如果打开的是一个已经完成加工工序的项目，则在主窗口中，毛坯已经安装并装夹完毕，工件坐标原点已设好，数控程序已被导入，这时只需按下机床操作面板上的循环启动按钮即可进行加工。如果打开的是一个未完的项目，则这时的主窗口内将显示上一次保存项目时的状态。

2. 管理代码文件

（1）保存代码文件

表 2—12 为保存代码文件的操作步骤。

表 2—12　　保存代码文件的操作步骤

操作步骤	操作内容
1. 打开“另存为”对话框	单击菜单栏【文件】→【保存 NC 代码文件】，弹出如图 2—5 所示的 Windows“另存为”对话框
2. 处理“另存为”对话框	在对话框中选择要存放零件文件的文件夹和路径，在文件名栏输入项目的名称
3. 保存	按“保存”键保存

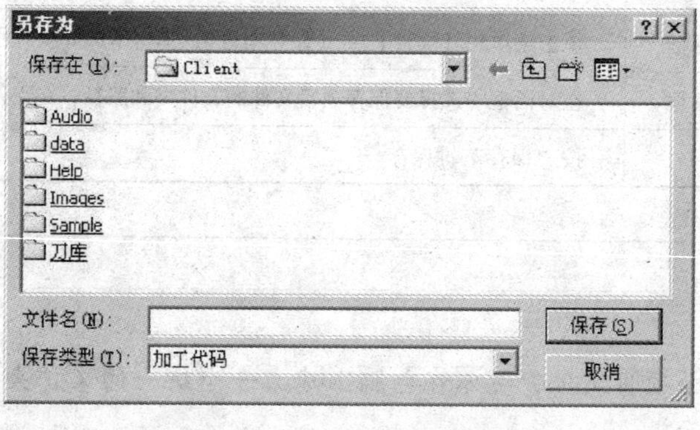

图 2—5　“另存为”对话框

（2）导入代码文件

表 2—13 为导入代码文件的操作步骤。

表 2—13　　导入代码文件的操作步骤

操作步骤	操作内容
1．打开“打开”对话框	单击菜单栏【文件】→【加载 NC 代码文件】，弹出如图 2—6 所示的 Windows“打开”对话框
2．处理“打开”对话框	在对话框中选择保存零件的文件夹和文件
3．打开	按“打开”键打开

图 2—6　“打开”对话框

3．管理零件

在加工操作中，如果操作进行了一部分，因故不能继续进行加工时，可以通过保存零件功能，将零件保存在专门的文件夹里，下次再将其取出，继续进行加工。

（1）保存零件文件

表 2—14 为保存零件文件的操作步骤。

表 2—14　　保存零件文件的操作步骤

操作步骤	操作内容
1．打开“另存为”对话框	单击菜单栏【文件】→【保存零件】，弹出 Windows“另存为”对话框
2．处理“另存为”对话框	在对话框中选择要存放零件文件的文件夹和路径，在文件名栏输入项目的名称
3．保存	按“保存”键保存

要点提示

为方便管理电脑中保存的零件，可以事先建立一个专门存放零件的文件夹。

（2）导入零件文件

表 2—15 为导入零件文件的操作步骤。

表 2—15　　　　　　　　　　　导入零件文件的操作步骤

操作步骤	操作内容
1. 打开“打开”对话框	单击菜单栏【文件】→【打开零件】，弹出 Windows“打开”对话框
2. 处理“打开”对话框	在对话框中选择保存零件的文件夹和文件
3. 打开	按“打开”键打开

任务 2　仿真加工实例

学习目标

1. 进一步掌握 VNUC 数控仿真软件的使用方法。
2. 掌握 VNUC 数控车床仿真软件加工零件的方法。

工作任务

本任务是在计算机上使用 FANUC 0i 数控系统仿真加工如图 2—7 所示零件的左端，毛坯为 45 钢的棒料，小批量生产。

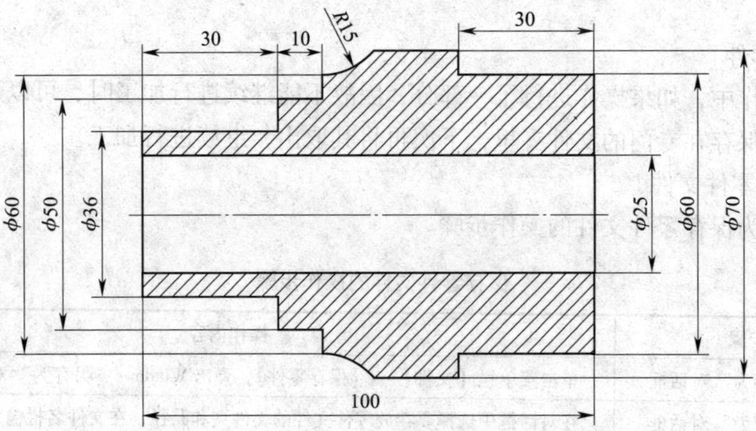

图 2—7　仿真加工实例

相关理论

一、机床的使用

1. 选择机床和数控系统

表 2—16 为选择机床和数控系统的操作步骤。

表 2—16　　　　　　　　　　选择机床和数控系统的操作步骤

操作步骤	操作内容
1. 打开设置窗口	单击菜单栏【选项】下的【选择机床和系统】，弹出如图 2—8 所示设置窗口
2. 选择“机床类型”	从“机床类型”下拉菜单中选中“卧式车床”项
3. 选择“数控系统”	在窗口左下方的“数控系统”列表中选中“FANUC 0i”，右边机床参数栏里显示的是选中机床的有关参数，如图 2—9 所示
4. 确定机床和系统	按“确定”键，设置窗口关闭，主界面左侧的显示区显示卧式车床，右侧的数控系统面板自动切换成 FANUC 0i 数控系统，如图 2—10 所示

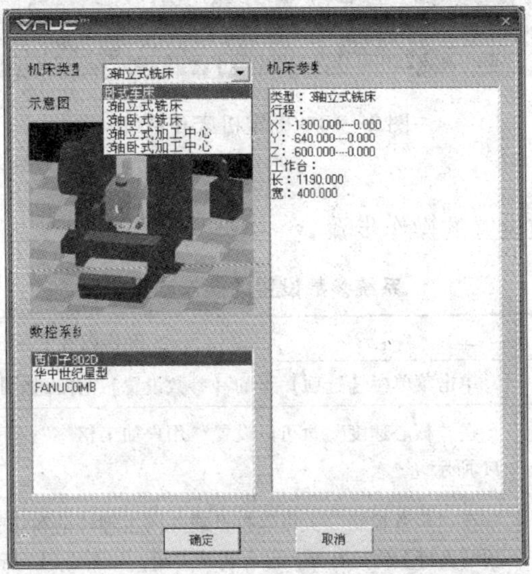

图 2—8　设置窗口

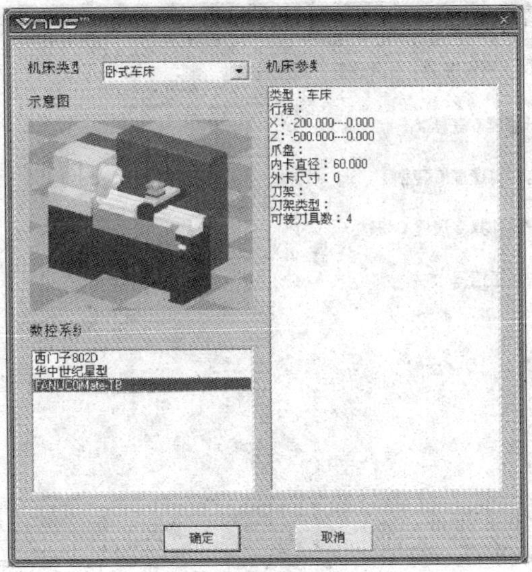

图 2—9　选择数控系统

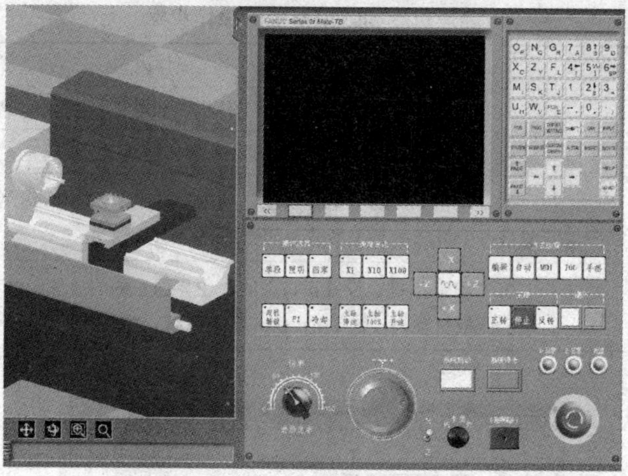

图 2—10　确定机床和系统

2. 系统参数设置

表 2—17 为系统参数设置的操作步骤。

表 2—17　　系统参数设置的操作步骤

操作步骤	操作内容
1. 打开参数设置窗口	单击菜单栏【选项】下的【参数设置】，弹出如图 2—11 所示参数设置窗口
2. 设置“用户加工倍率”	在“核心速度”页可以设置“用户加工倍率”，可以任意设置倍率值，如图 2—11 所示
3. 设置“声音开关”	在“声音控制”页可以打开或关闭主轴转动和切削毛坯时的声音。“声音开关”项前面打上钩是打开，没有钩是关闭，如图 2—12 所示
4. 确定设置	设置完后按“确定”键，窗口自动关闭

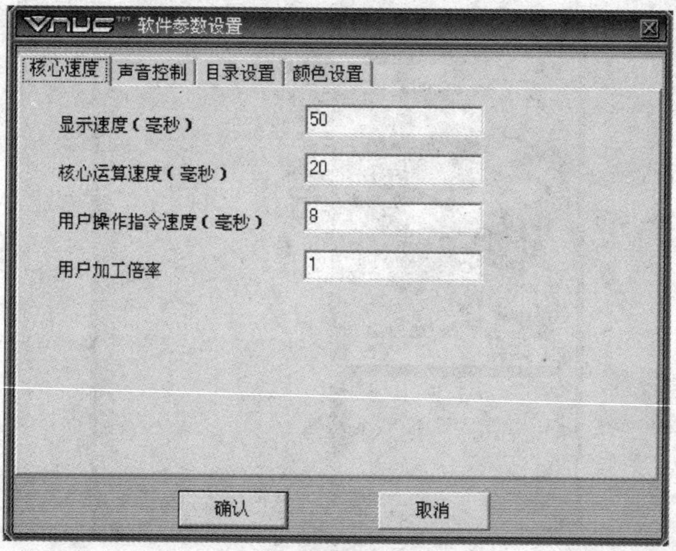

图 2—11　参数设置窗口

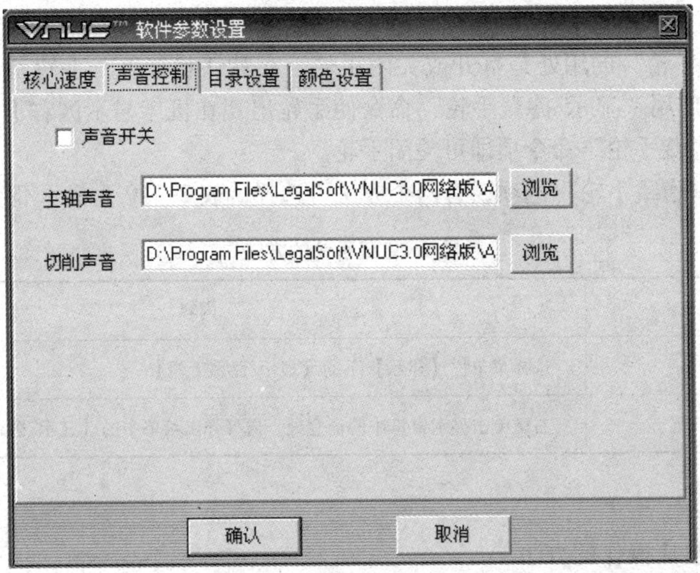

图 2—12　设置“声音开关”

要点提示

数控车床的倍率值最多可设成 50，即将加工速度提高 50 倍。如果电脑硬件配置不是很高，建议不要设 20 以上的值，以免造成死机或出现其他运行故障。设置程序运行倍率可以加快毛坯的加工时间，在加工一些大型的、复杂的零件时，可以大大节省等待的时间。可以在加工前以及加工过程中随时修改运行倍率。

3. 面板的隐藏和显示

(1) 隐藏和显示数控系统

“隐藏/显示数控系统”选项的作用是显示或者不显示主界面右侧的数控系统面板。

当数控系统面板可见时，使用“隐藏/显示数控系统”命令可以隐藏面板；数控系统面板不可见时，使用“隐藏/显示数控系统”命令则显示面板。使用“隐藏/显示数控系统”选项，有两个方法可选择。表 2—18 为隐藏/显示数控系统的方法。

表 2—18　隐藏/显示数控系统的方法

方法	内容
方法一	选择菜单栏【显示】下的【隐藏/显示数控系统】
方法二	右键单击显示窗口中的任意处，选择弹出菜单中的【隐藏/显示数控系统】

要点提示

VNUC 系统主界面的默认设置是左侧为机床加工显示区，右侧为数控系统面板，使用“隐藏/显示数控系统”是为了更清楚地观看加工过程。

（2）隐藏和显示手轮

“显示/隐藏手轮”的用处是打开或关闭手轮。在默认状态下，手轮是不显示的，需要使用手轮时，可使用“显示/隐藏手轮”命令使手轮出现在机床显示区右下方。不用时，再按一下“显示/隐藏手轮”命令项即可关闭手轮。

使用“显示/隐藏手轮”选项，有两个方法可选择。表2—19为显示/隐藏手轮的方法。

表2—19　　显示/隐藏手轮的方法

方法	内容
方法一	选择菜单栏【显示】下的【显示/隐藏手轮】
方法二	右键单击显示窗口中的任意处，选择弹出菜单中的【显示/隐藏手轮】

4. 机床操作

表2—20为机床操作的方法。

表2—20　　机床操作的方法

操作	内容
扩大机床	按下主界面左下方的图标  。选中该图标后，图标会由灰色转成彩色。将光标移到机床上任意处，按下鼠标左键，按住并向下轻轻拖动，放大至满意大小时松开鼠标
缩小机床	按下主界面左下方的图标  。选中该图标后，图标会由灰色转成彩色。光标移到机床上任意处，按下鼠标左键，按住并向上轻轻拖动，缩小至满意大小时松开鼠标
局部扩大	按下主界面左下方的图标  。选中该图标后，图标会由灰色转成彩色。将光标移到机床上需要放大的部位，按下并拖动鼠标左键，随着鼠标的拖动，该部位周围出现一个方框。鼠标拖动得越远，方框越大，将被放大的区域也就越大，松开鼠标，方框所在区域被放大
旋转机床	按下主界面左下方的图标  。选中该图标后，图标会由灰色转成彩色。将光标移到机床上任意处，按下鼠标左键，按住并向目的方向拖动鼠标，旋转至满意位置时松开鼠标
移动机床	按下主界面左下方的移动图标  。选中该图标后，图标会由灰色转成彩色。将光标移到机床上任意处，按下鼠标左键，按住并向目的方向拖动鼠标，机床会随鼠标移动，移动至满意位置时松开鼠标

5. 机床显示复位

显示复位就是将机床图像设成初始大小和位置。无论当前机床图像放大或缩小了多少、方向位置如何调整，只要使用“显示复位”选项，都可使机床的大小、方向恢复到初始大小，也就是刚进入系统时的样子。

使用“显示复位”选项，有两个方法可选择。表 2—21 为机床显示复位的方法。

表 2—21　　机床显示复位的方法

方法	内容
方法一	单击菜单栏【显示】下的【显示复位】
方法二	将光标移到机床上任意位置，然后单击鼠标右键，在弹出的右键菜单中选择【显示复位】，如图 2—13 所示

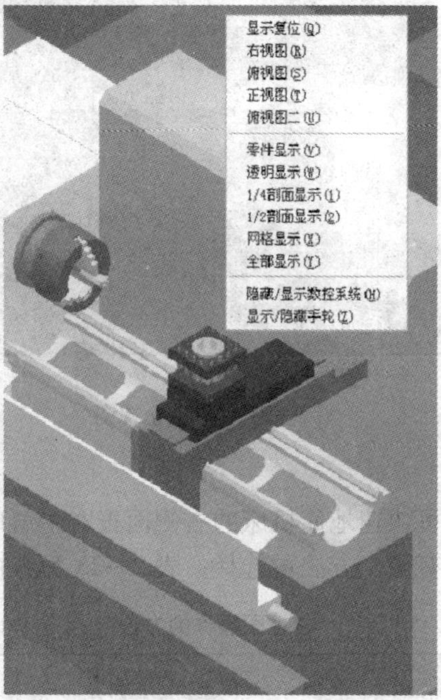

图 2—13　机床显示复位

6. 机床正视图

使用“正视图”选项，可快速地使机床的正面正对主窗口，如图 2—14 所示。

使用“正视图”选项，有两个方法可选择。表 2—22 为正视图操作的方法。

表 2—22　　正视图操作的方法

方法	内容
方法一	单击菜单栏【显示】下的【正视图】
方法二	将光标移到机床上任意位置，然后单击鼠标右键，在弹出的右键菜单中选择【正视图】，如图 2—15 所示

图 2—14　机床正视图

7．机床右视图

使用“右视图”选项，可快速地使机床的右侧面正对主窗口，如图 2—16 所示。

使用“右视图”选项，有两个方法可选择。表 2—23 为右视图操作的方法。

表 2—23　　右视图操作的方法

方法	内容
方法一	单击菜单栏【显示】下的【右视图】
方法二	将光标移到机床上任意位置，然后单击鼠标右键，在弹出的右键菜单中选择【右视图】

8．机床俯视图

俯视图是从上方向下俯瞰机床，着重显示和放大工件部分，以方便加工操作。在数控车床操作中经常会用到机床俯视图。俯视图有两种，如图 2—17 所示。

使用“俯视图一”或“俯视图二”选项，有两个方法可选择。表 2—24 为俯视图操作的方法。

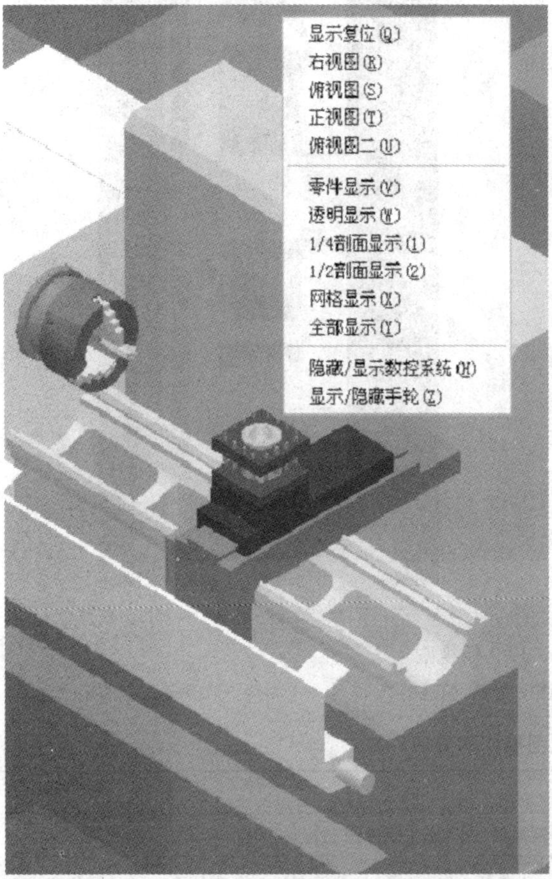

图 2—15　正视图操作的方法

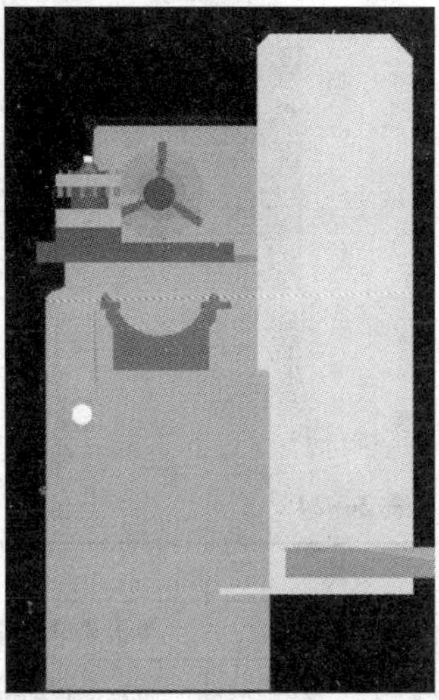

图 2—16　机床右视图

9．零件的特殊显示

（1）透明显示

使用“透明显示”选项，可使机床变为透明，从而突出显示零件，如图 2—18 所示。

使用“透明显示”选项，有两个方法可选择。表 2—25 为透明显示操作的方法。

（2）零件显示

使用“零件显示”选项，可使主窗口中看不到机床，从而突出显示零件，如图 2—19 所示。

使用“零件显示”选项，有两个方法可选择。表 2—26 为零件显示操作的方法。

10．机床辅助视图

在数控车床加工操作中，采用试切法对刀时，可使用“测量”视图来测量毛坯的直径。

表 2—27 为使用测量法测量毛坯直径的方法。

a)

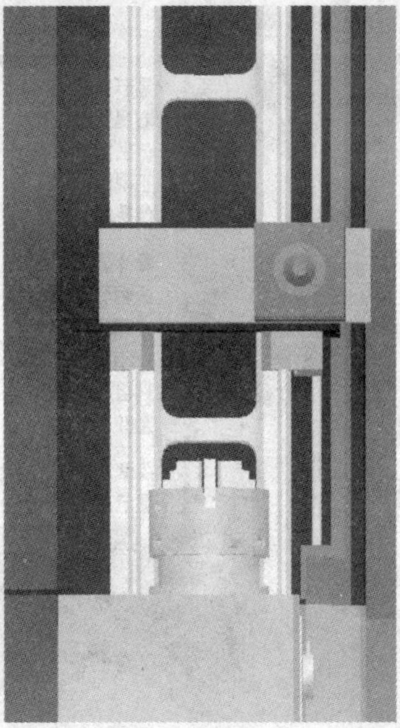

b)

图 2—17　俯视图

a）俯视图一　b）俯视图二

表 2—24　　俯视图操作的方法

方法	内容
方法一	单击菜单栏【显示】下的【俯视图一】或【俯视图二】
方法二	将光标移到机床上任意位置，然后单击鼠标右键，在弹出的右键菜单中选择【俯视图一】或【俯视图二】

a)

b)

图 2—18　正常显示与透明显示的比较

a）正常显示　b）透明显示

表 2—25　　透明显示操作的方法

方法	内容
方法一	选择菜单栏【显示】下的【透明显示】
方法二	右键单击显示窗口中的任意处，选择弹出菜单中的【透明显示】，再按一下该菜单，就可以取消该操作，恢复显示机床

a)

b)

图 2—19　正常显示与零件显示的比较
a）正常显示　b）零件显示

表 2—26　　零件显示操作的方法

方法	内容
方法一	选择菜单栏【显示】下的【零件显示】
方法二	右键单击显示窗口中的任意处，选择弹出菜单中的【零件显示】，再按一下该菜单，就可以取消该操作，恢复显示机床

表 2—27　　使用测量法测量毛坯直径的方法

操作步骤	操作内容
1. 安装毛坯	在数控车床上安装毛坯
2. 打开测量窗口	选择菜单栏【工具】→【测量】，弹出测量窗口，窗口中白框表示毛坯，绿色十字为光标，如图 2—20 所示

续表

操作步骤	操作内容
3. 测量操作步骤一	将光标移到毛坯上沿线上，当光标横线变为玫瑰红色、纵线上出现两个尖端相对的三角时（见图 2—21），按下鼠标左键并向下拖动。这时从刚才按下鼠标的那个点延伸出一根绿线，绿线随光标移动而移动
4. 测量操作步骤二	向下拖动光标直到毛坯下沿线上，当光标与下沿线重合、出现玫瑰色线和两个尖端相对的三角时，按下鼠标左键并向右拖动，如图 2—22 所示
5. 测量操作步骤三	向右拖动鼠标至超出毛坯右侧线，这时会自动显示测量出的直径数值，如图 2—23 所示
6. 完成测量	完成测量后按窗口右上方的 × 键就可关闭窗口

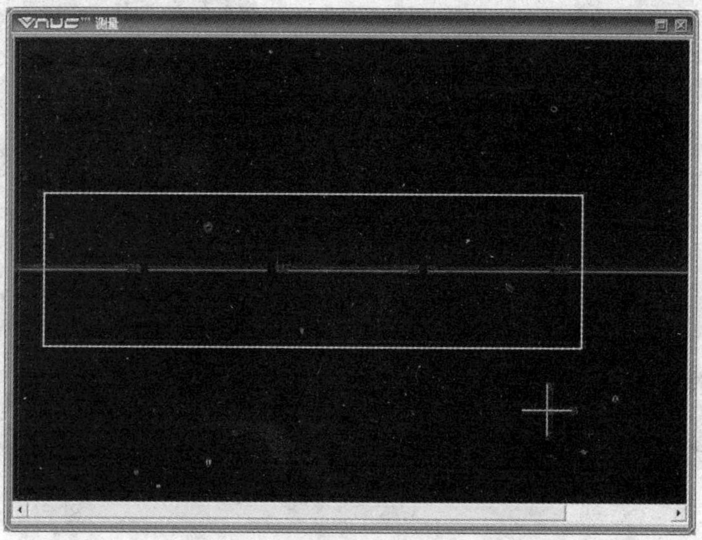

图 2—20　测量窗口

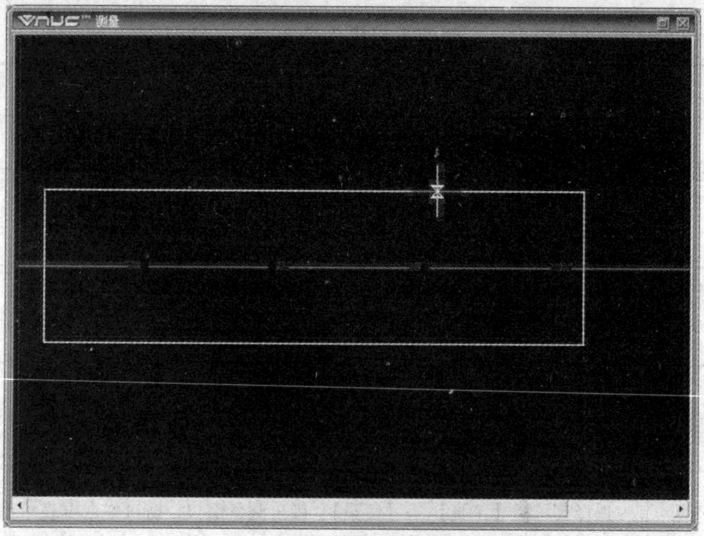

图 2—21　测量操作步骤一

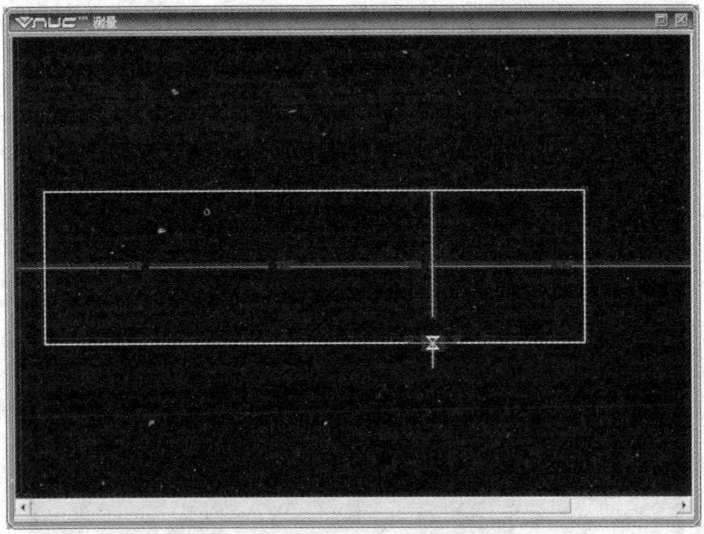

图 2—22　测量操作步骤二

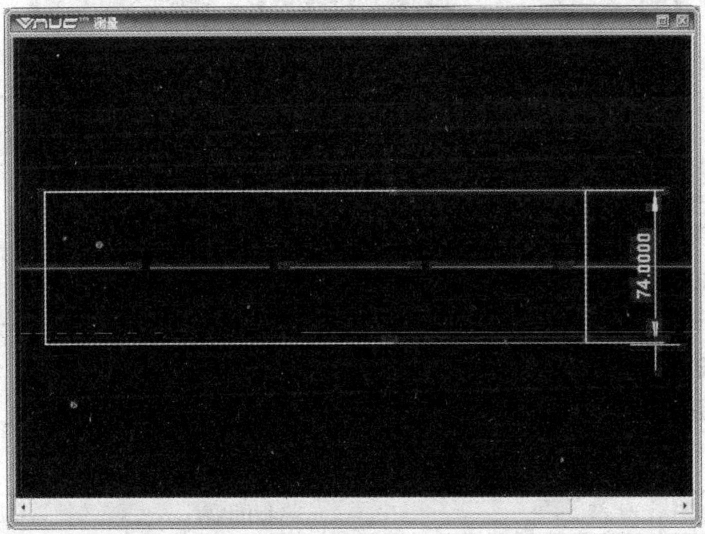

图 2—23　测量操作步骤三

二、数控车床刀具库管理

1. 打开刀具库

表 2—28 为打开刀具库的操作步骤。

表 2—28　　**打开刀具库的操作步骤**

操作步骤	操作内容
打开刀具库	当进入数控车床系统后，单击主界面菜单栏【工艺流程】下的【车刀刀库】项，就可以打开数控车床的刀具库，如图 2—24 所示

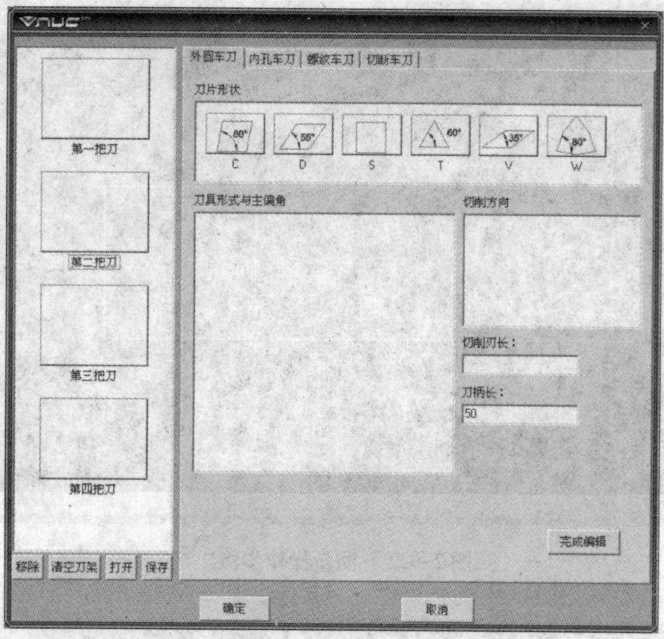

图 2—24　数控车床的刀具库

要点提示

刀具库最多可建立四把刀。建立的刀具文件可以保存到电脑上，以后可以随时导入刀具库。

2．建立和安装新刀具

表 2—29 为建立和安装新刀具的操作步骤。

表 2—29　　建立和安装新刀具的操作步骤

操作步骤	操作内容
1．选择刀具	在刀具列表中单击选中一把刀
2．选择刀具类型	在系统预设的外圆车刀、内孔车刀、螺纹车刀、切断车刀四种类型刀具中，选择一种刀具类型
3．设置刀具参数	单击选中其中一种类型刀具后，窗口会显示该类型刀具的具体参数。根据加工工艺需要进行设定，如图 2—25 所示
4．新建刀具	完成设置后，按“完成编辑”键。刀具列表中出现了新建立的刀具
5．建立其他刀具	重复上述操作，直到建立了所有需要的刀具
6．安装新刀具	按刀具库窗口下方的“确定”键，窗口自动关闭。同时，数控车床的刀架上出现新建立的刀具

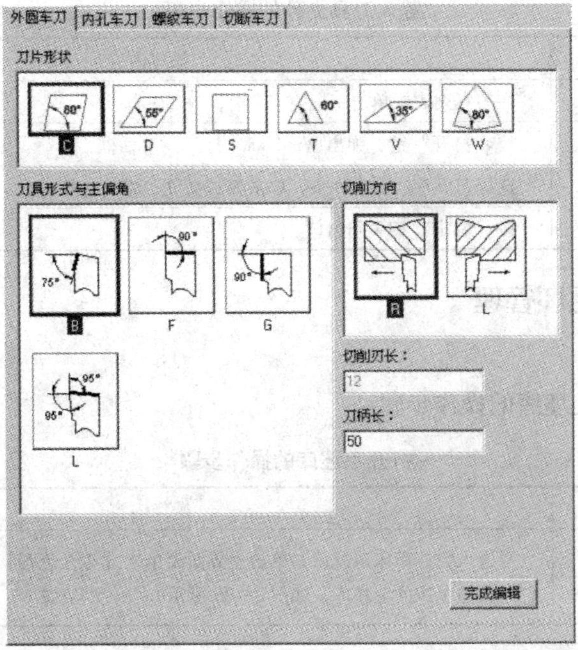

图 2—25　设置刀具参数

3．移除刀具

表 2—30 为移除刀具的操作步骤。

表 2—30　　　　　　　　　　　　移除刀具的操作步骤

操作步骤	操作内容
1．选择刀具	在刀具列表中单击选中欲移除的刀具
2．移除刀具操作	按“移除”键，该刀具从刀具列表中消失
3．完成刀具移除	按刀具库窗口下方的“确定”键，窗口自动关闭。同时，车床的刀架上该把刀的刀位空出

4．保存刀具文件

表 2—31 为保存刀具文件的操作步骤。

表 2—31　　　　　　　　　　　　保存刀具文件的操作步骤

操作步骤	操作内容
1．选择刀具	在刀具列表中单击选中欲保存的刀具
2．打开“另存为”对话框	按“保存”键，弹出 Windows“另存为”对话框
3．保存刀具文件	选择存放路径，输入刀具名称，然后按“保存”键将其保存在电脑中
4．完成保存刀具文件	按“确定”键关闭窗口

5．载入刀具文件

表 2—32 为载入刀具文件的操作步骤。

表 2—32　　载入刀具文件的操作步骤

操作步骤	操作内容
1. 选择刀具	在刀具列表中单击一把空刀
2. 打开“打开”对话框	按“打开”键，弹出 Windows“打开”对话框
3. 载入刀具文件	选择刀具存放的文件夹，单击刀具文件，将其打开
4. 完成载入刀具文件	按“确定”键关闭窗口

三、数控车床毛坯管理

1. 打开毛坯库

表 2—33 为打开毛坯库的操作步骤。

表 2—33　　打开毛坯库的操作步骤

操作步骤	操作内容
打开毛坯库	当进入数控车床系统后，单击主界面菜单栏【工艺流程】下的【毛坯】项，就可以打开数控车床的毛坯库，如图 2—26 所示

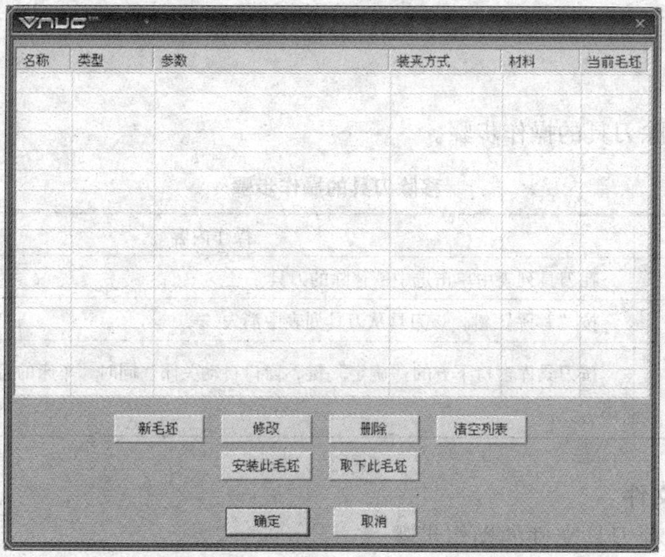

图 2—26　数控车床的毛坯库

要点提示

毛坯库窗口上方为毛坯列表，下方的各个按键用于建立新毛坯，建立的新毛坯都会自动添加到毛坯列表里。毛坯列表里的毛坯可以被安装到机床上，也可以修改某些属性。在退出当前使用的数控系统后，毛坯列表会自动清空。

2．新建毛坯

表 2—34 为新建毛坯的操作步骤。

表 2—34　　　　新建毛坯的操作步骤

操作步骤	操作内容
1．设置毛坯参数	按毛坯库窗口中的“新毛坯”键，弹出毛坯设置窗口。在窗口左侧设置毛坯的有关参数，右侧查看框里显示设置的情况，如图 2—27 所示
2．设置毛坯名称	在“名称”项中设置毛坯名称。系统默认的名称是“毛坯 1”。可根据建立的毛坯数量命名为毛坯 1、毛坯 2 等，也可使用其他名称
3．设置毛坯尺寸	在外径、内径、高三个空白栏里分别输入毛坯的尺寸，尺寸单位 mm
4．选择材料	在“材料”项的下拉菜单里选择所需材料。可供选择的毛坯材料有低碳钢等 73 种。可根据要加工的零件工艺要求来选择
5．选择夹具	在“夹具”项的下拉菜单里选择夹具（如“三爪卡盘”）
6．完成新建毛坯	按“确定”键关闭毛坯窗口，返回毛坯库窗口

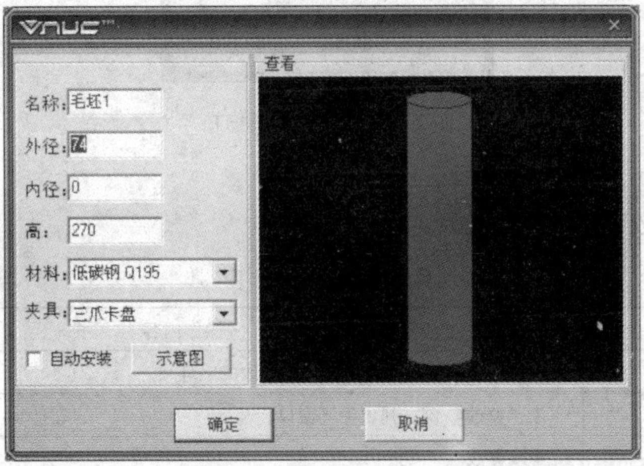

图 2—27　设置毛坯参数

要点提示

重复新建毛坯的操作，可以在毛坯列表中建立多个毛坯。但是这里建立的毛坯不能永久保存，一旦退出系统，毛坯列表就会自动清空。

3．安装毛坯

表 2—35 为安装毛坯的操作步骤。

表 2—35 安装毛坯的操作步骤

操作步骤	操作内容
1. 选择毛坯	选中毛坯列表中要安装的毛坯
2. 安装毛坯	按“安装此毛坯”键
3. 关闭毛坯库窗口	按“确定”键关闭毛坯库窗口
4. 打开调整夹具窗口	毛坯被安装到机床夹具上，同时弹出调整夹具窗口，如图 2—28 所示
5. 调整毛坯和夹具的相对位置	单击“向左”“向右”键，可以调整毛坯和夹具的相对位置。单击“掉头”键，系统会自动把毛坯掉头，以便加工毛坯的另一端
6. 完成毛坯安装	调整完毕后，按“关闭”键

图 2—28 调整夹具窗口

4. 修改毛坯

表 2—36 为修改毛坯的操作步骤。

表 2—36 修改毛坯的操作步骤

操作步骤	操作内容
1. 选择毛坯	在毛坯库的毛坯列表中选中要修改的毛坯
2. 打开毛坯窗口	按“修改”键，弹出毛坯窗口
3. 调整毛坯参数	修改参数
4. 完成毛坯修改	按“确定”键，修改的内容被保存

5. 删除毛坯

删除毛坯是删除已经建立的毛坯。表 2—37 为删除毛坯的操作步骤。

表 2—37 删除毛坯的操作步骤

操作步骤	操作内容
1. 选择毛坯	在毛坯库的毛坯列表中选中要删除的毛坯
2. 打开提示框	弹出提示框问是否删除该毛坯
3. 完成毛坯删除	按“确定”键，该毛坯从毛坯列表中消失

6. 拆除毛坯

拆除毛坯是将毛坯从夹具上取下。被取下的毛坯仍在毛坯列表里，还可以再次安装使用。表 2—38 为拆除毛坯的操作步骤。

表 2—38　　拆除毛坯的操作步骤

操作步骤	操作内容
1. 打开毛坯库窗口	单击主界面菜单栏【工艺流程】下的【毛坯】项，打开毛坯库窗口
2. 选择毛坯	选中毛坯列表中要拆除的毛坯
3. 打开提示框	按“取下此毛坯”键，弹出提示框问是否取下该毛坯
4. 完成毛坯拆除	按“是”，按“确认”键关闭毛坯库窗口，机床夹具上的毛坯被取下

7. 移动毛坯

表 2—39 为移动毛坯的操作步骤。

表 2—39　　移动毛坯的操作步骤

操作步骤	操作内容
1. 打开调整窗口	单击主界面菜单栏【工艺流程】下的【移动毛坯】项，出现调整窗口，如图 2—29 所示
2. 调整毛坯和夹具的相对位置	单击“向左”“向右”键，可以调整毛坯和夹具的相对位置。单击“掉头”键，系统会自动把毛坯掉头，以便加工毛坯的另一端
3. 完成毛坯移动	调整完毕后，按“关闭”键

图 2—29　调整窗口

任务实施

一、加工准备

1. 加工程序（加工零件左端）

表 2—40 为根据零件图编写的程序。

表 2—40　根据零件图编写的程序（供参考）

零件号		零件名称		编制			
程序段号	O0001			日期			
N10	T0101；						
N20	G00 X75.0 Z5.0 S500 M03；						
N30	G71 U2.0 R0.5；						
N40	G71 P50 Q110 U0.3 W0.1 F0.2；						
N50	G01 X36.0；						
N60	Z－30.0；						
N70	X50.0；						
N80	Z－40.0；						
N90	X60.0；						
N100	G02 X70.0 W－16.583 R15.0；						
N110	G01 X75.0；						
N120	G70 P50 Q110；						
N130	G00 X100.0 Z100.0；						
N140	M05；						
N150	M30；						

2．数控仿真加工步骤

表 2—41 为数控仿真加工步骤。

表 2—41　数控仿真加工步骤

步骤	内容
步骤一	打开仿真软件选择机床
步骤二	机床回零点
步骤三	安装工件
步骤四	安装刀具
步骤五	建立工件坐标系
步骤六	上传 NC 语言
步骤七	自动加工

二、具体操作

1．打开仿真软件选择机床

表 2—42 为打开仿真软件选择机床的步骤。

表 2—42　　打开仿真软件选择机床的步骤

操作步骤	操作内容
1. 打开 VNUC 系统	单机版用户双击电脑桌面上的软件图标，或者依次点击 Windows 的【开始】→【程序】→【LegalSoft】→【VNUC3.0】→【单机版】-【VNUC3.0 单机版】 网络版用户先启动服务器，然后在客户端电脑桌面上双击软件图标，或者依次点击 Windows 的【开始】→【程序】→【LegalSoft】→【VNUC3.0】→【网络版】→【VNUC3.0 网络版】，弹出如图 2—30 所示的登录系统窗口，输入用户名和密码，按“登录”键进入
2. 选择机床和系统	从软件的菜单栏里的【选项】中选择【选择机床和系统】，如图 2—31 所示，进入选择机床对话框，选择机床和系统
3. 确定机床和系统	确定机床和系统如图 2—32 所示

图 2—30　登录系统窗口

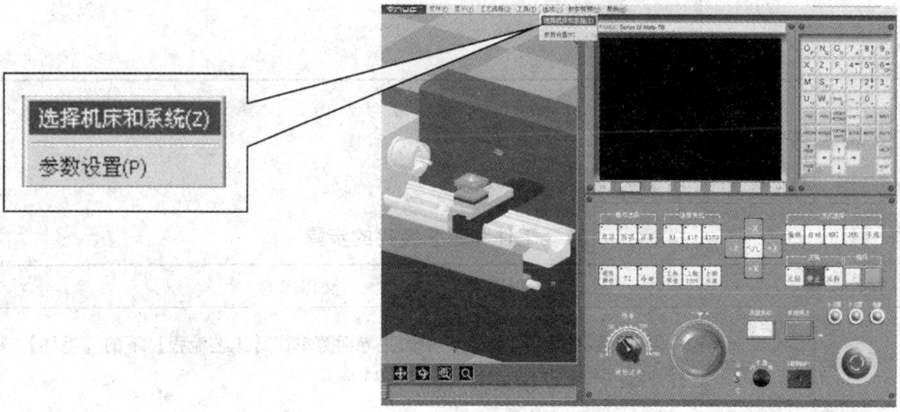

图 2—31　选择机床和系统

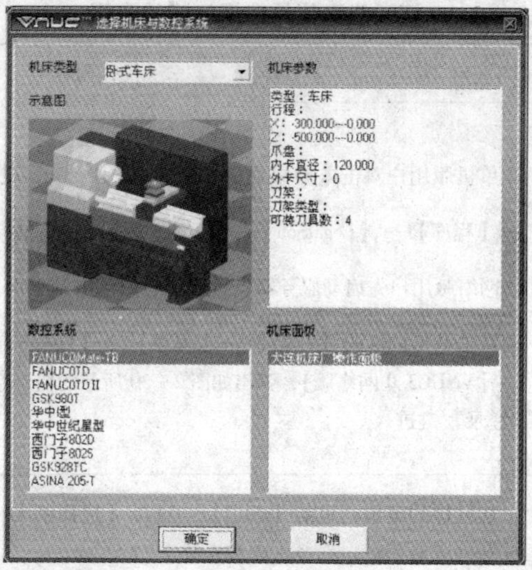

图 2—32　确定机床和系统

2．机床回零点

表 2—43 为机床回零点的步骤。

表 2—43　　机床回零点的步骤

操作步骤	操作内容
1．开机	松开“急停”按钮 ，按“系统启动”按钮 
2．选择“JOG”方式	单击 
3．机床回零点	按下“回零”键 ，按“+*X*”键 （刀具沿 *X* 轴正方向运动），按“+*Z*”键 （刀具沿 *Z* 轴正方向运动）。运动结束后，相应的指示灯会亮，说明“回零”完成

3．安装工件和工艺装夹

表 2—44 为安装工件和工艺装夹的步骤。

表 2—44　　安装工件和工艺装夹的步骤

操作步骤	操作内容
1．打开毛坯库	当进入数控车床系统后，单击主界面菜单栏【工艺流程】下的【毛坯】项，就可以打开数控车床的毛坯库，如图 2—33 所示
2．设置毛坯参数	按毛坯库窗口中的“新毛坯”键，弹出毛坯设置窗口，如图 2—34 所示。在窗口左侧设置毛坯的有关参数，右侧查看框里显示设置的情况

续表

操作步骤	操作内容
3. 完成新建毛坯	按“确定”键关闭毛坯窗口，返回毛坯库窗口，如图2—35所示
4. 选择毛坯	选中毛坯列表中要安装的毛坯
5. 安装毛坯	按“安装此毛坯”键
6. 关闭毛坯库窗口	按“确定”键关闭毛坯库窗口
7. 打开调整夹具窗口	毛坯被安装到机床夹具上，同时弹出调整夹具窗口，如图2—36所示
8. 调整毛坯和夹具的相对位置	单击“向左”“向右”键，可以调整毛坯和夹具的相对位置
9. 完成工件安装	调整完毕后，按“关闭”键

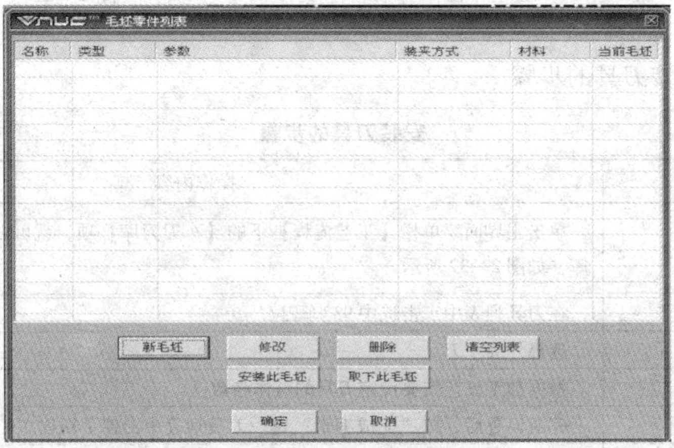

图2—33　数控车床的毛坯库

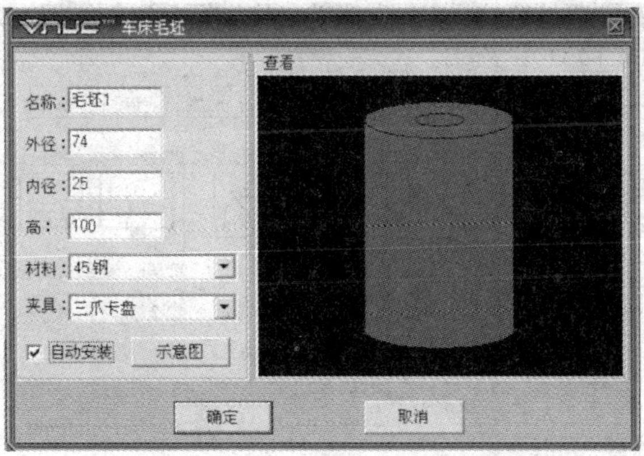

图2—34　毛坯设置窗口

图 2—35　毛坯库窗口

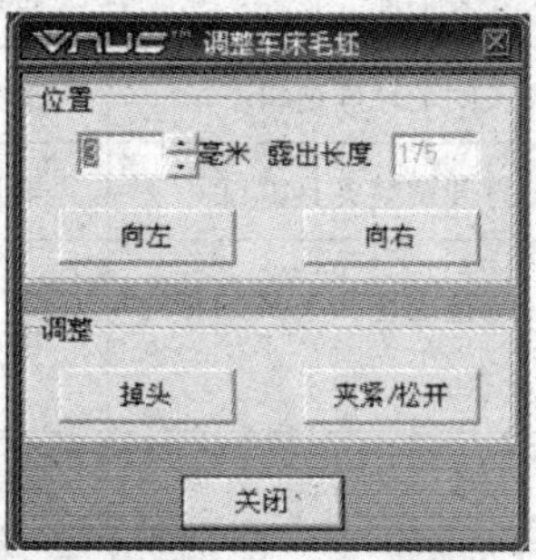

图 2—36　调整夹具窗口

4．安装刀具

表 2—45 为安装刀具的步骤。

表 2—45　　　　**安装刀具的步骤**

操作步骤	操作内容
1．打开刀具库	单击主界面菜单栏【工艺流程】下的【车刀刀库】项，就可以打开数控车床的刀具库，如图 2—37 所示
2．选择刀具	在刀具列表中点击选中 93°车刀
3．选择刀具类型	选择外圆车刀
4．设置刀具参数	根据加工工艺需要设定刀具的具体参数
5．新建刀具	完成设置后，按“完成编辑”键。刀具列表中出现了新建立的刀具
6．安装新刀具	按刀具库窗口下方的“确定”键，窗口自动关闭。同时，数控车床的刀架上出现新建立的刀具

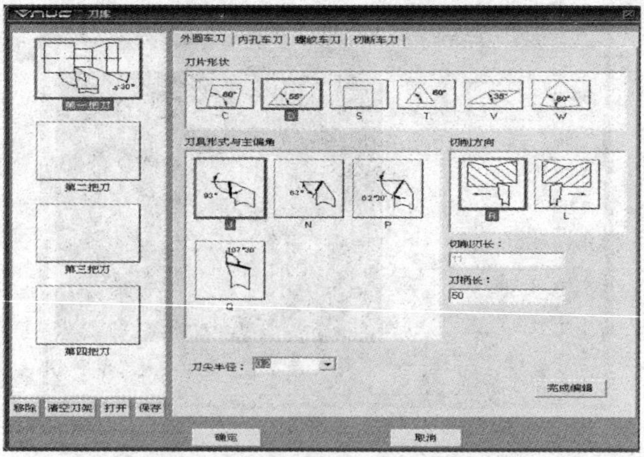

图 2—37　数控车床的刀具库

5. 建立工件坐标系

假设把工件坐标系定在工件右端面中心。表 2—46 为建立工件坐标系的步骤。

表 2—46　　　　建立工件坐标系的步骤

操作步骤	操作内容
1. 试切工件	选主轴 [正转]，在控制面板上按 [JOG]，选择“JOG”方式，按 [+Z] 和 [+X]，试切端面和外圆，如图 2—38 所示
2. 测量	在菜单栏里单击【工具】下的【测量】选项，测量出试切毛坯直径为 72. 133 mm，如图 2—39 所示
3. 建立工件坐标系	单击 OFFSET SETTING [OFFSET SETTING]，此时出现的画面如图 2—40 所示。单击“补正”下面的按钮所出现的画面如图 2—41 所示。将光标移动到“G 01”行段，在输入区域内输入“X72. 133”，单击软键“测量”即可完成 *X* 向刀具补正参数的输入。切削端面后，在输入区域内输入“Z0”即可

图 2—38　试切端面和外圆

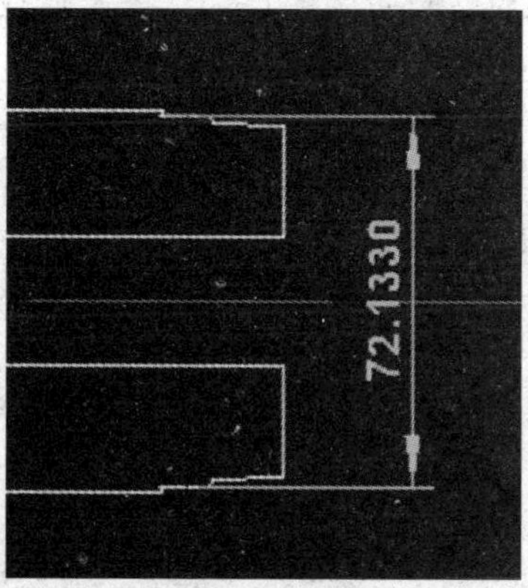

图 2—39　测量

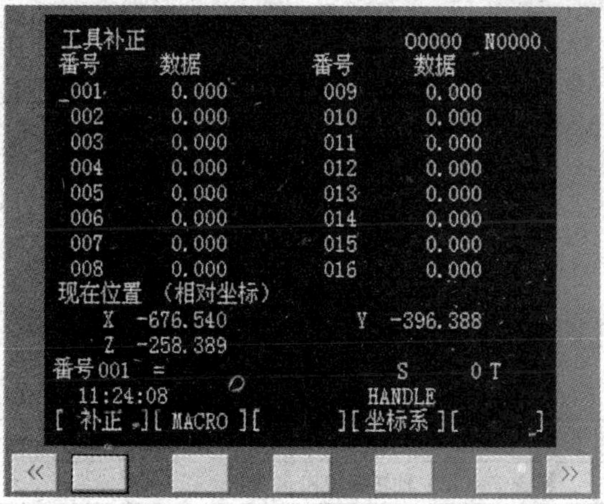

图 2—40　工具补正窗口

6. 上传 NC 语言

表 2—47 为上传 NC 语言的步骤。

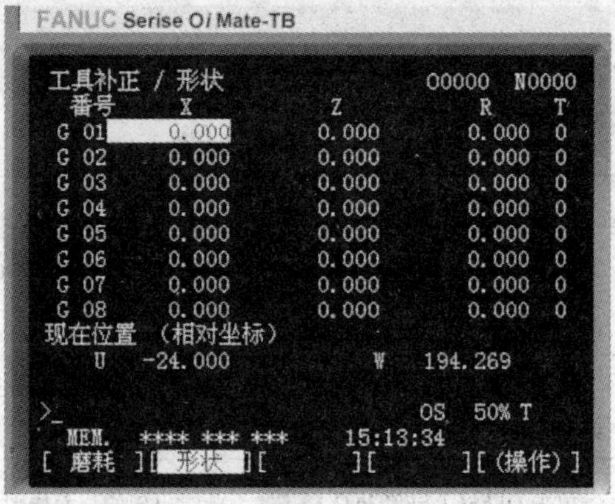

图 2—41　建立工件坐标系

表 2—47　**上传 NC 语言的步骤**

操作步骤	操作内容
1. 选择“自动”方式	按 
2. 打开“打开”对话框	选择【文件】下的【加载 NC 代码文件】，会出现如图 2—42 所示的对话框
3. 上传 NC 语言	在存放代码文件夹中找寻代码文件（即用户编写的程序，此代码文件路径是个人规定的），找到文件后，双击，代码就会自动出现在显示窗口中

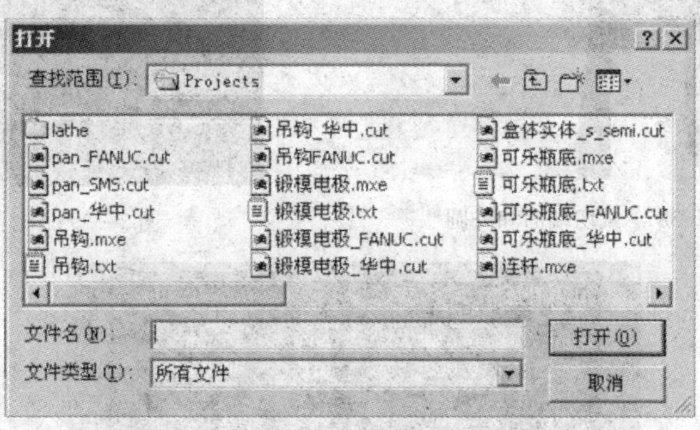

图 2—42　对话框

7. 自动加工

表 2—48 为自动加工的步骤。

表 2—48　**自动加工的步骤**

操作步骤	操作内容
1. 检查	检查倍率和主轴转速按钮
2. 自动加工	开启循环启动按钮 
3. 完成加工	工件生成

项目三

数控车削编程加工入门

任务1　台阶轴编程加工

学习目标

1. 熟悉数控车削加工路线的确定原则，合理确定轮廓粗、精加工路线。
2. 熟悉轮廓基点的相关知识，准确给出轮廓基点坐标。
3. 掌握数控编程常用插补指令的格式、功能。
4. 巩固数控编程基础知识和编程规则，掌握数控车削开始和结束程序段的编程模式。
5. 根据加工要求完成台阶轴工件的编程与自动加工。

工作任务

任务要求：完成图3—1所示台阶轴的数控编程加工，毛坯尺寸为 $\phi30$ mm × 50 mm，材料为45钢。

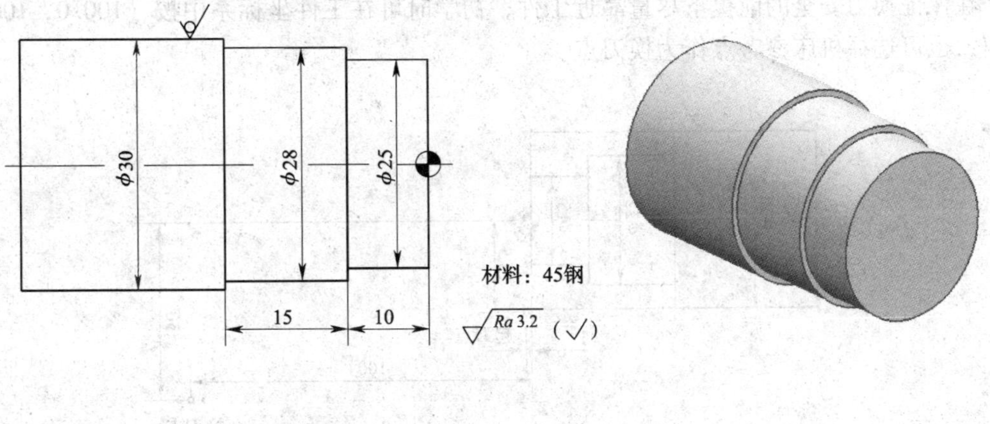

图3—1　直线轮廓零件编程加工实例一

任务分析：该任务为直线轮廓零件——台阶轴的编程加工。编程方面，在熟悉程序和程序段基本格式及编程规则的基础上，应用G00、G01指令即可完成。工艺方面着重介绍数控车削加工方案和加工路线的确定。

相关理论

一、数控车削加工路线

1. 加工路线的确定原则

在数控加工中，刀具刀位点相对于工件运动的轨迹称为加工路线，泛指刀具从对刀点（或机床参考点）开始运动起，直至加工结束所经过的路径，包括切削加工的路径及刀具引入、返回等非切削空行程。

编程时，加工路线的确定原则主要有以下几点：

（1）加工路线的确定首先必须保证被加工零件的精度及表面粗糙度要求。

（2）其次考虑数值计算简便，以减少编程工作量。

（3）应使走刀路线尽量短、效率较高。

（4）加工路线还应根据工件的加工余量和机床、刀具的刚度等具体情况确定。

考虑到数控车削的特点，工件的完工轮廓应由最后一刀连续加工而成，所以工件精加工的进给路线基本上沿轮廓进行，所以确定加工路线的重点主要在于确定粗加工及空行程的路线。

2. 起刀点与换刀点的选择

为尽量缩短空行程路线，应合理选择“起刀点”和“换刀点”。

数控车削加工中，起刀点一般作为切削加工程序运行的起点。考虑到进刀（刀具引入）的安全性，并尽可能减少切削进给时的空行程，起刀点一般选择在径向等于或略大于工件毛坯直径，轴向距工件端面 1 ~ 2 mm 的位置上。

换刀点是指刀架转位换刀时的位置。在数控车床上，该点的位置不是固定的。实际加工中，要考虑到换刀时刀具与工件、夹具及机床尾座等不发生干涉，对前置刀架一般可设在工件的右前侧，对后置刀架可设在工件的右后侧，其设定值一般根据刀具在刀架上的悬伸量确定，在保证换刀安全的前提下尽量靠近工件，初学时可在工件坐标系中按（100. 0，100. 0）取值，也可选择机床参考点作为换刀点。

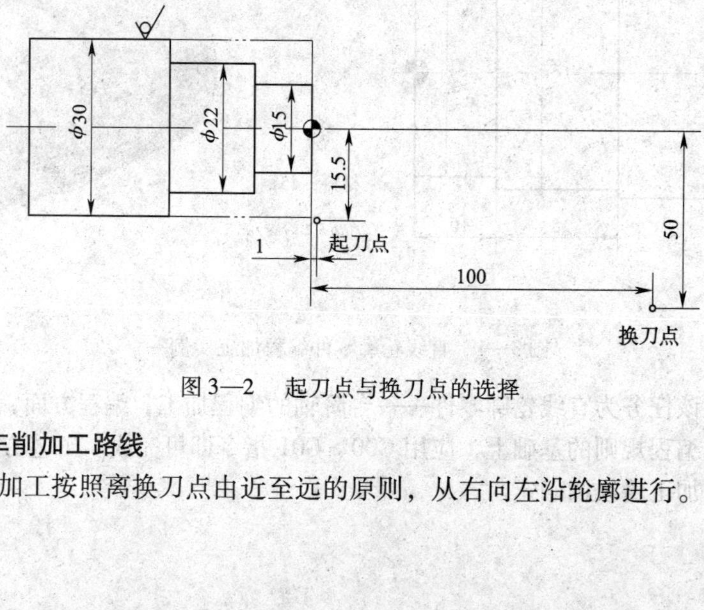

图 3—2　起刀点与换刀点的选择

3. 台阶轴车削加工路线

台阶轴的精加工按照离换刀点由近至远的原则，从右向左沿轮廓进行。台阶轴粗加工路线有分段粗车和分层粗车两种，其中分段粗车也应遵循先近后远的原则进行加工，车削进给路线如图 3—3 所示。相对于分层粗车，虽然分段粗车加工路线稍长，但先近后远车削有利于保持工件的刚度，改善切削条件。所以，台阶轴加工中宜采用分段粗车沿轮廓精车的加工路线。

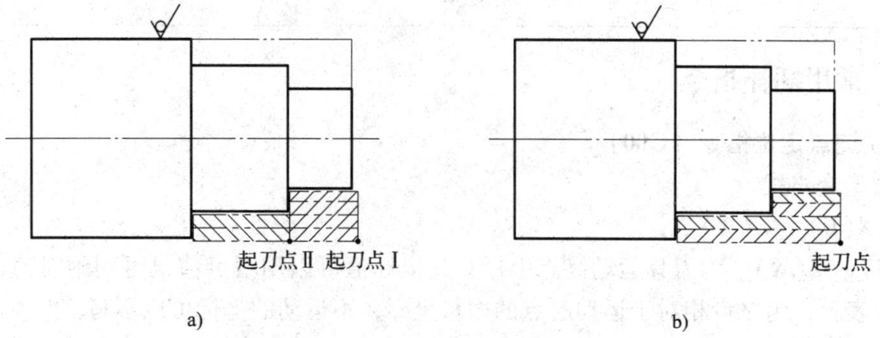

图 3—3　台阶轴车削加工路线

a）分段粗车　b）分层粗车

想一想

图示加工路线与普通车削加工的加工路线相比有何异同？

二、基点的概念及基点坐标的确定

数值计算是数控编程，特别是手工编程中的重要一环，其中选择编程原点，对零件图样各基点进行正确的数学计算是数值计算中的重要工作之一。

1．基点的含义

构成零件轮廓的不同几何要素的交点或切点称为基点，它可以直接作为刀位点运动轨迹的起点和终点。如图 3—4 所示的 *A*、*B*、*C*、*D*、*E* 和 *F* 各点都是该零件轮廓上的基点。

2．基点计算的内容

根据直接填写加工程序时的要求，确定每条运动轨迹（线段）的起点或终点在选定坐标系中的各坐标值和圆弧运动轨迹的圆心坐标值等是基点计算的主要内容。

基点的计算方法很多，一些基点可以根据零件图的尺寸标注直接或通过简单换算获得，如图 3—4 中的 *A*、*B*、*C*、*E*、*F* 点。还有一些基点需要用代数或几何的方法进行计算，如图中的 *D* 点。对于较简单轮廓基点坐标的计算一般要求学生能够手工完成，而对于较复杂轮廓的基点坐标则一般借助辅助绘图软件（如 CAXA 电子图板、AutoCAD 等）绘图后，用查询点坐标的方式获得。

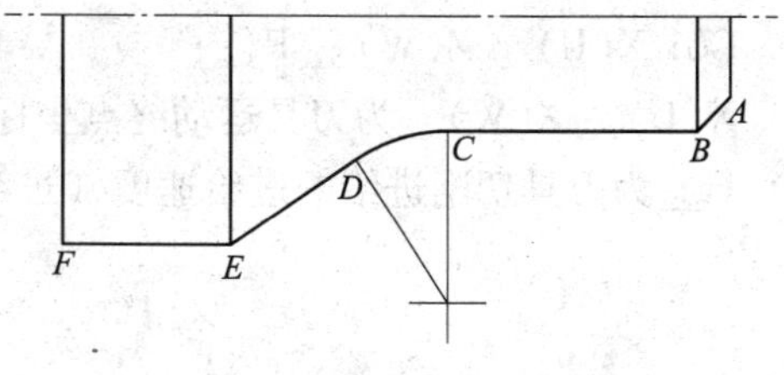

图 3—4　零件轮廓上的基点

提示

数控车削系统默认状态中，*X* 轴方向的坐标数据一般以直径量表示，所以在查询到的基点坐标数据中，*X* 轴方向的坐标值应乘 2。

三、常用插补指令

1. 快速点定位指令（G00）

（1）指令格式

G00 X(U)__ Z(W)__;

X(U)__ Z(W)__为刀具运动终点坐标，其坐标值可以用增量值也可用绝对值，增量值用 U、W 表示，为终点相对于运动起点的增量坐标，不运动的坐标可以不写。

例 G00 X30.0 Z10.0;

（2）功能

使刀具从当前点快速移动至程序段中指定的位置。

（3）指令说明

G00 不用指定移动速度，其移动速度由机床系统参数设定。在实际操作时，也能通过机床控制面板上的按钮"F0""F25""F50"和"F100"对 G00 移动速度进行调节。

快速移动的轨迹通常为折线形轨迹，如图 3—5 所示，图中快速移动轨迹 *OA* 和 *BD* 的程序段如下所示：

OA：G00 X20.0 Z30.0;

BD：G00 X60.0 Z0;

对于 *OA* 程序段，刀具在移动过程中先在 *X* 和 *Z* 轴方向移动相同的增量，即图中的 *OB* 轨迹，然后再从 *B* 点移动至 *A* 点。同样，对于 *BD* 程序段，则由轨迹 *BC* 和 *CD* 组成。

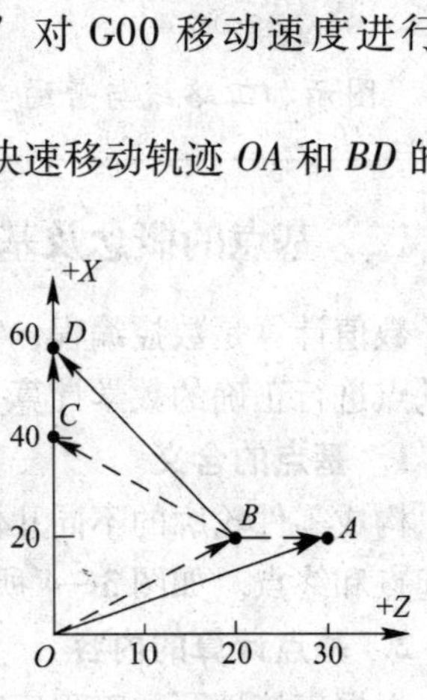

图 3—5 G00 轨迹实例

由于 G00 的轨迹通常为折线形轨迹，因此，要特别注意采用 G00 方式进、退刀时，刀具相对于工件、夹具所处的位置，以避免在进、退刀过程中刀具与工件、夹具等发生碰撞。

2. 直线插补指令（G01）

（1）指令格式

G01 X(U)__ Z(W)__ F__;

X(U)__ Z(W)__为刀具运动终点坐标，不运动的坐标可以不写。

F__为刀具切削进给的进给速度（进给量）。

想一想

刀具的切削进给方式分为分钟进给和转进给两种，分别用何种 G 指令指定？FANUC 0i Mate－TB 系统的默认进给方式是分钟进给还是转进给？

（2）功能

刀具以指定的进给速度移动到程序段中指定的位置。

例 图 3—6 中切削运动轨迹 *CD* 的程序段为：G01 X40.0 Z0 F0.2；

（3）指令说明

G01 指令是直线运动指令，它命令刀具在两坐标轴间以插补联动的方式按指定的进给速度作任意斜率的直线运动。因此，执行 G01 指令的刀具轨迹是直线形轨迹，它是连接起点和终点的一条直线。

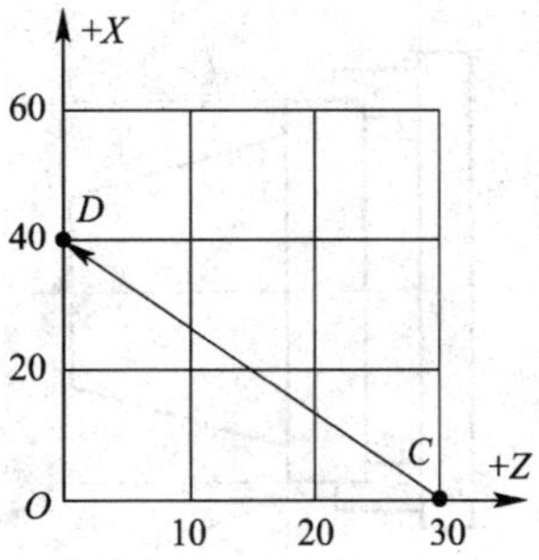

图 3—6　G01 轨迹实例

在 G01 程序段中必须含有 F 指令。如果在 G01 程序段中没有 F 指令，而在 G01 程序段前也没有指定 F 指令，则机床不运动，有的系统还会出现系统报警。

3. 自动返回参考点指令 G28

（1）指令格式

G28 X(U)__ Z(W)__；

X(U)__ Z(W)__为返回过程中经过的中间点坐标，其坐标值可以用增量值也可以用绝对值，增量值用 U、W 表示。

（2）指令说明

在返回参考点过程中，设定中间点的目的是防止刀具与工件或夹具发生干涉，如图 3—7 所示。

例 G28 X50.0 W0；

刀具先快速定位到工件坐标系的中间点（50.0，－20.0）处，再返回机床 *X*、*Z* 轴的参考点。

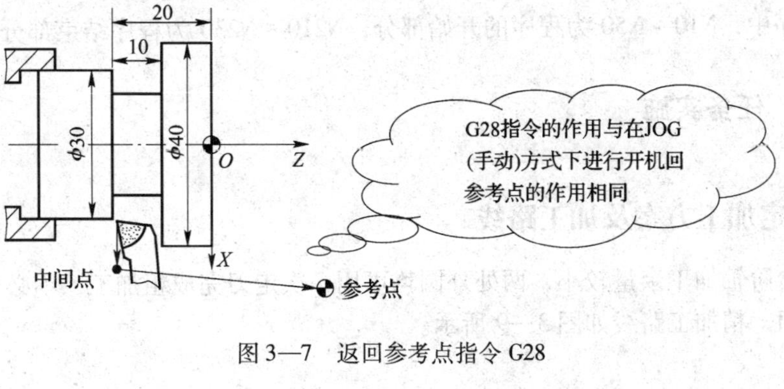

图 3—7　返回参考点指令 G28

四、数控车程序的程序开始与程序结束

针对不同的数控系统，其数控程序的程序开始和程序结束是相对固定的，包括一些机床信息，如机床回参考点、工件零点设定、主轴启动、切削液开启等功能。因此，其数控程序的程序开始和程序结束可编写成相对固定的格式。程序开始和程序结束的刀具轨迹如图 3—8 所示，其编程指令如下：

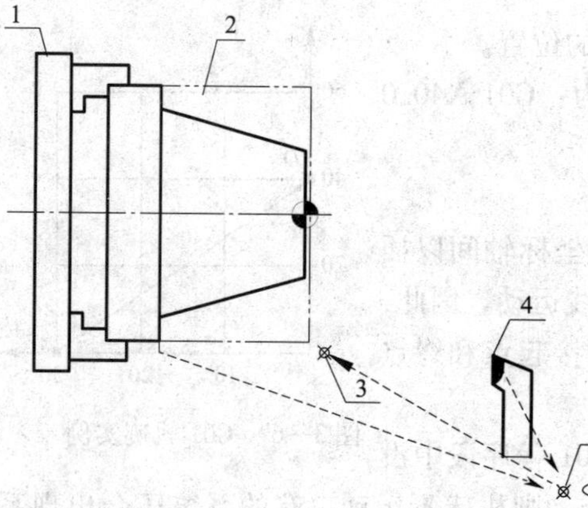

试一试：是否所有类型的数控车床都必须回参考点后才能换刀？

图 3—8　程序开始与程序结束的刀具轨迹

1—卡盘　2—工件毛坯　3—起刀点　4—刀具当前位置　5—换刀点（参考点）

```
O0010;                      （程序号）
N10 G99 G40 G21;            （程序初始化）
N20 G28 U0 W0;              （回换刀点，为换刀做准备）
N30 T0101;                  （换刀并导入该刀具刀补）
N40 M03 S800 M08;           （主轴正转，转速 800 r/min，切削液开）
N50 G00 X52.0 Z2.0;         （快速到达起刀点）
⋮
N210 G28 U0 W0;             （返回换刀点）
N220 M05 M09;               （主轴停转，切削液关）
N230 M30;                   （程序结束，光标回到起始行）
```

以上程序中，N10 ~ N50 为程序的开始部分，N210 ~ N230 为程序结束部分。

任务实施

一、制定加工方案及加工路线

本任务台阶轴加工余量较小，两处外圆均可用一次走刀完成粗加工，不必分段，可连续走刀完成。粗、精加工路线如图 3—9 所示。

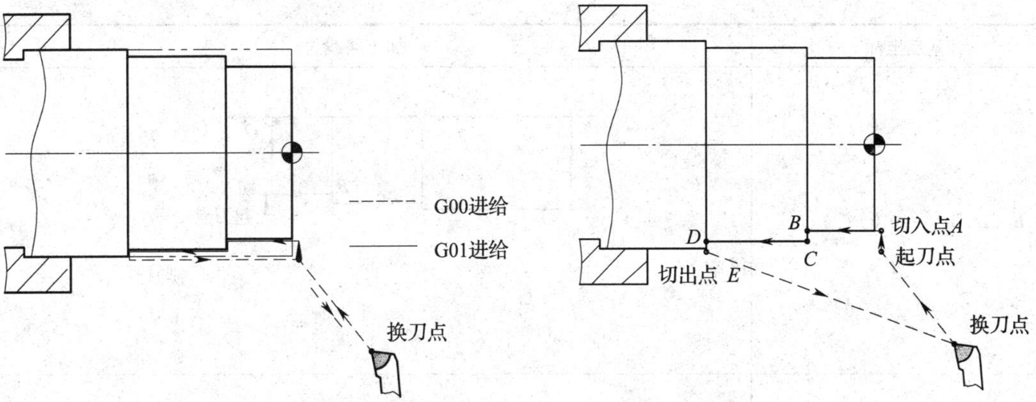

a)　　b)

图 3—9　台阶轴加工路线

a）粗加工路线　b）精加工路线

二、基点坐标的确定

选择工件右端面的回转中心作为工件的编程原点，确定轮廓基点坐标见表3—1，其中 X 向坐标以直径量表示。

表 3—1　　加工路线及基点坐标

基点坐标	加工路线
换刀点（100.0，100.0）	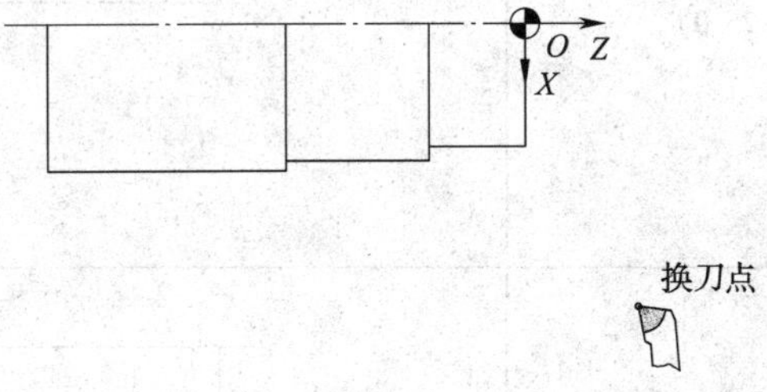
起刀点（31.0，1.0）	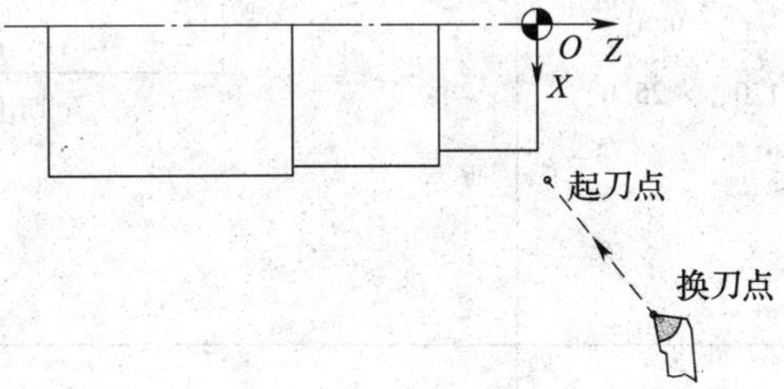
切入点 A（25.0，1.0）	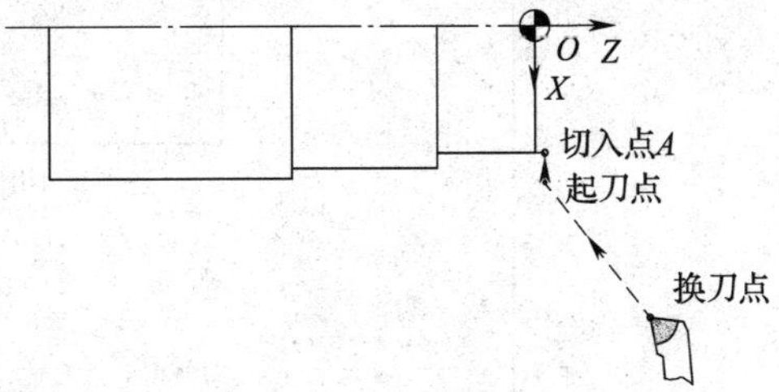

续表

基点坐标	加工路线
B（25.0，-10.0）	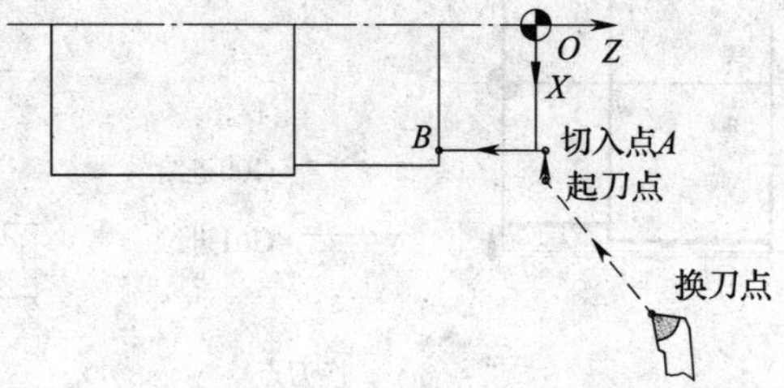
C（28.0，-10.0）	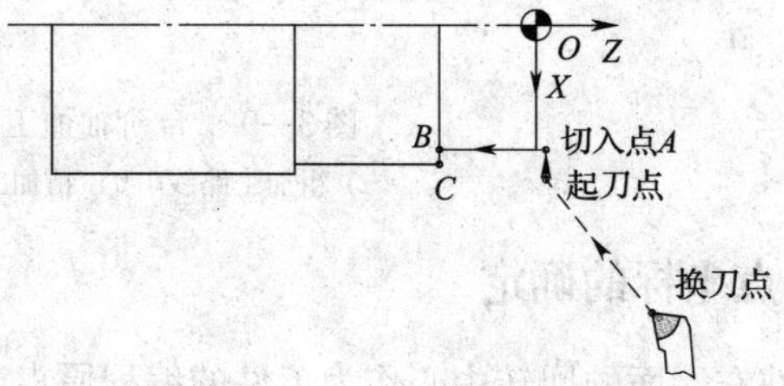
D（28.0，-25.0）	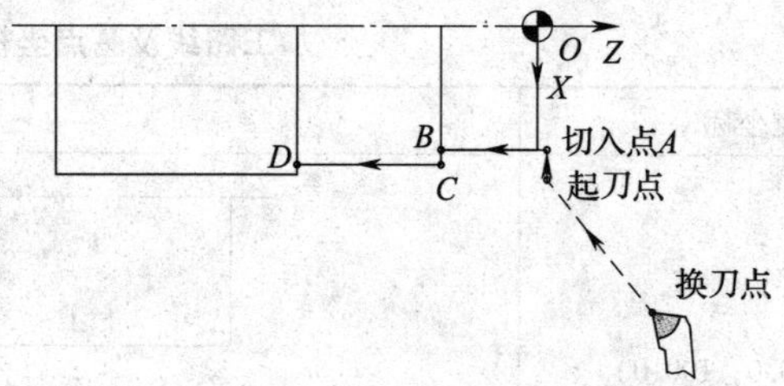
切出点 *E*（31.0，-25.0）	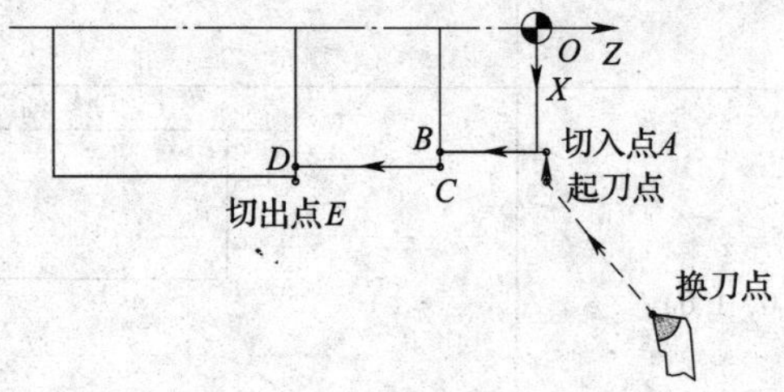
退刀	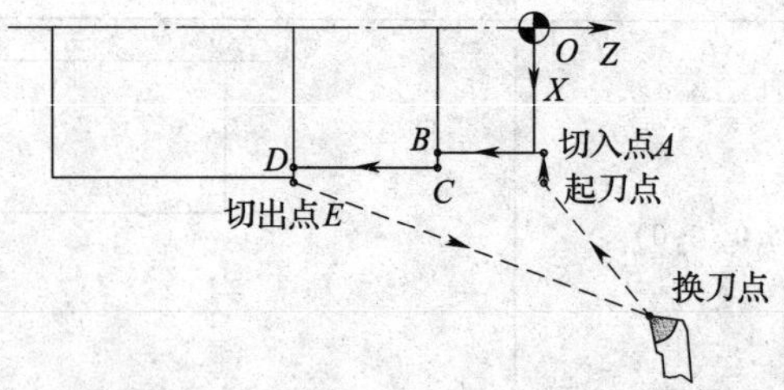

操作提示

1．为防止刀架转位时刀具与夹具、工件发生干涉，换刀点应距离卡盘端面有足够的距离，对一般刀具可取值（100.0，100.0）。

2．考虑进刀的安全性，起刀点位置在径向等于或略大于毛坯直径，在轴向距端面 1～5 mm，初学时取较大值。

3．为防止过切，并减少毛刺及锐边的产生，考虑沿切线方向切入工件，切入点 *A* 的位置取在距右端面 1～2 mm 处。

4．考虑退刀的安全性，以及减少毛刺及锐边的产生，切出点位置在径向比毛坯直径略大。

5．加工轨迹中，虚线表示快速移动，用快速点定位指令 G00；实线表示切削进给，用直线插补指令 G01。

三、程序编制

本任务的加工程序详见表 3—2。

表 3—2　　任务 1 参考程序

程序号	加工程序	程序说明
	O3010;	程序号
N10	G99 G21 G18;	程序初始化，每转进给，公制尺寸，*ZX* 平面选择
N20	T0101;	换 1 号刀，执行 1 号刀补
N30	M03 S500 M08;	主轴正转，切削液开
N40	G00 X31.0 Z1.0;	快速进刀至起刀点
N50	G00 X25.5 Z1.0;	粗车 ϕ25 mm 和 ϕ28 mm 外圆，背吃刀量分别为单边 2.25 mm 和 0.75 mm
N60	G01 X25.5 Z－9.8 F0.2;	
N70	G01 X28.5 Z－9.8;	
N80	G01 X28.5 Z－24.8;	
N90	G01 X31.0 Z－24.8;	
N100	G00 X31.0 Z1.0;	
N110	G00 X100.0 Z100.0;	快速退刀
N120	S1000;	主轴换转速
N130	G00 X31.0 Z1.0;	快速进刀至起刀点
N140	G00 X25.0 Z1.0;	快速进刀至切入点 *A* 处
N150	G01 X25.0 Z－10.0 F0.1;	车 ϕ25 mm 外圆，切削进给量为 0.1 mm/r
N160	G01 X28.0 Z－10.0;	车端面
N170	G01 X28.0 Z－25.0;	车 ϕ28 mm 外圆
N180	G01 X31.0;	*X* 向切出
N190	G00 X100.0 Z100.0;	快速退刀
N200	M05 M09;	主轴停转，切削液关
N210	M30;	程序结束

操作提示

1. 粗加工中，对一般刀具外圆可留双边0.5～0.8 mm精加工余量，Z向留0.2 mm精加工余量。

2. 编程时注意模态代码的合理使用，初学时，建议将基点坐标完整地编写。

3. 编程完毕后，建议根据所编写的程序手工绘出刀具在ZX平面内的轨迹，以验证程序的正确性。

四、加工准备

本任务加工内容较为简单，主要内容为加工外圆表面，尺寸公差为自由公差，表面粗糙度Ra值为3.2 μm。选用的机床为配备FANUC 0i Mate－TB系统的CKA6140型数控车床。毛坯为ϕ30 mm×50 mm的圆钢。刀具使用硬质合金外圆车刀，量具使用0～150 mm规格的游标卡尺。

五、装刀及对刀操作

1. 安装外圆车刀

安装外圆车刀的要点和注意事项与普通车削加工中的要求基本相同。

2. 外圆车刀的对刀

外圆车刀的对刀及刀补设定相关操作见表3—3。

表3—3　　外圆车刀的对刀及刀补设定

序号	操作步骤	图例
1	将外圆车刀转到加工位	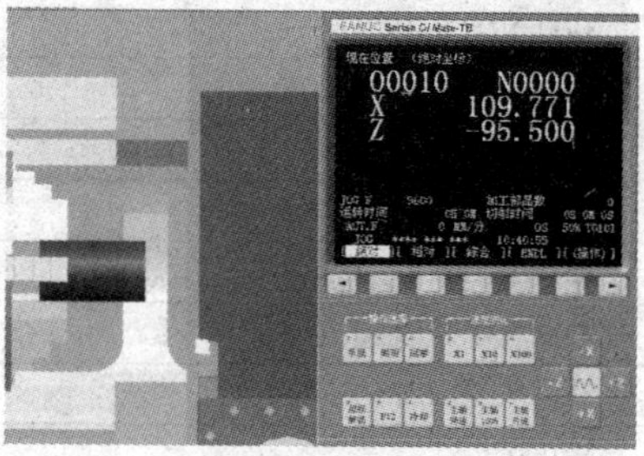
2	Z向对刀操作 用JOG手动方式移动刀架靠近工件，用手轮移动刀架沿－X方向进刀试切工件端面，+X方向退出	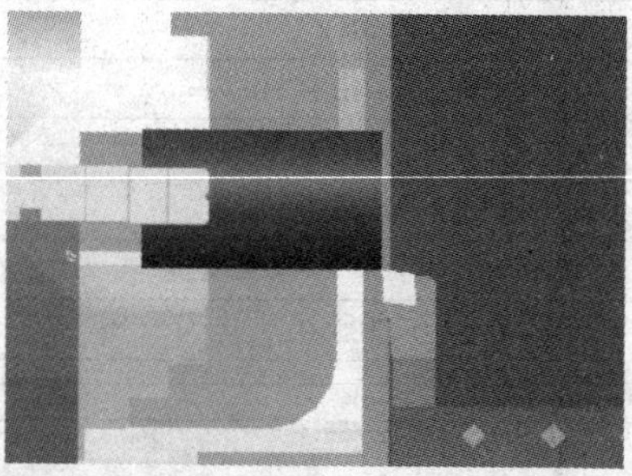

序号	操作步骤	图例
3	*Z* 向刀补设定 在刀具补偿界面中，输入刀位点的 *Z* 向测量值 Z0，计算确认后完成 *Z* 向刀具偏置补偿的设置	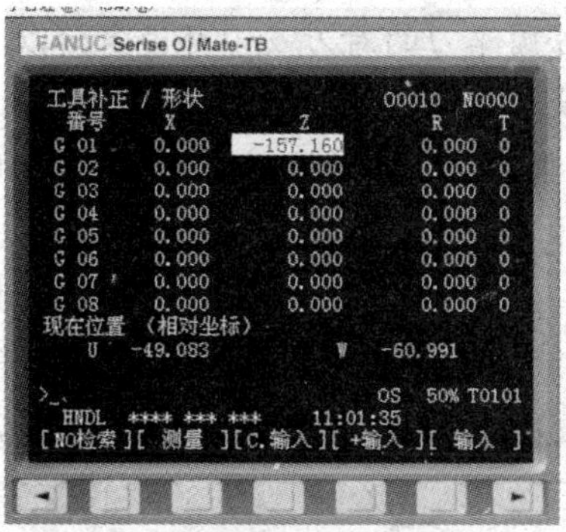
4	*X* 向对刀操作 用手轮移动刀架，-*Z* 方向进刀试切工件外圆，+*Z* 方向退出	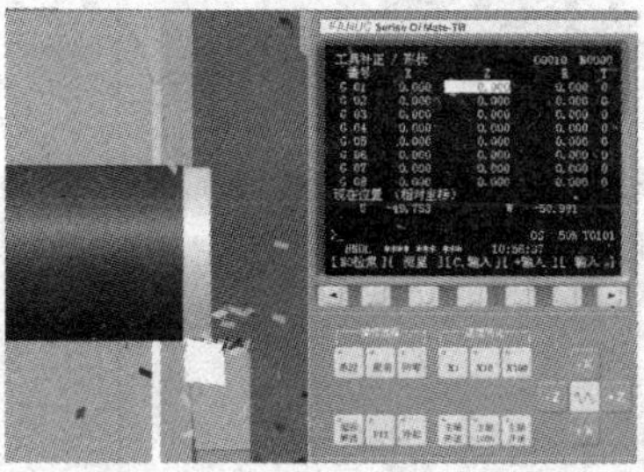
5	*X* 向刀补设定 在刀具补偿界面中输入刀位点的 *X* 向测量值（$X = d_{测}$），通过计算确认后完成 *X* 向刀具偏置补偿的设置	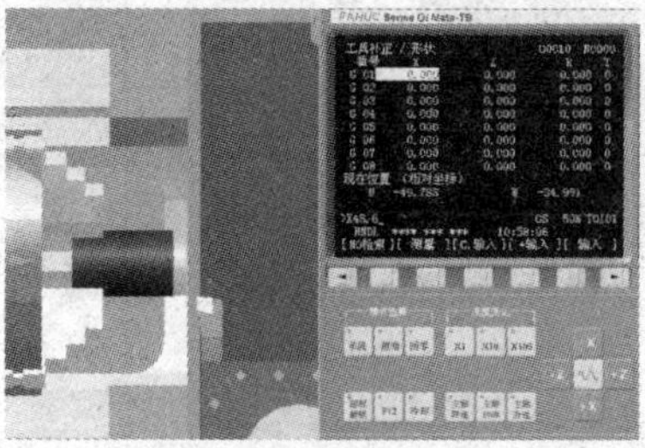
6	在 MDI 方式下，依次输入并执行以下程序段验证刀补： T0101；（调用刀号刀补号） S500 M03；（主轴正转） G00 X31.0 Z1.0；（快速定位至对刀点） G00 X100.0 Z100.0；（退刀） M05；（主轴停转）	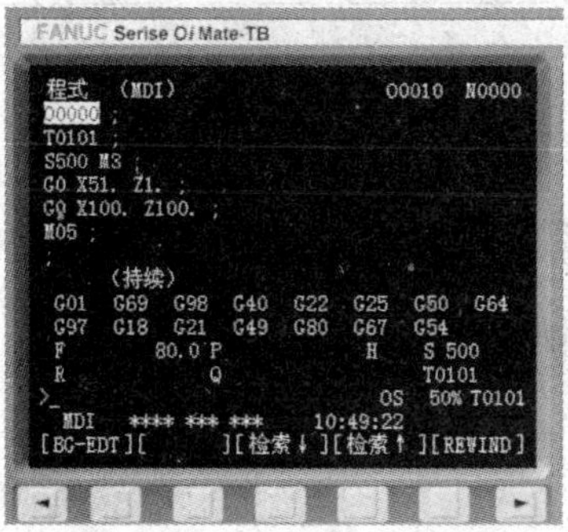

操作提示

1. 外圆车刀的对刀及刀补设定按以上步骤依次完成，并在刀补界面进行确认。

2. 试切端面、外圆时应提醒学生控制背吃刀量，车端面以车平端面并保证一定的表面粗糙度要求为准，车外圆时车出长度约 10 mm 的光滑外圆，便于测量即可。

六、零件车削

手工完成程序输入、编辑操作，零件的加工操作过程见表 3—4。

表 3—4　　零件加工操作过程

步骤	图例
夹住毛坯外圆，伸出长度约 30 mm，找正后夹紧	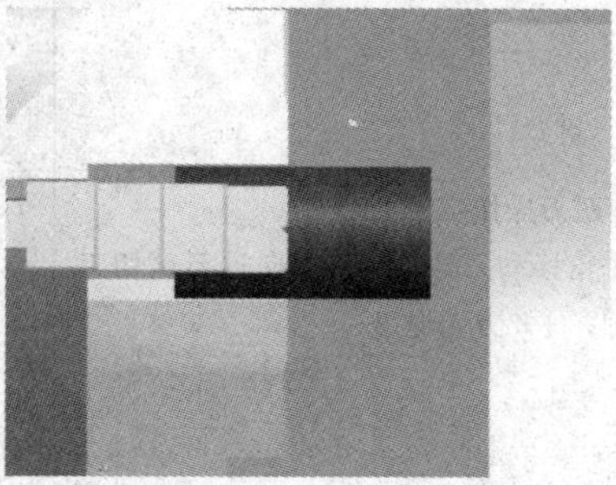
对刀设定并验证刀补	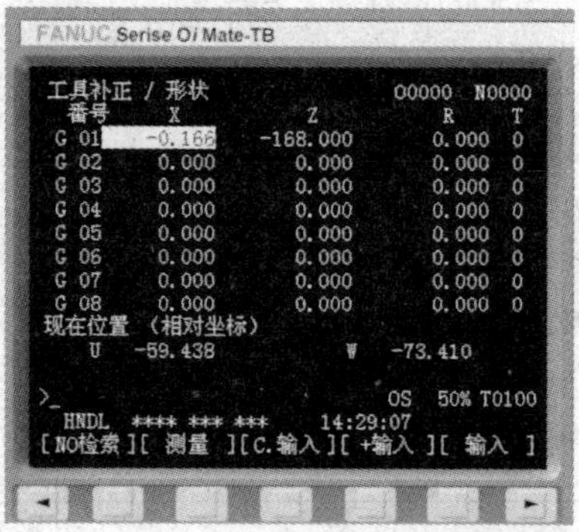
粗车 $\phi25$ mm、$\phi28$ mm 外圆，留 0.5 mm 精加工余量 粗车时主轴转速 n 为 500 r/min，进给量 f 为 0.2 mm/r	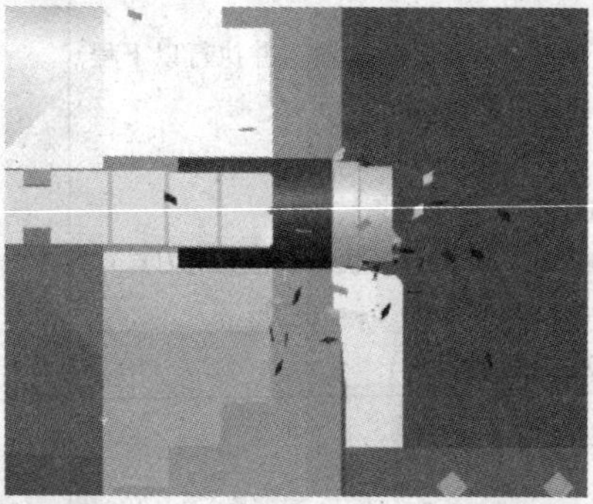

续表

步骤	图例
完成轮廓的精加工 精车选择主轴转速 n 为 1 000 r/min，进给量 f 为 0.1 mm/r	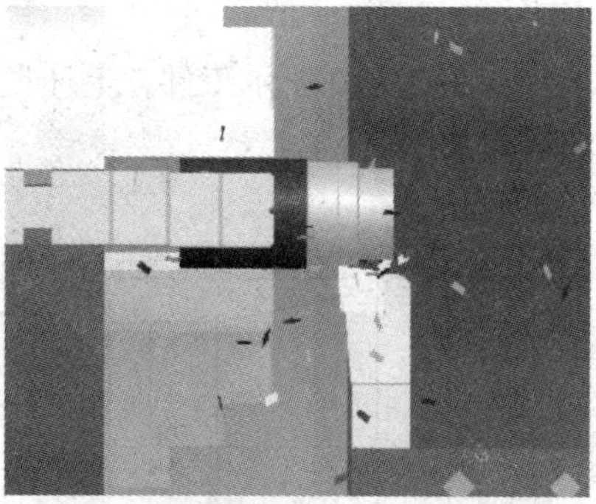
合格后取下工件	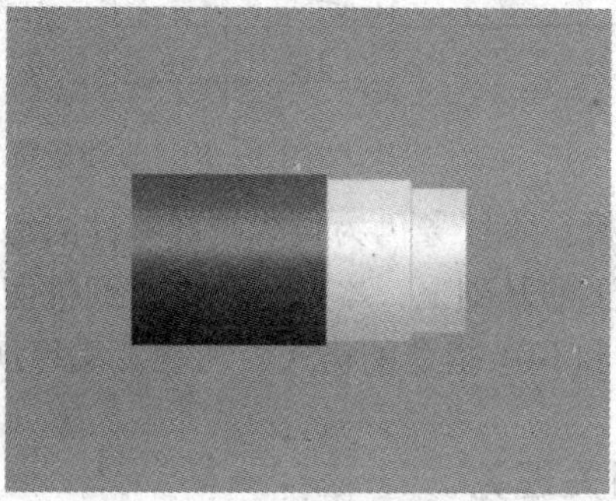

操作提示

1. 自动加工中，将屏幕显示切换至程序检视界面，单段运行程序，发现问题及时按下 RESET 键复位。

2. 加工时，操作者应全神贯注，密切注意加工情况，两只手分别控制循环启动按钮及复位键，发生问题及时处理，紧急情况下，按急停按钮。

任务 2　圆锥轮廓零件编程加工

学习目标

1. 熟悉圆锥面数控车削加工路线，掌握圆锥面相关尺寸计算，正确给出轮廓基点坐标。
2. 能根据加工路线的确定原则合理确定零件粗、精加工路线。
3. 巩固数控编程基础知识和编程规则，熟练运用 G00 和 G01 指令编制零件加工程序。
4. 根据加工要求完成圆锥轮廓工件的编程加工。

工作任务

任务要求：如图 3—10 所示工件，毛坯尺寸为 ϕ30 mm × 50 mm，材料为 45 钢，试完成其右端轮廓的编程加工。

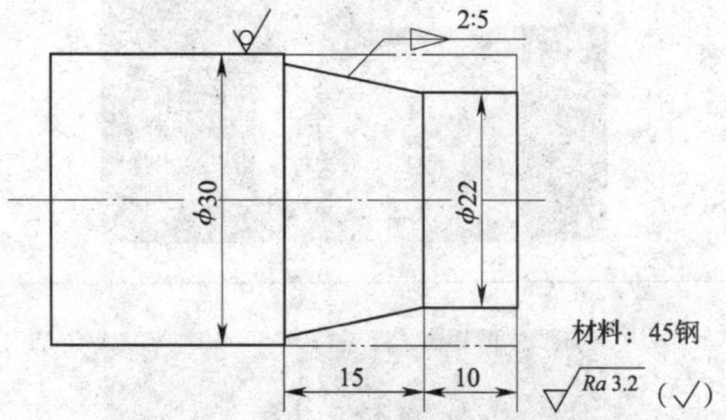

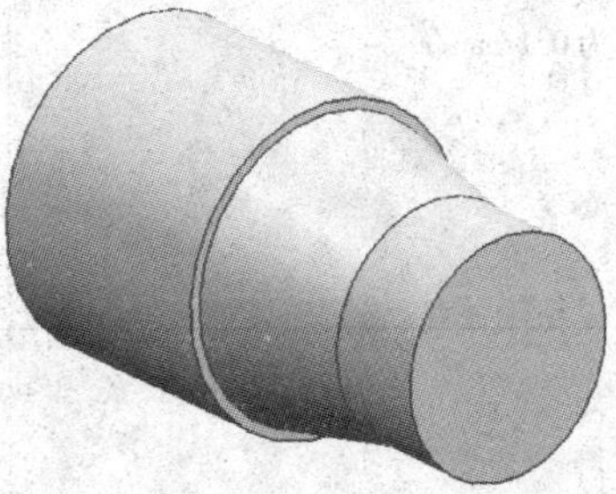

图 3—10 直线轮廓零件编程加工实例二

任务分析：本任务仍为直线轮廓零件的编程加工，包括圆柱、圆锥面车削。在任务 1 台阶轴编程加工的基础上，本任务侧重于圆锥面的数控车削加工工艺分析和加工路线的合理选择。对 G00 和 G01 指令的格式、功能及编程规则进行巩固也是本任务的要点。

相关理论

一、圆锥面的数控车削加工路线

圆锥面是机床和工具上常见的零件表面，大多用于圆锥面配合，如车床主轴锥孔与顶尖的配合，车床尾座锥孔与麻花钻锥柄的配合等。为保证配合精度，对尺寸精度、形位精度和表面粗糙度均有较高要求。

在普通车床上，操作者要具有较高的技术水平，才能加工出尺寸精度、形位精度和表面粗糙度均较高的圆锥面，而在数控车床上由于刀架进给具有两轴联动功能，可以联动控制 X 和 Z 坐标轴加工曲线轮廓零件，加工圆锥面不再需要调整机床或使用仿形装置，圆锥面加工变得简单易行。

在车床上车外圆锥可以分为车正锥和车倒锥两种情况，而每一种情况又有两种加工路线，如图 3—11、图 3—12 所示。

当按照图 3—11a 和图 3—12a 所示采用偏移法分层加工路线时，刀具每次切削的背吃刀量相等，但编程时需计算刀具的起点和终点坐标。采用这种加工路线时，加工效率高，但计算麻烦。

当按照图 3—11b 和图 3—12b 所示采用变锥度分层加工路线时，无须计算终点坐标，但用单一固定循环编程时需要计算每一刀进给的 R 值，且每次切削过程中，背吃刀量是变化的，从而会引起工件表面粗糙度不一致。

在车床上车内圆锥时的加工路线与车外圆锥相似，如图 3—13 所示。

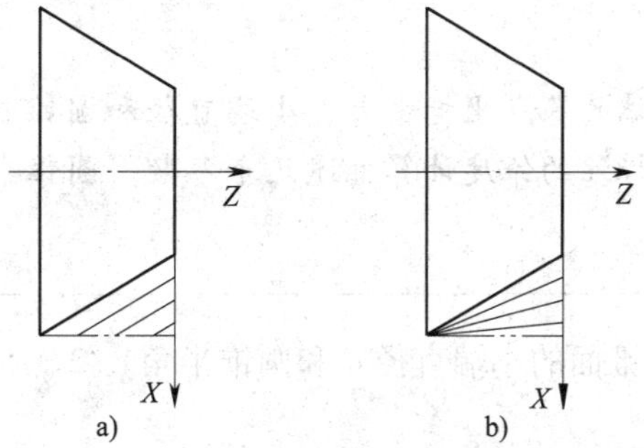

图 3—11　车正锥加工路线

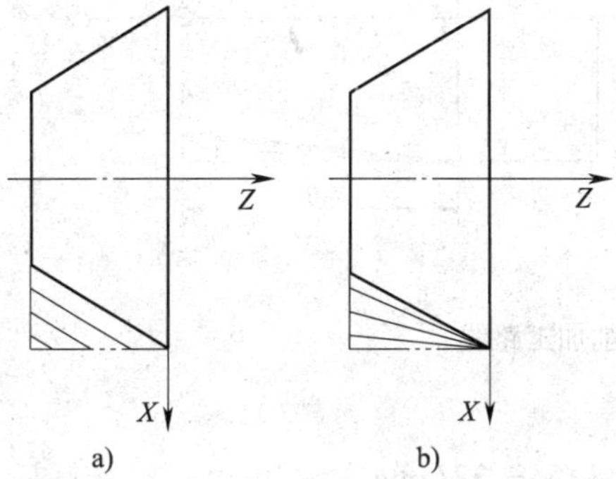

图 3—12　车倒锥加工路线

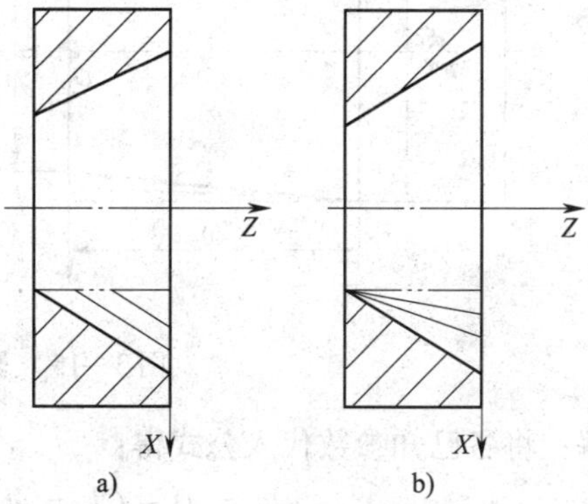

图 3—13　车内锥加工路线

提示

通过分析比较，在大、小端直径之差较小，用直线插补指令 G01 编程加工时，宜采用变锥度分层加工路线，而偏移法分层加工路线则多用于单一固定循环编程加工以及复合循环编程加工。

二、圆锥面车削加工编程

1. 圆锥面各部分尺寸计算

定义圆锥面的锥度 C 为圆锥大、小端直径之差与圆锥长度之比，即 $C=(D-d)/L$，如图 3—14 所示。

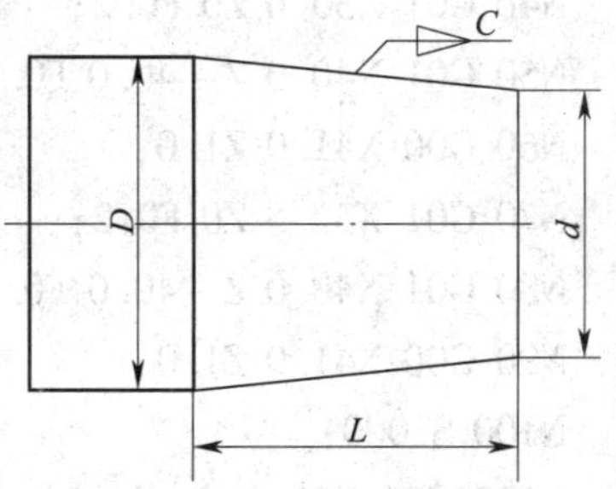

图 3—14　圆锥面各部分尺寸

在大端直径 D、小端直径 d、圆锥长度 L、锥度 C 这四个基本参数中，只要已知其中任意三个参数，便可计算出另一个未知参数。

圆锥半角 $\alpha/2$ 与锥度的关系为：$\tan\frac{\alpha}{2}=\frac{C}{2}$

提示

数控加工中，圆锥两端的基点坐标由大、小端直径和圆锥长度决定，所以数值计算的重点主要是根据图样中标注的锥度计算上述几个参数。圆锥半角的计算是为了满足圆锥面检测的需要。

下面求图 3—15 所示圆锥面的小端直径 d 和圆锥半角 $\alpha/2$。

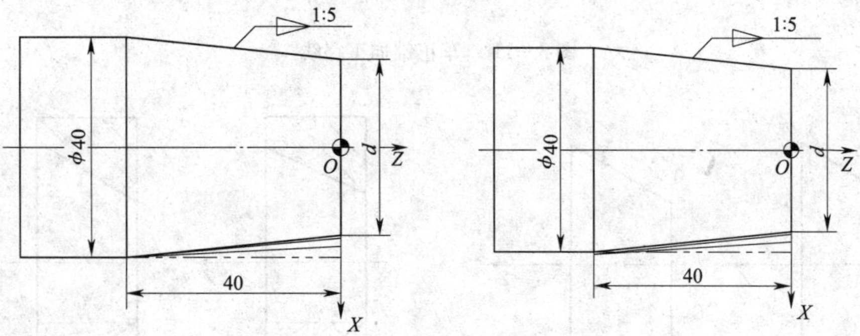

图 3—15　圆锥面车削加工路线

解：将各已知参数代入公式得：

$$d = D - CL = 40 - 40 \times 1/5 = 32(\text{mm})$$

$$\tan\frac{\alpha}{2} = \frac{C}{2} = \left(\frac{1}{5}\right)/2 = 0.1$$

查三角函数表得：$\alpha/2 = 5°42'38''$。

即圆锥面小端直径 d 等于 32 mm，圆锥半角 $\alpha/2$ 为 $5°42'38''$。

2. 编程实例

例　试用 G01 指令编写图 3—15 所示圆锥面的数控加工程序。

```
O0001;
N10 T0101;                      (选择1号刀并调用1号刀补)
N20 S500 M03 M08;               (主轴正转，转速500 r/min)
N30 G00 X41.0 Z1.0;             (快速进刀至起刀点)
N40 G01 X35.0 Z0 F0.2;          (进刀至切入点)
N50 G01 X40.0 Z-40.0 F0.2;      (第一层粗车，进给量0.2 mm/r)
N60 G00 X41.0 Z1.0;             (退回起刀点)
N70 G01 X32.5 Z0 F0.2;          (进刀至切入点，X向留双边0.5 mm精加工余量)
N80 G01 X40.0 Z-40.0 F0.2;      (第二层粗车)
N90 G00 X41.0 Z1.0;             (退回起刀点)
N100 S1000;                     (主轴变速)
N110 G01 X32.0 Z0 F0.2;         (进刀至精加工切入点)
N120 G01 X40.0 Z-40.0 F0.1;     (精车，进给量0.1 mm/r)
```

N130 G28 U0 W0;　　　　　　　　（退刀）
N140 M05 M09;　　　　　　　　（主轴停转，切削液关）
N150 M30;　　　　　　　　　　（程序结束）

想一想

当表面粗糙度要求较高时，为减小切削过程中背吃刀量的变化对表面粗糙度的影响，可通过改变终点 X 坐标值的方法使粗、精加工，特别是精加工的余量保持均匀。此时，程序作何调整？（参考图 3—15 加工路线）

任务实施

一、制定加工方案及加工路线

本任务采用先分段粗车，后按轮廓精车的加工方案。分段粗车圆柱、圆锥面的加工路线如图 3—16a 所示。

精加工轮廓应安排一次走刀连续加工，按照由近到远的原则，从右向左进行。精加工路线如图 3—16b 所示。

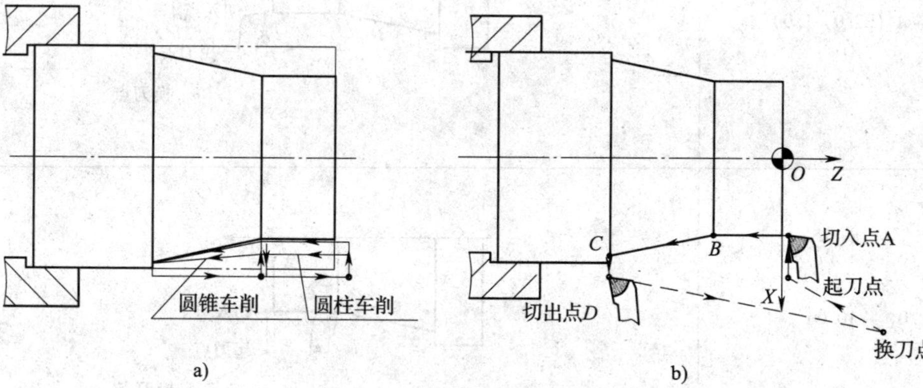

图 3—16　圆锥轮廓零件加工路线

a）分段粗加工路线　b）精加工路线

二、数值计算及基点坐标的确定

1．圆锥面各部分尺寸计算

本任务中，已知圆锥面小端直径 $d=22$ mm，圆锥长度 $L=15$ mm，锥度 $C=2:5$，将各已知参数代入公式求得大端直径 D 等于 28 mm，圆锥半角 $\alpha/2$ 为 $11°18'36''$。

2．轮廓基点坐标的确定

选择工件右端面的回转中心作为工件的编程原点，确定各基点坐标见表 3—5，其中 X 向坐标以直径表示。

表 3—5　　加工路线及基点坐标

基点坐标	加工路线
换刀点（100.0，100.0）	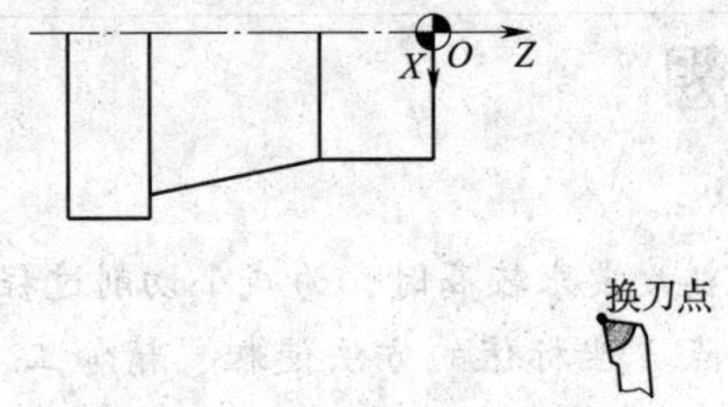
起刀点（31.0，1.0）	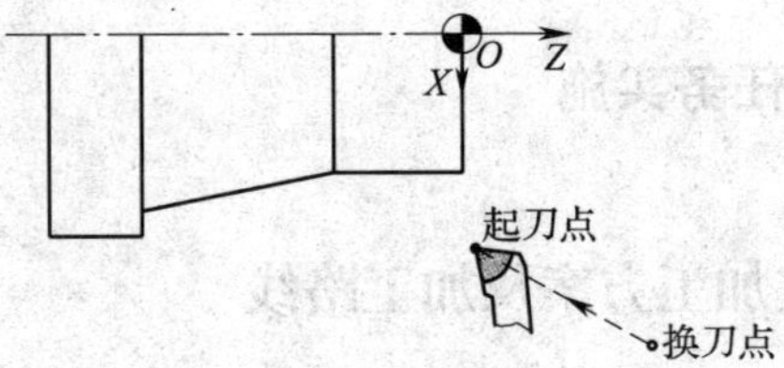
切入点 *A*（22.0，1.0）	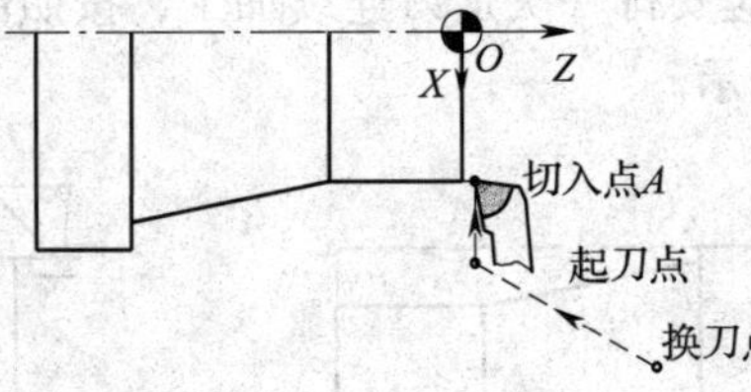
B（22.0，－10.0）	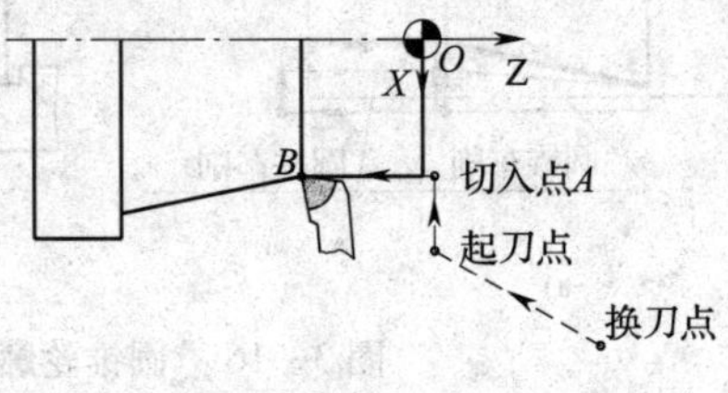
C（28.0，－25.0）	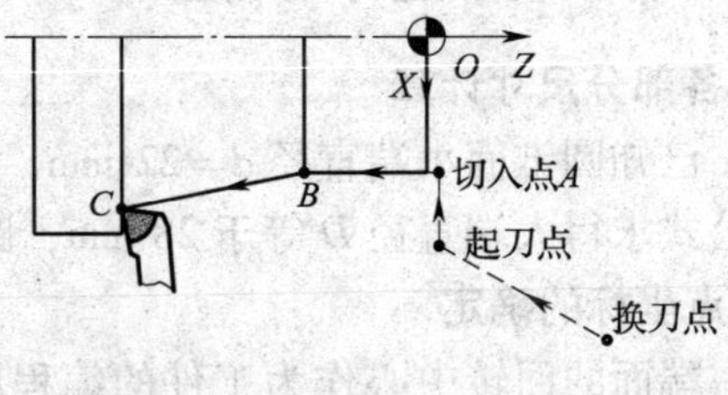

续表

基点坐标	加工路线
切出点 *D*（32.0，－25.0）	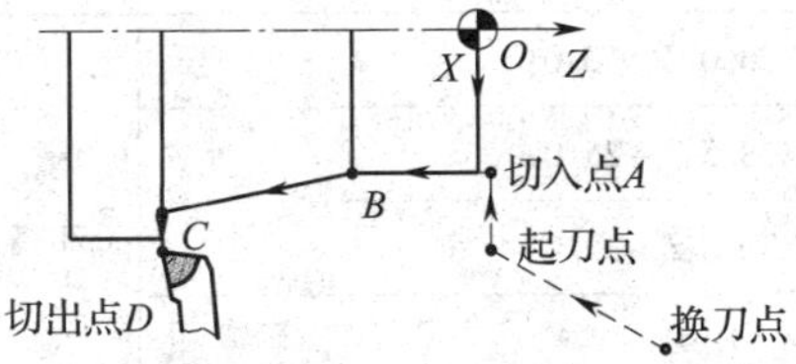
退刀	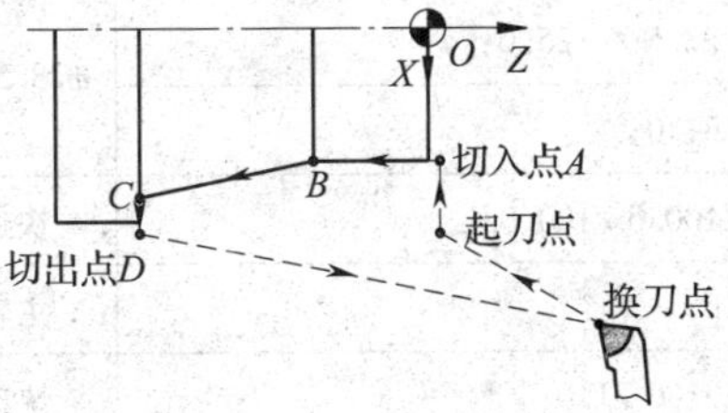

操作提示

1. 注意换刀点和起刀点的合理选择，相关要点与任务1相同。
2. 根据零件尺寸标注正确确定各基点坐标，特别注意合理选择切入、切出点。

三、程序编制

本任务的加工程序详见表3—6。

表3—6　　　　任务2参考程序

程序号	加工程序	程序说明
	O3020；	程序号
N10	G99 G21 G18；	程序初始化，每转进给，公制尺寸，*ZX*平面选择
N20	T0101；	换1号刀，执行1号刀补
N30	M03 S500 M08；	主轴正转，切削液开
N40	G00 X31.0 Z1.0；	快速进刀至起刀点
N50	G00 X26.0 Z1.0；	第一层粗车 ϕ22 mm外圆至 ϕ26 mm，背吃刀量单边为2 mm
N60	G01 X26.0 Z－10.0 F0.2；	
N70	G01 X31.0 Z－10.0；	
N80	G00 X31.0 Z1.0；	
N90	X22.5；	第二层粗车 ϕ22 mm外圆至 ϕ22.5 mm，背吃刀量单边1.75 mm
N100	G01 Z－10.0；	
N120	X31.0；	

续表

程序号	加工程序	程序说明
	O3020;	程序号
N130	G01 X26.0 Z-10.0;	第一层粗车圆锥面小端直径至 ϕ26 mm，大端直径至 ϕ28.5 mm，最大背吃刀量为单边 2 mm
N140	G01 X28.5 Z-25.0;	
N150	G01 X31.0 Z-25.0;	
N160	G00 Z-10.0;	
N170	G01 X22.5;	第二层粗车圆锥面小端直径至 ϕ22.5 mm，大端直径至 ϕ28.5 mm，最大背吃刀量为单边 1.75 mm
N180	G01 X28.5 Z-25.0;	
N190	G01 X31.0;	
N200	G00 X100.0 Z100.0;	快速退刀
N210	S1000;	主轴换转速
N220	G00 X31.0 Z1.0;	快速进刀至起刀点
N230	G00 X22.0;	快速进刀至切入点 *A* 处
N240	G01 Z-10.0 F0.1;	车 ϕ22 mm 外圆，切削进给量为 0.1 mm/r
N250	G01 X28.0 Z-25.0;	车锥面
N260	G01 X31.0;	*X* 向切出
N270	G00 X100.0 Z100.0;	快速退刀
N280	M05 M09;	主轴停转，切削液关
N290	M30;	程序结束

操作提示

1. 分段加工中，圆柱面加工切出点即为圆锥面加工的起点，为减少空行程，两段加工之间不安排退刀。

2. 圆锥面加工时，为使程序简洁，径向贴着端面进刀，此时，不宜使用 G00 指令。

3. 编程时注意模态代码的合理使用，初学时，建议完整编写基点坐标。

4. 编程完毕后，根据所编写的程序手工绘出刀具在 *ZX* 平面内的轨迹，以验证程序的正确性。

四、零件车削

1. 加工准备

本任务为外圆柱、圆锥轮廓加工，尺寸公差为自由公差，表面粗糙度 *Ra* 值为 3.2 μm。选用的机床为配备 FANUC 0i Mate－TB 系统的 CKA6140 型数控车床。毛坯为 ϕ30 mm × 50 mm的圆钢，材料为 45 钢。刀具使用硬质合金外圆车刀，量具使用 0～150 mm 规格的游标卡尺及万能角度尺。

2. 零件的加工操作过程（见表 3—7）

表 3—7　　零件加工操作过程

步骤	图例
夹住毛坯外圆，伸出长度约 30 mm，找正后夹紧	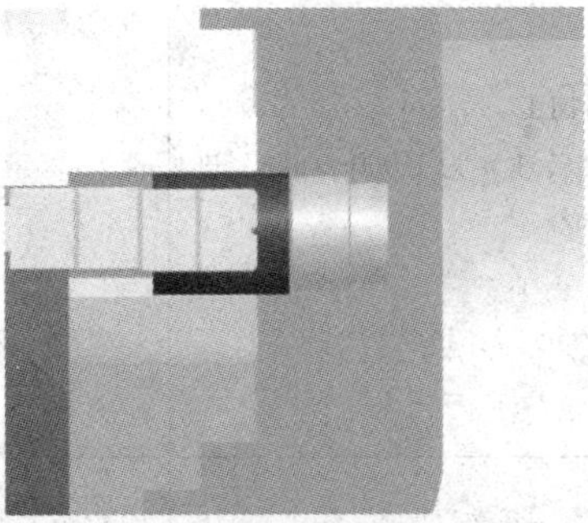
对刀设定并验证刀补	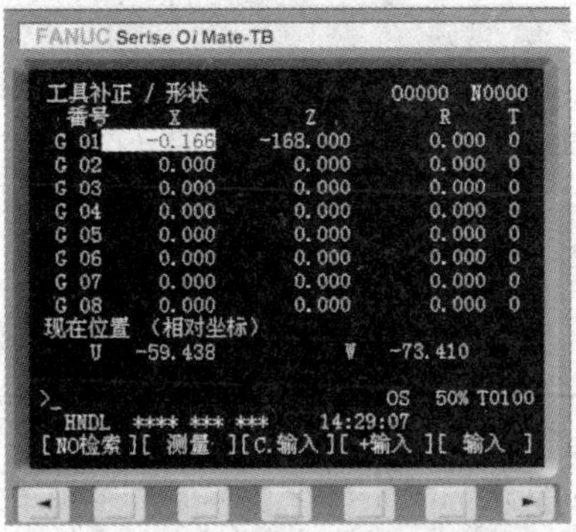
粗车 ϕ22 mm 外圆，留 0.5 mm 精加工余量 粗车时主轴转速 n 为 500 r/min，进给量 f 为 0.2 mm/r	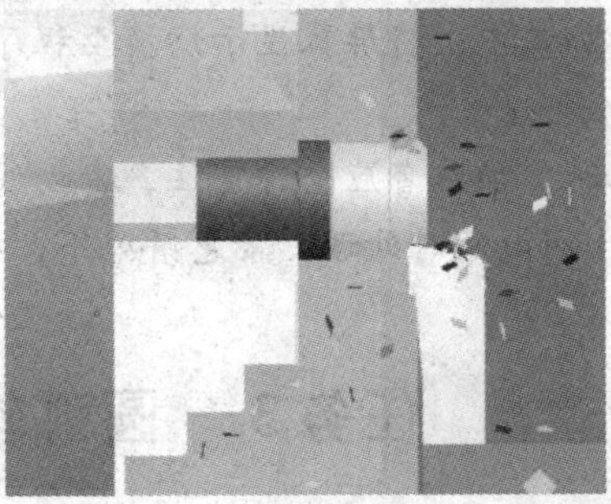
粗车圆锥面，留 0.5 mm 精加工余量 粗车时主轴转速 n 为 500 r/min，进给量 f 为 0.2 mm/r	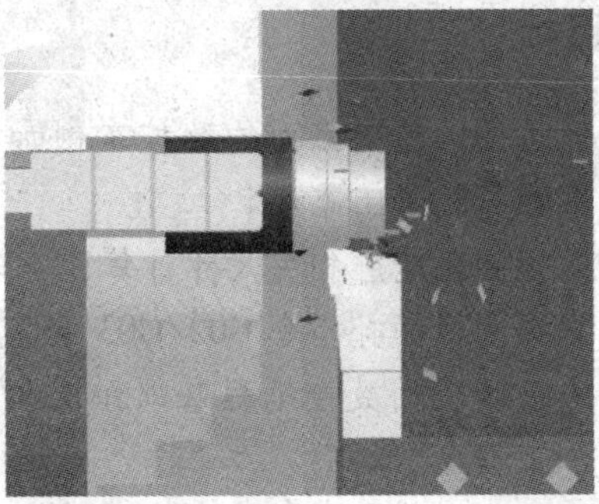

续表

步骤	图例
完成轮廓的精加工 精车选择主轴转速 n 为 1 000 r/min，进给量 f 为 0.1 mm/r	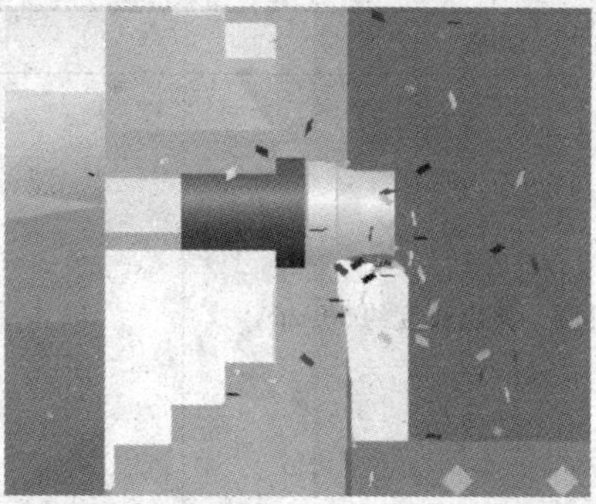
合格后取下工件	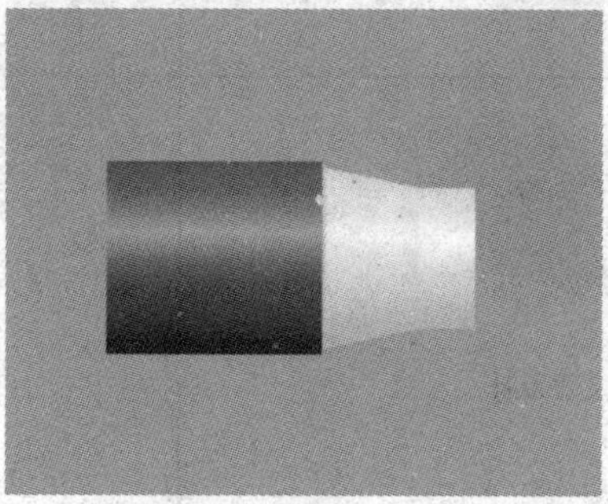

操作提示

1. 自动加工中，将屏幕显示切换至程序检视界面，单段运行程序，发现问题及时按下 RESET 键复位。

2. 加工时，操作者应全神贯注，密切注意加工情况，两只手分别控制循环启动按钮及复位键，发生问题及时处理，紧急情况下，按急停按钮。

任务 3　圆弧轮廓零件编程加工

学习目标

1. 熟悉凹、凸圆弧面的数控车削加工路线，根据加工路线的确定原则合理确定轮廓粗、精加工路线。
2. 掌握圆弧轮廓相关尺寸计算，正确给出轮廓基点坐标。
3. 掌握圆弧插补指令 G02/G03 的格式、功能，掌握顺逆圆弧判别。
4. 进一步巩固数控编程基础知识和编程规则，熟练运用 G02 和 G03 指令编制零件加工程序。
5. 根据加工要求完成圆弧轮廓工件编程加工。

工作任务

任务要求：如图 3—17 所示工件，毛坯沿用本项目任务 2 的工件，试编写其数控车削加工程序并进行加工。

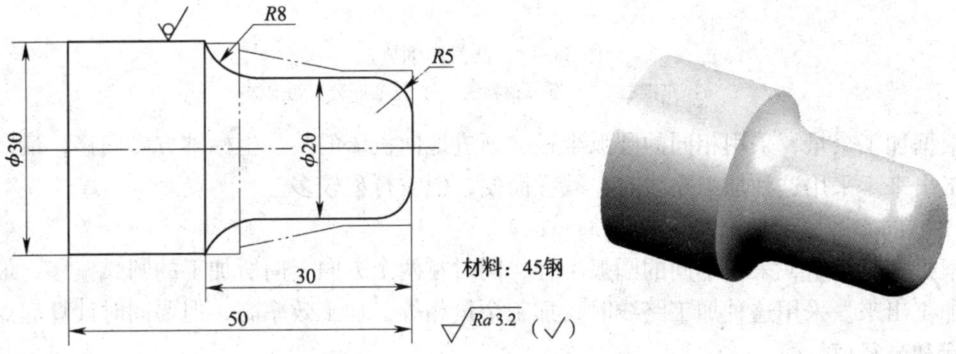

图 3—17　圆弧轮廓零件编程加工实例

任务分析：工件为简单的圆弧轮廓零件，为完成该任务须掌握圆弧插补指令 G02/G03 以及圆弧加工工艺。在确定轮廓基点坐标时，学会运用平面几何的计算方法进行圆弧端点坐标的计算。

相关理论

一、圆弧面的数控车削加工路线

在机器零件上有些表面的轴向剖面呈曲线形，如椭球手柄、圆球手柄等，具有这种特征的表面叫成形面。在普通车床上加工成形面可以根据工件的精度要求和批量大小采用双手控制法，该法技术难度较大，加工精度不高；可采用成形法，即使用成形刀具加工，此方法适用于轴向尺寸不长的简单成形面；对于精度要求较高、批量较大的成形面，还可采用仿形法、专业工具法加工。然而，随着数控技术的发展和普及，利用数控车床的两轴联动功能及圆弧插补指令，可以联动控制 X 和 Z 坐标轴方便地进行曲线轮廓零件的加工，同时加工精度及加工效率也得到了大大的提高。

凹、凸圆弧是零件上常见的曲线轮廓，在数控机床上加工凹、凸圆弧常用的加工路线有如下几种：

1. 凸弧车削加工路线

（1）车锥法（见图 3—18a）

根据加工余量，采用圆锥分层切削的方法将加工余量去除后，再进行圆弧精加工。采用这种加工路线时，加工效率高，但计算麻烦。

（2）圆弧偏移法（见图 3—18b）

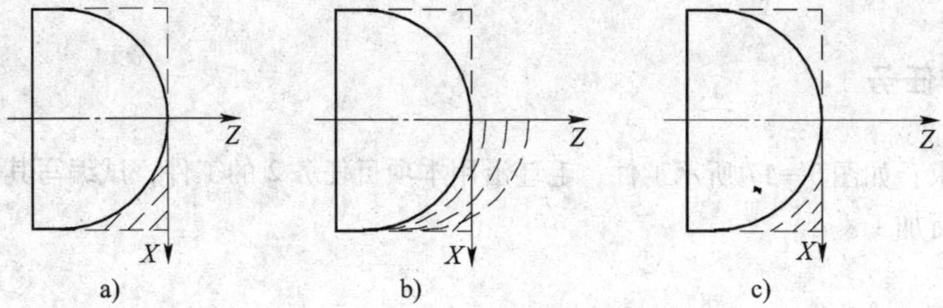

图 3—18　凸弧车削方法

a）车锥法　b）圆弧偏移法　c）同心圆分层切削法

根据加工余量，采用相同的圆弧半径，渐进地向机床的某一坐标轴方向偏移，最终将圆弧加工出来。采用这种加工路线时，编程简便，但空行程较多。

（3）同心圆分层切削法（见图 3—18c）

根据加工余量，采用不同的圆弧半径，同时在两个方向上向所加工的圆弧偏移，最终将圆弧加工出来。采用这种加工路线时，加工余量相等，加工效率高，但要同时计算起点、终点坐标和半径值。

提示

对于半径不大，即加工余量较小的凸弧可采用车锥法进行 1 ~ 2 刀的粗加工，此时应注意起、终点的确定，以防过切，加工余量可按 $0.5R$ 取值。而对于加工余量较大的凸弧则多采用复合循环指令编程加工，此时加工路线如图 3—18b、c 所示。

2．凹弧车削加工路线

凹弧加工中，采用的同心圆分层切削法（见图 3—19a）和圆弧偏移法（见图 3—19b）的特点与凸弧加工类似。此外，还常采用以下方法：

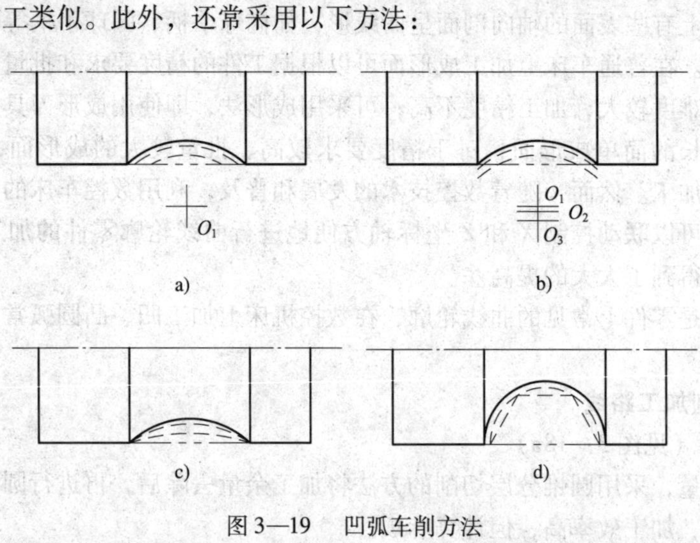

图 3—19　凹弧车削方法

a）同心圆分层切削法　b）圆弧偏移法　c）变半径分层切削法　d）切槽法

（1）变半径分层切削法（见图 3—19c）

根据加工余量，采用起点、终点固定，改变半径的分层切削法最终将圆弧加工出来，编程时需计算变半径值，并应注意半径值与切深的匹配。

（2）切槽法（见图 3—19d）

对于深凹圆弧的加工，采用切槽法先去除大部分加工余量，再进行圆弧精加工。

> **提示**
>
> 通过比较，采用圆弧偏移法编程加工时坐标计算最简便，对于较浅的凹弧可使用该方法用圆弧插补指令进行 1 ~ 2 刀的粗加工，而对于加工余量较大的凹弧，则宜采用复合循环指令编程加工。

二、圆弧插补指令 G02/G03

1. 半径 *R* 方式编程

（1）指令格式

G02（G03）X __ Z __ R __ F __;

G02 表示顺时针圆弧插补；G03 表示逆时针圆弧插补。

X __ Z __ 为圆弧的终点坐标值，其值可以是绝对坐标，也可以是增量坐标。在增量方式下，其值为圆弧终点坐标相对于圆弧起点坐标的增量值。

R __ 为圆弧半径。

（2）指令说明

1）顺逆圆弧判断。圆弧插补顺逆方向的判断方法是：处在圆弧所在平面（如 *ZX* 平面）以外的第三根轴（*Y* 轴）的正方向看该圆弧，顺时针方向圆弧为 G02 顺圆，逆时针方向圆弧为 G03 逆圆。在判断圆弧的顺逆方向时，一定要注意刀架的位置及 *Y* 轴的方向，如图 3—20所示。

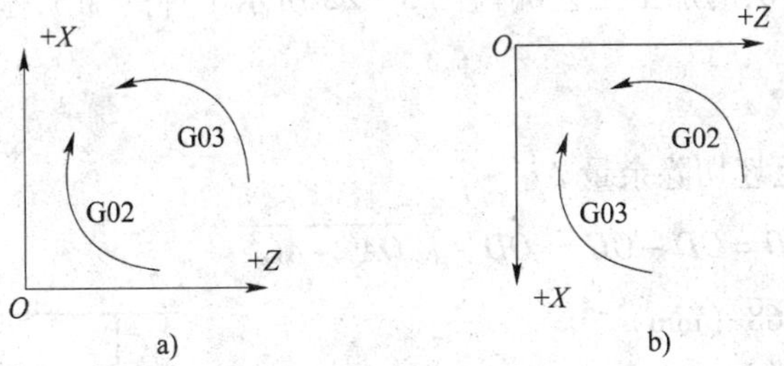

图 3—20　圆弧顺逆判断

a）后置刀架，*Y* 轴朝上　b）前置刀架，*Y* 轴朝下

2）圆弧半径的确定。圆弧半径 *R* 有正值与负值之分。当圆弧圆心角小于或等于 180°（如图 3—21 中圆弧 1）时，程序中的 *R* 用正值表示。当圆弧圆心角大于 180°并且小于 360°（如图 3—21 中圆弧 2）时，*R* 用负值表示。通常情况下，数控车床上所加工的圆弧的圆心角小于 180°。

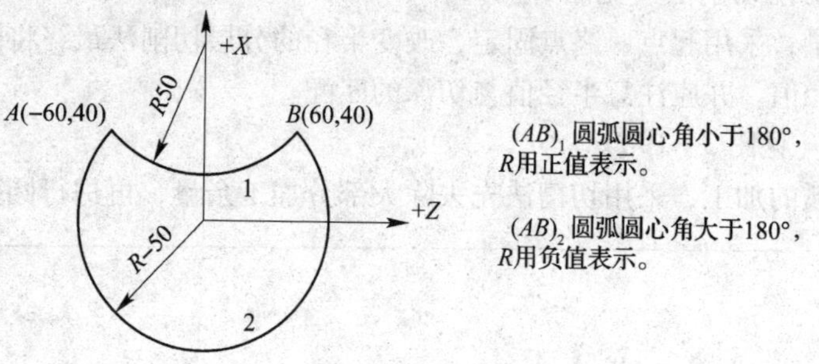

图 3—21　圆弧半径正负值的判断

例　如图 3—21 中轨迹 *AB*，用 R 指令格式编写的程序段如下：

$(AB)_1$　G03 X60.0 Z40.0 R50.0 F0.15；

$(AB)_2$　G03 X60.0 Z40.0 R－50.0 F0.15；

3）该方法不适用于整圆的加工。

2．圆心坐标方式编程

（1）指令格式

G02（G03）X __ Z __ I __ K __ F __；

X __ Z __为圆弧的终点坐标值，其值可以是绝对坐标，也可以是增量坐标。在增量方式下，其值为圆弧终点坐标相对于圆弧起点坐标的增量值。

I __ K __为圆弧的圆心相对其起点分别在 *X* 和 *Z* 坐标轴上的增量值。

（2）指令说明

I、K 方式编程适用于任何圆弧的加工，但对于数控车床而言，因其所加工圆弧的圆心角一般不会超过 180°，更不会是整圆，所以没有必要用 I、K 方式编程，以避免繁琐的计算。

三、圆弧面车削加工编程

例　试按圆弧偏移法的加工工艺编写图 3—22 所示工件的加工程序。（ϕ30 mm 外圆加工已完成）

1．相关计算

（1）确定 *X* 方向毛坯切除余量 Δi

凹弧加工中 $\Delta i = CD = OD - OC = OD - \sqrt{OA^2 - AC^2}$

$= 20 - \sqrt{20^2 - 10^2} \approx 2.68$（mm）

（2）估算粗切次数 *d*

粗切次数可由公式 *d* =（*X* 方向毛坯切除余量Δi－精加工余量 Δu）/单边背吃刀量 a_p 估算。

$$d = (\Delta i - \Delta u)/a_p = (2.68 - 0.3)/1.5 \approx 2\text{（次）}$$

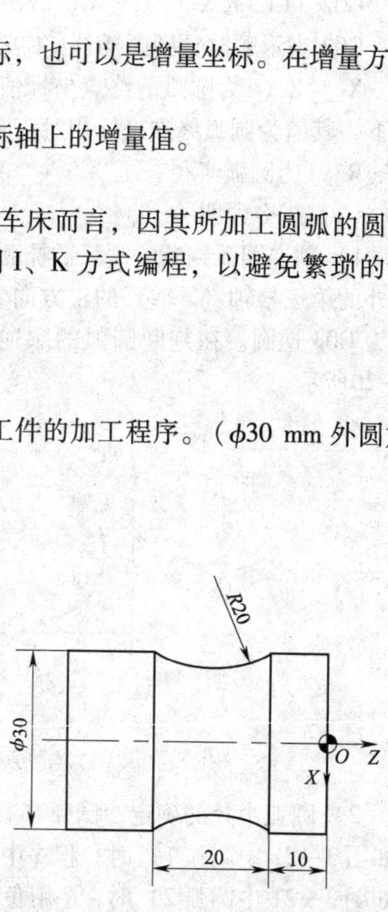

图 3—22　圆弧编程实例

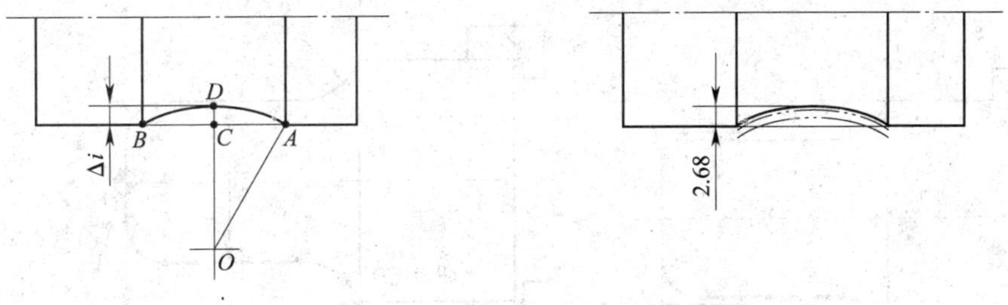

图 3—23　X 方向毛坯切除余量 Δi 的计算

> **提示**
>
> 为防止第一刀背吃刀量过大，次数不为整数时进位估算。

2．程序编制

```
O0001；
N10 T0101；                              （选择 1 号刀并调用 1 号刀补）
N20 S500 M03；                           （主轴正转，转速 500 r/min）
N30 G00 X35.0 Z－10.0；                  （快速进刀至起刀点）
N40 G01 X32.4 F0.2；                     （进刀至切入点，背吃刀量为单边 1.2 mm）
N50 G02 X32.4 Z－30.0 R20.0 F0.15；      （第一层粗车，进给量 0.15 mm/r）
N60 G00 X35.0 Z－10.0；                  （退回起刀点）
N70 G01 X30.6 F0.2；                     （进刀至切入点，X 向留双边 0.6 mm 精加工余量）
N80 G02 X30.6 Z－30.0 R20.0 F0.15；      （第二层粗车）
N90 G00 X35.0 Z－10.0；                  （退回起刀点）
N100 S1000；                             （主轴变速）
N110 G01 X30.0 F0.2；                    （进刀至精加工切入点）
N120 G02 X30.0 Z－30.0 R20.0 F0.08；     （精车，进给量 0.08 mm/r）
N130 G00 X100.0 Z100.0；                 （退刀）
N140 M05；                               （主轴停转）
N150 M30；                               （程序结束）
```

任务实施

一、制定加工方案及加工路线

本任务采用沿轮廓分层粗、精车的加工方案。精加工轮廓加工路线如图 3—24b 所示，粗加工按最大切除余量确定分层加工次数后，将轮廓向＋X 方向平移，加工路线如图 3—24a 所示。

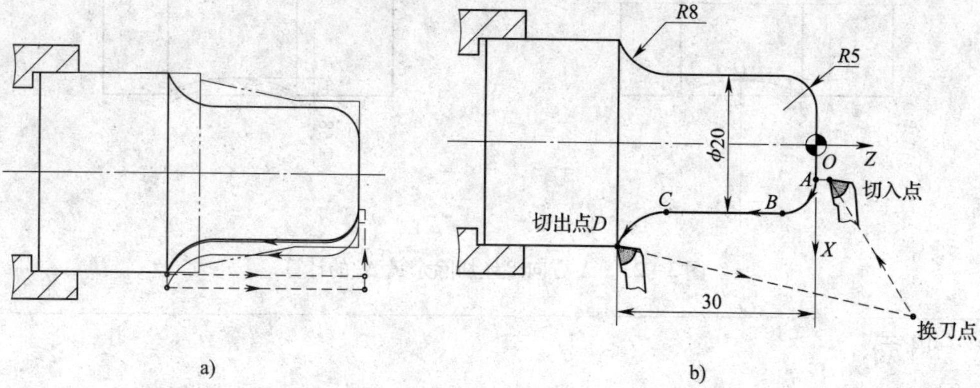

图 3—24　圆弧轮廓零件加工路线

a）分层粗加工路线　b）精加工路线

二、数值计算及基点坐标的确定

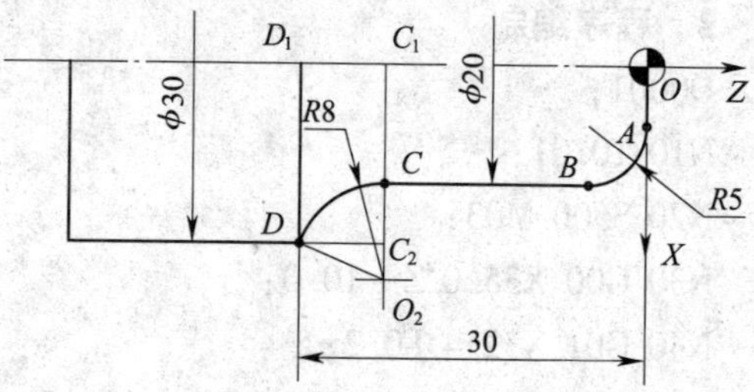

图 3—25　二维零件轮廓的基点计算

1．圆弧端点的坐标值计算（见图 3—25）

根据图形及尺寸关系可知，*R*5 mm 圆弧为 1/4 圆，圆弧两端点坐标可根据图样上标注的尺寸直接换算获得，选择工件右端面的回转中心作为工件的编程原点，圆弧起始点 *A* 的坐标值为（10.0，0），圆弧终点 *B* 的坐标值为（20.0，－5.0）。

根据尺寸关系分析判断可知，*R*8 mm 圆弧并非是 1/4 圆，圆弧端点坐标需通过平面几何方法进行求解，如图所示，已知圆弧起始点 *C* 点的 *X* 坐标为 20.0，圆弧终点 *D* 点的坐标值为（30.0，－30.0），求 *C* 点的 *Z* 坐标值。将已知条件代入得：

$$CC_2 = DD_1 - CC_1 = 15 - 10 = 5\ (\text{mm})$$

$$O_2C_2 = O_2C - CC_2 = 8 - 5 = 3\ (\text{mm})$$

在直角三角形△O_2C_2D 中，根据勾股定理：$O_2D^2 = O_2C_2^2 + C_2D^2$，求得 $C_2D \approx 7.416$ mm，则 *C* 点距右端面的距离为 22.584 mm，*Z* 坐标值为－22.584。

2．确定各基点坐标（见表 3—8）

表 3—8　　**加工路线及基点坐标**

基点坐标	加工路线
换刀点（100.0，100.0）	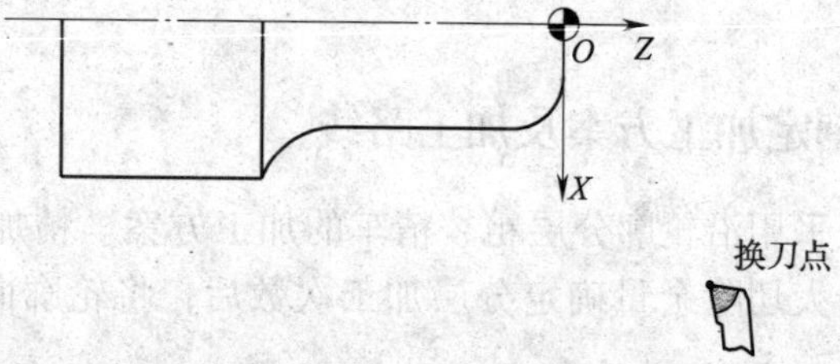

基点坐标	加工路线
切入点（10.0，2.0）	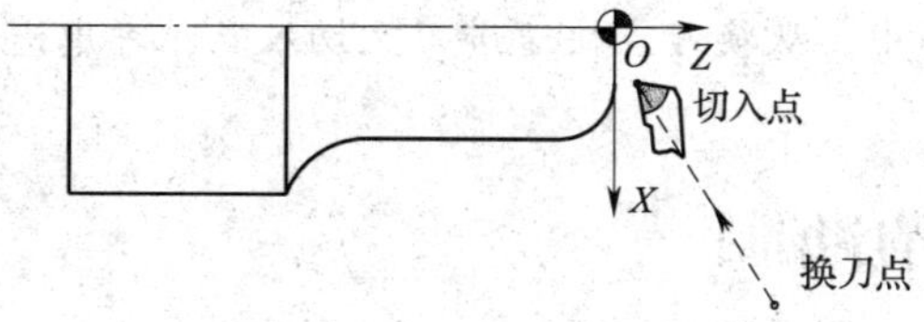
A（10.0，0）	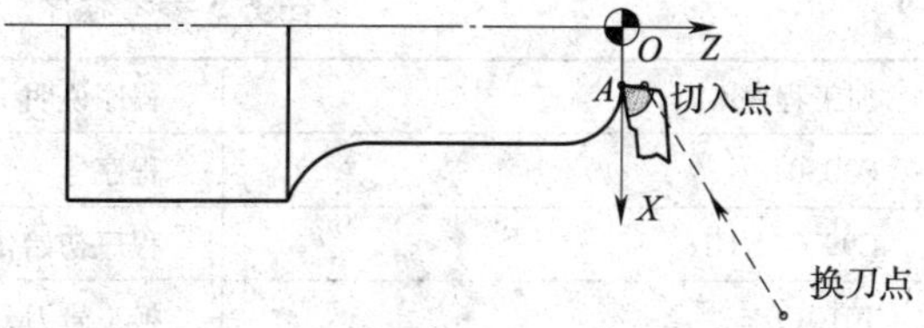
B（20.0，−5.0）	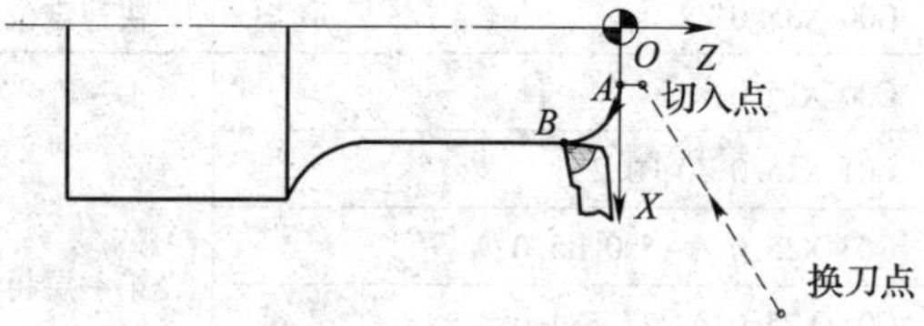
C（20.0，−22.584）	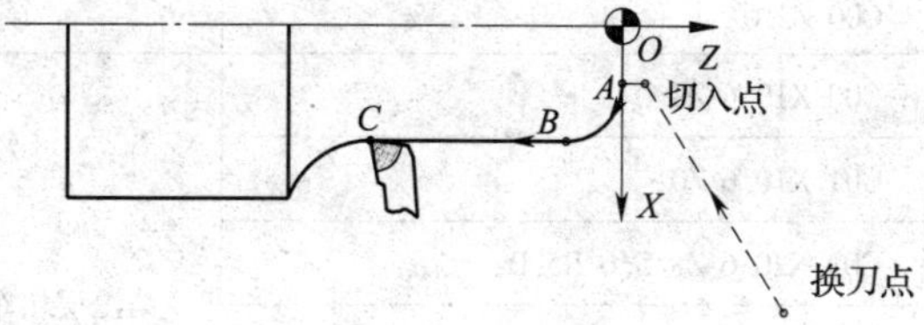
D（30.0，−30.0）	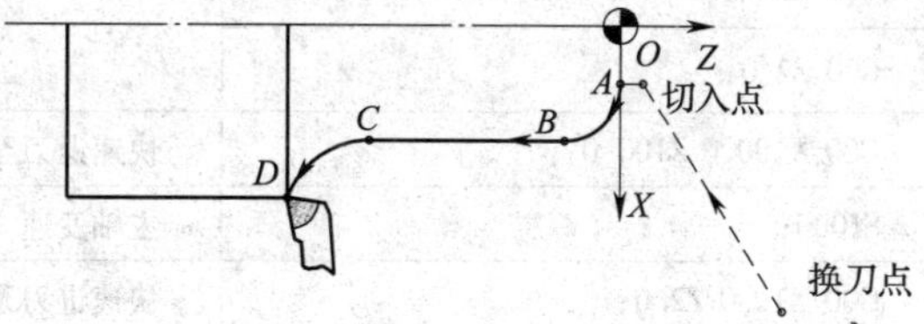
退刀	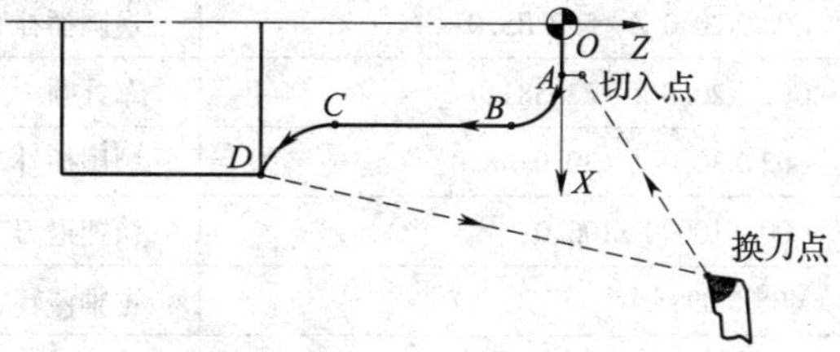

操作提示

本任务中，从换刀点快速进刀至切入点，考虑进刀的安全性，切入点位置取在距右端面 2 mm 处。

三、程序编制

本任务的加工程序详见表 3—9。

表 3—9　　　　任务 3 参考程序

程序号	加工程序	程序说明
	O3030；	程序号
N10	G99 G21 G18；	程序初始化，每转进给，公制尺寸
N20	T0101；	换 1 号刀，执行 1 号刀补
N30	M03 S500 M08；	主轴正转，切削液开
N40	G00 X35.0 Z2.0；	快速定位至起刀点
N50	G00 X15.0；	第一层粗车，最大背吃刀量为单边 2.5 mm
N60	G01 X15.0 Z0 F0.2；	
N70	G03 X25.0 Z－5.0 R5.0；	
N80	G01 X25.0 Z－22.584；	
N90	G02 X35.0 Z－30.0 R8.0；	
N100	G00 Z2.0；	
N110	G00 X10.6 Z2.0；	第二层粗车，最大背吃刀量为单边 2.2 mm
N120	G01 X10.6 Z0；	
N130	G03 X20.6 Z－5.0 R5.0；	
N140	G01 X20.6 Z－22.584；	
N150	G02 X30.6 Z－30.0 R8.0；	
N160	G00 Z2.0；	
N170	G00 X100.0 Z100.0；	快速退刀至换刀点
N180	S1000；	主轴变速
N190	G00 X10.0 Z2.0；	快速进刀至切入点
N200	G01 X10.0 Z0 F0.1；	切入圆弧起点 *A*，切削进给量为 0.1 mm/r
N210	G03 X20.0 Z－5.0 R5.0；	逆圆插补车 *R*5 mm 凸圆弧
N220	G01 X20.0 Z－22.584；	车外圆
N230	G02 X30.0 Z－30.0 R8.0；	顺圆插补车 *R*8 mm 凹圆弧
N240	G00 X100.0 Z100.0；	快速退刀
N250	M05 M09；	主轴停转，切削液关
N260	M30；	程序结束

操作提示

1．编程时注意正确判断圆弧的顺逆，确定插补指令 G02 或 G03。
2．注意圆弧插补指令 G02/G03 的指令格式，不要漏掉圆弧半径 R 地址。

四、零件车削

1．加工准备

本任务为凹、凸圆弧轮廓加工，尺寸公差为自由公差，表面粗糙度 *Ra* 值为 3.2 μm。选用的机床为配备 FANUC 0i Mate－TB 系统的 CKA6140 型数控车床。毛坯沿用任务 2 的工件。刀具使用硬质合金外圆车刀，量具使用 0～150 mm 规格的游标卡尺，1～6.5 mm、7～15 mm 的半径样板各一副。

2．零件的加工操作过程（见表 3—10）

表 3—10　　零件加工操作过程

<table>
<tr><th>步骤</th><th>图例</th></tr>
<tr><td>夹住毛坯外圆，伸出长度约 35 mm，找正后夹紧</td><td>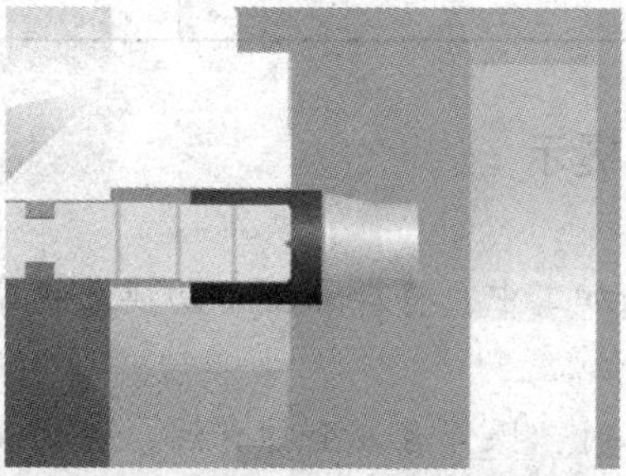</td></tr>
<tr><td>对刀设定并验证刀补</td><td>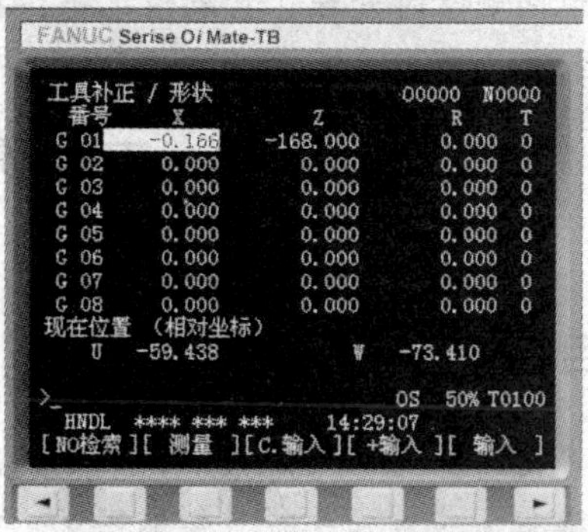
</td></tr>
<tr><td>沿轮廓分层粗车 R5 mm 圆弧、ϕ20 mm 外圆、R8 mm 圆弧，留 0.6 mm 精加工余量
粗车时主轴转速 n 为 500 r/min，进给量 f 为 0.2 mm/r</td><td>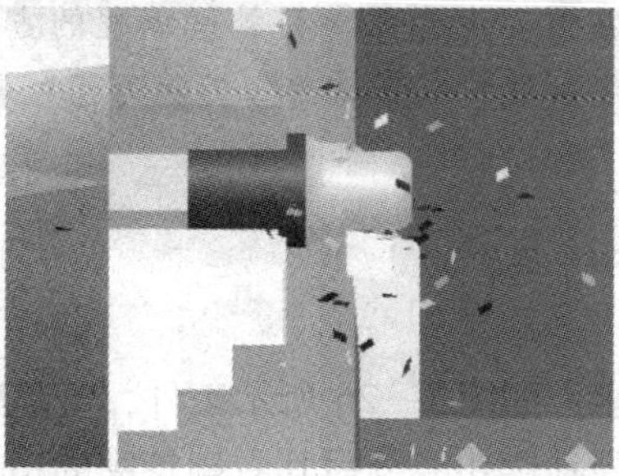</td></tr>
</table>

续表

步骤	图例
完成轮廓的精加工 精车选择主轴转速 n 为 1 000 r/min，进给量 f 为 0.1 mm/r	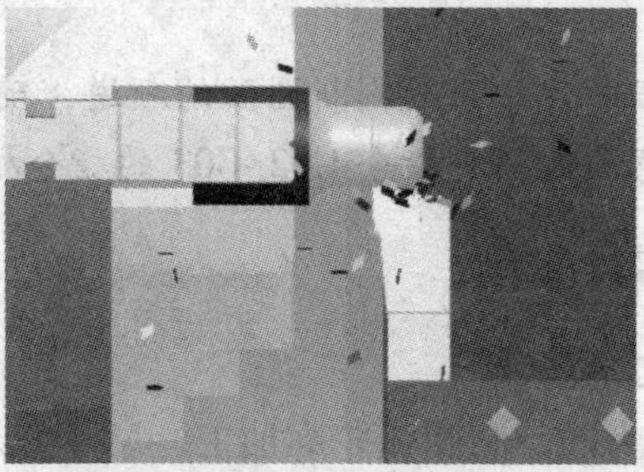
合格后取下工件	

操作提示

1. 自动加工中，将屏幕显示切换至程序检视界面，单段运行程序，发现问题及时按下 RESET 键复位。

2. 加工时，操作者应全神贯注，密切注意加工情况，两只手分别控制循环启动按钮及复位键，发现问题及时处理，紧急情况下，按急停按钮。

任务 4　刀尖圆弧半径补偿编程

学习目标

1. 熟悉刀尖圆弧对工件加工的影响。
2. 掌握刀尖圆弧半径补偿的定义、指令格式，熟悉补偿过程。
3. 掌握刀尖圆弧半径补偿编程的方法，完成工件精加工程序的编制。
4. 了解数控车床常用车刀的刀沿位置，掌握刀沿位置及刀尖圆弧半径补偿值的设置。

工作任务

任务要求：如图 3—26 所示工件，毛坯尺寸为 $\phi60$ mm × 72 mm，材料为 45 钢，试采用刀尖圆弧半径补偿功能编写其右端轮廓的精加工程序。

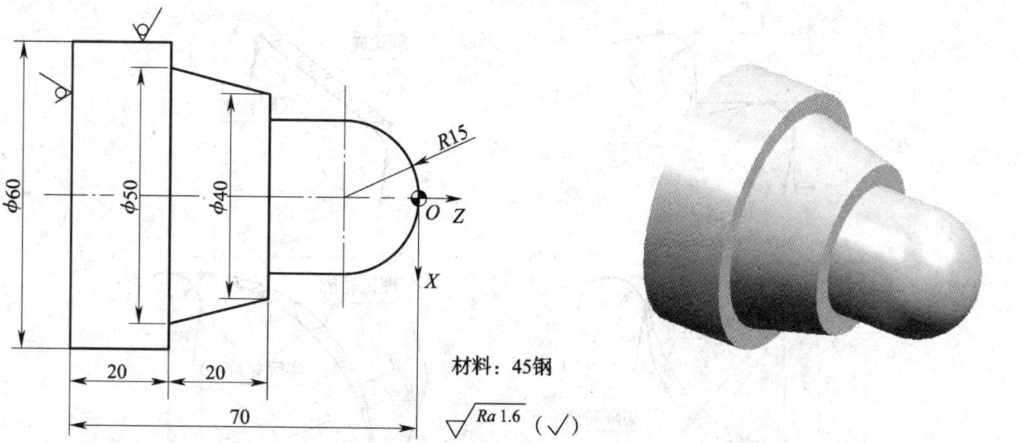

图 3—26　刀尖圆弧半径补偿编程实例

任务分析：为达到工件表面粗糙度要求，需选用带有刀尖圆弧的车刀进行加工，为消除刀尖圆弧对工件加工的不利影响，可运用刀尖圆弧半径补偿功能。本任务要求在学习刀尖圆弧半径补偿功能相关知识的基础上，学会运用刀尖圆弧半径补偿指令编写零件精加工程序，并学会在数控系统中进行相关参数的设置。

相关理论

一、刀尖圆弧对工件加工的影响

任何一把尖形车刀都会带有一定的刀尖圆弧，刀尖带有半径不大的圆弧能有效提高刀具使用寿命和降低加工表面的粗糙度，但也会对工件加工造成一些不利影响。相对于普通车刀，数控刀具一般刀尖圆弧半径值稍大，对加工的影响更不容忽视。

在数控加工中采用试切法对刀时，圆弧刃车刀（见图 3—27）的对刀点分别为 B 点和 C 点，所形成的假想刀位点为 O 点，但在实际加工过程中，刀具切削点在刀尖圆弧上变动，从而在加工过程中可能产生过切或欠切现象。加工工件会出现如图 3—28 所示的几种误差情况。

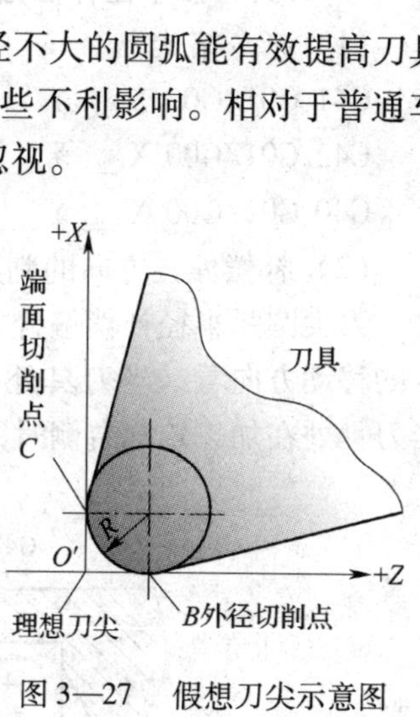

图 3—27　假想刀尖示意图

1．加工台阶面或端面时，对加工表面的尺寸和形状影响不大，但在端面的中心位置和台阶的清角位置会产生残留误差，如图 3—28a 所示。

2．加工圆锥面时，对锥度不会产生影响，但会产生明显的位置误差，如图 3—28b 所示。

3．加工圆弧时，会对圆弧的圆度和圆弧半径产生影响。加工外凸圆弧时，会使加工后的圆弧半径变小，如图 3—28c 所示。加工内凹圆弧时，会使加工后的圆弧半径变大，如图 3—28d 所示。

在进行数控车削的编程和加工过程中，必须对由于车刀刀尖圆弧产生的误差进行补偿，才能加工出高精度的零件。

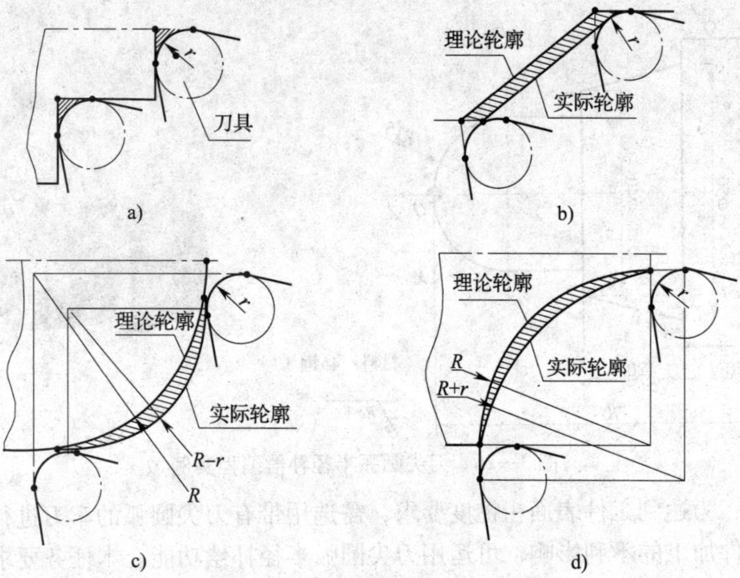

图 3—28　刀尖圆弧对加工的影响

二、刀尖圆弧半径补偿（G41、G42、G40）

1．刀尖圆弧半径补偿的定义

带有刀尖圆弧的车刀的刀位点为刀尖圆弧的圆心。为确保工件轮廓形状，加工时刀尖圆弧的圆心运动轨迹应与工件轮廓偏置一个半径值，这种偏置称为刀尖圆弧半径补偿。

2．刀尖圆弧半径补偿指令

（1）指令格式

G41 G01/G00 X __ Y __ F __；（刀尖圆弧半径左补偿）

G42 G01/G00 X __ Y __ F __；（刀尖圆弧半径右补偿）

G40 G01/G00 X __ Y __ F __；（取消刀尖圆弧半径补偿）

（2）补偿偏置方向的判别

刀尖圆弧半径补偿偏置方向的判别如图 3—29 所示。由 *Y* 轴正方向向负方向观察，沿刀具的移动方向看，当刀具处在加工轮廓左侧时，称为刀尖圆弧半径左补偿，用 G41 表示；当刀具处在加工轮廓右侧时，称为刀尖圆弧半径右补偿，用 G42 表示。

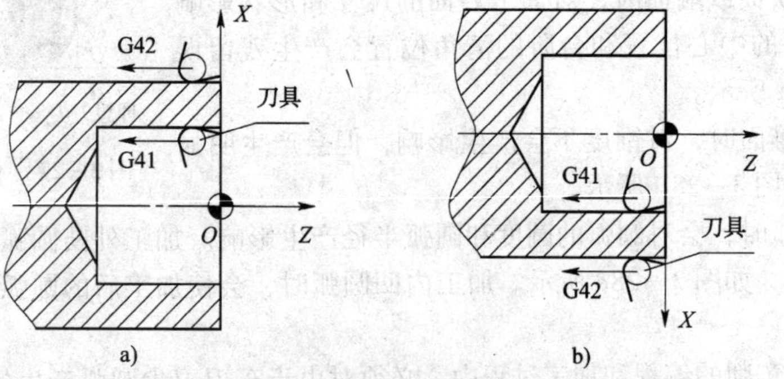

图 3—29　刀尖圆弧半径补偿偏置方向的判别

a）后置刀架，+*Y* 轴向外　b）前置刀架，+*Y* 轴向内后置刀架和前置刀架对刀尖圆弧半径补偿偏置方向的判别如图 3—29 所示。

3．刀尖圆弧半径补偿过程

刀尖圆弧半径补偿的过程分为三步，即刀补的建立、刀补的进行和刀补的取消。其补偿过程通过图 3—30 和加工程序 O0001 共同说明。

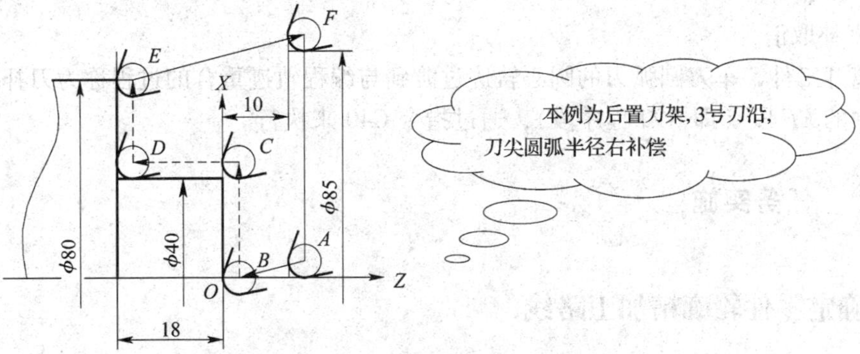

图 3—30　刀尖圆弧半径补偿过程

AB—刀补建立　*BCDE*—刀补进行　*EF*—刀补取消

图 3—30 所示工件采用刀尖圆弧半径补偿功能编制的加工程序如下：

```
O0001;
N10 G99 G40 G21;                    (程序初始化)
N20 T0101;                          (调用 1 号刀，执行 1 号刀补)
N30 M03 S1000;                      (主轴按 1 000 r/min 正转)
N40 G00 X0 Z10.0;                   (快速点定位)
N50 G42 G01 X0 Z0 F0.1;             (刀补建立)
N60      X40.0;   ┐
N70      Z-18.0;  ├                 (刀补进行)
N80      X80.0;   ┘
N90 G40 G00 X85.0 Z10.0;            (刀补取消)
N100 G28 U0 W0;                     (返回参考点)
N110 M30;
```

（1）刀补的建立

刀补的建立指刀具从起点接近工件时，车刀圆弧刃的圆心从与编程轨迹重合过渡到与编程轨迹偏离一个偏置量的过程。该过程的实现必须与 G00 或 G01 功能在一起才有效。

刀尖圆弧半径补偿过程通过 N50 程序段建立。当执行 N50 程序段后，车刀圆弧刃的圆心坐标位置由以下方法确定：将包含 G42 语句的下边两个程序段（N60、N70）预读，连接在补偿平面内最近两移动语句的终点坐标（图 3—30 中的 *BC* 连线），其连线的垂直方向为偏置方向，根据 G41 或 G42 来确定偏向哪一边，偏置的大小由刀尖圆弧半径值（设置在图 3—34 所示画面中）决定。经补偿后，车刀圆弧刃的圆心位于图 3—30 中的 *B* 点处，其坐标值为［0，(0 + 刀尖圆弧半径)］。

（2）刀补进行

在 G41 或 G42 程序段后，程序进入补偿模式，此时车刀圆弧刃的圆心与编程轨迹始终相距一个偏置量，直到刀补取消。

在该补偿模式下，机床同样要预读两段程序，找出当前程序段所示刀具轨迹与下一程序段偏置后的刀具轨迹交点，以确保机床把下一段工件轮廓向外补偿一个偏置量，如图 3—30 中的 *C* 点、*D* 点等。

（3）刀补取消

刀具离开工件，车刀圆弧刃的圆心轨迹过渡到与编程轨迹重合的过程称为刀补取消，如图 3—30 中的 *EF* 段（即 N90 程序段），通过指令 G40 来执行。

任务实施

一、确定零件轮廓精加工路线

零件加工路线如图 3—31 所示，采用刀尖圆弧半径补偿功能时，按工件轮廓编程，加工时刀尖圆弧的圆心（刀位点）运动轨迹自动偏离工件轮廓外一个半径值。

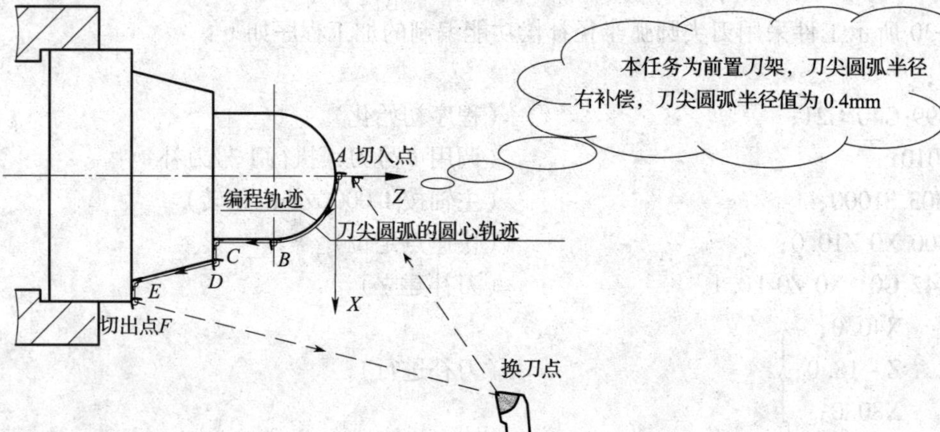

图 3—31 零件轮廓精加工路线

选择工件右端面的回转中心作为工件的编程原点，确定基点坐标，见表 3—11。

表 3—11 加工路线及基点坐标

编程基点坐标	假想刀位点（刀尖点）坐标	刀位点（刀尖圆弧圆心）坐标	加工路线说明	加工路线
(100.0, 100.0)	(100.0, 100.0)	(100.0, 100.0)		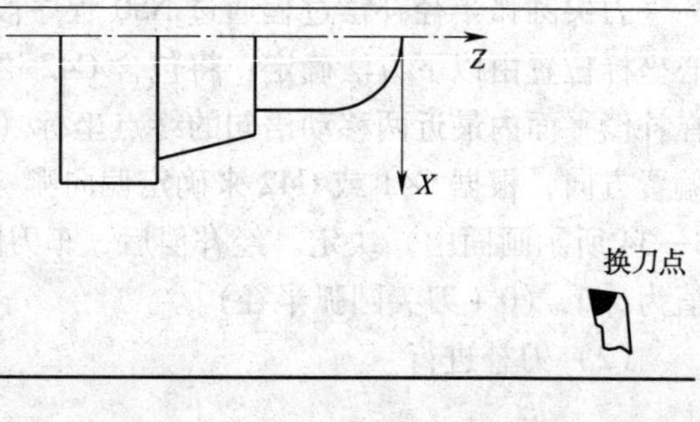

续表

编程基点坐标	假想刀位点(刀尖点)坐标	刀位点(刀尖圆弧圆心)坐标	加工路线说明	加工路线
(0，2.0)	(0，2.0)	(0，2.0)	快速进刀	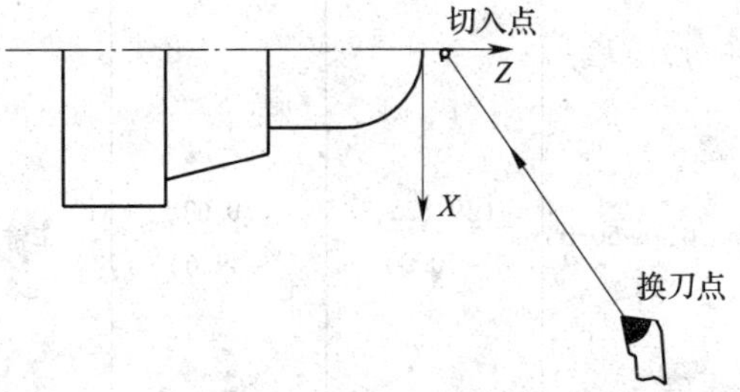
(0，0)	(-0.8，0)	(0，0.4)	建立右补偿切入（G42 G01）	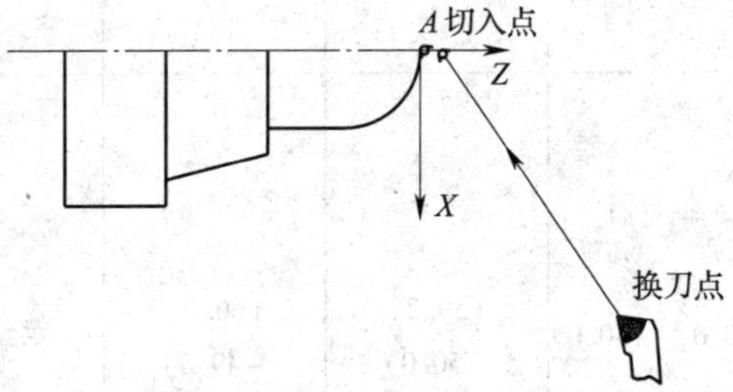
(30.0，-15.0)	(30.0，-15.4)	(30.8，-15.0)	车 $R15$ mm 圆弧	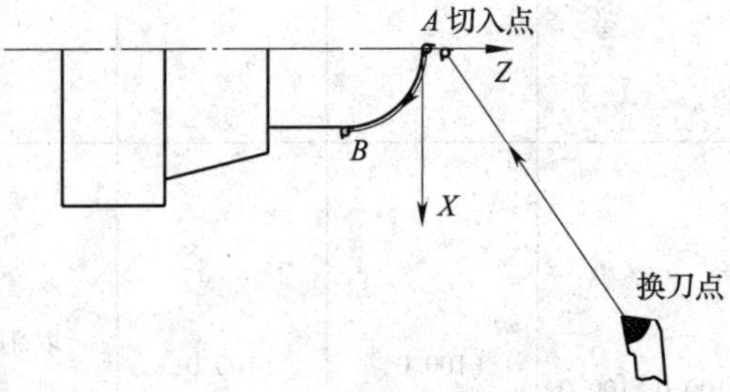
(30.0，-30.0)	(30.0，-30.0)	(30.8，-29.6)	车 $\phi30$ mm 外圆	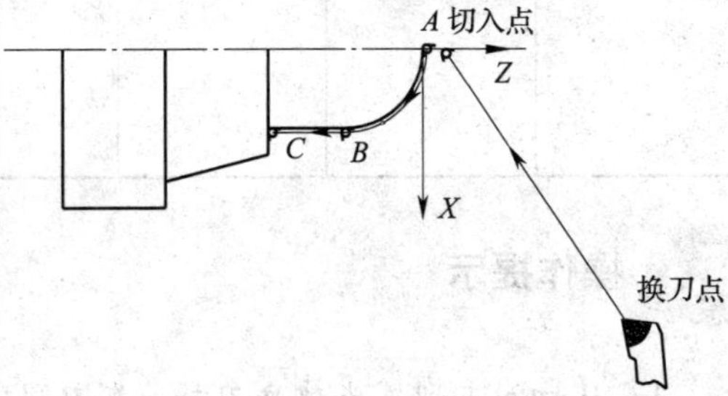
(40.0，-30.0)	(39.825，-30.0)	(40.62，-29.6)	车端面	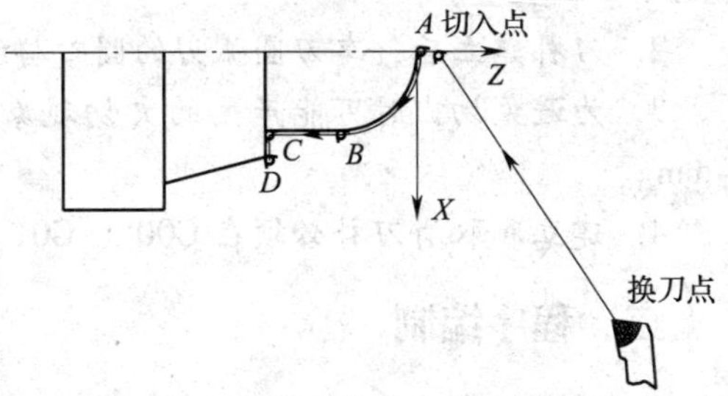

续表

编程基点坐标	假想刀位点(刀尖点)坐标	刀位点(刀尖圆弧圆心)坐标	加工路线说明	加工路线
(50.0, -50.0)	(49.825, -50.0)	(50.62, -49.6)	车锥面	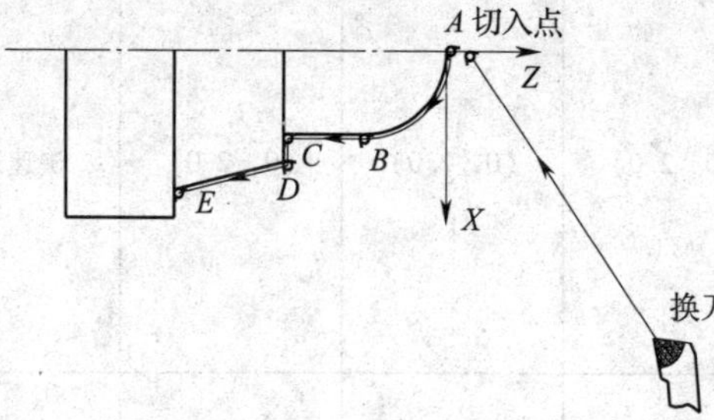
(60.0, -50.0)	(59.2, -50.0)	(60.0, -49.6)	车端面	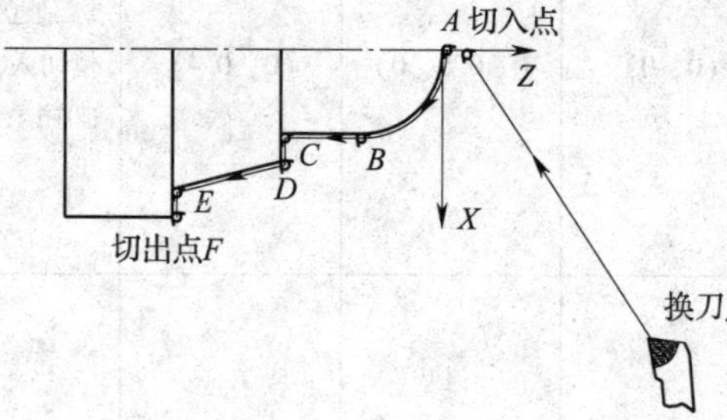
(100.0, 100.0)	(100.0, 100.0)	(100.0, 100.0)	取消刀补退刀(G40 G00)	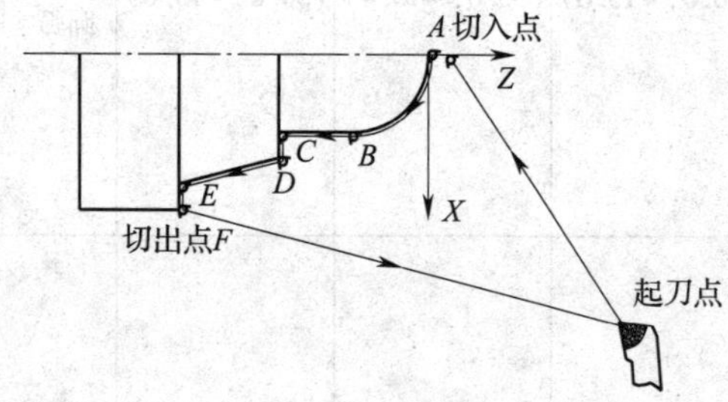

操作提示

1. 从切入点到 *A* 点建立刀补，车刀圆弧刃的圆心从与编程轨迹重合过渡到与编程轨迹偏离一个偏置量。

2. 刀补建立后，车刀圆弧刃的圆心与编程轨迹始终相距一个偏置量，直到刀补取消。

3. 为避免切出时可能产生的欠切现象，切出点 *F* 的 *X* 向取值可略大于外圆直径 1 ~ 2 mm。

4. 建立和取消刀补必须在 G00 或 G01 指令模式下执行。

二、程序编制

本任务的精加工程序详见表 3—12。

表 3—12　　任务 4 参考程序

程序号	加工程序	程序说明
	O3040;	程序号
N10	G99 G21 G18;	程序初始化，每转进给，公制尺寸
N20	T0101;	换 1 号刀，执行 1 号刀补
N30	M03 S1000 M08;	主轴正转，切削液开
N40	G00 X0 Z2.0;	快速进刀至切入点
N50	G42 G01 Z0 F0.1;	刀尖圆弧半径补偿的建立
N60	G03 X30.0 Z-15.0 R15.0;	补偿的进行
N70	G01 X30.0 Z-30.0;	
N80	X40.0;	
N90	X50.0 Z-50.0;	
N100	X60.0;	
N110	G40 G00 X100.0 Z100.0;	补偿的取消
N120	M05 M09;	主轴停转
N130	M30;	程序结束

操作提示

1. G41/G42 不带参数，其补偿号（代表所用刀具对应的刀尖圆弧半径补偿值）由 T 指令指定。该刀尖圆弧半径补偿号与刀具偏置补偿号对应。

2. 在刀具补偿模式下，一般不允许存在连续两段以上的补偿平面内非移动指令，否则刀具也会出现过切等危险动作。补偿平面非移动指令通常指仅有 G、M、S、F、T 指令的程序段（如 G90、M05）及程序暂停程序段（如 G04 X10.0）。

三、刀具刀沿位置及刀尖圆弧半径补偿值的设置

在已知刀尖圆弧半径的情况下，将刀尖圆弧半径的值输入到数控系统中，通过半径补偿指令，即可对加工误差进行补偿。

1. 外圆车刀刀具切削沿位置的确定

除圆弧形车刀（9 号刀具切削沿）外，数控车床的对刀均是以假想刀位点来进行的。也就是说，在刀具偏置存储器中或 G54 坐标系设定的值是通过假想刀尖点（图 3—32c 中 *P* 点）进行对刀后所得的机床坐标系中的绝对坐标值。

数控车床采用刀尖圆弧补偿进行加工时，如果刀具的刀尖形状和切削时所处的位置（即刀具切削沿位置）不同，那么刀具的补偿量与补偿方向也不同。根据各种刀尖形状及刀尖位置的不同，数控车刀的刀具切削沿位置共有 9 种，如图 3—32 所示。

常用车刀的刀沿位置号如图 3—33 所示。

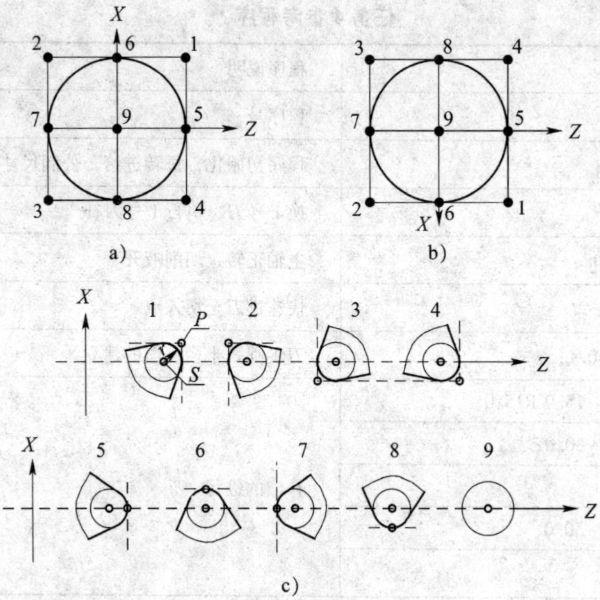

图 3—32　数控车床的刀具切削沿位置

a）后置刀架，+Y 轴向外　b）前置刀架，+Y 轴向内　c）数控车刀沿位置

P—假想刀尖点　S—刀具切削沿圆心位置　r—刀尖圆弧半径

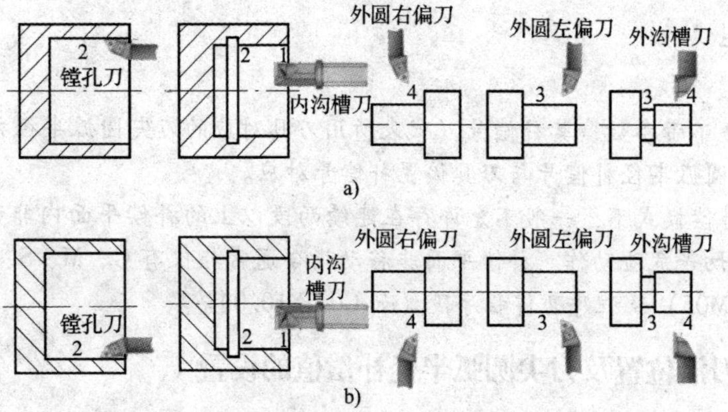

图 3—33　常用车刀的刀沿位置号

a）后置刀架，+Y 轴向外时的刀沿位置号　b）前置刀架，+Y 轴向里时的刀沿位置号

提示

在判别刀具切削沿位置时，同样要沿 Y 轴由正方向向负方向观察刀具，同时也要特别注意前、后置刀架的区别。

本任务中，外圆右偏刀的刀沿位置号是 3。

2．刀尖圆弧半径补偿值的确定

刀具的半径补偿值（刀尖圆弧半径）为 0.4 mm。

3．参数的设置

在 FANUC 车削系统中，刀尖圆弧半径补偿号由 T 指令指定，本任务中为 T02 02。其刀尖圆弧补偿号与刀具偏置补偿号对应，如图 3—34 显示画面“G02”中相对应的“T 3”即是指该刀具的切削沿位置号是 3 号，对应的“R 0.4”即是指该刀具的半径补偿值（刀尖圆弧半径）为 0.4 mm。

工具补正／形状　　　　O0001 N0000

番号	X	Z	R	T
G01	−103.763	212.565	0.000	3
G02	−108.483	226.863	0.400	3
G03	0.000	0.000	0.000	0
G04	0.000	0.000	0.000	0
G05	0.000	0.000	0.000	0
G06	0.000	0.000	0.000	0
G07	0.000	0.000	0.000	0
G08	0.000	0.000	0.000	0

现在位置（绝对坐标）

X50.000　Z30.000

S　0　T0000

[摩耗] [形状] [工件移动] [ ] [ ]

图 3—34　FANUC 系统刀具补偿参数设定

项目四

内、外轮廓加工

任务1　单一固定循环 G90 车削外圆

学习目标

1. 掌握内、外圆切削单一固定循环 G90 的指令格式、功能。
2. 正确理解循环加工轨迹，合理确定循环参数，特别是 *R* 值。
3. 能合理确定简单轴类零件的加工方案，合理选择加工工艺路线。
4. 应用单一固定循环编写简单零件粗、精加工程序。
5. 熟悉数控外圆车刀的相关知识，合理选择切削用量。
6. 完成工件外圆车削，掌握数控加工中外圆尺寸的修调方法。

工作任务

任务要求：如图4—1所示工件，毛坯尺寸为 ϕ50 mm × 90 mm，材料为45钢，试编写其数控车加工程序并进行加工。

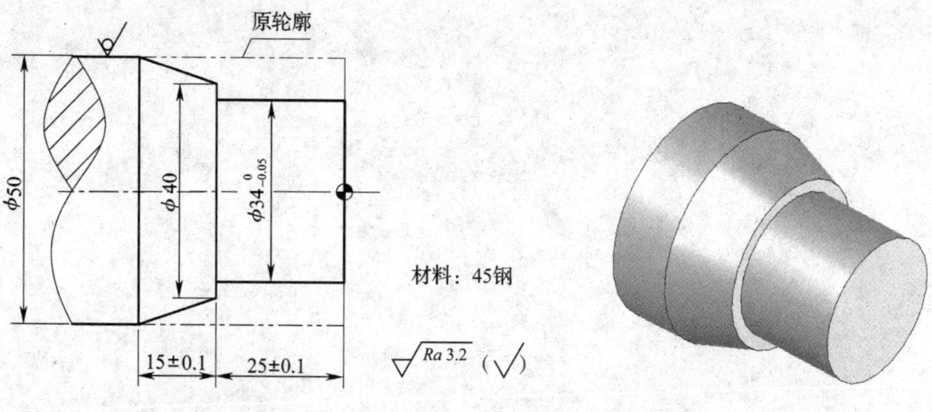

图4—1　单一固定循环 G90 编程实例

任务分析：本任务中，工件加工余量较多，若采用 G00 与 G01 指令进行编程，必然导致程序冗长，编程与输入出错率增加。而采用固定循环指令编程可以使编写的加工程序简洁明了。本任务引入单一固定循环 G90 指令用于简单圆柱、圆锥表面的粗、精加工。

相关理论

一、内、外圆切削单一固定循环 G90

1. 圆柱面切削循环

（1）指令格式

G90 X(U)__ Z(W)__ F __;

X(U)__ Z(W)__：循环切削终点（图 4—2 中的 *C* 点）处的坐标。

F __：循环切削过程中的进给量，该值可沿用到后续程序中去，也可沿用循环程序前已经指定的 F 值。

例　G90 X30.0 Z－30.0 F0.1；

（2）指令的运动轨迹及工艺说明

圆柱面切削循环（即矩形循环）的执行过程如图 4—2 所示。刀具从循环起点 *A* 开始以 G00 方式径向移动至指令中的 *X* 坐标处（图中 *B* 点），再以 G01 的方式沿轴向切削工件外圆至终点坐标处（图中 *C* 点），然后以 G01 方式沿径向车削退至循环起点的 *X* 坐标处（图中 *D* 点），最后以 G00 方式快速返回循环起点 *A* 处，准备下个动作。

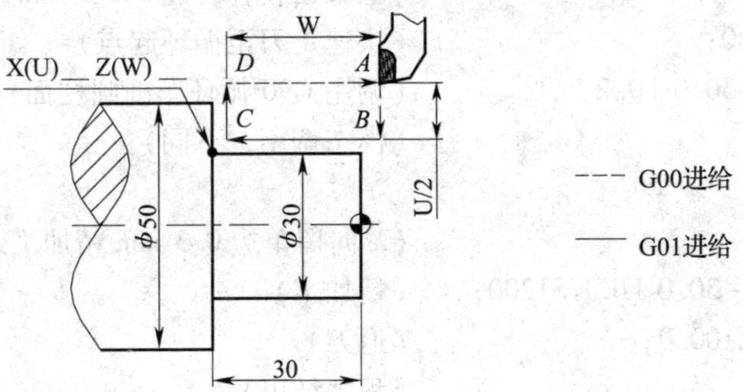

图 4—2　圆柱面切削循环

G90 指令将 *AB*、*BC*、*CD*、*DA* 四段插补指令组合成一条循环指令进行编程，达到简化编程的目的。

（3）循环起点的确定

循环起点是机床执行循环指令之前，刀位点所在的位置，该点既是程序循环的起点，又是程序循环的终点。对于该点，考虑到快速进刀的安全性，*Z* 向应离开加工部位 1～2 mm。在加工外圆表面时，*X* 向略大于毛坯外圆直径 2～3 mm；加工内孔时，*X* 向略小于底孔直径 2～3 mm。

（4）分层加工终点坐标的确定

根据硬质合金或涂镀硬质合金刀具车削碳钢时切削用量的推荐值，粗加工背吃刀量为 2～3 mm（单边量），精加工背吃刀量根据刀具刀尖圆弧半径的不同，取值 0.2～0.6 mm。图 4—2 所示工件的分层加工终点坐标见表 4—1。

表 4—1　　分层切削加工终点坐标的确定

走刀	终点坐标	程序段
粗加工第一刀	44.0，-30.0	G90 X44.0 Z-30.0 F0.2
第二刀	38.0，-30.0	G90 X38.0 Z-30.0 F0.2
第三刀	32.0，-30.0	G90 X32.0 Z-30.0 F0.2
第四刀	30.6，-30.0	G90 X30.6 Z-30.0 F0.2
精加工走刀	30.0，-30.0	G90 X30.0 Z-30.0 F0.1

操作提示

1. 粗加工中，端面也可考虑留精加工余量，但数值不宜过大。
2. 程序段中各功能字均为模态指令，在数值相同时可省略。

(5) 编程实例

例　试用 G90 指令编写图 4—2 所示工件的加工程序。

```
O0001;
T0101;                          (选择 1 号刀并调用 1 号刀补)
S500 M03;                       (主轴正转，转速 500 r/min)
G00 X52.0 Z2.0;                 (快速走刀至循环起点)
G90 X44.0 Z-30.0 F0.2;          (调用 G90 循环车削圆柱面)
    X38.0;                      (模态调用，下同)
    X32.0;
    X30.6;                      (X 向留单边 0.3 mm 精加工余量)
G90 X30.0 Z-30.0 F0.1 S1200;    (精加工)
G00 X100.0 Z100.0;              (退刀)
M30;                            (程序结束)
```

2. 圆锥面切削循环

(1) 指令格式

G90 X (U) __ Z (W) __ R __ F __;

X (U) __ Z (W) __：循环切削终点处的坐标。

F __：循环切削过程中的进给量。

R __：被加工圆锥面两端半径差。

图4—3 中的 R 值为负值

例　G90 X40.0 Z-30.0 R-5.0 F0.1;

(2) 指令的运动轨迹与工艺分析

圆锥面切削循环的执行过程如图 4—3 所示，其动作与圆柱面切削循环类似。

(3) R 值及循环起点的确定

G90 循环指令中的 R 值有正、负之分，具体计算方法为圆锥右端面半径尺寸减去左端面半径尺寸。对外径车削，外径左大右小 R 值为负；反之为正。对内孔车削，内径左小右大 R 值为正；反之为负。

实际加工中，考虑 G00 进刀的安全性，循环起点位置取在轴向距圆锥右端面 1 ~ 2 mm 处，若选择从 B_1点起刀，实际加工路线选择 B_1C，则必然导致锥度误差，解决的办法是在 BC 直线的延长线上起刀（图中的 B_2点），如图 4—4 所示。此时，需重新计算 R 值。

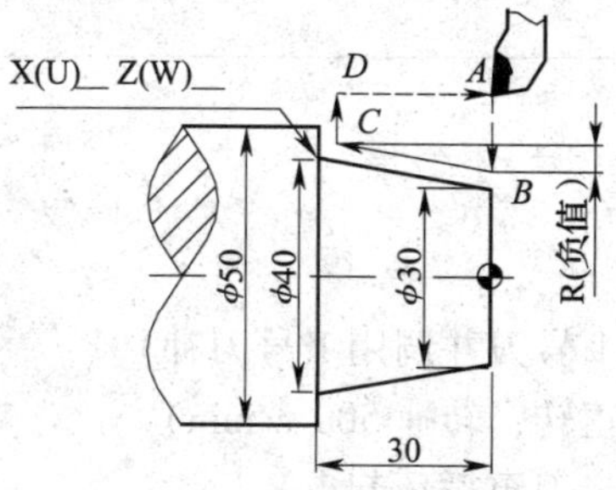

图 4—3　圆锥面切削循环

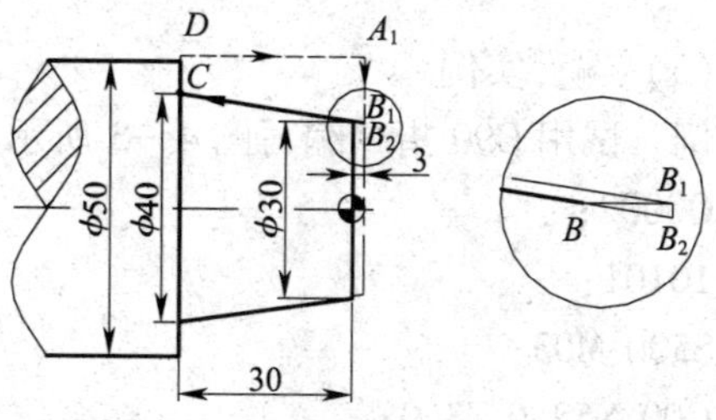

图 4—4　圆锥面切削循环的工艺分析

圆锥面的锥度 C 为圆锥大、小端直径之差与长度之比，即：$C=(D-d)/L$。设 Δ 为 C 与 B_2 的直径之差，则：

$$(40-30)/30=\Delta/(30+3)$$

得 $\Delta=11$（mm），即 R 值 $=-\Delta/2=-5.5$（mm）。

1. 循环起点的 Z 向坐标值为何取 3 mm?
2. 除改变起刀点，改变 R 值外，有没有其他方法能避免锥度误差?

（4）分层加工终点坐标的确定

圆锥车削应按照最大切除余量确定走刀次数，避免第一刀的背吃刀量过大。本例中，粗加工背吃刀量取单边 3 mm，精加工余量为单边 0.3 mm，根据圆锥小端加工总余量 20 mm 确定分层切削粗加工次数为 4 次。分层切削起点的 X 坐标见表 4—2，表中终点 X 坐标值 = 起点 X 坐标 + 大小端直径差。

表 4—2　　圆锥面分层切削加工终点坐标的确定

走刀	圆锥起点坐标	圆锥终点坐标	程序段
粗加工第一刀	44.0，0	54.0，－30.0	G90 X54.0 Z－30.0 R－5.5 F0.2
第二刀	38.0，0	48.0，－30.0	G90 X48.0 Z－30.0 R－5.5 F0.2
第三刀	32.0，0	42.0，－30.0	G90 X42.0 Z－30.0 R－5.5 F0.2
第四刀	30.6，0	40.6，－30.0	G90 X40.6 Z－30.0 R－5.5 F0.2
精加工走刀	30.0，0	40.0，－30.0	G90 X40.0 Z－30.0 R－5.5 F0.1

想一想

粗加工中，通过哪些方法可以使端面留余量？

（5）编程实例

例 试用 G90 指令编写图 4—3 所示工件的加工程序。

```
O0002;
T0101;                                  （选择 1 号刀并调用 1 号刀补）
S500 M03;                               （主轴正转，转速 500 r/min）
G00 X52.0 Z3.0;                         （快速走刀至循环起点）
G90 X54.0 Z-30.0 R-5.5 F0.2;            （调用 G90 循环车削圆锥面）
    X48.0;                              （模态调用，下同）
    X42.0;
    X40.6;                              （X 向留单边 0.3 mm 精加工余量）
G90 X40.0 Z-30.0 R-5.5 F0.1 S1200;      （精加工）
G00 X100.0 Z100.0;                      （退刀）
M30;                                    （程序结束）
```

二、外圆尺寸的修调方法

一般零件的外圆尺寸精度要求较高，因机床精度误差、刀具磨损误差及测量误差等因素的影响，通过常规对刀后直接按程序加工常无法保证其加工精度，需要通过修调来保证。常见的修调方法有修改程序中的编程坐标、在对刀建立工件坐标系时有针对性地对径向坐标进行补偿、借助磨耗进行修调等，加工中常需要根据误差的不同特点选择不同的方法。

刀具补偿参数界面中的磨耗值通常用于补偿刀具的磨损量，改变该值可以改变零件的加工尺寸，所以也常用于补偿加工误差值。实际加工中，借助磨耗值修调尺寸的方法正确率高，操作简便。

为避免粗加工误差对精加工的影响，通常采用两次精加工，即粗加工→精加工→二次精加工的加工方案，精加工与二次精加工加工条件保证基本一致。外圆尺寸的修调及磨耗值的确定见表 4—3。

表 4—3　　外圆尺寸的修调及磨耗值的确定

加工阶段	编程值	磨耗值	实测值	误差
粗加工（分层）	34.5	+0.5（预留）		
精加工	34.0	+0.5（预留）	34.45	-0.05
二次精加工	34.0	-0.02 +0.05（修调）	33.98	

提示

二次精加工中，尺寸按中间公差值修调，如表中 -0.02 mm。

借助磨耗修调尺寸的具体操作过程：首先在磨耗中预留精加工余量（注意：该余量应与程序中的精加工余量取相同值），接着按程序执行完粗加工→精加工后检测工件尺寸，根据实测值再次修调磨耗值（注意：误差为负时，磨耗中应补偿对应的正值，见表 4—3），最后在编辑模式下在精加工程序段前插入刀号刀补号，切换至自动加工模式，循环启动再执行一次精加工程序来完成零件的加工（程序调整见表 4—4）。这样通过两次精加工有效保证了加工精度。

表 4—4　　程序调整说明

	加工程序	程序说明	操作提示
	⋮	粗加工	自动加工
N100	X50.6；		
N110	G00 X100.0 Z100.0；	退刀	
N120	M05；	主轴停转	检测并修调磨耗值
N130	M00；	程序暂停	
N140	T0202；	重新调用刀号、刀补号	按循环启动键，继续自动加工
N150	S1000 M03；	转动主轴	
N160	G00 X52.0 Z2.0；	重新定位至起刀点	
N170	X34.0；	精加工	
	⋮		

任务实施

一、分析零件图样

本任务（见图 4—1）中精度要求较高的尺寸主要有 ϕ34 mm 外圆，长度尺寸 15 mm、25 mm等，尺寸精度要求主要通过准确对刀、正确设置刀补及磨耗等措施来保证。加工后的表面粗糙度要求不高，为 *Ra*3.2 μm。

二、分析加工工艺

1. 编程原点的确定

工件的编程原点取在工件右端面的中心处。

2. 制定加工方案及加工路线

本任务采用一次装夹，先分段粗车圆柱面、圆锥面，再按轮廓完成表面的精加工。圆柱面加工的循环起点为（52.0，1.0），圆锥面加工的循环起点为（54.0，-22.0）。加工路线如图 4—5 所示。

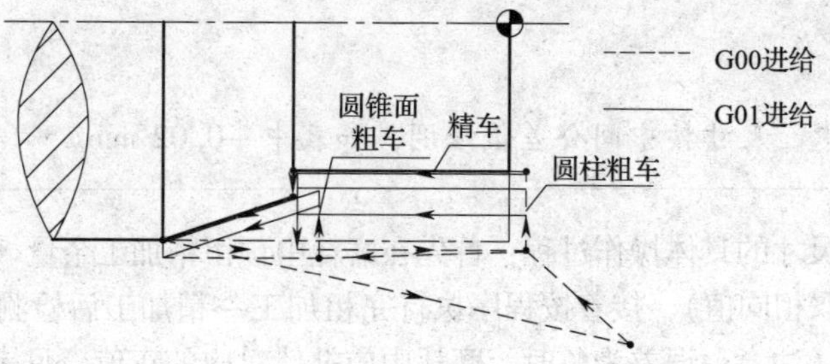

图 4—5 加工路线

根据大、小端直径及圆锥面加工起点的 Z 坐标值 −22 mm，算出 R 值。

3. 工件定位与装夹

工件采用通用三爪自定心卡盘进行定位与装夹，工件伸出卡盘端面长度约 50 mm。

4. 选择刀具及切削用量

本任务刀具材料均为硬质合金，根据教学实际可选用焊接式普通外圆车刀或机械夹固式外圆车刀。本任务中选用目前数控车床加工中广泛使用的数控车刀，包括复合压紧式（M 型）外圆车刀（刀柄型号 MCLNR2525M12、刀片型号 CNMG120404，如图 4—6a 所示）和螺钉压紧式（S 型）外圆车刀（刀柄型号 SCLCR2525M09、刀片型号 CCMT09T304，如图 4—6b 所示）。

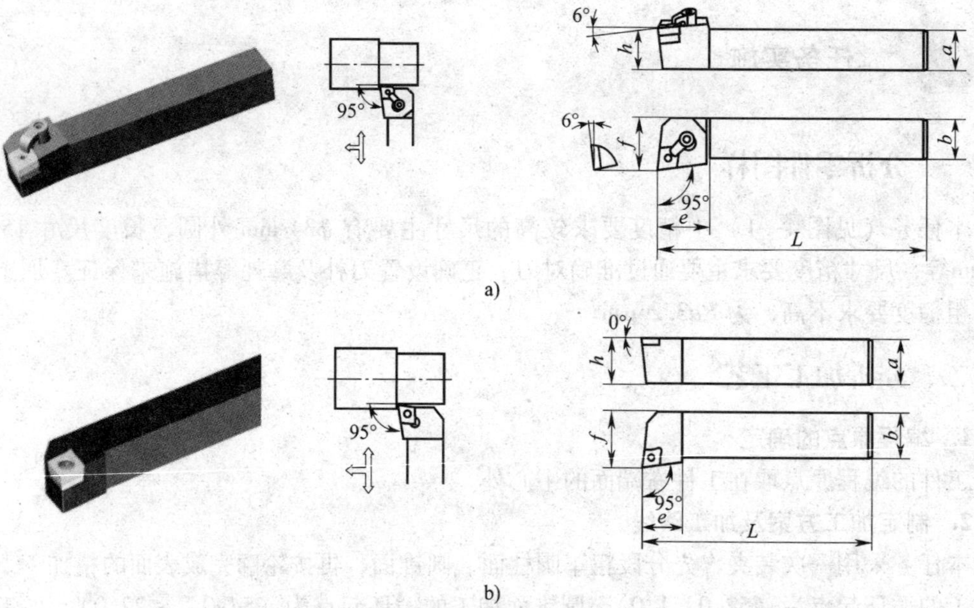

图 4—6 外圆车刀

a）M 型夹紧方式 b）S 型夹紧方式

操作提示

1. 复合压紧式可转位车刀夹紧可靠，能承受较大的切削负荷及冲击，适用于重负荷断续切削。

2. 螺钉压紧式可转位车刀结构简单，切削顺畅，适用于轻载加工。

3. 95°主偏角刀具可用于轴向及径向切削，刀具通用性好，适宜教学使用。

选择的刀具及切削用量见表 4—5。

表 4—5　　数控车削用刀具及切削用量参数表

刀具名称	刀具号	刀沿号	加工内容	主轴转速（r/min）	进给量（mm/r）	背吃刀量（mm）
外圆车刀	T0101	3	手动车端面	500	0. 2	3
			粗车外圆轮廓			
外圆车刀	T0202	3	精车外圆轮廓	1 000	0. 1	0. 3

三、程序编制

本任务工件的参考加工程序详见表 4—6。

表 4—6　　任务 1 参考程序

刀具	1 号：95°外圆车刀　　2 号：95°外圆车刀	
程序段号	加工程序	程序说明
	O4010；	程序名
N10	G99 G21 G40；	程序初始化
N20	T0101；	换 1 号外圆车刀
N30	S500 M03；	主轴正转
N40	G00 X52. 0 Z2. 0 M08；	快速定位至圆柱面切削循环起点，切削液开
N50	G90 X44. 0 Z－24. 9 F0. 2；	粗车外圆
N60	X38. 0；	
N70	X34. 6；	
N80	G00 X54. 0 Z－22. 0；	快速定位至圆锥面切削循环起点
N90	G90 X54. 0 Z－40. 0 R－6. 0 F0. 2；	粗车圆锥面
N100	X50. 6；	
N110	G00 X100. 0 Z100. 0；	回换刀点
N115	M05；	主轴停转
N120	M00；	程序暂停
N130	T0202 S1000 M03；	换 2 号外圆车刀，主轴变速
N140	G00 X52. 0 Z2. 0；	快速定位至精加工起刀点
N150	X34. 0；	进刀至切入点

续表

刀具	1号：95°外圆车刀　　2号：95°外圆车刀	
程序段号	加工程序	程序说明
	O4010；	程序名
N160	G01 Z－25.0 F0.1；	精车外圆轮廓
N170	X40.0；	
N180	X50.0 Z－40.0；	
N190	G00 X100.0 Z100.0；	程序结束部分
N200	M05 M09；	
N210	M30；	

四、加工准备

1. 本任务选用的机床为配备 FANUC 0i Mate－TB 系统的 CK6150 型数控车床，配备四工位（或六工位）转塔刀架。

2. 毛坯为 ϕ50 mm × 90 mm 的圆钢。

3. 加工中使用的工具、量具、夹具见表 4—7。

表 4—7　　工具、量具、刃具清单

序号	名称	规格	数量	备注
1	游标卡尺	0～150 mm，精度为 0.02 mm	1	
2	外径千分尺	25～50 mm，精度为 0.01 mm	1	
3	塞尺	0.02～1 mm	1	
4	外圆车刀	95°	1	M 型
5	外圆车刀	95°	1	S 型

五、零件车削

1. 程序输入、编辑

手工完成程序输入、编辑操作，并完成关键程序的校验。

2. 零件的加工操作过程（见表 4—8）

表 4—8　　零件加工操作过程

步骤	图例
夹住毛坯外圆，伸出长度约 50 mm，找正后夹紧	

步骤	图例
对刀设定并验证刀补	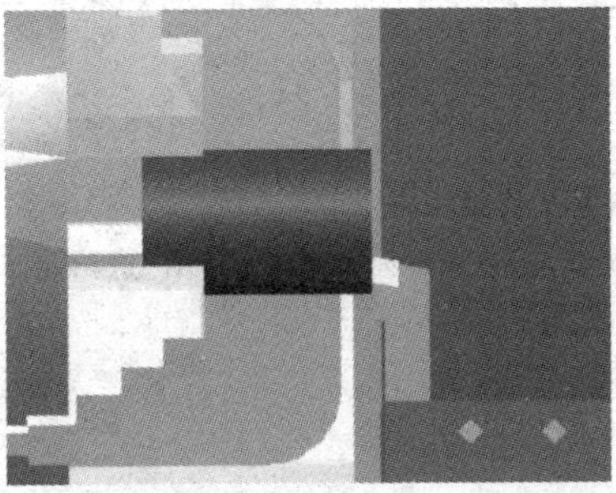
预留精加工余量 0.6 mm（直径量）	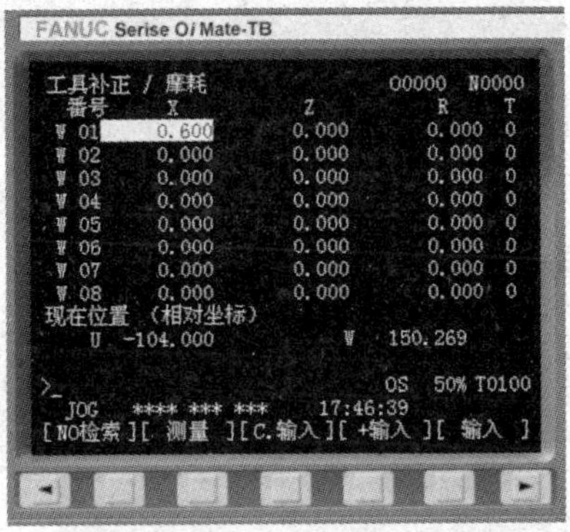
粗车 ϕ34 mm 外圆，留 0.6 mm 精加工余量 粗车时主轴转速 n 为 500 r/min，进给量 f 为 0.2 mm/r	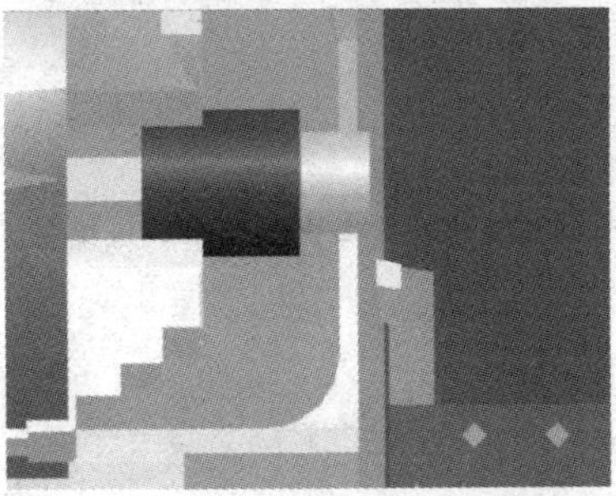
粗车圆锥面，留 0.6 mm 精加工余量 粗车时主轴转速 n 为 500 r/min，进给量 f 为 0.2 mm/r	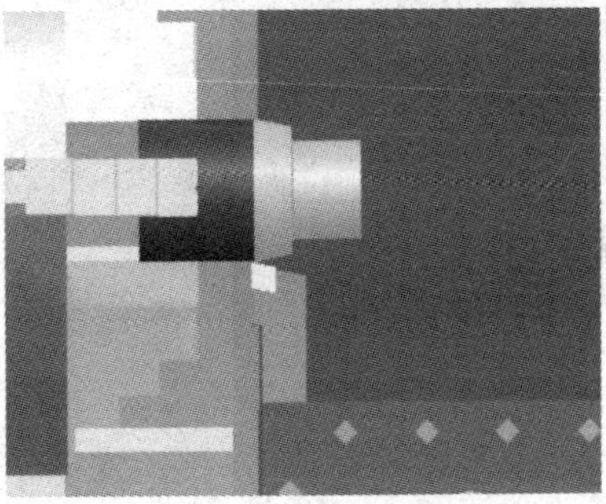

步骤	图例
完成外轮廓的精加工 精车选择主轴转速 n 为 1 000 r/min，进给量 f 为 0.1 mm/r	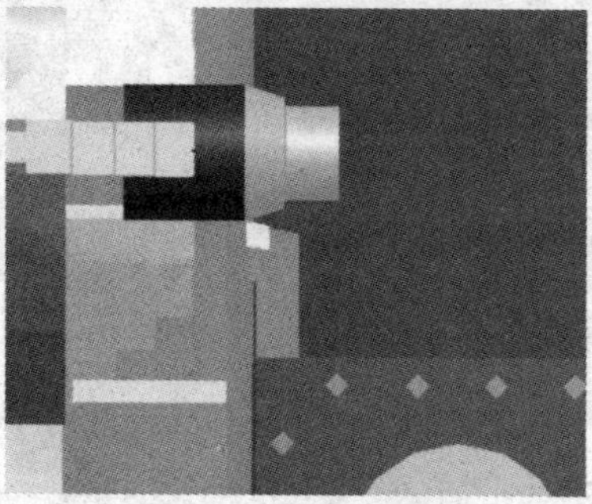
检测及修调磨耗值	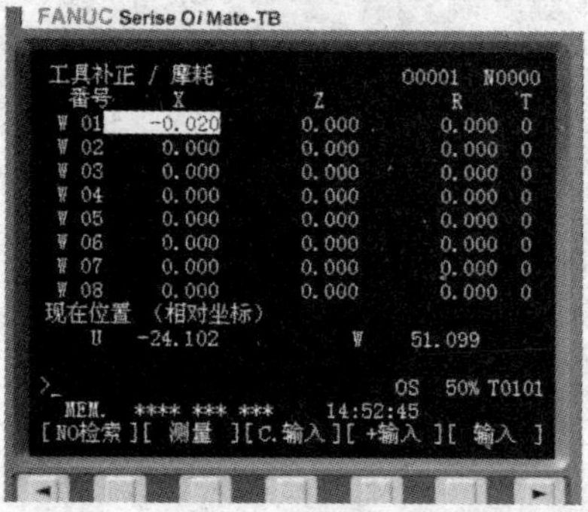
二次精车外轮廓 精车选择主轴转速 n 为 1 000 r/min，进给量 f 为 0.1 mm/r	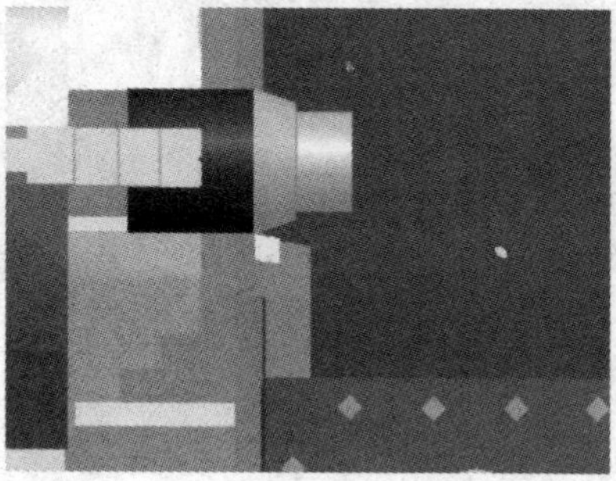
合格后取下工件	

操作提示

1. 自动加工中，将屏幕显示切换至程序检视界面，单段运行程序，发现问题及时按下 RESET 键复位。

2. 加工时，操作者应全神贯注，密切注意加工情况，两只手分别控制循环启动按钮及复位键，发生问题及时处理，紧急情况下，按急停按钮。

3. 在粗、精加工中磨耗值设为 0.6 mm，在二次精加工前根据工件外圆实测值修调，注意将尺寸偏差控制在中间公差值。

任务 2　单一固定循环 G94 车削端面

学习目标

1. 掌握端面切削单一固定循环 G94 的指令格式、功能。
2. 正确理解循环加工轨迹，合理确定循环参数。
3. 能合理确定简单盘类零件的加工方案，合理选择加工工艺路线。
4. 应用单一固定循环编写简单盘类零件的粗、精加工程序。
5. 熟悉机夹端面车刀的相关知识，合理选择切削用量。
6. 完成工件端面车削，学会分析零件表面质量。

工作任务

任务要求：如图 4—7 所示工件，毛坯尺寸为 $\phi60$ mm × 25 mm，材料为 45 钢，试编写其数控车加工程序并进行加工。

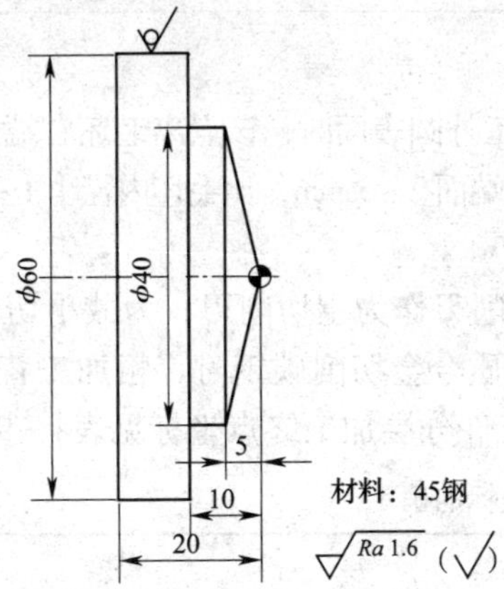

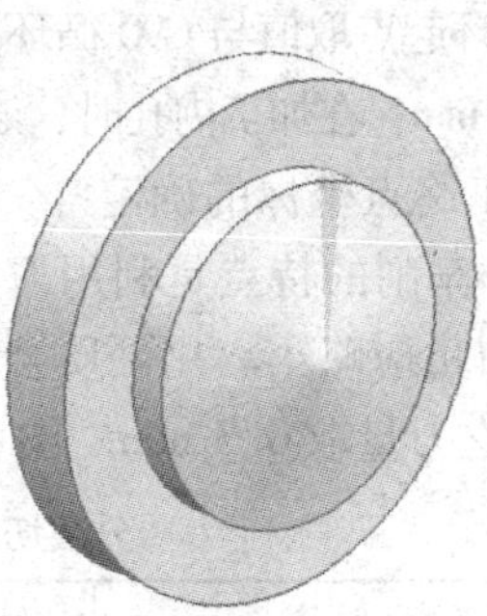

图 4—7　单一固定循环 G94 编程实例

任务分析：图示工件为较典型的长径比较小的盘类工件，由简单圆柱、圆锥面形成，可用 G90 循环编程加工，但由于此类工件以端面车削为主，在本任务中引入端面切削单一固定循环 G94 指令进行编程加工，相对于 G90 循环，加工效率大大提高。

相关理论

一、端面切削单一固定循环 G94

G94 循环主要用于平端面、锥端面车削。

1. 平端面切削循环

（1）指令格式

G94 X(U)__ Z(W)__ F__;

X(U)__ Z(W)__：循环切削终点处的坐标。

F__：循环切削过程中的进给量。

例　G94 X20.0 Z－10.0 F0.15；

（2）指令说明

平端面切削循环的运动轨迹如图 4—8 所示。刀具从程序起点 *A* 开始以 G00 方式快速到达指令中的 *Z* 坐标处（图中 *B* 点），再以 G01 的方式切削进给至终点坐标处（图中 *C* 点），并退至循环起始的 Z 坐标处（图中 *D* 点），再以 G00 方式返回循环起始点 *A*，准备下个动作。

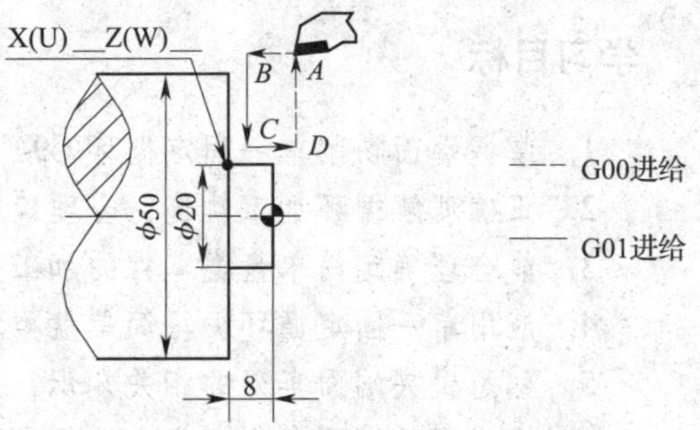

图 4—8　平端面切削循环的轨迹

提示

采用 G94 指令进行加工时，切削进给速度及背吃刀量应略小，以减小切削过程中的刀具振动。

（3）循环起点的确定

端面切削的循环起点取值与 G90 循环类似。在加工外圆表面时，该点离毛坯右端面 2～3 mm，比毛坯直径大 1～2 mm；在加工内孔时，该点离毛坯右端面 2～3 mm，比毛坯内径小 1～2 mm。

（4）分层加工终点坐标的确定

G94 循环指令车削的特点是利用刀具的端面切削刃作为主切削刃，为减小切削过程中的刀具振动，背吃刀量应略小。用硬质合金或涂层硬质合金切削碳钢时，粗加工背吃刀量 1～2 mm，精加工背吃刀量取 0.3 mm。图 4—8 所示工件分层加工终点坐标见表4—9。

表 4—9　　分层切削加工终点坐标的确定

走刀	终点坐标	程序段
粗加工第一刀	20.3，－2.0	G94 X20.3 Z－2.0 F0.2
第二刀	20.3，－4.0	G94 X20.3 Z－4.0 F0.2

续表

走刀	终点坐标	程序段
第三刀	20.3，-6.0	G94 X20.3 Z-6.0 F0.2
第四刀	20.3，-7.7	G94 X20.3 Z-7.7 F0.2
精加工走刀	20.0，-8.0	G94 X20.0 Z-8.0 F0.1

提示

1. 粗加工中，外圆面留 0.3 mm 精加工余量，终点 *X* 坐标为 20.3。
2. 程序段中各功能字均为模态指令，在数值相同时可省略。

（5）编程实例

试用 G94 指令编写图 4—8 所示工件的加工程序。

```
O0001;
T0101;                        （选择 1 号刀并调用 1 号刀补）
G00 X52.0 Z2.0 S500 M03;      （快速走刀至循环起点）
G94 X20.3 Z-2.0 F0.2;         （调用 G94 循环车削圆柱面）
          Z-4.0;              （模态调用，下同）
          Z-6.0;
          Z-7.7;              （Z 向留 0.3 mm 精加工余量）
G94 X20.0 Z-8.0 F0.1 S1000;   （精加工）
G00 X100.0 Z100.0;            （退刀）
M30;                          （程序结束）
```

2. 锥端面切削循环

（1）指令格式

G94 X(U)__ Z(W)__ R __ F __;

X(U)__ Z(W)__和 F 的含义同前。

R：锥端面切削起点（图 4—9 中的 *B* 点）处的 *Z* 坐标值减去其终点（图 4—9 中的 *C* 点）处的 *Z* 坐标值。

例 G94 X20.0 Z-5.0 R-5.0 F0.15;

提示

图 4—9 中的 *R* 为负值。

（2）指令的运动轨迹与工艺分析

锥端面切削循环的运动轨迹如图 4—9 所示。刀具从程序起点 *A* 开始以 G00 方式快速到达指令中的 *Z* 坐标处（图中 *B* 点），再以 G01 的方式切削进给至终点坐标处（图中 *C* 点），并退至循环起始的 *Z* 坐标处（图中 *D* 点），再以 G00 方式返回循环起始点 *A*，准备下个动作。

(3) R 值的确定

实际加工中，考虑到G00进刀的安全性，循环起点一般比毛坯直径大1～2 mm，为避免锥度误差，需重新计算 R 值，如图4—10所示。

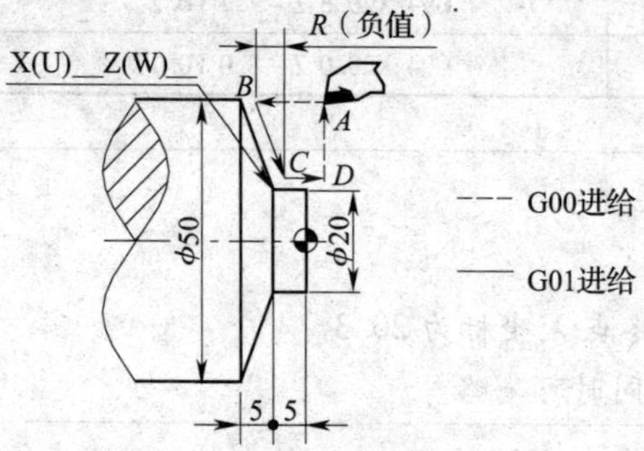

图4—9　锥端面切削循环的轨迹

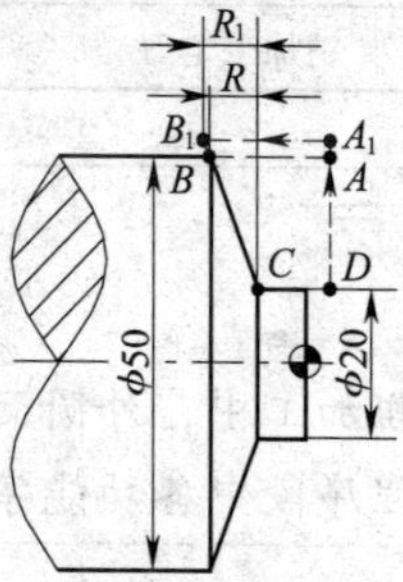

图4—10　锥端面切削循环的工艺分析

根据相似三角形原理，对应边长成比例，即 $R_1/R=A_1D/AD$

$$R_1=R\times(AD+AA_1)/AD=-5\times(15+0.75)/15=-5.25\ (\text{mm})$$

提示

重新计算 R 值时，应避免取近似值，防止造成锥度误差，所以本例中循环起点取值比毛坯直径大1.5 mm，即 AA_1 取值0.75 mm。

(4) 分层加工终点坐标的确定

圆锥车削应按照最大切除余量确定走刀次数，避免第一刀的背吃刀量过大。本例中，粗加工背吃刀量取2 mm，精加工背吃刀量取0.2 mm，根据 Z 向最大切除余量10 mm确定分层切削粗加工次数为5次。分层切削起点的 Z 坐标见表4—10，表中终点 Z 坐标值＝起点 Z 坐标值＋R 值。

表4—10　　圆锥面分层切削加工终点坐标的确定

走刀	锥端面起点坐标	锥端面终点坐标	程序段
粗加工第一刀	51.5，－2.25	20.3，3.0	G94 X20.3 Z3.0 R－5.25 F0.2
第二刀	51.5，－4.25	20.3，1.0	G94 X20.3 Z1.0 R－5.25 F0.2
第三刀	51.5，－6.25	20.3，－1.0	G94 X20.3 Z－1.0 R－5.25 F0.2
第四刀	51.5，－8.25	20.3，－3.0	G94 X20.3 Z－3.0 R－5.25 F0.2
第五刀	51.5，－10.05	20.3，－4.8	G94 X20.3 Z－4.8 R－5.25 F0.2
精加工走刀	51.5，－10.25	20.0，－5.0	G94 X20.0 Z－5.0 R－5.25 F0.1

（5）编程实例

试用 G94 指令编写图 4—9 所示工件的加工程序。

```
O0002;
T0101;                                （选择 1 号刀并调用 1 号刀补）
G00 X51.5 Z3.0 S500 M03;              （快速走刀至循环起点，主轴正转，转速
                                       500 r/min）
G94 X20.3 Z3.0 R-5.25 F0.15;          （调用 G94 循环车削锥端面，X 向留双边
                                       0.3 mm精加工余量）
        Z1.0;                         （模态调用，下同）
        Z-1.0;
        Z-3.0;
        Z-4.8;                        （Z 向留 0.2 mm 精加工余量）
G94 X20.0 Z-5.0 R-5.25 F0.1 S1000;    （精加工）
G00 X100.0 Z100.0;                    （退刀）
M30;                                  （程序结束）
```

二、使用单一固定循环（G90、G94）时应注意的事项

1. 如何使用固定循环 G90、G94，应根据坯件的形状和工件的加工轮廓进行适当的选择，一般情况下的选择如图 4—11 所示。

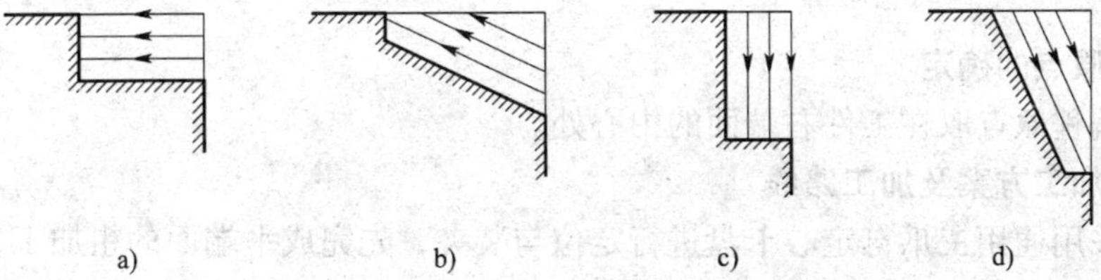

图 4—11　固定循环的选择

a）圆柱面切削循环 G90　b）圆锥面切削循环 G90（R）　c）平端面切削循环 G94　d）锥端面切削循环 G94（R）

2. 由于 X/U、Z/W 和 R 的数值在固定循环期间是模态的，所以，如果没有重新指令 X/U、Z/W 和 R，则原来指定的数据有效。

3. 对于圆锥切削循环中的 R，在 FANUC 系统数控车床上，有时也用“I”或“K”来执行 R 的功能。

4. 如果在使用固定循环的程序段中指定了 EOB 或零运动指令，则重复执行同一固定循环。

5. 如果在固定循环方式下，又指令了 M、S、T 功能，则固定循环和 M、S、T 功能同时完成。

6. 如果在单段运行方式下执行循环，则每一循环分 4 段进行，执行过程中必须按 4 次循环启动按钮。

三、G96（G97）——启动（取消）恒线速度功能

在切削诸如锥度、圆弧等沿走刀方向直径尺寸不断变化的表面时，在进给速度和主轴转

速恒定的情况下，在直径尺寸相对较大的位置其切削速度（线速度）也较高，直径尺寸相对较小的位置其切削速度也较低，这种现象会导致所加工的表面出现表面粗糙度不一致，在切削工件端面时特别明显。

数控车床提供的恒线速功能则可以解决这一问题，恒线速功能就是指定切削变径表面时使用恒定的切削线速度，从而使表面粗糙度基本一致。恒线速功能启用后的动作可以理解为刀位点在直径较小的位置时主轴的转速较快，而在直径较大的位置时主轴的转速较慢。

从理论上说，要保持恒定的切削线速度，切削刀位点靠近工件圆心时，主轴转速将趋于无穷大，为避免主轴转速过高，超过机床主轴的最高转速，必须对主轴的转速进行限制。数控系统在系统参数中会限制最高主轴转速值，某些数控系统也可在程序中设定最高主轴转速。

在 FANUC 系统中，有关恒线速度功能的指令及格式是：

G96 S××；（启用恒线速度功能，S 指线速度的指定值，单位 m/min）

G50 S××；（限制主轴最高转速，S 指主轴转速，单位 r/min）

G97；（取消恒线速度功能）

任务实施

一、分析加工工艺

1. 编程原点的确定

工件的编程原点取在工件右端面的中心处。

2. 制定加工方案及加工路线

本任务采用通用三爪自定心卡盘进行定位与装夹，先完成平端面的粗加工，再完成锥端面的粗加工，最后完成轮廓精加工。平端面加工及精加工的循环起点为（61.0，2.0），锥端面加工的循环起点为（42.0，2.0）。加工路线如图 4—12 所示。

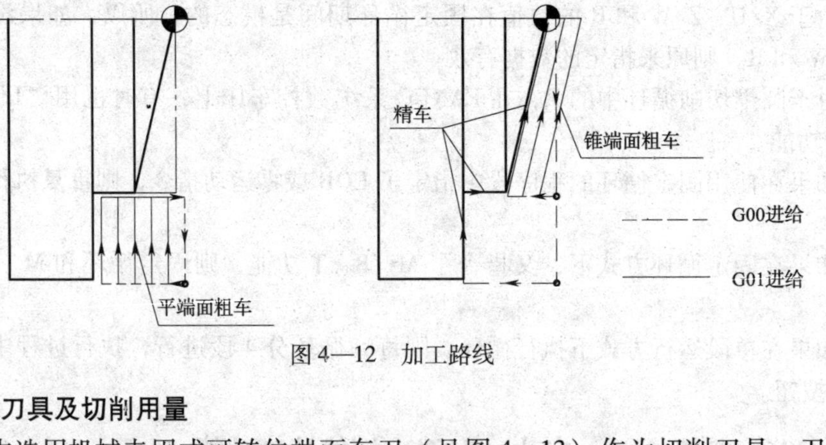

图 4—12　加工路线

3. 选择刀具及切削用量

本任务中选用机械夹固式可转位端面车刀（见图 4—13）作为切削刀具，刀柄型号为 STFCR2525M11，刀片型号选用 TBHG120408ER - CF。

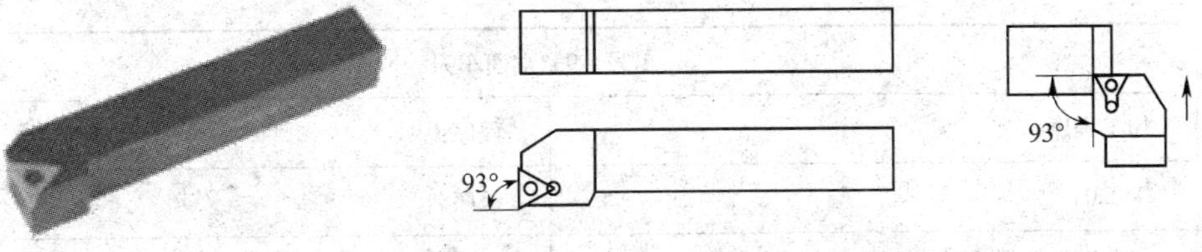

图 4—13　端面车刀

选择的刀具及切削用量见表 4—11。

表 4—11　　**数控车削用刀具及切削用量参数表**

刀具名称	刀具号	刀沿号	加工内容	主轴转速	进给量（mm/r）	背吃刀量（mm）
端面车刀	T0101	3	粗车端面	500 r/min	0.15	2
			精车端面	200m/min	0.08	0.3

二、程序编制

1．由学生自行完成 *R* 值的计算及分层切削循环终点坐标的确定。

2．本任务工件的参考加工程序详见表 4—12。

表 4—12　　**任务 2 参考程序**

刀具	1 号：93°端面车刀	
程序段号	加工程序	程序说明
	O4020；	程序名
N10	G99 G21 G40；	程序初始化
N20	T0101；	换端面车刀
N30	S500 M03；	主轴正转
N40	G00 X61.0 Z2.0 M08；	快速定位至平端面切削循环起点，切削液开
N50	G94 X40.5 Z－2.0 F0.15；	粗车平端面
N60	Z－4.0；	
N70	Z－6.0；	
N80	Z－8.0；	
N90	Z－9.7；	
N100	G00 X42.0 Z2.0；	快速定位至圆锥面切削循环起点
N110	G94 X0 Z3.0 R－5.25 F0.15；	粗车锥端面
N120	Z1.0 R－5.25；	
N130	Z0.3 R－5.25；	
N140	G00 X61.0 Z2.0；	快速定位至精加工起刀点
N150	Z－10.0；	进刀至切入点
N160	G50 S2000；	限定最高转速 2 000 r/min
N170	G96 S200；	启用恒线速度功能，切削速度为 200 m/min

续表

刀具	1号：93°端面车刀	
程序段号	加工程序	程序说明
	O4020；	程序名
N180	G01 X40.0 F0.08；	精车端面轮廓
N190	Z－5.0；	
N200	X0 Z0；	
N210	G00 X61.0 Z2.0；	
N220	G97 S500；	取消恒线速度功能
N230	G00 X100.0 Z100.0；	程序结束部分
N240	M05 M09；	
N250	M30；	

操作提示

为保证零件端面加工的表面粗糙度要求，在精加工中使用恒线速度功能编程。

三、加工准备

本任务加工内容主要为平端面、锥端面车削，尺寸公差为自由公差，表面粗糙度为 *Ra*1.6 μm。选用的机床为配备 FANUC 0i 系统的 CKA6140 型数控车床。毛坯为 ϕ60 mm × 25 mm的圆钢。刀具使用机夹端面车刀。量具使用0～150 mm 规格的游标卡尺。

四、装刀及对刀操作

端面车刀的装刀与对刀操作要点与外圆车刀基本相同，不再赘述。

五、零件车削

1．零件的加工操作过程（见表4—13）

表4—13　零件的加工操作过程

步骤	图例
夹住毛坯外圆，伸出长度约15 mm，找正后夹紧	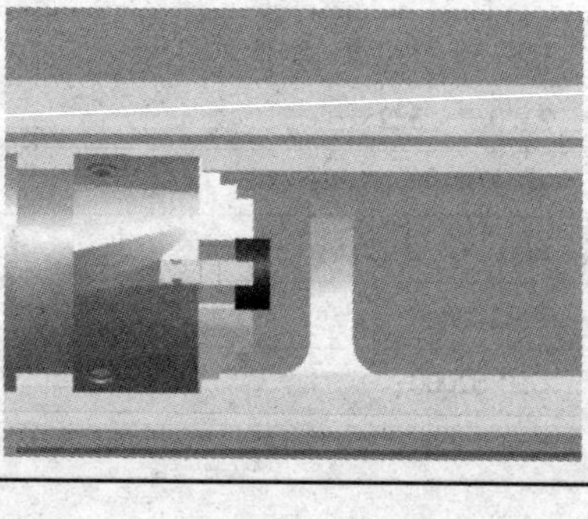

步骤	图例
对刀设定并验证刀补	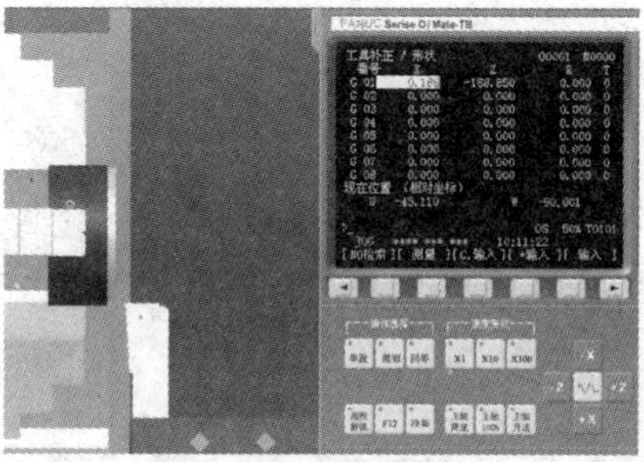
粗车平端面，Z 向留 0.3 mm 精加工余量，X 向留双边 0.5 mm 精加工余量 粗车时主轴转速 n 为 500 r/min，进给量 f 为 0.15 mm/r	
粗车锥端面，Z 向留 0.3 mm 精加工余量 粗车时主轴转速 n 为 500 r/min，进给量 f 为 0.15 mm/r	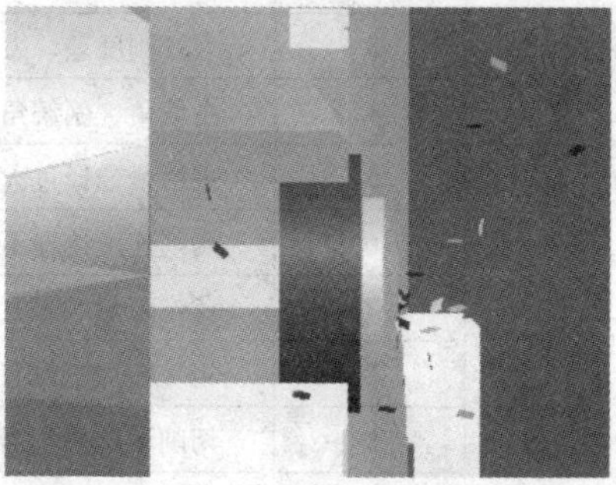
完成轮廓的精加工 精车选择恒线速度功能，切削速度为 200 m/min，最高转速限定 2 000 r/min，进给量 f 为 0.08 mm/r	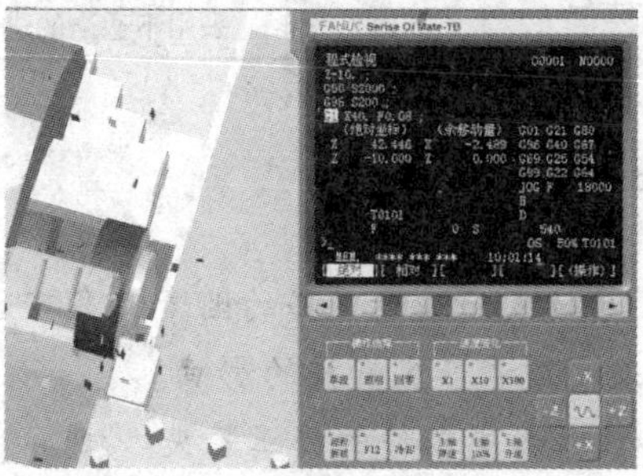

步　　骤	图　　例
合格后取下工件	

操作提示

未注尺寸公差按 GB/T 1804—2000 加工和检验。

2. 零件表面质量分析

对照表 4—14 对工件进行表面质量分析。

表 4—14　　表面质量分析

影响因素	序号	产生原因
装夹与校正	1	工件装夹不牢固，加工过程中产生振动
刀具	2	刀具磨损后没有及时修磨
	3	刀具刚度差，刀具加工过程中产生振动
	4	主偏角、副偏角等刀具参数选择不当
加工	5	进给量选择过大，残留面积高度增高
	6	切削速度选择不合理，产生积屑瘤
	7	背吃刀量（精加工余量）选择过大或过小
	8	粗、精加工没有分开或没有精加工
	9	切削液选择不当或使用不当
	10	加工过程中刀具停顿
加工工艺	11	工件材料热处理不当或热处理工艺安排不合理
	12	采用不适当的进给路线

操作提示

1. 导致表面质量下降的因素大多可通过操作者来避免或减小。因此，数控操作者的水平将对表面质量产生直接的影响。

2. 注意盘类零件的校正装夹。

3. 总结出保证零件表面质量要求的方法和措施。

任务 3　复合固定循环 G71 车削外轮廓

学习目标

1. 掌握内、外圆粗精车循环指令 G71、G70 的指令格式。
2. 正确理解 G71 指令段内部参数的意义和加工轨迹的特点，能根据加工要求合理确定各参数值。
3. 掌握 G71、G70 指令的编程方法及编程规则。
4. 掌握较复杂外轮廓的编程加工，学会尺寸精度的分析方法。

工作任务

任务要求：如图 4—14 所示工件，毛坯尺寸为 $\phi45$ mm × 100 mm，材料为 45 钢，已预制 $\phi18$ mm 底孔，深度为 63 mm，试编写其外轮廓数控车加工程序并进行加工。

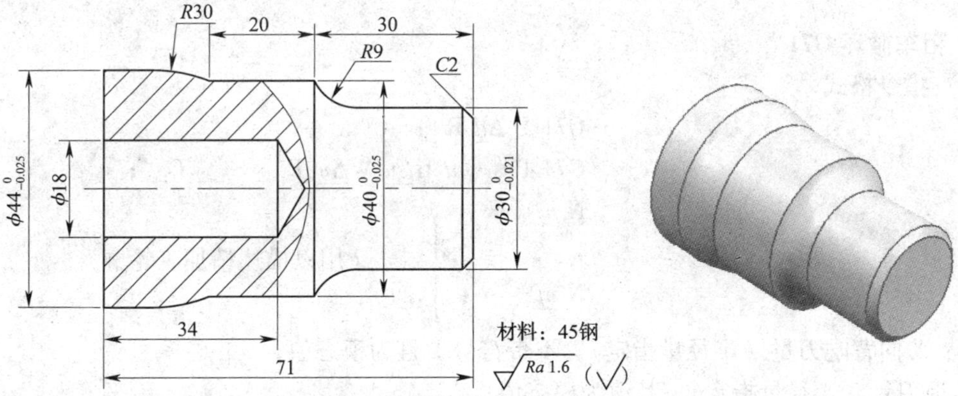

图 4—14　复合循环 G71 和 G70 编程实例一

任务分析：本任务中零件外形轮廓形状较为复杂，为了简化程序，更快捷地去除余量，引入数控系统中的多重复合循环指令 G71 和 G70 进行编程加工。

相关理论

一、分层切削加工工艺

在数控车削加工过程中，考虑毛坯的形状、零件的刚度和结构工艺性、刀具形状、生产效率和数控系统具有的循环切削功能等因素，大余量毛坯分层切削循环加工路线主要有“矩形”分层切削进给路线和“型车”分层切削进给路线两种形式。

“矩形”分层切削进给路线如图 4—15 所示，为切除图示的双点画线部分加工余量，粗加工走的是一条类似于矩形的轨迹。“矩形”分层切削轨迹加工路线较短，加工效率较高，编程方便。

“型车”分层切削进给路线如图 4—16 所示，为切除图示的双点画线部分加工余量，粗加工和半精加工走的是一条与工件轮廓相平行的轨迹。这种轨迹主要适用于铸造成形、锻造成形或已粗车成形工件的粗加工和半精加工。虽然加工路线较长，但避免了加工过程中的空行程，切削层厚度均匀，更好地保证了零件表面质量。

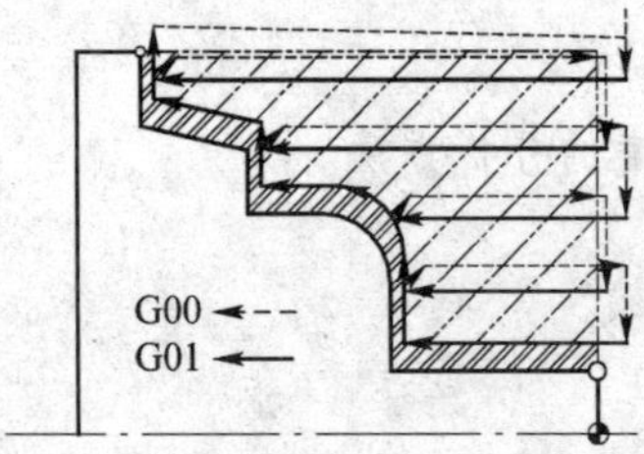

图 4—15 “矩形”复合循环进给路线

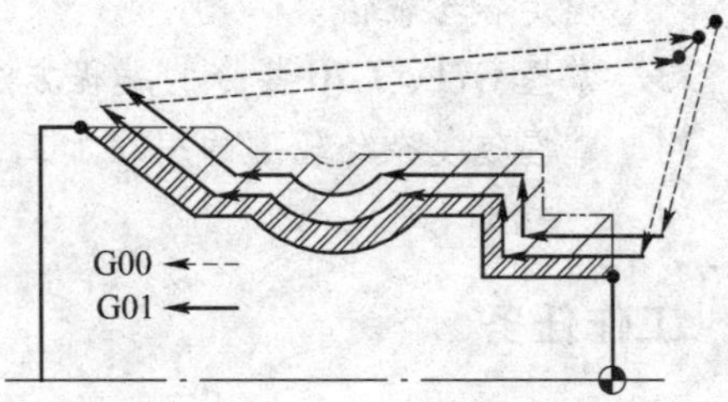

图 4—16 “型车”复合循环进给路线

二、内、外圆粗、精车复合固定循环

1. 粗车循环 G71

（1）指令格式

G71 U $\underline{\Delta d}$ R $\underline{e}$;

G71 P$\underline{ns}$ Q$\underline{nf}$ U$\underline{\Delta u}$ W$\underline{\Delta w}$ F __ S __ T __;

N $\underline{ns}$ …;
⋮　　（用以描述精加工轮廓）
N $\underline{nf}$ …;

Δd：X 向背吃刀量（半径量指定），不带符号，且为模态值；

e：退刀量（半径量指定），其值为模态值；

ns：精加工描述程序的开始循环程序段号；

nf：精加工描述程序的结束循环程序段号；

Δu：X 方向精车余量的大小和方向，用直径量指定。该加工余量具有方向性，即外圆的加工余量为正，内孔的加工余量为负；

Δw：Z 方向精车余量的大小和方向；

F、S、T：粗加工循环中的进给量、主轴转速与刀具功能。

例　G71 U1. 5 R0. 5；

G71 P100 Q200 U0. 3 W0. 05 F0. 2；

（2）走刀轨迹分析

G71 粗车循环的运动轨迹如图 4—17 所示。CNC 装置首先根据用户编写的精加工轮廓，在预留出 X 和 Z 向精加工余量 Δu 和 Δw 后，计算出粗加工实际轮廓的各个坐标值。刀具按层切法将余量去除（刀具向 X 向进刀 Δd，切削外圆后按 e 值 45°退刀，循环切削直至粗加工余量被切除）。此时工件斜面和圆弧部分形成台阶状表面，然后再按精加工轮廓光整表面，最终形成在工件 *X* 向留有 Δu 大小的余量、*Z* 向留有 Δw 大小余量的轴。

（3）循环起点确定

任何一个循环指令都需要确定其循环起点。通过走刀轨迹的分析可知，G71 指令的循环起点应尽量靠近毛坯，以缩短加工行程，避免空走刀。考虑到安全性，*Z* 向注意留安全裕量（1～2 mm），*X* 向略大于或等于毛坯直径均可。

（4）指令说明

在 FANUC 0i 系统中，G71 粗加工循环要求所加工的轮廓外形必须采用单调递增或单调递减的形式，否则会产生凹形轮廓不是分层切削，而是在半精加工时一次性切削的情况，如图 4—18 所示。当加工图示凹轮廓 *A*－*B*－*C* 段时，阴影部分的加工余量在粗车循环时，因其 *X* 向的递增与递减形式并存，故无法进行分层切削，而在半精车时一次性进行切削。

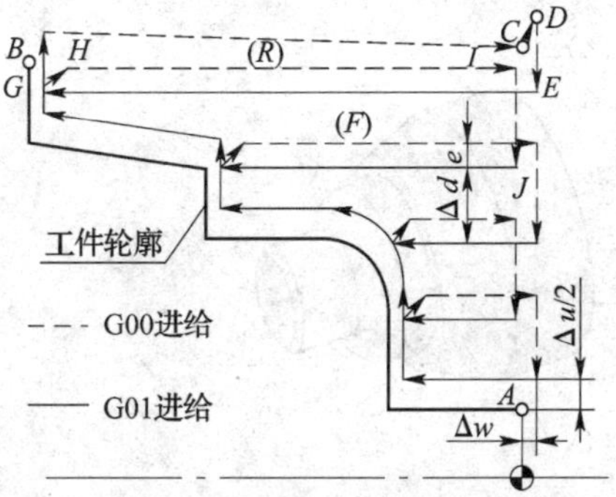

图 4—17　粗车循环轨迹图

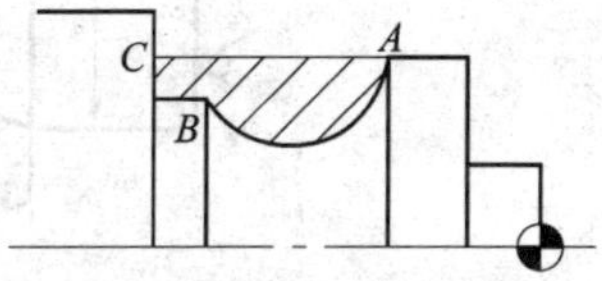

图 4—18　粗车凹槽

G71 指令中的 F 和 S 值是指粗加工循环中的 F 和 S 值，该值一经指定，则在程序段段号“*ns*”和“*nf*”之间所有的 F 和 S 值均无效。另外，该值也可以不加指定而沿用前面程序段中的 F 值，并可沿用至粗、精加工结束后的程序中去。

对于 G71 指令中的“*ns*”程序段，应特别注意其书写格式，如下例所示：

N100 G01 X30. 0；　　　　（正确的“*ns*”程序段）

N100 G01 X30. 0 Z2. 0；（错误的“*ns*”程序段，程序段中出现了 *Z* 坐标字）

G71 指令中的“*nf*”程序段应尽量退至毛坯。

> **提示**
>
> 在 FANUC 系统的 G71 循环中，顺序号“*ns*”程序段必须沿 *X* 向进刀，且不能出现 *Z* 坐标字，否则会出现程序报警。

2. 精车循环 G70

（1）指令格式

G70 P*ns* Q *nf*；

ns：精加工描述程序的开始循环程序段号；

nf：精加工描述程序的结束循环程序段号。

例 G70 P100 Q200；

（2）指令说明

G70 循环起点与对应的粗加工复合循环指令的循环起点可取相同值。

执行 G70 循环时，刀具沿工件的实际轨迹进行切削，如图 4—17 中轨迹 *A* 到 *B* 所示。循环结束后刀具返回循环起点。

G70 指令用在 G71、G72、G73 指令的程序内容之后，不能单独使用。

G70 执行过程中的 F 和 S 值，由程序段号“*ns*”和“*nf*”之间给出的 F 和 S 值指定，如下例中的 N100 程序段所示。

3. G71 与 G70 编程实例

如图 4—19 所示工件，试采用粗、精车循环指令编写其数控车加工程序。

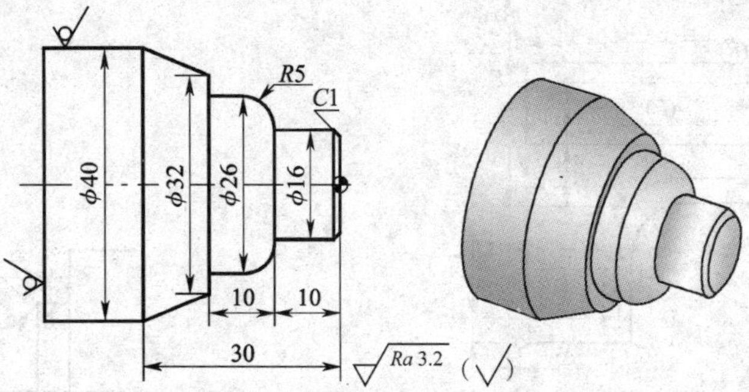

材料：45钢

图 4—19　粗、精车复合循环实例

```
     O0001;
     G99 G40 G21;
     T0101;
     G00 X100.0 Z100.0;
     M03 S600;
     G00 X41.0 Z1.0;                  定位至循环起点
     G71 U2.0 R0.5;                   加工参数设定，每层背吃刀量 2 mm，退刀量
                                      0.5 mm
     G71 P100 Q200 U0.5 W0.1 F0.2;    X 向精加工余量 0.5 mm，Z 向 0.1 mm，粗切
                                      进给量 0.2 mm/r
N100 G00 X12.0 S1000;        ⎫        进刀至切入点，精加工转速为 1 000 r/min
     G01 X16.0 Z-1.0 F0.1;   ⎪        精加工进给量 0.1 mm/r
         Z-10.0;             ⎪
     G03 X26.0 Z-15.0 R5.0;  ⎬        精加工轮廓描述
     G01 Z-20.0;             ⎪
         X32.0;              ⎪
         X40.0 Z-30.0;       ⎭
```

```
N200 G01 X41.0;                    走刀至切出点
     G00 X100.0 Z100.0;
     T0202;
     G00 X42.0 Z1.0;
     G70 P100 Q200;
     G00 X100.0 Z100.0;
     M30;
```

想一想

精加工中的转速和进给速度是否与粗加工时的转速与进给速度相同？为什么？

三、外形轮廓的测量

1. 常用量具的分类

根据量具的种类和特点，量具可分为三种类型。

（1）万能量具

这类量具一般都有刻度，在测量范围内可以测量零件的形状和尺寸的具体数值，如游标卡尺、千分尺、百分表和万能量角器等。

（2）专用量具

这类量具不能测出实际尺寸，只能测定零件形状和尺寸是否合格，如卡规、塞规、塞尺等。

（3）标准量具

这类量具只能制成某一固定尺寸，通常用来校对和调整其他量具，也可作为标准与被测零件进行比较，如量块。

2. 外形轮廓尺寸精度的测量

数控车床外形轮廓常用的测量量具主要有游标卡尺（见图 4—20a）、千分尺（见图 4—20b）、万能角度尺（见图 4—20c）、半径样板（见图 4—20d）、百分表（见图 4—20e）等。

游标卡尺测量工件时，对工人的手感要求较高，测量时卡尺夹持工件的松紧程度对测量结果影响较大。因此，实际测量时的测量精度不是很高。数控加工中，一般用于长度等精度要求不高的尺寸的测量。

千分尺的测量精度通常为 0.01 mm，测量灵敏度要比游标卡尺高，而且测量时也易控制其夹持工件的松紧程度。因此，千分尺主要用于较高精度的轮廓尺寸的测量。

万能角度尺主要用于各种角度和垂直度的测量，测量采用透光检查法进行。

半径样板主要用于各种圆弧的测量，测量采用透光检查法进行。

百分表则借助于磁性表座进行同轴度、跳动度、平行度等形位公差的测量。

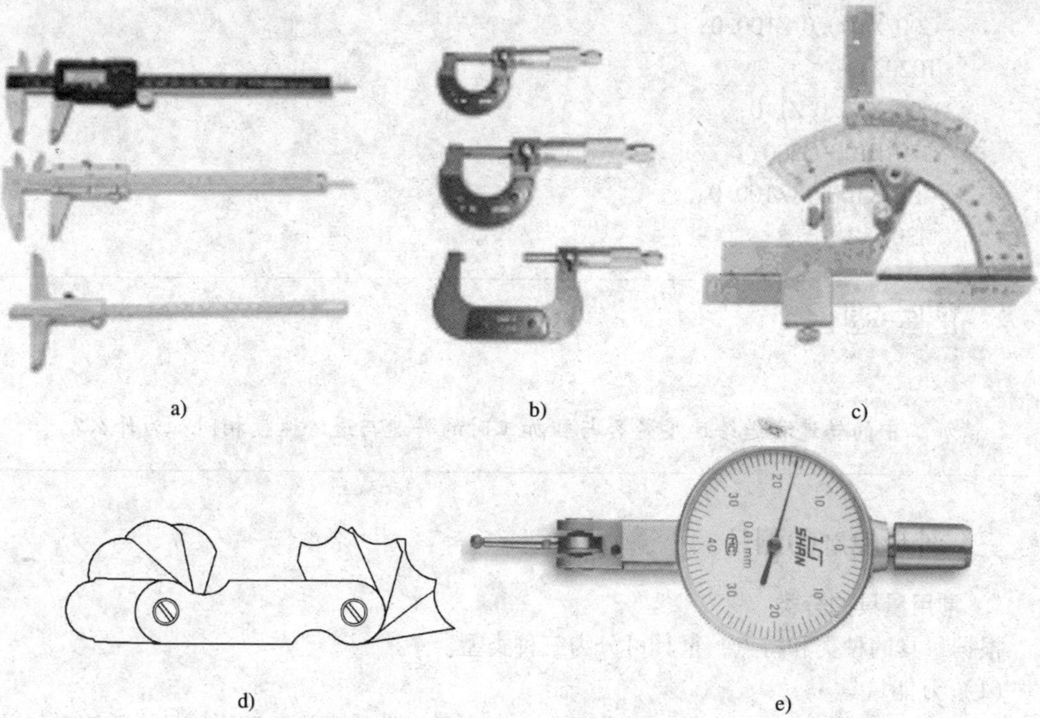

图 4—20　外形轮廓测量常用量具

a）游标卡尺　b）千分尺　c）万能角度尺　d）半径样板　e）百分表

任务实施

一、分析零件图样

本任务中精度要求较高的尺寸主要是三处外圆直径，尺寸公差等级均为 IT7 级。注意采用合理的工艺措施来保证。加工后的表面粗糙度要求较高，为 Ra1.6 μm，可通过选用合适的刀具及其几何参数，正确的粗、精加工路线，合理的切削用量及冷却润滑等措施来保证。

二、分析加工工艺

1. 编程原点的确定

工件的编程原点取在工件右端面的中心处。

2. 制定加工方案及加工路线

本任务采用一次装夹，用 G71 循环依次完成 C2 mm 倒角、ϕ30 mm 外圆、R9 mm 圆角、ϕ40 mm 外圆、R30 mm 圆弧及 ϕ44 mm 外圆的粗加工，再用 G70 循环完成精加工，最后切断。粗、精加工的循环起点为（46.0，1.0），切断刀的加工起点为（46.0，－74.0）。精加工路线如图 4—21 所示，基点坐标由学生自行分析计算得出。

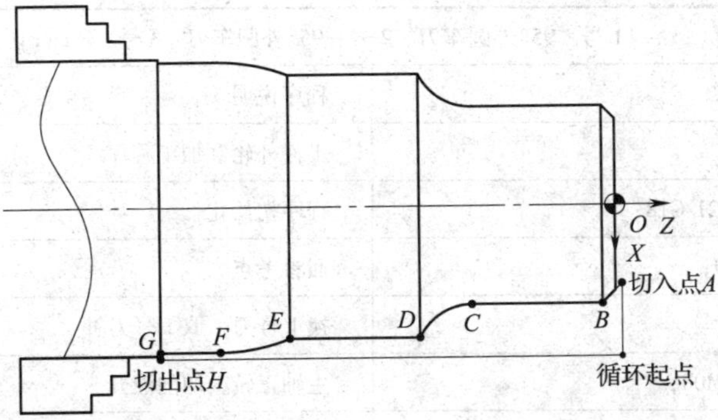

图 4—21　精加工轨迹

3. 工件定位与装夹

工件采用通用三爪自定心卡盘进行定位与装夹，工件伸出卡盘端面外长度为 75 mm 左右。

4. 选择刀具及切削用量

本任务选择的刀具包括外圆车刀（刀柄型号 MCLNR2525M12，刀片型号 CNMG120404）、外圆车刀（刀柄型号 SCFCR2525M09，刀片型号 CCMT09T304）、切断刀（刀柄型号 QA2525R03，刀片型号 Q03）。切断刀如图 4—22 所示。

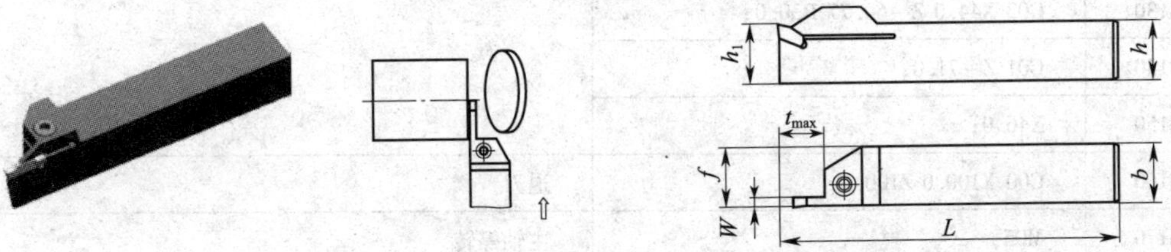

图 4—22　切断刀

选择的刀具及切削用量见表 4—15。

表 4—15　　数控车削用刀具及切削用量参数表

刀具名称	刀具号	刀沿号	加工内容	主轴转速（r/min）	进给量（mm/r）	背吃刀量（mm）
外圆车刀	T0101	3	粗车外圆轮廓	500	0.2	3
			手动车端面			
外圆车刀	T0202	3	精车外圆轮廓	1000	0.1	0.25
切断刀	T0303	3	切断	400	0.1	3

三、程序编制

本任务工件的参考加工程序见表 4—16。

表 4—16　　　　　　　　　　　　任务 3 参考程序

刀具	1 号：95°外圆车刀　2 号：95°外圆车刀　3 号：3 mm 切断刀	
程序号	加工程序	程序说明
	O4030；	工件外轮廓加工程序
N10	G99 G40 G21 G18；	程序初始化
N20	G28 U0 W0；	回参考点
N30	T0101；	换 1 号刀，取 1 号刀补
N40	M03 S500 M08；	主轴正转，切削液开
N50	G00 X46.0 Z1.0；	定位至循环起点
N60	G71 U3.0 R0.5；	粗车循环
N70	G71 P80 Q150 U0.5 W0.1 F0.2；	
N80	G00 X24.0 S1000；	“*ns*”程序段只能沿 *X* 方向进刀，确定精加工转速为 1 000 r/min，进给量为 0.1 mm/r
N90	G01 X30.0 Z－2.0 F0.1；	
N100	Z－21.94；	精加工轮廓描述
N110	G02 X40.0 Z－30.0 R9.0；	
N120	G01 Z－50.0	
N130	G03 X44.0 Z－60.77 R30.0；	
N140	G01 Z－71.0；	
N150	X46.0；	
N160	G00 X100.0 Z100.0；	退刀
N170	M05；	主轴停转
N180	M00；	程序暂停
N190	T0202；	调用精加工刀号、刀补号
N200	S500 M03；	转动主轴
N210	G00 X46.0 Z1.0；	重新定位至循环起点
N220	G70 P80 Q150；	精加工
N230	G28 U0 W0；	程序结束部分
N240	M05 M09；	
N250	M30；	

四、加工准备

1．本任务选用的机床为配备 FANUC 0i 系统的 CK6150 型数控车床，配备四工位（或六工位）转塔刀架。

2．毛坯为 ϕ45 mm × 100 mm 的圆钢，已预制 ϕ18 mm 底孔，深度为 63 mm。

3．加工中使用的工具、量具、刃具见表 4—17。

表 4—17　　　　　　　　　　　　工具、量具、刃具清单

序号	名称	规格	数量	备注
1	游标卡尺	0 ~ 150 mm，精度为 0. 02 mm	1	
2	千分尺	0 ~ 25 mm，25 ~ 50 mm，精度为 0. 01 mm	各 1	
3	半径样板	7 ~ 14. 5 mm，15 ~ 30 mm	各 1	
4	外圆车刀	95°	1	M 型
5	外圆车刀	95°	1	S 型
6	切断刀	3 mm	1	

五、零件车削

1. 操作过程

零件的加工操作过程见表 4—18。

表 4—18　　　　　　　　　　　　零件的加工操作过程

步骤	图例
夹住毛坯外圆，伸出长度约 75 mm，找正后夹紧	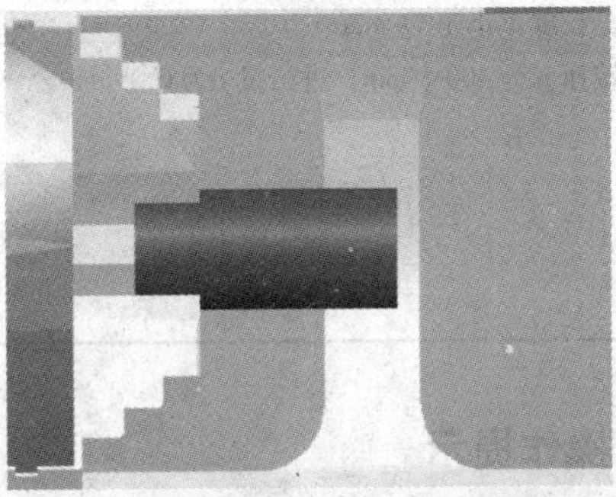
对刀设定并验证刀补	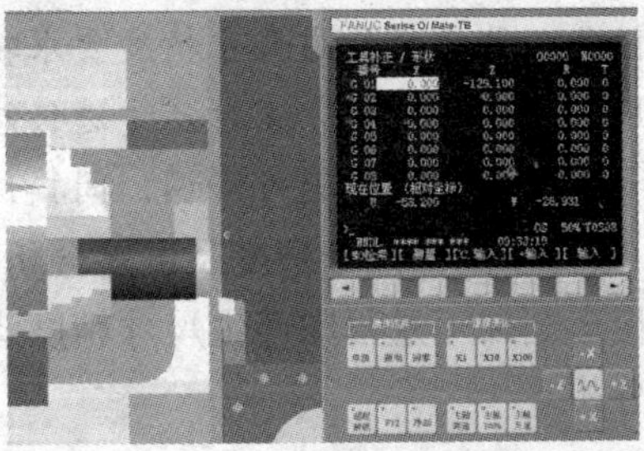
粗车 $C2$ mm 倒角、$\phi30$ mm 外圆、$R9$ mm 圆角、$\phi40$ mm外圆、$R30$ mm 圆弧、$\phi44$ mm 外圆，留精加工余量双边 0. 5 mm 粗车时主轴转速 n 为 500 r/min，进给量 f 为 0. 2 mm/r	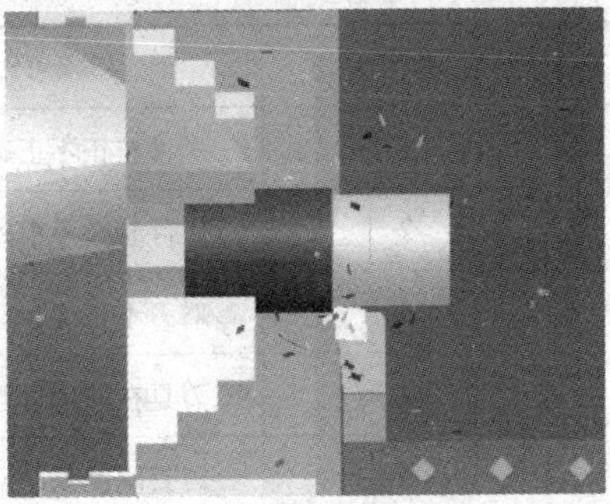

续表

步骤	图例
精车外轮廓至尺寸 精车选择主轴转速 n 为 1 000 r/min，进给量 f 为 0.1 mm/r	
切断，长度不小于 71 mm 主轴转速 n 为 400 r/min，进给量 f 为 0.1 mm/r	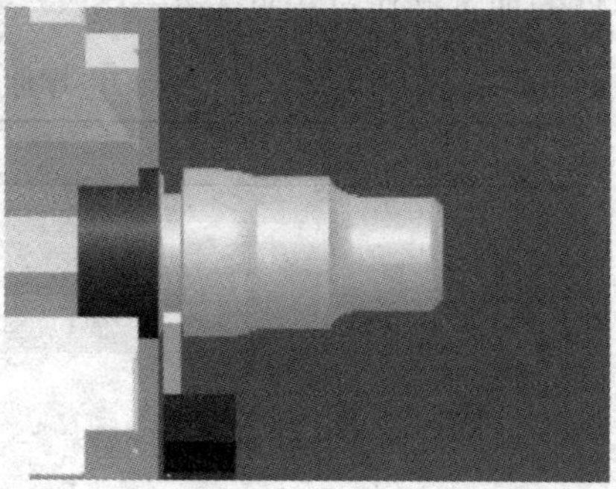

操作提示

本任务工件三处外圆尺寸精度要求较高，均为 IT7 级。为避免尺寸超差，可参照本项目任务 1 用预留磨耗值的方法对尺寸进行修调。由于数控加工尺寸一致性较好，通常只需按一处精度要求较高的尺寸进行修调，间接保证其他两处。

2. 数控车加工尺寸精度及误差分析

数控车削加工过程中产生尺寸精度降低的原因是多方面的，对照表 4—19 对工件加工精度进行分析。

表 4—19　　数控车削尺寸精度降低原因分析

影响因素	序号	产生原因
装夹与校正	1	工件校正不正确
	2	工件装夹不牢固，加工过程中产生松动与振动
刀具	3	对刀不正确
	4	刀具在使用过程中产生磨损
	5	刀具刚度差，刀具加工过程中产生振动

续表

影响因素	序号	产生原因
加工	6	背吃刀量过大，导致刀具发生弹性变形
	7	刀具长度补偿参数设置不正确
	8	精加工余量选择过大或过小
	9	切削用量选择不当，导致切削力、切削热过大，从而产生热变形和应力
工艺系统	10	机床原理误差
	11	机床几何误差
	12	工件定位不正确或夹具与定位元件制造误差

操作提示

表中工艺系统所产生的尺寸精度降低可由对机床和夹具的调整来解决。而前面三项对尺寸精度的影响因素则可以通过操作者正确、细致的操作来解决。

任务 4　复合固定循环 G71 车削内轮廓

学习目标

1. 巩固内、外圆粗车复合循环 G71 的指令格式，理解 G71 指令段内部参数的意义。
2. 合理确定内轮廓加工路线，正确给出轮廓基点坐标。
3. 熟悉车内孔加工工艺。
4. 掌握数控内孔车刀的相关知识，合理选择切削用量。
5. 掌握内孔车刀的装刀、对刀及刀补设定等相关操作。
6. 完成工件内轮廓车削，掌握数控加工中内孔尺寸的修调方法。

工作任务

任务要求：本任务沿用任务 3 加工的工件，在该工件的基础上，掉头加工完成图 4—23 所示工件左端内轮廓的编程加工。

任务分析：本任务在编程方面，重点仍放在多重固定循环编程，工艺方面则着重于内孔加工的相关工艺知识。相对而言，孔的加工难度大于外圆车削，应特别注意合理确定加工工艺。

在车孔前，了解车孔过程中可能产生的误差并在加工过程中进行避免，既可提高孔的加工精度，又可提高加工效率。

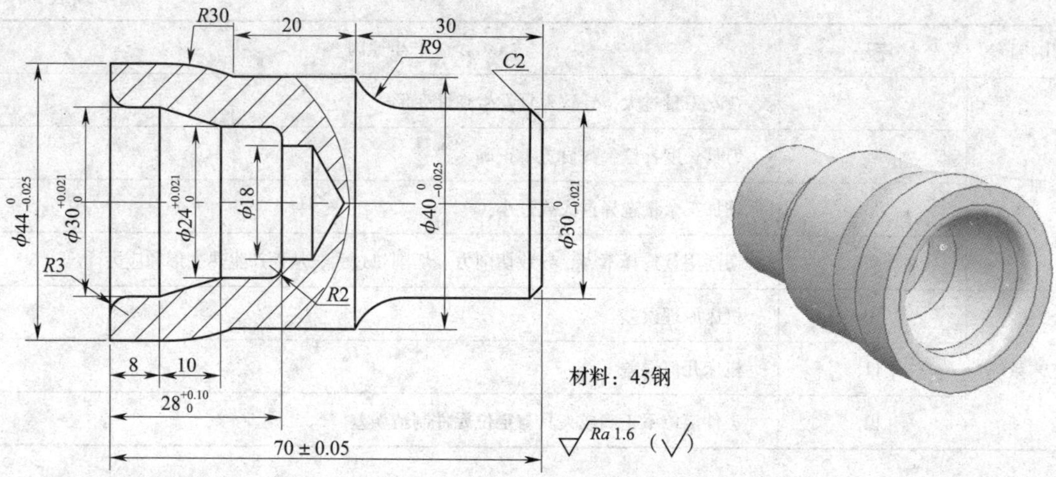

图 4—23　复合循环 G71 和 G70 编程实例二

相关理论

一、车内孔加工工艺

1．车孔的关键技术

车孔是常用的孔加工方法之一，可用做粗加工，也可用做精加工。车孔精度一般可达 IT7～IT8，表面粗糙度可达 *Ra*1.6～3.2 μm。车孔的关键技术是解决内孔车刀的刚度问题和内孔车削过程中的排屑问题。

为了增加车削刚度，防止产生振动，要尽量选择刀杆粗、刀尖位于刀柄的中心线上的刀具，增加刀柄横截面积，装夹时刀杆伸出长度应尽可能短，只要略大于孔深即可。刀尖要对准工件中心或稍高，刀杆与轴线平行。为了确保安全，可在车孔前，先用内孔车刀在孔内试走一遍。精车内孔时，应保持刀刃锋利，否则容易产生让刀，把孔车成锥形。

内孔加工过程中，主要是通过控制切屑流出方向来解决排屑问题。精车孔时要求切屑流向待加工表面（前排屑），前排屑主要是采用正刃倾角内孔车刀。加工盲孔时，应采用负的刃倾角，使切屑从孔口排出。

2．内孔加工用刀具

根据不同的加工情况，内孔车刀可分为通孔车刀（见图 4—24a）和盲孔车刀（见图 4—24b）两种。

（1）通孔车刀

为了减小径向切削力，防止振动，通孔车刀的主偏角一般取 60°～75°，副偏角取 15°～30°。为了防止内孔车刀后刀面和孔壁摩擦，又不使后角磨得太大，一般磨成两个后角。

（2）盲孔车刀

盲孔车刀是用来车盲孔或台阶孔的，它的主偏角取 90°～93°。刀尖在刀杆的最前端，刀尖与刀杆外端的距离（图 4—24 中尺寸 *a*）应小于内孔半径（图 4—24 中尺寸 *R*），否则孔的底平面就无法车平。

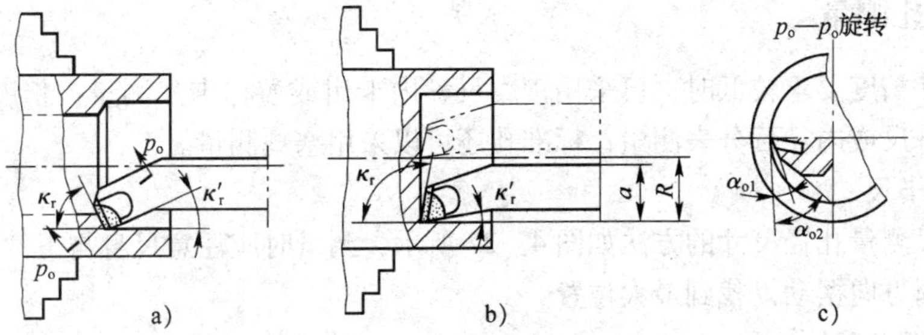

图 4—24　内孔车刀

a）通孔车刀　b）盲孔车刀　c）两个后角

为了节省刀具材料和增加刀杆强度，也可将内孔车刀做成如图 4—25 所示的机夹式车刀。

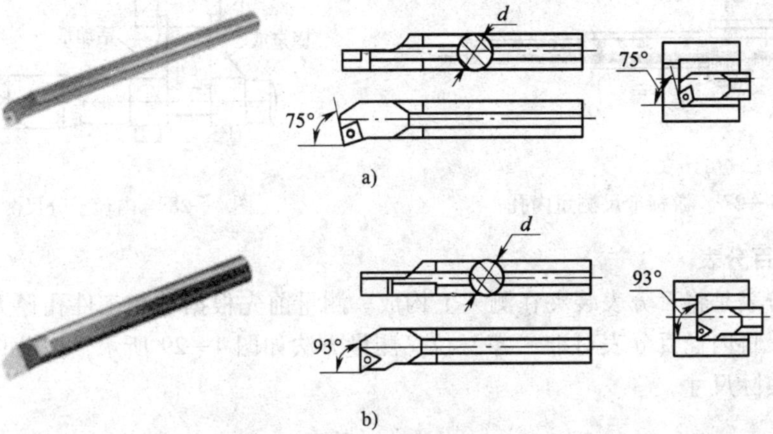

图 4—25　机夹式内孔车刀

a）通孔车刀　b）盲孔车刀

为了进一步提高车削刚度，防止产生振动，提高工件表面质量，可采用方柄内孔车刀，俗称“抗振镗刀”，如图 4—26 所示。

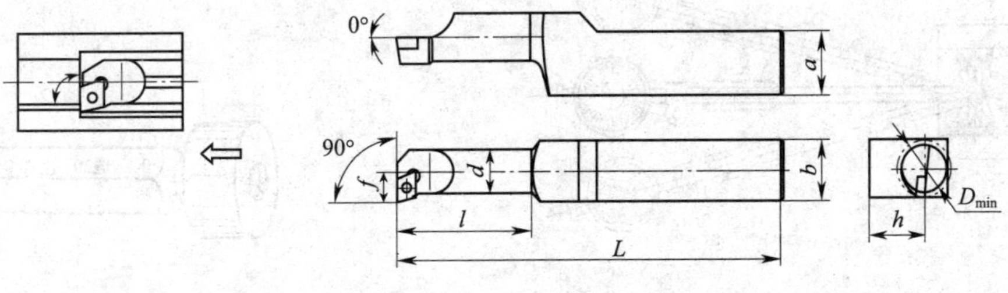

图 4—26　方柄内孔车刀

提示

为确保刀具的抗振效果，抗振镗刀镗孔深度有限，一般为 3d。

二、内孔测量

孔径尺寸精度要求较低时，可采用钢直尺、内卡钳或游标卡尺测量；精度要求较高时，可用内径千分尺或内径百分表测量；标准孔还可以采用塞规测量。

1. 游标卡尺

游标卡尺测量孔径尺寸的方法如图4—27所示，测量时应注意尺身与工件端面平行，活动量爪沿圆周方向摆动，找到最大位置。

2. 内径千分尺

内径千分尺的使用方法如图4—28所示。这种千分尺刻度线方向和外径千分尺相反，当微分筒顺时针旋转时，活动爪向右移动，量值增大。

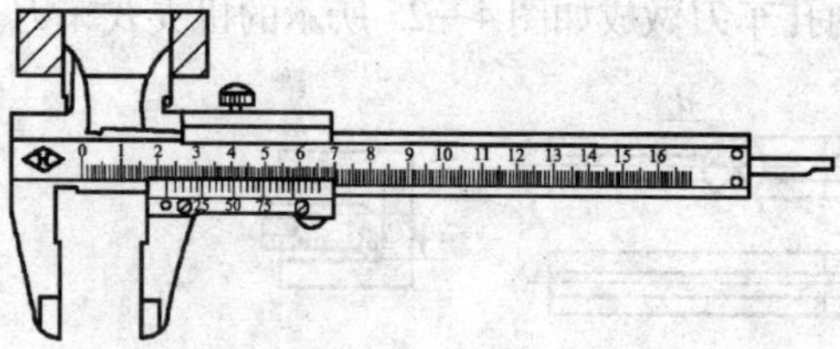

图4—27　游标卡尺测量内孔

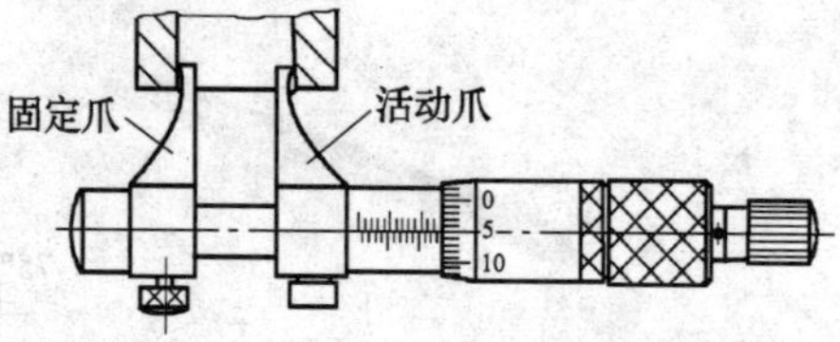

图4—28　内径千分尺测量内孔

3. 内径百分表

内径百分表是将百分表装夹在测架上构成。测量前先根据被测工件孔径大小更换测量头，用千分尺将内径百分表对准“零”位。测量方法如图4—29所示，摆动百分表取最小值为孔径的实际尺寸。

4. 塞规

塞规（见图4—30）由通端和止端组成，通端按孔的最小极限尺寸制成，测量时应塞入孔内，止端按孔的最大极限尺寸制成，测量时不允许插入孔内。当通端能塞入孔内，而止端插不进去时，说明该孔尺寸合格。

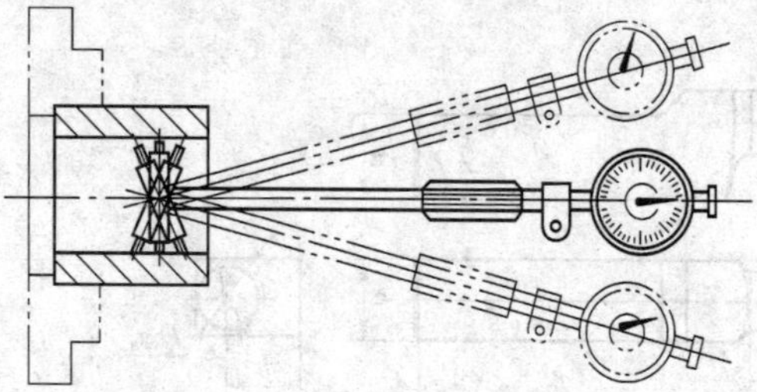

图4—29　内径百分表测量内孔

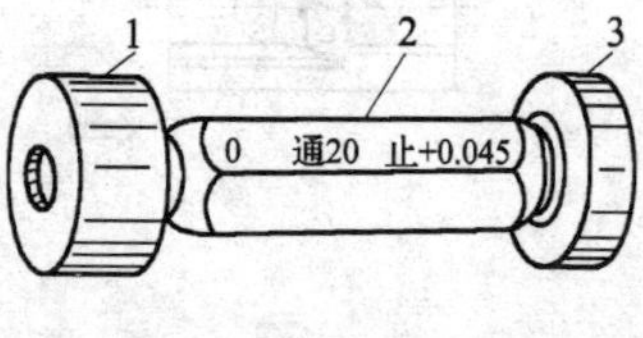

图4—30　塞规

1—通端　2—手持部位　3—止端

用塞规测量孔径时，应保持孔壁清洁，塞规不能倾斜，以防造成孔小的错觉，把孔径车大。在孔径小的时候，不能用塞规硬塞，更不能用力敲击。从孔内取出塞规时，要防止与内孔车刀碰撞。孔内温度较高时，不能用塞规立即测量，以防工件冷缩把塞规“咬住”。

三、内孔尺寸的修调方法

内孔加工中常用的尺寸修调方法与外圆加工基本相同，借助磨耗值修调尺寸的方法见表4—20。

表 4—20　　　　内孔尺寸的修调及磨耗值的确定

加工阶段	编程值	磨耗值	实测值	误差
粗加工（分层）	23.5	-0.5（预留）		
精加工	24.0	-0.5（预留）	23.45	-0.05
二次精加工	24.0	+0.01 +0.05（修调）	24.01	

提示

1. 二次精加工中，尺寸按中间公差值修调，如表中 +0.01 mm。
2. 磨耗中预留的精加工余量应与程序中的精加工余量取相同值。
3. 误差为负时，磨耗中应补偿对应的正值；误差为正时，反之。

程序调整内容详见表4—21。

表 4—21　　　　程序调整说明

	加工程序	程序说明	操作提示
	⋮	粗加工	自动加工
N150	X18.0;		
N160	G00 X100.0 Z100.0;	退刀	
N170	M05;	主轴停转	检测并修调磨耗值
N180	M00;	程序暂停	
N190	T0404;	重新调用刀号、刀补号	按循环启动键，继续自动加工
N200	S500 M03;	转动主轴	
N210	G00 X17.0 Z2.0;	重新定位至起刀点	
N220	G70 P80 Q150;	精加工	
	⋮		

任务实施

一、分析零件图样

本任务中内孔尺寸精度要求较高，为IT7级，表面粗糙度要求较高，为*Ra*1.6 μm。内孔加工中保证尺寸精度的工艺措施与外圆加工类似，而要得到较好的表面质量则比外圆加工困难。在加工中，应注意合理选择刀具规格及其几何参数，合理选择切削用量，合理选择粗、精加工路线，充分冷却。此外，工件及刀具安装时应尽量缩短悬伸量，提高工艺系统刚度。

二、分析加工工艺

1. 编程原点的确定

工件的编程原点取在工件左端面的中心处。

2. 制定加工方案及加工路线

沿用任务 3 的工件，掉头后夹住 ϕ40 mm 外圆，用外圆车刀手动车端面保证工件总长 70 mm，然后分别用 G71、G70 循环依次完成 *R*3 mm 圆角、ϕ30 mm 内孔、锥面、ϕ24 mm 内孔及 *R*2 mm 圆角的粗、精加工。粗、精加工的循环起点为（17，2），精加工路线如图 4—31 所示，基点坐标由学生自行分析计算得出。

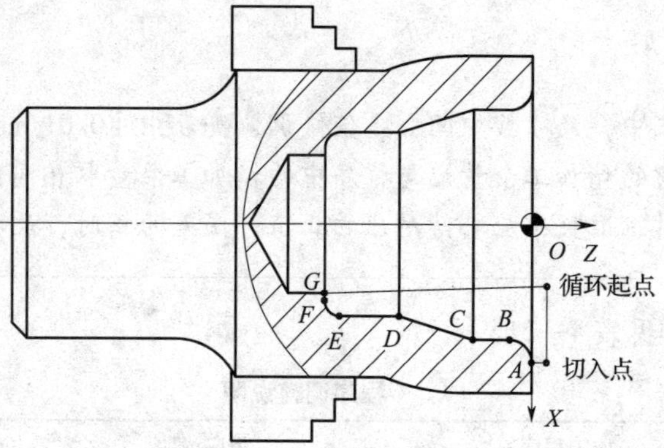

图 4—31　精加工轨迹

> **提示**
>
> G71 循环车削内轮廓时，循环起点应尽量靠近毛坯底孔，以缩短加工行程，避免空走刀。考虑到安全性，*Z* 向注意留安全裕量 1 ~ 2 mm，*X* 向应略小于或等于底孔直径。

3. 工件定位与装夹

掉头后夹住 ϕ40 mm 外圆，尽可能减小悬伸量，找正后夹紧。

4. 选择刀具及切削用量

选择机械夹固式不重磨盲孔车刀作为切削刀具，如图 4—32 所示。车刀型号为 S12M - SCLCR06，刀片型号为 CCMT 060204。

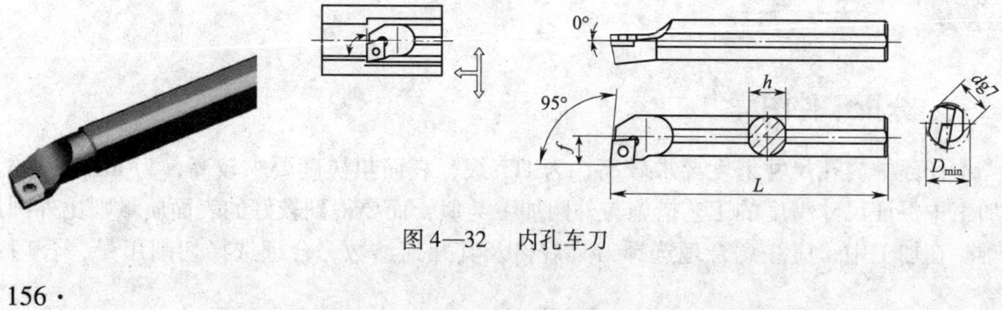

图 4—32　内孔车刀

操作提示

选择内孔车刀时，为了增加车削刚度，防止产生振动，要尽量选择刀杆粗的刀具，但应与工件预钻孔大小相匹配，注意刀具尺寸中的 D_{min} 值。

选择切削用量时，考虑刀杆刚度和排屑问题，取较小值，其参考值见表 4—22。

表 4—22　　　　数控车削用刀具及切削用量参数表

刀具名称	刀具号	刀沿号	加工内容	主轴转速（r/min）	进给量（mm/r）	背吃刀量（mm）
外圆车刀	T0101	3	手动车端面	500	0.1	1
内孔车刀	T0404	2	粗车内孔	500	0.15	1.5
			精车内孔	1 000	0.08	0.3

三、程序编制

本任务工件的参考加工程序详见表 4—23。

表 4—23　　　　任务 4 参考程序

刀具	1 号：95°外圆车刀　4 号：95°内孔车刀	
程序号	加工程序	程序说明
	O4040；	工件内轮廓加工程序
N10	G99 G40 G21 G18；	程序初始化
N20	G28 U0 W0；	回参考点
N30	T0404；	换 4 号刀，取 4 号刀补
N40	M03 S500 M08；	主轴正转，切削液开
N50	G00 X17.0 Z2.0；	定位至循环起点
N60	G71 U1.5 R0.5；	粗车循环
N70	G71 P80 Q150 U－0.6 W0.1 F0.15；	
N80	G00 X36.0 S1000；	“ns”程序段只能沿 X 方向进刀，确定精加工转速为 1 000 r/min，进给量为 0.08 mm/r
N90	G01 Z0 F0.08；	
N100	G02 X30.0 Z－3.0 R3.0；	精加工轨迹描述
N110	G01 Z－8.0；	
N120	G01 X24.0 Z－18.0；	
N130	Z－26.0；	
N140	G03 X20.0 Z－28.0 R2.0；	
N150	G01 X18.0；	
N160	G00 X100.0 Z100.0；	退刀
N170	M05；	主轴停转
N180	M00；	程序暂停

续表

刀具	1 号：95°外圆车刀　4 号：95°内孔车刀	
程序号	加工程序	程序说明
	O4040；	工件内轮廓加工程序
N190	T0404；	重新调用刀号、刀补号
N200	S500 M03；	转动主轴
N210	G00 X17.0 Z2.0；	重新定位至循环起点
N220	G70 P80 Q150；	精加工
N230	G28 U0 W0；	程序结束部分
N240	M05 M09；	
N250	M30；	

四、加工准备

加工中使用的工具、量具、刃具见表 4—24。

表 4—24　　工具、量具、刃具清单

序号	名称	规格	数量	备注
1	游标卡尺	0 ~ 150 mm，精度为 0.02 mm	1	
2	内径千分尺	5 ~ 30 mm，精度为 0.01 mm	1	
3	内径百分表	18 ~ 35 mm	1	
4	半径样板	1 ~ 6.5mm	1	
5	外圆车刀	95°	1	
6	内孔车刀	95°	1	D_{min} = 16 mm

五、装刀及对刀操作

在本任务中，内孔车刀的安装，对刀及刀补设定相关操作是装刀及对刀操作的重点。

1. 内孔车刀的安装

内孔车刀安装的正确与否，直接影响车削情况及孔的精度，所以在安装时应注意以下几个问题：

（1）刀尖应与工件中心等高或稍高。如果装得低于中心，由于切削抗力的作用，容易将刀柄压低而产生扎刀现象，并会造成孔径扩大。

（2）刀柄伸出刀架不宜过长，一般比被加工孔长 5 ~ 6 mm。

（3）刀柄基本平行于工件轴线，否则在车削到一定深度时刀柄后半部容易碰到工件孔口。

（4）盲孔车刀装夹时，刀具的主刀刃应与孔底平面成 3° ~ 5°的角度，并且在车平面时要求横向有足够的退刀余地。

（5）在转塔刀架上安装内孔车刀时，应注意刀杆尾部超出刀架的长度，避免造成换刀时刀架转位受阻，损坏刀架，如图 4—33 所示。

图 4—33　在转塔刀架上安装内孔车刀

2. 内孔车刀的对刀及刀补设定相关操作（见表 4—25）

表 4—25　　内孔车刀的对刀及刀补设定

序号	操作步骤	图例
1	将 T04 内孔车刀转到加工位，主轴正转 *Z* 向对刀操作 先用 JOG 手动方式移动刀架，靠近工件，再用 HANDLE 手轮方式作微调，使刀具的刀尖靠到工件端面	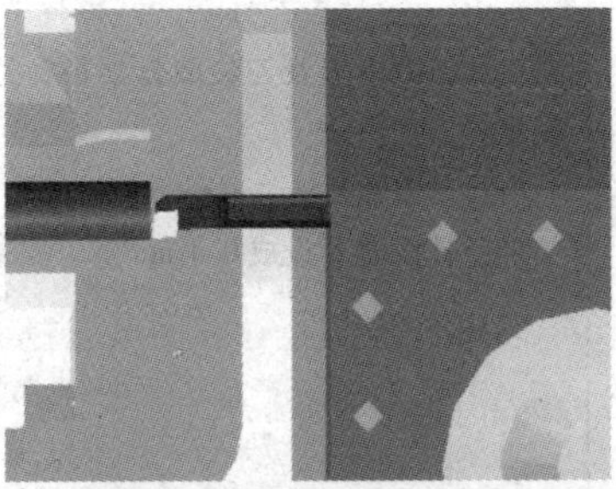
2	*Z* 向刀补设定 在刀具补偿界面中，输入刀位点的 *Z* 向测量值 Z0，计算确认后完成 *Z* 向刀具偏置补偿的设置	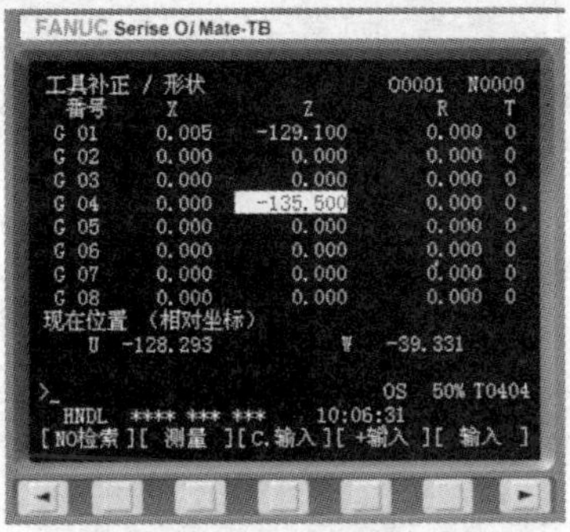
3	*X* 向对刀操作 用手轮移动刀架，沿 -*Z* 方向用内孔车刀试切预制孔，切削长度约 10 mm，+*Z* 方向退出	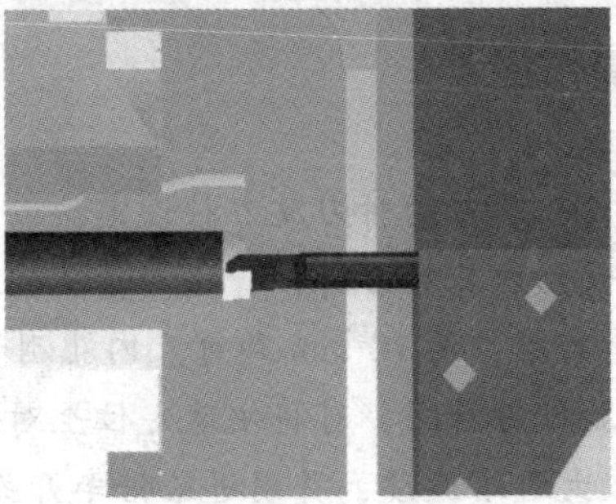

续表

<table>
<tr><th>序号</th><th>操作步骤</th><th>图例</th></tr>
<tr><td>4</td><td>*X* 向刀补设定
在刀具补偿界面中输入刀位点的 *X* 向测量值（$X = D_{测}$），通过计算确认后完成 *X* 向刀具偏置补偿的设置</td><td>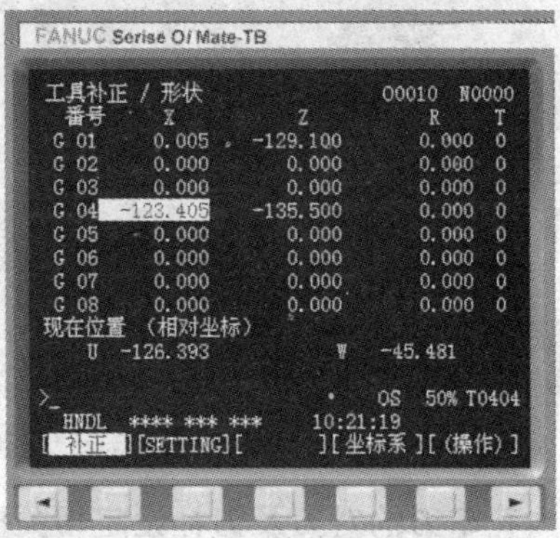
</td></tr>
<tr><td>5</td><td>刀具刀沿位置及刀尖圆弧半径补偿值的设置
内孔车刀的刀沿位置码 T 值设成 2
半径补偿值 *R* 设成 0.4 mm</td><td>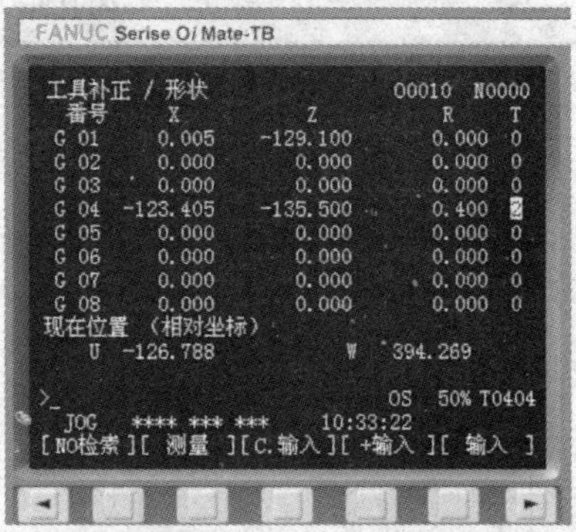
</td></tr>
<tr><td>6</td><td>内孔车刀刀补验证操作
在 MDI 方式下，依次输入并执行以下程序段：
T0404；(调用内孔车刀刀号、刀补号)
S500 M03；(主轴正转)
G00 X17.0 Z2.0；(快速定位至对刀点)
G00 X100.0 Z100.0；(退刀)
M05；(主轴停)</td><td>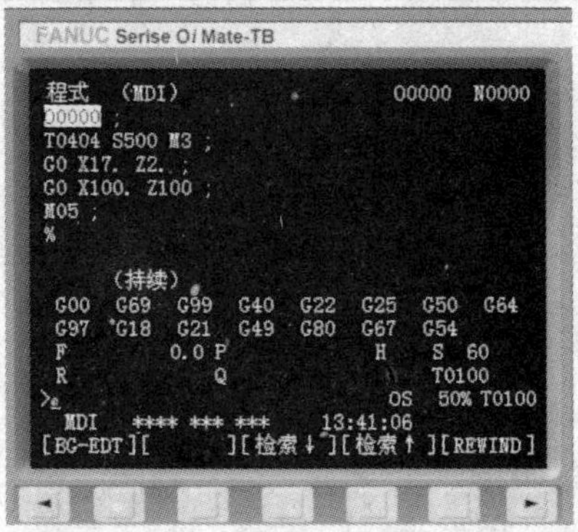
</td></tr>
</table>

操作提示

1. 内孔车刀的对刀及刀补设定按以上步骤依次完成，并在刀补界面进行确认。

2. 试切内孔对刀时，背吃刀量不宜过大，以防止过切，为提高对刀效率，试切深度以方便测量为准，约 10 mm 即可。内孔测量时用内径千分尺，注意准确读数。

3. 验证刀补时，可将快速定位至对刀点程序段中的 G00 指令调整为 G01，为提高效率，可设置较大进给速度，并用进给倍率开关调节快慢。

六、零件车削

1. 零件的加工操作过程（见表 4—26）

表 4—26　　零件的加工操作过程

步骤	图例
夹住 ϕ40 mm 外圆，尽可能减小工件悬伸量，找正后夹紧	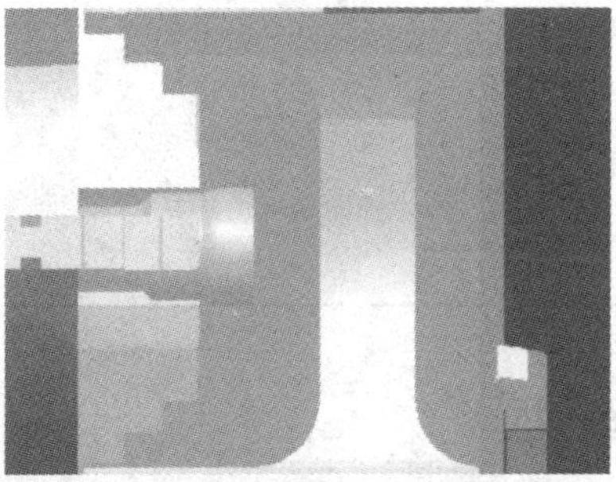
试切内孔对刀，设定并验证刀补	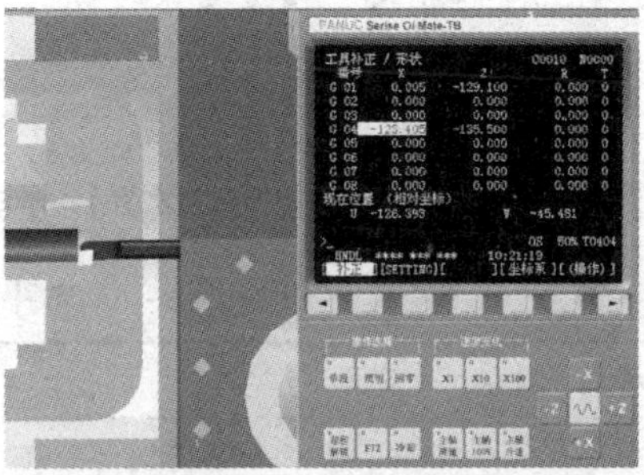
粗车 R3.0 mm 圆角、ϕ30 mm 内孔、锥面、ϕ24 mm 内孔、R2 mm 圆角、台阶端面，留单边 0.3 mm 精加工余量 主轴转速 n 为 500 r/min，进给量 f 为 0.15mm/r	
精车内孔至尺寸 主轴转速 n 为 1 000 r/min，进给量 f 为 0.08 mm/r	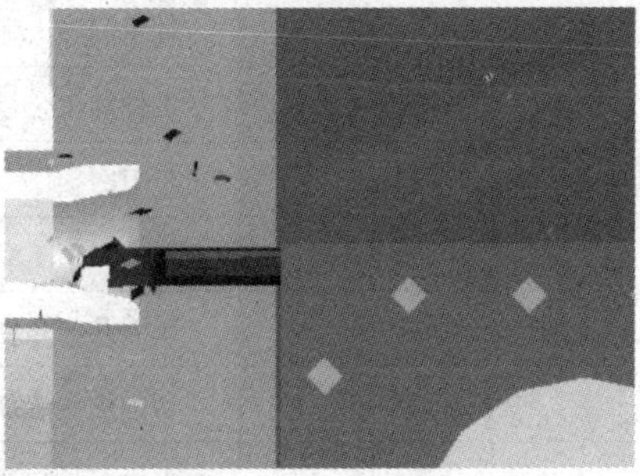

续表

步骤	图例
合格后取下工件	

操作提示

本任务工件内孔尺寸精度要求较高，为避免尺寸超差，可用预留磨耗值的方法对尺寸进行修调。

2. 内孔质量分析

对照表 4—27 对内孔加工质量进行分析。

表 4—27　　车孔误差原因分析

误差种类	序号	可能的产生原因
尺寸不对	1	测量不正确
	2	车刀安装不对，刀柄与孔壁相碰
	3	产生积屑瘤，改变了切削深度，使孔车大
	4	工件的热胀冷缩
内孔有锥度	5	刀具磨损
	6	刀柄刚度差，产生让刀现象
	7	刀柄与孔壁相碰
	8	车头轴线歪斜、床身不水平、床身导轨磨损等机床原因
内孔不圆	9	孔壁薄，装夹时产生变形
	10	轴承间隙太大
	11	工件加工余量和材料组织不均匀
内孔不光	12	车刀磨损
	13	车刀刃磨不良，表面粗糙度值大
	14	车刀几何角度不合理，装刀低于中心
	15	切削用量选择不当
	16	刀柄细长，产生振动

任务 5　复合固定循环 G72 车削端面

学习目标

1. 掌握端面粗、精车循环指令 G72、G70 的指令格式。
2. 正确理解 G72 指令段内部参数的意义，能根据加工要求合理确定各参数值。
3. 掌握 G72、G70 指令的编程方法及编程规则。
4. 掌握较复杂盘类零件的编程加工。

工作任务

任务要求：如图 4—34 所示工件，毛坯为 $\phi 50$ mm × 52 mm 的铝棒，试编写其数控车加工程序并进行加工。

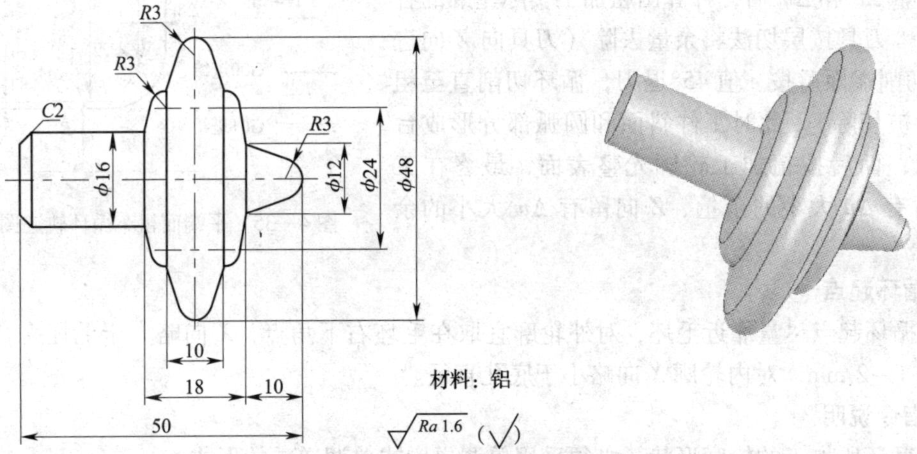

图 4—34　端面粗、精车循环加工实例

任务分析：本任务零件右端轮廓径向切削尺寸大于轴向切削尺寸，对于这类毛坯工件采用径向粗车循环进行编程较为合适。工件左端轮廓的轴向切削尺寸大于径向切削尺寸，所以左端轮廓仍采用外圆粗车循环较为合适。

加工本任务工件时，为了保证各项加工要求及加工过程中装夹方便，要注意合理确定加工方案。

相关理论

端面粗、精车复合固定循环指令主要用于加工长径比较小的盘类工件，它的车削特点是利用刀具的端面切削刃作为主切削刃。

一、端面粗车循环 G72

1. 指令格式

G72 W$\underline{\Delta d}$ R$\underline{e}$；

G72 P$\underline{ns}$ Q$\underline{nf}$ U$\underline{\Delta u}$ W$\underline{\Delta w}$ F __ S __ T __；

N $\underline{ns}$ …；
⋮ （用以描述精加工轨迹）
N $\underline{nf}$ …；

Δd：Z 向背吃刀量，不带符号，且为模态值；

其余同 G71 指令中的参数。

例 G72 W2.0 R0.5；

G72 P100 Q200 U0.1 W0.3 F0.15；

2. 加工轨迹

G72 循环的加工轨迹如图 4—35 所示。CNC 装置首先根据用户编写的精加工轮廓，在预留出 X 和 Z 向精加工余量 Δu 和 Δw 后，计算出粗加工实际轮廓的各个坐标值。刀具按层切法将余量去除（刀具向 Z 向进刀 Δd，切削端面后按 e 值 45°退刀，循环切削直至粗加工余量被切除），此时工件斜面和圆弧部分形成台阶状表面，而后按精加工轮廓光整表面，最终在工件 X 向留有 Δu 大小的余量、Z 向留有 Δw 大小的余量。

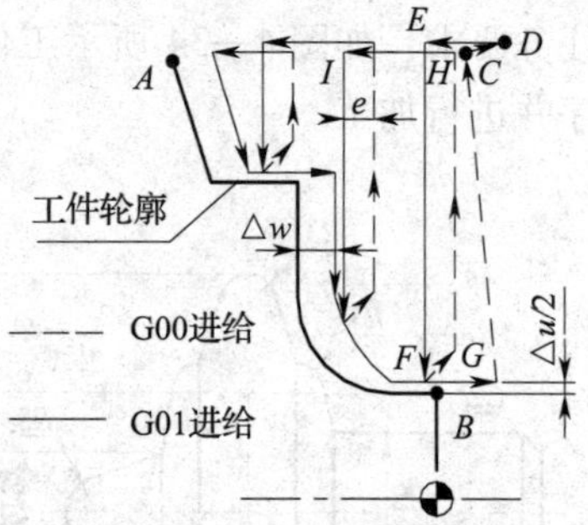

图 4—35 平端面粗车循环轨迹图

3. 循环起点

G72 循环起点尽量靠近毛坯，对外轮廓宜取在毛坯右下角点，X 向略大于毛坯直径，Z 向距端面 1 ~ 2 mm，对内轮廓 X 向略小于底孔直径。

4. 指令说明

G72 循环所加工的轮廓形状，必须采用单调递增或单调递减的形式。

对于 G72 指令中的“ns”程序段，同样应特别注意其书写格式，如下例所示：

N100 G01 Z－30.0；　　　（正确的“ns”程序段）

N100 G01 X30.0 Z－30.0；（错误的“ns”程序段，程序段中出现了 X 坐标字）

> **提示**
>
> 在 FANUC 系统的 G72 循环指令中，顺序号“ns”所指程序段必须沿 Z 向进刀，且不能出现 X 坐标字，否则会出现程序报警。

二、端面精车循环

端面精车循环指令格式与前面 G70 的格式完全相同，执行 G70 循环时，刀具沿工件的实际轨迹进行切削，如图 4—35 中轨迹 *A* 到 *B* 所示，循环结束后刀具返回循环起点。

三、G72 与 G70 编程实例

试用 G72 和 G70 指令编写图 4—36 所示工件的数控车加工程序。

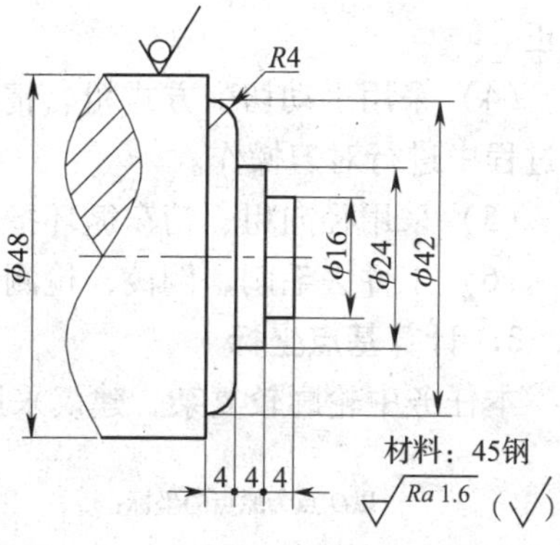

图 4—36　平端面粗车循环示例件

```
O0001;
G99 G40 G21;
T0101;
G00 X100.0 Z100.0;
G00 X50.0 Z1.0 M03 S500;            快速定位至粗车循环起点
G72 W2.0 R0.5;                      端面粗车循环，加工参数设定
G72 P100 Q200 U0.1 W0.3 F0.15;
N100 G00 Z-12.0 S1000;              进刀至切入点，精加工转速为 1 000 r/min
     G01 X42.0 F0.08;               精加工进给量为 0.08 mm/r
     G02 X34.0 Z-8.0 R4.0;          精加工轮廓描述
     G01 X24.0;
     G01 Z-4.0;
     G01 X16.0;
N200 G01 Z1.0;                      走刀至切出点
     G70 P100 Q200;                 不换刀，精车循环
     G00 X100.0 Z100.0;
     M30;
```

任务实施

一、分析加工工艺

1. 编程原点的确定

工件的编程原点取在工件左、右端面的中心处。

2. 制定加工方案及加工路线

本任务采用两次装夹完成。一次装夹用 G71、G70 循环完成左端轮廓的粗、精加工。掉头装夹后，用 G72、G70 循环完成右端轮廓加工。具体加工步骤如下：

（1）采用手动切削方式粗、精加工工件左端面，在加工过程中进行对刀操作。

（2）采用外圆粗、精车循环指令加工工件左端轮廓，加工时将外圆 $\phi48$ mm 表面加工至

Z - 35 位置，以防止出现接刀痕迹。

（3）掉头装夹（如用软爪或铜皮包裹装夹则更好），对 ϕ48 mm 外圆表面进行精确的找正。

（4）采用手动切削方式粗、精车加工工件右端面，注意应精确保证工件的总长，在加工过程中进行对刀操作。

（5）采用径向粗、精车循环指令加工工件右端轮廓。

（6）工件去毛刺、倒棱，检测工件各项精度要求。

3. 计算基点坐标

本任务中轮廓较复杂，建议采用 CAD 软件绘图分析得出，基点坐标如图 4—37 所示。

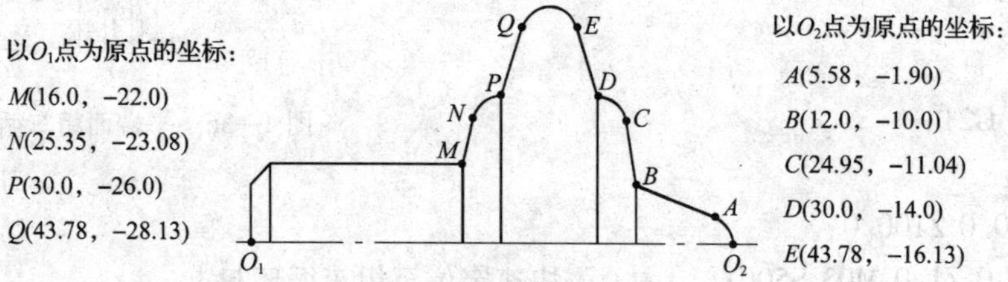

图 4—37　部分基点坐标

4. 选择刀具与切削用量

选择机械夹固式可转位外圆车刀和端面车刀（见图 4—38、图 4—39）作为切削刀具，其中外圆车刀刀柄型号为 STGCK2525M11，两种刀具的刀片型号均选用 TBHG120408EL - CF。

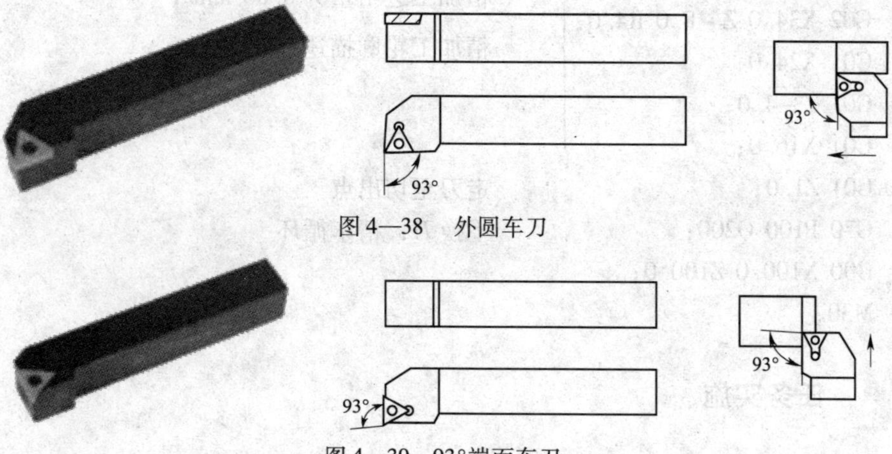

图 4—38　外圆车刀

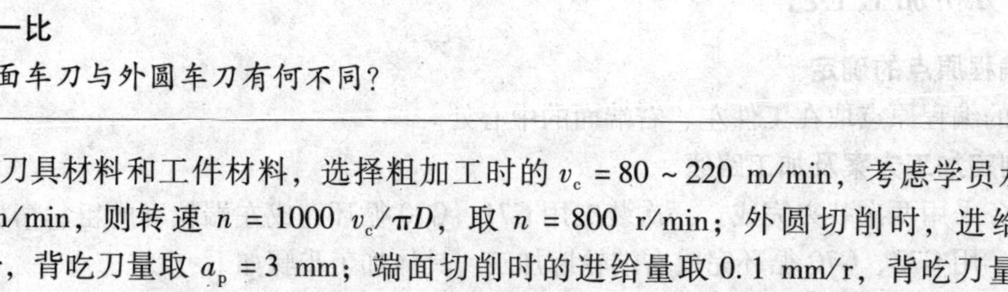

图 4—39　93°端面车刀

> **比一比**
>
> 端面车刀与外圆车刀有何不同？

根据刀具材料和工件材料，选择粗加工时的 $v_c = 80 \sim 220$ m/min，考虑学员水平，取 $v_c = 120$ m/min，则转速 $n = 1000\ v_c/\pi D$，取 $n = 800$ r/min；外圆切削时，进给量 f 取 0.2 mm/r，背吃刀量取 $a_p = 3$ mm；端面切削时的进给量取 0.1 mm/r，背吃刀量取 $a_p = 2$ mm。

精加工时，切削速度取较大值，则取 $n = 1\ 500$ r/min，进给量取 $f = 0.05$ mm/r，背吃刀

量取 $a_p=0.3$mm。

选择的刀具及切削用量见表4—28。

表 4—28　　　　数控车削用刀具及切削用量参数表

刀具名称	刀具号	刀沿号	加工内容	主轴转速（r/min）	进给量（mm/r）	背吃刀量（mm）
外圆车刀	T0101	3	粗、精车左端轮廓	800/1500	0.2/0.05	3/0.5
端面车刀	T0202	3	粗、精车右端轮廓	800/1500	0.1/0.05	2/0.3
			手动车端面	800	0.1	0.5

二、程序编制

本任务工件的参考加工程序见表4—29。

表 4—29　　　　任务5参考程序

刀具	1号：93°外圆车刀　2号：93°端面车刀	
程序号	加工程序	程序说明
	O4050；	加工左端轮廓程序
	⋮	程序开始部分
N40	T0101；。	外圆车刀
N50	S800 M03；	主轴正转
N60	G00 X52.0 Z2.0；	快速到达起刀点
N70	G71 U3.0 R0.3；	粗加工工件左端轮廓
N80	G71 P90 Q180 U0.5 W0 F0.2；	
N90	G00 X12.0 S1500；	精加工轮廓描述
N100	G01 Z0 F0.05；	
N110	X16.0 Z-2.0；	
N120	Z-22.0	
N130	X25.35 Z-23.08；	
N140	G03 X30.0 Z-26.0 R3.0；	
N150	G01 X43.78 Z-28.13；	
N160	G03 X48.0 Z-31.0 R3.0；	
N170	G01 Z-35.0；	
N180	X50.0；	
N190	G70 P90 Q180；	精加工左端轮廓

刀具	1 号：93°外圆车刀　　2 号：93°端面车刀	
程序号	加工程序	程序说明
	O4050；	加工左端轮廓程序
N200	G28 U0 W0；	程序结束部分
N210	M05；	
N220	M30；	

	O4051；	加工右端轮廓程序
⋮	⋮	程序开始部分
N40	T0202；	换端面车刀
N50	S800 M03；	主轴正转
N60	G00 X52.0 Z2.0；	快速定位至循环起点
N70	G72 W2.0 R0.3；	径向粗车循环粗加工右端轮廓
N80	G72 P90 Q170 U0.1 W0.3 F0.1；	
N90	G00 Z-19.0 S1500；	精加工轮廓描述
N100	G01 X48.0 F0.05；	
N110	G02 X43.78 Z-16.13 R3.0；	
N120	G01 X30.0 Z-14.0；	
N130	G02 X24.95 Z-11.04 R3.0；	
N140	G01 X12.0 Z-10.0；	
N150	X5.58 Z-1.90；	
N160	G02 X0 Z0 R3.0；	
N170	G01 Z2.0；	
N180	G70 P90 Q170；	精加工右端轮廓
N190	G28 U0 W0；	程序结束部分
N200	M05；	
N210	M30；	

三、加工准备

1. 本任务选用的机床为配备 FANUC 0i 系统的 CK6140 型数控车床，配备四工位刀架。
2. 毛坯为 ϕ50 mm × 52 mm 的铝棒。
3. 加工中使用的工具、量具、刃具见表 4—30。

表 4—30　　工具、量具、刃具清单

序号	名称	规格	数量	备注
1	游标卡尺	0～150 mm，精度为 0.02 mm	1	
2	外径千分尺	0～25 mm，25～50 mm，精度为 0.01 mm	各 1	
3	百分表	0～10 mm，精度为 0.01	1	

续表

序号	名称	规格	数量	备注
4	磁性表座		1	
5	塞尺	0.02 ~ 1 mm	1	
6	半径样板	1 ~ 6.5 mm	1	
7	外圆车刀	93°	1	
8	端面车刀	93°	1	

四、零件车削

零件的加工操作过程见表 4—31。

表 4—31　　零件的加工操作过程

步骤	图例
夹住毛坯外圆，伸出长度约 40 mm，找正后夹紧	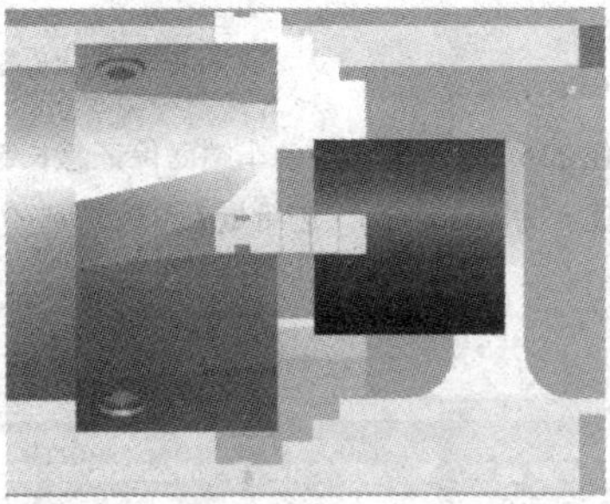
外圆车刀对刀设定并验证刀补	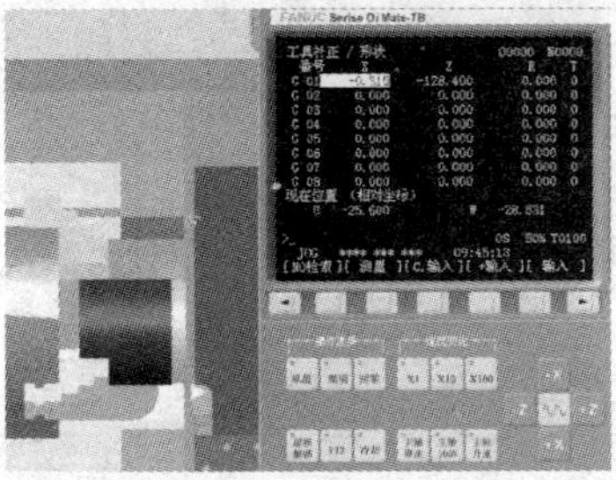
循环粗车零件左端 $C2$ mm 倒角、$\phi16$ mm 外圆、两处锥面、两处 $R3$ mm 圆角、$\phi48$ mm 外圆，留精加工余量单边0.25 mm 粗车时主轴转速 n 为 800 r/min，进给量 f 为 0.2 mm/r	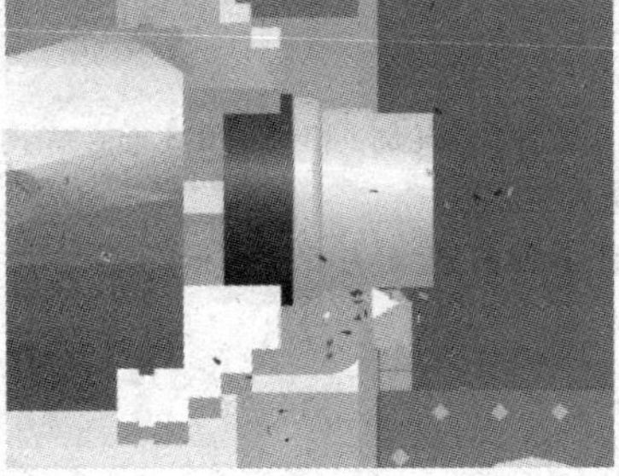

续表

步骤	图例
精车外轮廓至尺寸 精车选择主轴转速 n 为 1 500 r/min，进给量 f 为 0.05 mm/r	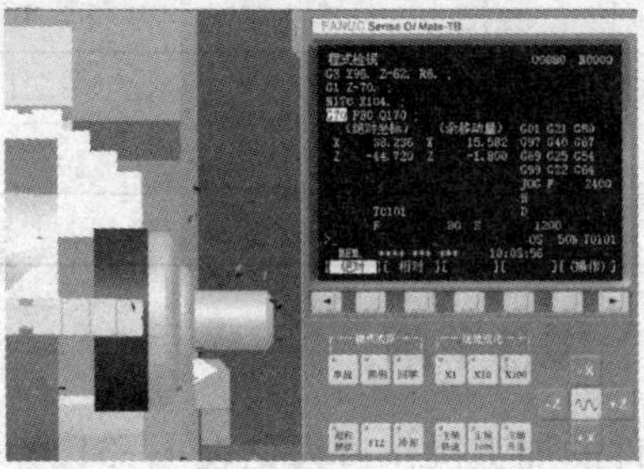
掉头夹住 ϕ16 mm 外圆，手动车端面保证总长 50 mm 主轴转速 n 为 800 r/min，进给量 f 为 0.1 mm/r	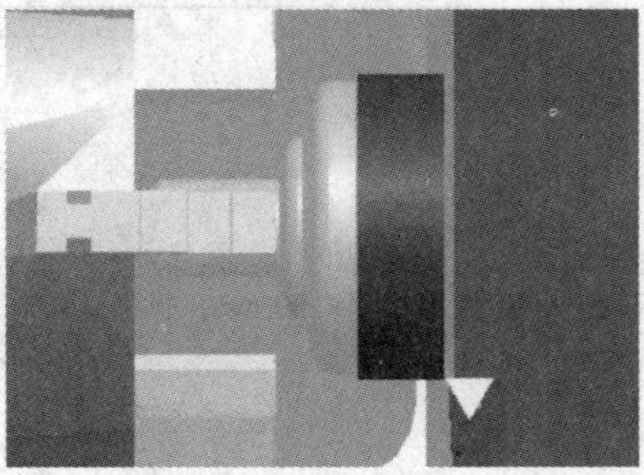
端面车刀对刀设定并验证刀补	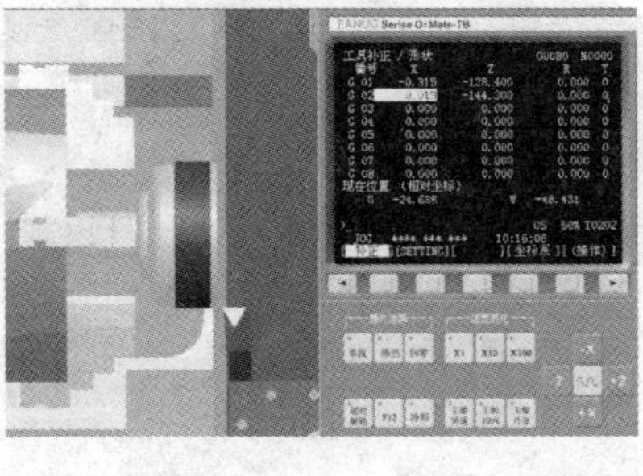
循环粗车零件右端轮廓，留 Z 向 0.3 mm，X 向单边 0.1 mm 精加工余量 粗车时主轴转速 n 为 800 r/min，进给量 f 为 0.1 mm/r	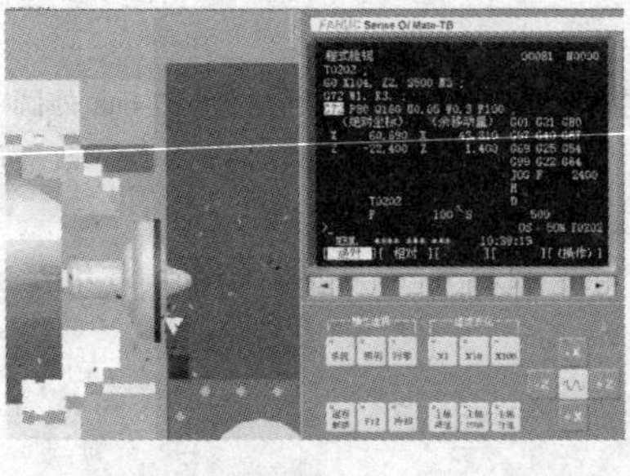

续表

步骤	图例
精车外轮廓至尺寸 精车选择主轴转速 n 为 1 500 r/min，进给量 f 为 0.05 mm/r	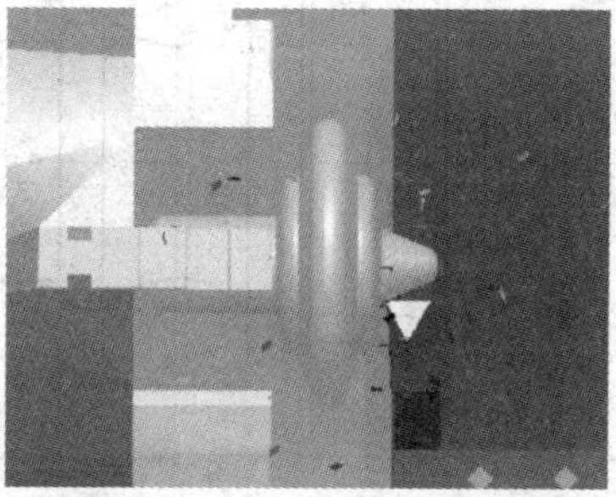
合格后取下工件	

任务 6　复合固定循环 G73 车削外轮廓

学习目标

1. 掌握成型加工复合循环 G73 的指令格式。
2. 正确理解 G73 指令段内部参数的意义，加工轨迹的特点，能根据加工要求合理确定各参数值。
3. 掌握 G73、G70 指令的编程方法及编程规则。
4. 熟悉较复杂轮廓工件加工方案的确定，合理选择加工工艺路线。
5. 进一步掌握数控外圆车刀的相关知识，合理选择切削用量。
6. 完成工件加工，熟悉较复杂轮廓工件的仿形车削。

工作任务

任务要求：如图 4—40 所示工件，毛坯尺寸为 ϕ38 mm × 82 mm，材料为 45 钢，试编写其数控车加工程序并进行加工。

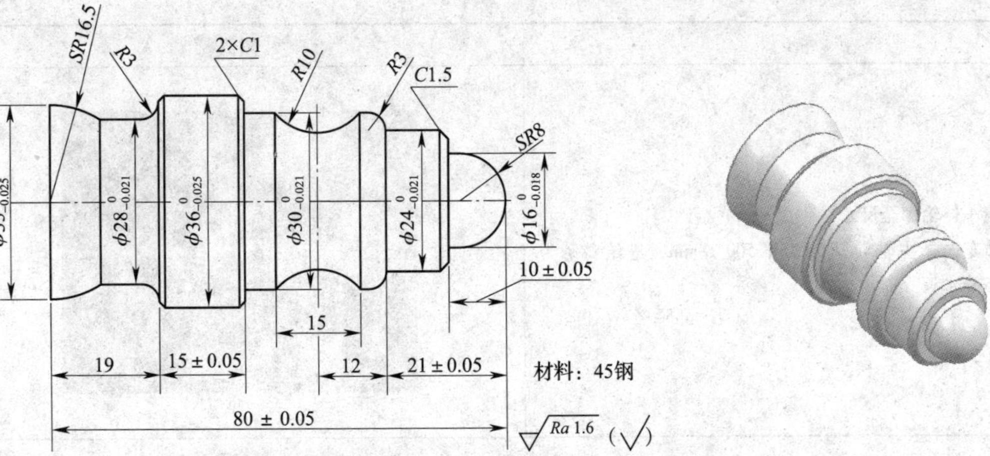

图 4—40　成型加工复合循环加工实例

任务分析：编写本任务工件的加工程序时，由于工件轮廓表面不是单调递增或递减的表面，所以仅采用 G71、G70 循环指令将无法完成工件加工。因此，本任务引入成型加工复合循环 G73 指令编程加工。

相关理论

一、成型加工复合循环（G73、G70）

1. 概述

成型加工复合循环也称为固定形状粗车循环，它适用于加工铸、锻件毛坯零件。通常在加工轴类零件时为节约材料，提高工件的力学性能，往往采用锻造等方法使零件毛坯尺寸接近工件的成品尺寸，其形状已经基本成型，只是外径、长度较成品大一些。此类零件的加工适合采用 G73 循环。当然 G73 循环也可用于加工普通未切除余料的棒料毛坯，特别是用来加工有内凹结构的工件。

2. 指令格式

G73 U$\underline{\Delta i}$ W$\underline{\Delta k}$ R$\underline{d}$；

G73 P$\underline{ns}$ Q$\underline{nf}$ U$\underline{\Delta u}$ W$\underline{\Delta w}$ F __ S __ T __；

N $\underline{ns}$ …；
　⋮　　（用以描述精加工轨迹）
N $\underline{nf}$…；

Δi：X 方向毛坯切除余量（半径值、正值）；

Δk：Z 方向毛坯切除余量（正值）；

d：粗切循环的次数；

其余参数请参照 G71 指令。

例　G73 U3.0 W0.5 R3.0；

G73 P100 Q200 U0.3 W0.05 F0.15；

> **比一比**
>
> G73 指令中的"U$\underline{\Delta i}$""W$\underline{\Delta k}$""R$\underline{d}$"与 G71 及 G72 指令中相应参数值的区别与联系。

3. 加工轨迹

G73 复合循环的轨迹如图 4—41 所示。刀具从循环起点（C 点）开始，快速退刀至 D 点（在 X 向的退刀量为 $\Delta u/2+\Delta i$，在 Z 向的退刀量为 $\Delta w+\Delta k$）；快速进刀至 E 点（E 点坐标值由 A 点坐标、精加工余量、X 向毛坯切除余量 Δi 和 Z 向毛坯切除余量 Δk 及粗切次数确定）；沿轮廓形状偏移一定值后进行切削至 F 点；快速返回 G 点，准备第二层循环切削；如此分层（分层次数由循环程序中的参数 d 确定）切削至循环结束后，快速退回循环起点（C 点）。

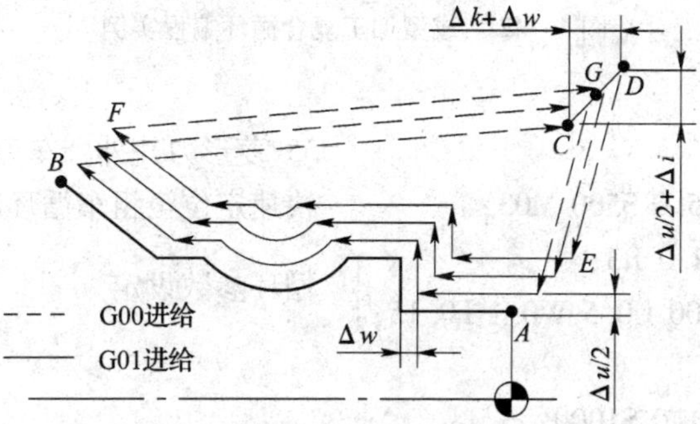

图 4—41　成型加工复合循环的轨迹图

4. 指令说明

（1）循环起点的确定。选在毛坯右前侧（前置刀架）或右后侧（后置刀架），离毛坯可适当远些。

（2）G73 程序段中，"*ns*"所指程序段可以向 X 轴或 Z 轴的任意方向进刀。

（3）G73 循环加工的轮廓形状，没有单调递增或单调递减形式的限制。

（4）G73 循环粗车后仍采用 G70 循环进行工件的精车，执行 G70 循环时，刀具沿工件的实际轨迹进行切削，如图 4—41 中轨迹 A 到 B 所示，循环结束后刀具返回循环起点。

（5）加工未切除余料的棒料毛坯时，Δi 为 X 方向毛坯最大切除余量，可通过（毛坯尺寸－零件轮廓最小部分尺寸）/2 来估算。

> **提示**
>
> 用普通棒料毛坯加工时，如果零件表面径向尺寸变化较大，用 G73 循环编程加工，空行程较多，加工效率较低。

5. 编程实例

加工如图 4—42 所示工件（材料为 45 钢），其毛坯为锻件，工件 X 向残留余量（半径量）不大于 5 mm，Z 向残留余量不大于 2 mm，试采用 G73 指令编写其数控车加工程序。

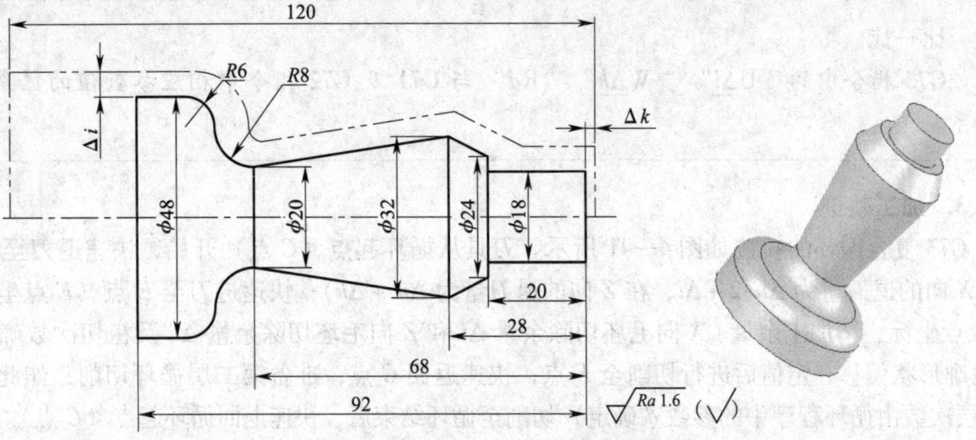

图 4—42　成型加工复合循环编程实例

```
     O0001;
     T0101;                                   55°菱形刀片外圆车刀
     G00 X60.0 Z5.0 S500 M03;                 快速定位至粗车循环起点
     G73 U5.0 W2.0 R3;                      }
     G73 P100 Q200 U0.5 W0.1 F0.15;         } 循环参数设定

N100 G00 X18.0 Z1.0 S1000;
     G01 Z-20.0 F0.08;
         X24.0;
         X32.0 Z-28.0;
         X20.0 Z-68.0;
     G02 X36.0 Z-76.0 R8.0;
     G03 X48.0 Z-82.0 R6.0;
     G01 Z-92.0;
N200 G01 X60.0;
     G70 P100 Q200;
     G00 X100.0 Z100.0;
     M30;
```

二、车削内凹结构工件对刀具角度的要求及车刀的选择

如图 4—43 所示，加工具有内凹结构的工件时，为了保证刀具副后刀面在加工过程中不与工件表面发生摩擦，往往要求刀具的副偏角 κ_r' 较大，由于刀具的主偏角 κ_r 一般取值 90°～93°，所以应选择刀尖角 ε_r 较小的刀具，俗称“菱形刀”。实际生产和实训中可根据实际选择焊接外圆车刀按加工要求磨出相应的副偏角 κ_r'，也可以选择机夹外圆车刀，常用的数控机夹外圆车刀如图 4—44 所示，刀片的刀尖角有 55°（D 型）、35°（V 型）两种。

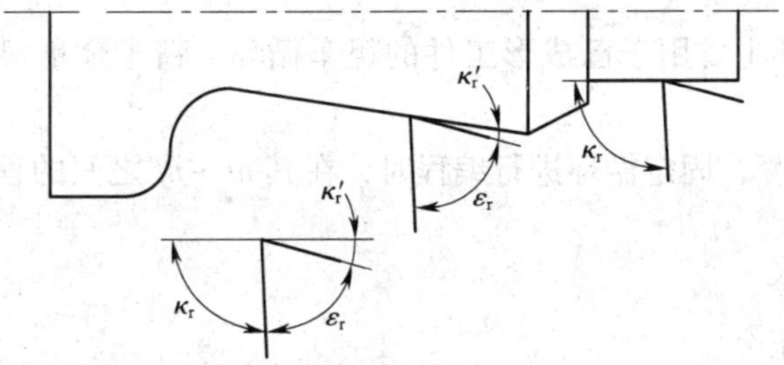

图 4—43　内凹结构工件对刀具角度的要求

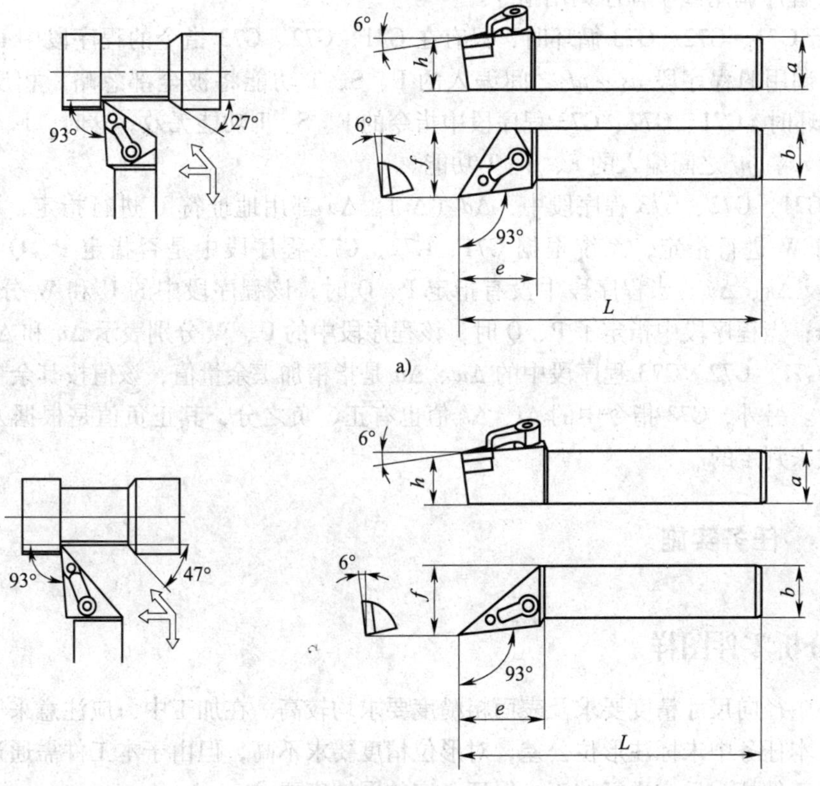

图 4—44　菱形外圆车刀

a）D 型　b）V 型

三、使用复合固定循环（G71、G72、G73、G70）时的注意事项

1. 如何选用内、外圆复合固定循环，应根据毛坯的形状、工件的加工轮廓及其加工要求适当进行。

（1）G71 固定循环主要用于对径向尺寸要求比较高、轴向切削尺寸大于径向切削尺寸的毛坯工件进行粗车循环。编程时，X 向的精车余量取值一般大于 Z 向精车余量的取值。

（2）G72 固定循环主要用于对端面精度要求比较高、径向切削尺寸大于轴向切削尺寸的毛坯工件进行粗车循环。编程时，Z 向的精车余量取值一般大于 X 向精车余量的取值。

（3）G73 固定循环主要用于已成形工件的粗车循环。精车余量根据具体的加工要求和加工形状来确定。

2. 使用内、外圆复合固定循环进行编程时，在其 $ns \sim nf$ 之间的程序段中，不能含有以下指令。

（1）固定循环指令。

（2）参考点返回指令。

（3）螺纹切削指令。

（4）宏程序调用或子程序调用指令。

3. 执行 G71、G72、G73 循环时，只有在 G71、G72、G73 指令的程序段中 F、S、T 是有效的，在调用的程序段 $ns \sim nf$ 之间编入的 F、S、T 功能将被全部忽略。相反，在执行 G70 精车循环时，G71、G72、G73 程序段中指令的 F、S、T 功能无效，这时，F、S、T 值取决于程序段 $ns \sim nf$ 之间编入的 F、S、T 功能。

4. 在 G71、G72、G73 程序段中，Δd（Δi）、Δu 都用地址符 U 进行指定，而 Δk、Δw 都用地址符 W 进行指定，系统根据 G71、G72、G73 程序段中是否指定 P、Q 来区分 Δd（Δi）、Δu 及 Δk、Δw。当程序段中没有指定 P、Q 时，该程序段中的 U 和 W 分别表示 Δd（Δi）和 Δk；当程序段中指定了 P、Q 时，该程序段中的 U、W 分别表示 Δu 和 Δw。

5. 在 G71、G72、G73 程序段中的 Δw、Δu 是指精加工余量值，该值按其余量的方向有正、负之分。另外，G73 指令中的 Δi、Δk 值也有正、负之分，其正负值是根据刀具位置和进退刀方式来判定的。

任务实施

一、分析零件图样

本任务中径向尺寸精度要求及表面粗糙度要求均较高。在加工中，应注意采用合理的措施来保证。本任务中未标注形位公差，对形位精度要求不高，但由于本工件需通过两次装夹完成，所以工件掉头后应进行校正，保证一定的同轴度要求。

二、分析加工工艺

1. 编程原点的确定

工件的编程原点取在工件左、右端面的中心处。

2. 制定加工方案及加工路线

本任务采用两次装夹完成。一次装夹用 G73、G70 循环依次完成左端球面、$\phi 28$ mm 外圆、$R3$ mm 圆角、$C1$ mm 倒角及 $\phi 36$ mm 外圆加工。掉头装夹后，先用 G71、G70 循环完成工件右端外轮廓加工，再用 G73、G70 循环完成凹弧加工。

左端轮廓加工的循环起点为（45. 0，2. 0），精加工路线如图 4—45a 所示。

右端外轮廓加工的循环起点为（39. 0，2. 0），凹弧加工循环起点为（40. 0，－25. 5），精加工路线如图 4—45b 所示，基点坐标由学生自行分析计算得出。

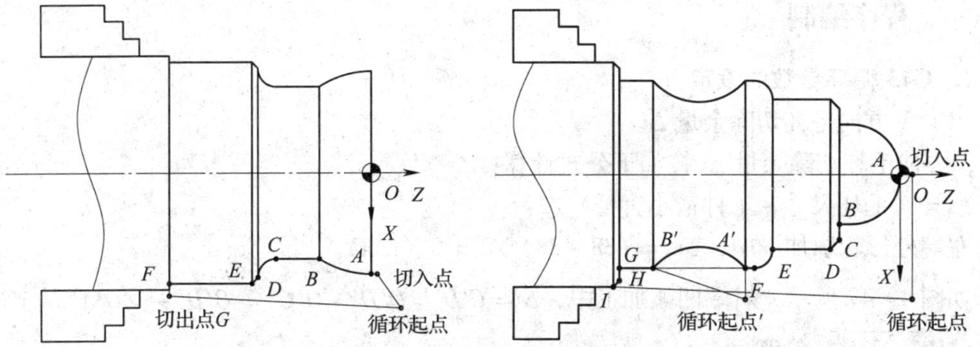

图 4—45　精加工路线

a）左端轮廓　b）右端轮廓

3. 工件定位与装夹

工件采用通用三爪自定心卡盘进行定位与装夹，工件伸出卡盘端面外长度应略大于加工长度。

4. 选择刀具及切削用量

本任务选用机械夹固式不重磨外圆车刀作为切削刀具，综合考虑两端内凹结构对刀具角度的限制，保证刀具后刀面在加工过程中不与工件表面发生摩擦，本任务中选用 35°刀尖角的菱形外圆车刀（刀柄型号 SVJBR2525M16、刀片型号为 VBMT160408），如图 4—46 所示，以及外圆车刀（刀柄型号 SCFCR2525M09、刀片型号 CCMT09T304）。

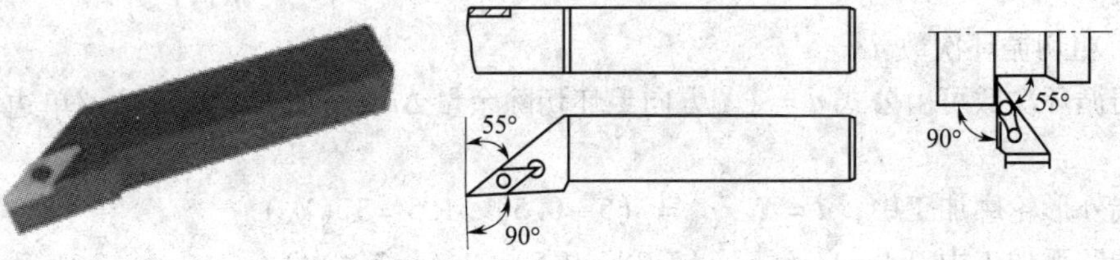

图 4—46　菱形外圆车刀

选择的刀具及切削用量见表 4—32。

表 4—32　　**数控车削用刀具及切削用量参数表**

刀具名称	刀具号	刀沿号	加工内容	主轴转速（r/min）	进给量（mm/r）	背吃刀量（mm）
菱形外圆车刀	T0101	3	粗、精车左端外形轮廓	500/1000	0. 15/0. 08	1. 5/0. 5
			粗、精车右端凹弧			
外圆车刀	T0202	3	粗、精车右端外形轮廓	500/1000	0. 2/0. 1	2/0. 5

提示

由于菱形刀刀尖角较小，刀头强度相对较低，所以背吃刀量及进给量应适当减小。

三、程序编制

1. G73 循环参数的设定

（1）X 方向毛坯切除余量 Δi

X 方向毛坯切除余量 Δi 按如下公式计算：

Δi =（毛坯尺寸 - 工件最小直径）/2。

左端外形轮廓加工中，$\Delta i = (38-28)/2 = 5$（mm）。

如图 4—47 所示，右端凹弧加工中，$\Delta i = C'D' = O'D' - O'C' = O'D' - \sqrt{O'A'^2 - A'C'^2} = 10 - \sqrt{10^2 - 7.5^2} = 3.38$（mm）。

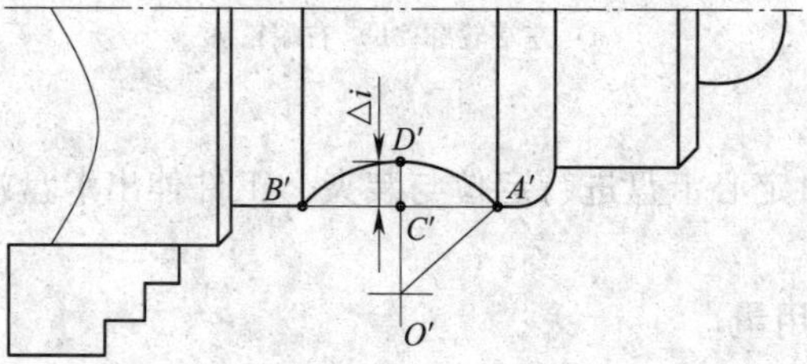

图 4—47　X 方向毛坯切除余量 Δi 的计算

（2）Z 方向毛坯切除余量 Δk

根据工件内凹结构的特点，为防止过切，Z 方向毛坯切除余量 Δk 取值为 0，即仅 X 向递进切入。

（3）粗切循环次数 d

粗切循环次数可由公式 d =（X 方向毛坯切除余量 Δi - 精加工余量 Δu）/单边背吃刀量 a_p 估算。

左端外形轮廓加工中，$d = \Delta i / a_p = (5-0.5)/1.5 = 3$（次）。

右端凹弧加工中，$d = \Delta i / a_p = (3.38-0.5)/1.5 \approx 2$（次）。

操作提示

为防止第一刀背吃刀量过大，次数不为整数时进位估算。

2. 本任务工件的参考加工程序（见表 4—33）

表 4—33　　**任务 6 参考程序**

刀具	1 号：菱形车刀　2 号：外圆车刀	
程序段号	加工程序	程序说明
	O4060；	工件左端加工程序
N10	G99 G40 G21 G18；	程序初始化
N20	G28 U0 W0；	回参考点
N30	T0101；	换 1 号刀，取 1 号刀补
N40	M03 S500 M08；	主轴正转，切削液开

续表

刀具	1 号：菱形车刀　2 号：外圆车刀	
程序段号	加工程序	程序说明
	O4060；	工件左端加工程序
N50	G00 X45.0 Z2.0；	定位至循环起点
N60	G73 U5.0 W0 R3；	粗车循环参数的设定
N70	G73 P80 Q160 U0.5 W0 F0.15；	
N80	G00 X33.0 Z2.0 S1000；	精加工轨迹描述
N90	G01 Z0 F0.08；	
N100	G03 X28.0 Z－8.73 R16.5；	
N110	G01 Z－16.0；	
N120	G02 U6.0 W－3.0 R3.0；	
N130	G01 U2.0 W－1.0；	
N140	Z－35.0；	
N150	X39.0；	
N160	G00 X45.0 Z2.0；	
N170	G70 P80 Q160；	精车循环
N180	G28 U0 W0；	程序结束部分
N190	M05 M09；	
N200	M30；	

	O4061；	工件右端加工程序
N10	G99 G40 G21 G18；	程序初始化
N20	G28 U0 W0；	回参考点
N40	T0202；	换 2 号刀，取 2 号刀补
N50	M03 S500 M08；	主轴正转，切削液开
N60	G00 X39.0 Z2.0；	定位至循环起点
N70	G71 U2.0 R0.5；	粗车循环参数设定
N80	G71 P90 Q190 U0.5 W0.1 F0.2；	
N90	G00 X0 S1000；	“*ns*”程序段只能沿 *X* 方向进刀，确定精加工转速为 1 000 r/min，进给量为 0.1 mm/r
N100	G01 Z0 F0.1；	
N110	G03 X16.0 Z－8.0 R8.0；	精加工轨迹描述
N120	G01 Z－10.0；	
N130	X21.0；	
N140	X24.0 Z－11.5；	
N150	Z－21.0；	
N160	G03 X30.0 Z－24.0 R3.0；	
N170	G01 Z－46.0；	

续表

刀具	1号：菱形车刀　2号：外圆车刀	
程序段号	加工程序	程序说明
	O4061；	工件右端加工程序
N180	X34.0；	精加工轨迹描述
N190	G01 X36.0 Z－47.0；	
N200	G70 P90 Q190；	精车循环
N210	G00 X100.0 Z100.0；	退刀，换1号刀，取1号刀补
N220	T0101；	
N230	G00 X40.0 Z－25.5 S500；	定位至循环起点
N240	G73 U3.38 W0 R2；	粗车循环参数设定
N250	G73 P260 Q280 U0.5 W0 F0.15；	
N260	G01 X30.0 S1000；	精加工轨迹描述
N270	G02 Z－40.5 R10.0 F0.08；	
N280	G00 X40.0 Z－25.5；	
N290	G70 P260 Q280；	精车循环
N300	G28 U0 W0；	程序结束部分
N310	M05 M09；	
N320	M30；	

四、加工准备

1. 本任务选用的机床为配备 FANUC 0i 系统的 CK6140 型数控车床，配备四工位刀架。
2. 毛坯为 ϕ38 mm × 82 mm 的圆钢。
3. 加工中使用的工具、量具、刃具见表4—34。

表4—34　　工具、量具、刃具清单

序号	名称	规格	数量	备注
1	游标卡尺	0~150 mm，精度为0.02 mm	1	
2	千分尺	0~25 mm，25~50 mm，精度为0.01 mm	各1	
3	百分表	0~10 mm，精度为0.01 mm	1	
4	磁性表座		1	
5	塞尺	0.02~1 mm	1	
6	半径样板	1~6.5 mm，7~14.5 mm，15~30 mm	各1	
7	菱形外圆车刀	90°	1	刀尖角35°
8	外圆车刀	95°	1	刀尖角80°

五、装刀及对刀操作

本任务中选用的菱形外圆车刀的装刀、对刀操作方法与外圆车刀相同，但应注意以下问题：由于菱形外圆车刀受工件的凹弧结构的限制，副偏角要求加大，避免工件产生过切，但如果在装刀时车刀角度不正，很可能人为造成副偏角的减小，如图 4—48 所示，使得刀具副切削刃及后刀面在加工过程中与工件表面发生摩擦，降低表面质量。

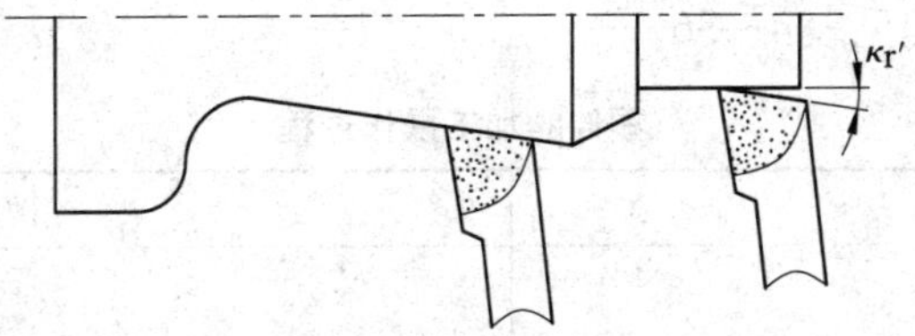

图 4—48　菱形外圆车刀的装刀

两次装夹中，均使用菱形外圆车刀加工，在一次装夹中完成菱形外圆车刀刀补设定后，掉头装夹时，菱形外圆车刀只需对 Z 向完成刀补设置，X 向对刀和刀补设置可省略。

操作提示

装刀及对刀操作时，教师应注意加强指导。

六、零件车削

1. 程序输入、编辑

手工完成程序输入、编辑操作，并完成关键程序的校验。程序中，为使程序简洁，未将粗、精加工之间的退刀、程序暂停、重新调用刀号刀补号、刀具定位至精加工起点等程序段编入，实操中运用磨耗值修调尺寸时，程序应作相应调整。以外圆车刀加工右端外轮廓为例，程序调整说明情况见表 4—35。

表 4—35　　程序调整说明

加工程序	程序说明	操作提示
⋮	粗加工	自动加工
G01 X36.0 Z-47.0;		
G00 X100.0 Z100.0;	退刀	
M05;	主轴停转	检测并修调磨耗值
M00;	程序暂停	
T0202;	重新调用刀号、刀补号	按循环启动键，继续自动加工
S500 M03;	转动主轴	
G00 X39.0 Z2.0;	重新定位至循环起点	
G70 P90 Q190;	精加工	
⋮		

想一想

为提高零件加工表面质量，可采用恒线速度功能编程，程序应如何调整？

2. 操作过程

零件的加工操作过程见表 4—36。

表 4—36　　零件的加工操作过程

步骤	图例
夹住毛坯外圆，伸出长度约 40 mm，找正后夹紧	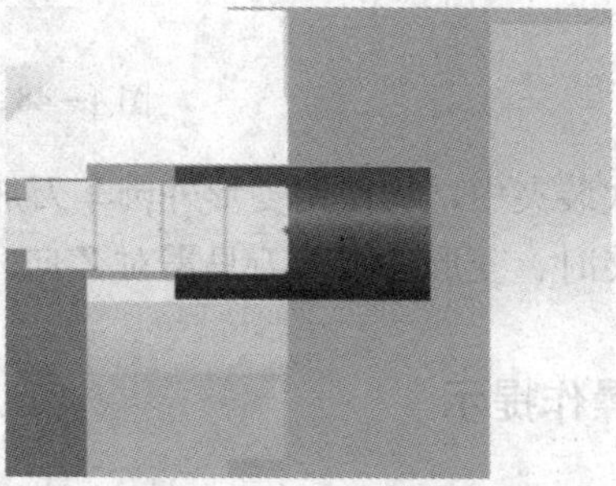
对刀设定并验证刀补	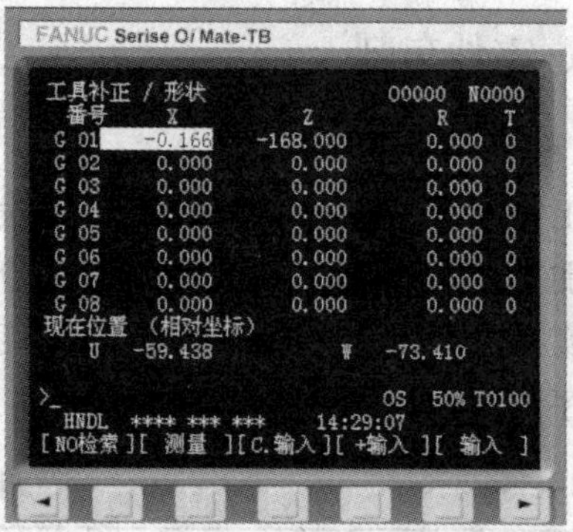
粗、精车 *SR*16.5 mm 圆弧、ϕ28 mm 外圆、*R*3 mm 圆角、*C*1 mm 倒角、ϕ36 mm 外圆至尺寸 粗车时主轴转速 *n* 为 500 r/min，进给量 *f* 为 0.15 mm/r；精车选择主轴转速 *n* 为 1 000 r/min，进给量 *f* 为 0.08 mm/r	

续表

步骤	图例
掉头夹住 $\phi36$ mm 外圆，工件伸出卡盘端面外约 50 mm，手动车端面保证总长 80 mm 主轴转速 n 为 500 r/min，进给量 f 为 0.1mm/r	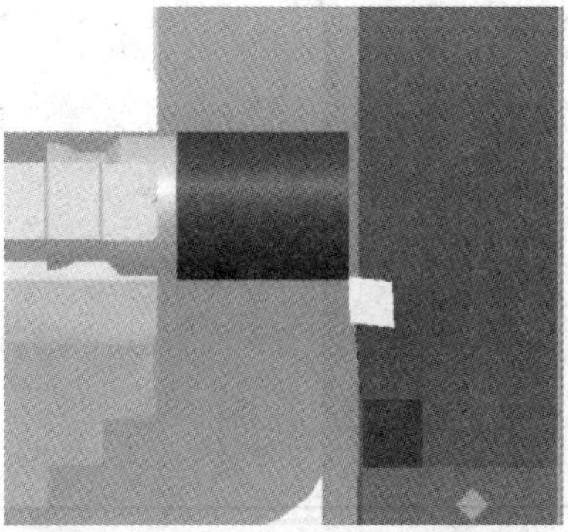
对刀设定并验证刀补	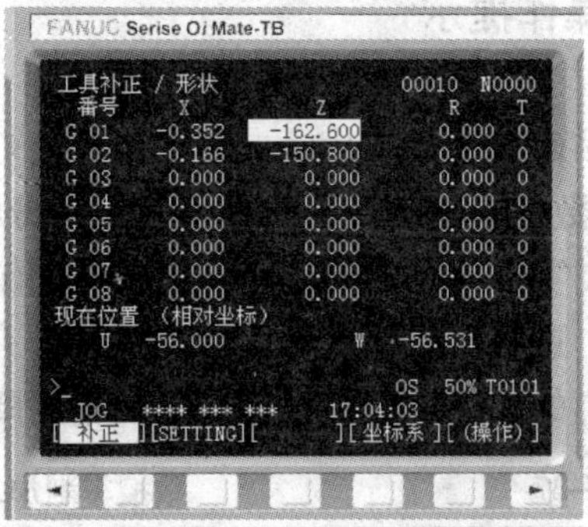
粗、精车 $SR8$ mm 圆弧、$\phi16$ mm 外圆、$C1.5$ mm 倒角、$\phi24$ mm 外圆、$R3$ mm 圆角、$\phi30$ mm 外圆、$C1$ mm倒角至尺寸 粗车时主轴转速 n 为 500 r/min，进给量 f 为 0.2 mm/r；精车选择主轴转速 n 为 1 000 r/min，进给量 f 为 0.1 mm/r	
粗、精车 $R10$ mm 凹圆弧 粗车时主轴转速 n 为 500 r/min，进给量 f 为 0.15 mm/r；精车选择主轴转速 n 为 1 000 r/min，进给量 f 为 0.08 mm/r	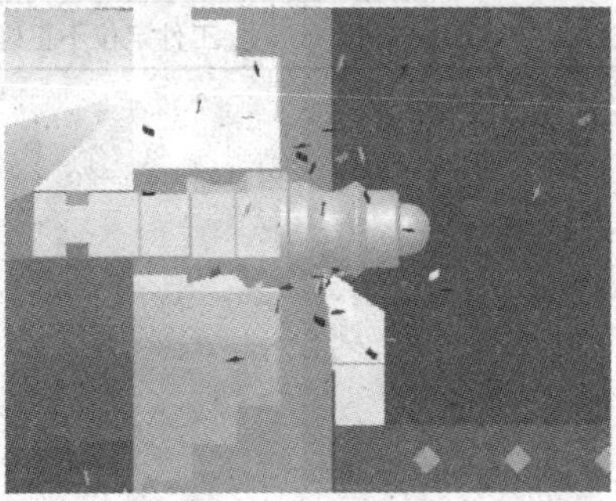

续表

步骤	图例
合格后取下工件	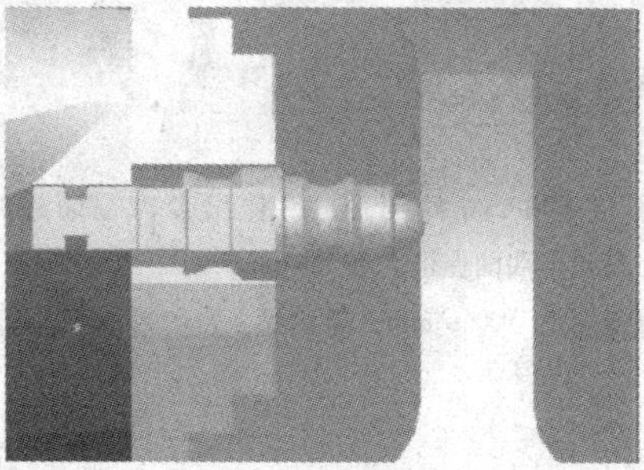

操作提示

车端面取总长尺寸时，不宜使用菱形车刀，以防因扎刀损坏菱形刀片。

3. 数控车削加工形位精度及误差分析

轴类零件常见的形位精度误差有同轴度、平行度、垂直度、跳动度、圆度、圆柱度、轮廓度等。这些形位精度常用的测量量具有百分表、万能角度尺、半径样板、轮廓度样板等。在外轮廓的加工过程中，造成形位精度降低的原因见表4—37。

表4—37　　　数控车削加工形位精度降低原因分析

影响因素	序号	产生原因
装夹与校正	1	工件装夹不牢固，加工过程中产生松动与振动
	2	夹紧力过大，产生弹性变形，切削完成后变形恢复
	3	工件校正不正确，造成加工面与基准面不平行或不垂直
刀具	4	刀具刚度差，刀具加工过程中产生振动
	5	对刀不正确，产生位置精度误差
加工	6	切削深度过大，导致刀具发生弹性变形，加工面呈锥形
	7	切削用量选择不当，导致切削力过大，而产生工件变形
工艺系统	8	夹具本身的精度误差
	9	机床几何误差
	10	工件定位不正确或夹具与定位元件制造误差

项目五

槽加工

任务1　G01 指令切槽

学习目标

1. 熟悉切槽加工中的相关工艺知识。
2. 根据加工要求合理确定加工方案和加工路线。
3. 运用 G00、G01 指令及子程序调用编写外沟槽加工程序。
4. 掌握切槽刀的装刀、对刀及刀补设定。
5. 完成切槽加工，熟悉典型外沟槽的编程加工。

工作任务

任务要求：如图 5—1 所示工件，毛坯尺寸 $\phi70$ mm × 65 mm，材料为 HT150，外形轮廓加工已完成，试编写工件上均布梯形槽的数控车加工程序并进行加工。

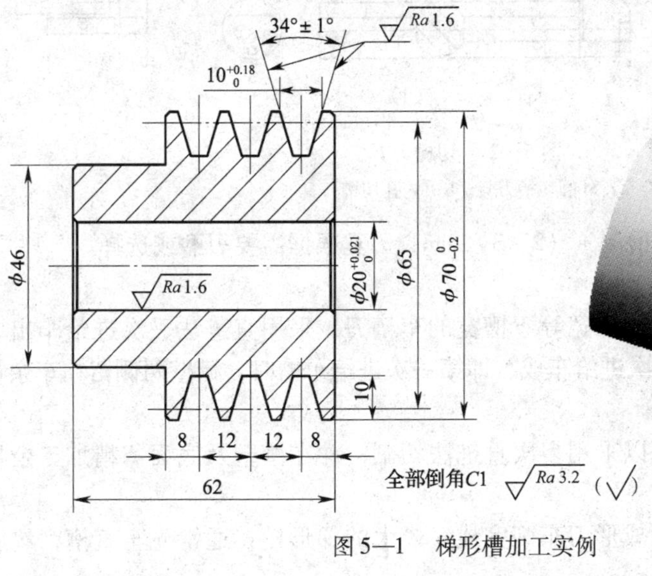

图 5—1　梯形槽加工实例

任务分析：图中梯形槽尺寸较大，且表面粗糙度要求较高，不宜采用成形刀一次完成。在数控加工中通常选择刃宽等于或略小于槽底宽的切槽刀，先切直槽，再用切槽刀左右切削车出两侧斜面。

本任务中，梯形槽的刀位点加工轨迹的描述是重点，也是难点。

对于三处均布梯形槽，形状、大小完全一样，采用子程序调用编程可以达到简化编程的目的。

相关理论

一、切槽加工工艺

1. 切槽刀具

数控加工中，常用焊接式和机夹式切槽（断）刀，刀片材料一般为硬质合金或硬质合金涂层刀片。数控机夹式外圆、内孔切槽刀具如图 5—2 所示。

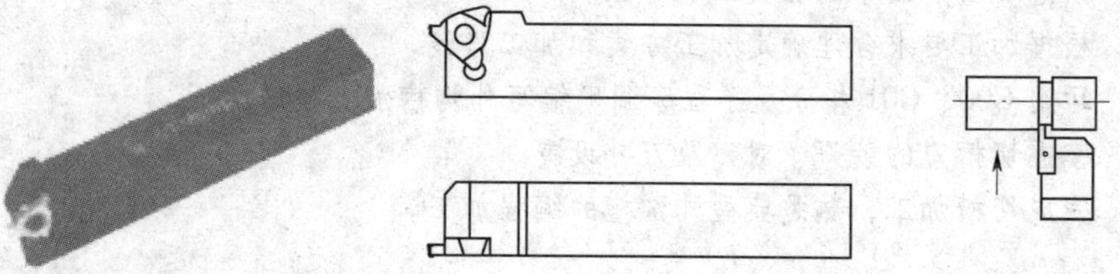

a)

b)

图 5—2　切槽刀具

a）外圆切槽刀具　b）内孔切槽刀具

切槽刀的刀头部分长度 = 槽深 + （2 ~ 3） mm，刃宽根据需要刃磨或选择。

2. 切槽加工方法

（1）车削矩形沟槽时，可用刀宽等于槽宽的车槽刀，采用直进法一次进给车出。精度要求较高的沟槽，一般采用二次进给车成，即第一次进给车槽时，槽壁两侧留精车余量，第二次进给时用等宽刀修整。

（2）车削较宽的沟槽，可以采用多次直进法切割，并在槽壁及底面留精加工余量，最后一刀精车至尺寸。

（3）较小的梯形槽一般用成形刀车削完成。较大的梯形槽，通常先车直槽，然后用梯形刀直进法或左右切削法完成。

选择切槽切削用量时，切削速度通常取外圆切削速度的 60% ~ 70%；进给量一般取 0. 05 ~ 0. 3 mm/r；背吃刀量受切槽刀宽度的影响，调节范围较小。

二、G01 指令切槽

1. 退刀槽

如图 5—3 所示，退刀槽是轴类零件上典型的矩形沟槽，精度不高且宽度较窄，一般采用刃宽等于或略小于槽宽的切槽刀，采用直进法切出。

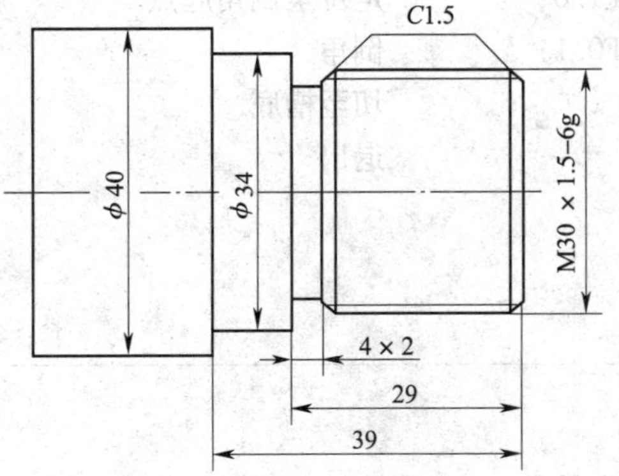

图 5—3　退刀槽编程实例

（1）车削加工路线

确定切槽刀的左刀尖为刀位点，在切槽的同时将槽右侧倒角同时切出。加工轨迹如图 5—4 所示。

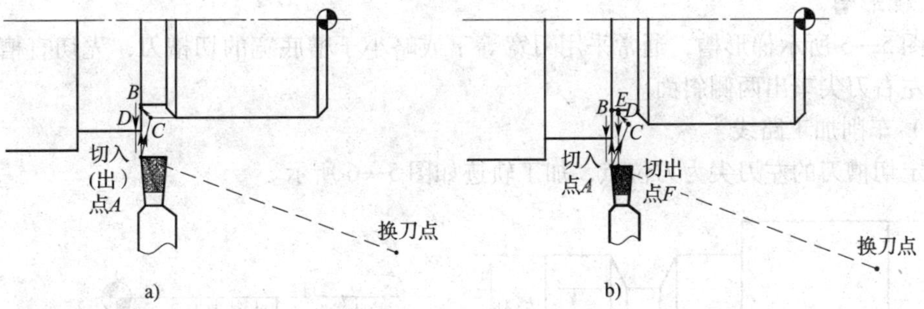

图 5—4　退刀槽加工轨迹

a）刃宽 = 槽宽　b）刃宽 < 槽宽

1）选择刃宽等于槽宽的切槽刀，采用直进法从 *A*→*B* 一次进给车出退刀槽，反方向退刀至 *A* 点，后按照 *A*→*C*→*D* 的进刀路线用右刀尖切出槽右侧倒角，*D*→*A* 退出。

2）选择刃宽略小于槽宽的切槽刀，先从 *A*→*B* 直进切入，切槽宽等于刃宽，剩余槽宽及槽右侧倒角按照 *A*→*C*→*D*→*E*→*F* 的进刀路线切出。

（2）编程实例

试编写图 5—3 所示工件上螺纹退刀槽（含槽右侧 *C*1.5 mm 倒角）的加工程序。

O0001；	左刀尖为刀位点
⋮	外形轮廓加工程序（略）
G00 X100.0 Z100.0；	回换刀点

```
T0202;                          外切槽刀，刃宽为 3 mm
G00 X41.0 Z-29.0 S400 M03;      定位至切入点
G01 X26.0 F0.1;                 切槽至槽宽 3 mm，进给量 0.1 mm/r
G04 X2.0;                       槽底暂停
G01 X41.0 F1.0;                 退出
G01 X30.0 Z-26.5 F1.0;          定位至倒角起点
G01 X27.0 Z-28.0 F0.1;          倒角
X26.0;                          切至槽底
G01 X41.0 F1.0;                 退出
G00 X100.0 Z100.0;
M05;
M30;
```

提示

（1）在保证进、退刀安全的前提下，考虑提高加工效率，切入点 X 坐标取值略大于槽两侧较大一处外圆直径即可。

（2）倒角起点 C 点的 X 坐标取螺纹公称直径，Z 坐标按该点轴向位置平移刃宽值来确定。

2. 梯形槽

如图 5—5 所示梯形槽，通常采用刃宽等于或略小于槽底宽的切槽刀，先切直槽，再用切槽刀左右刀尖车出两侧斜面。

（1）车削加工路线

确定切槽刀的左刀尖为刀位点，加工轨迹如图 5—6 所示。

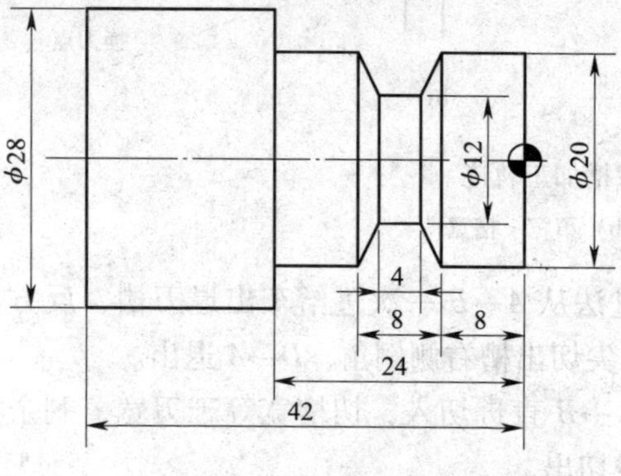

图 5—5　梯形槽编程实例

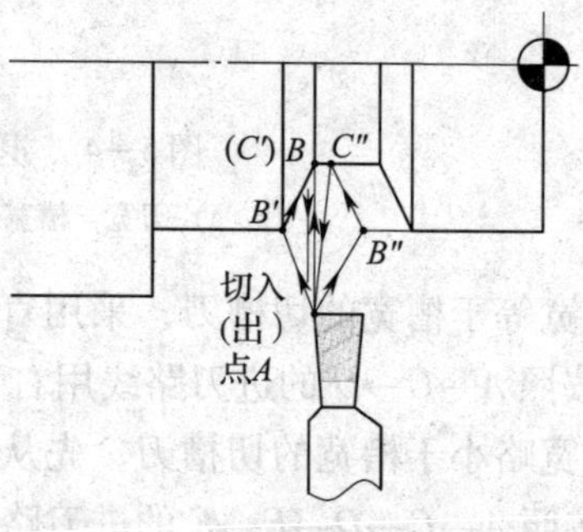

图 5—6　梯形槽加工轨迹

选择刃宽略小于槽底宽的切槽刀，先从 $A \rightarrow B$ 直进切入，切槽宽等于刃宽，反向退出。槽左侧斜面按照 $A \rightarrow B' \rightarrow C' \rightarrow A$ 的进刀路线切出，剩余槽宽及槽右侧斜面按照 $A \rightarrow B'' \rightarrow C'' \rightarrow A$ 的进刀路线切出。

（2）编程实例

如图 5—5 所示工件，外形轮廓加工已完成，试编写工件上梯形槽的加工程序。

O0002；	左刀尖为刀位点
⋮	外形轮廓加工程序（略）
G00 X100.0 Z100.0；	回换刀点
T0202；	外切槽刀，刃宽为 3 mm
G00 X29.0 Z－14.0；	定位至切入点
G01 X12.0 F0.1；	切槽至槽宽 3 mm，进给量 0.1 mm/r
G04 X2.0；	槽底暂停
G01 X29.0 F1.0；	退出
G01 X20.0 Z－16.0 F1.0；	进刀至左侧斜面加工起点
G01 X12.0 Z－14.0 F0.1；	切左侧斜面，并退刀
X29.0 F1.0；	
G01 X20.0 Z－11.0 F1.0；	进刀至右侧斜面加工起点
G01 X12.0 Z－13.0 F0.1；	切右侧斜面，并退刀
X29.0 F1.0；	
G00 X100.0 Z100.0；	
M05；	
M30；	

3. 进、退刀路线的确定

进、退刀路线的确定是使用 G00、G01 指令编程加工中的一个关键点，切槽加工中尤其应注意合理选择进、退刀路线。综合考虑安全性和进、退刀路线最短的原则，建议采用图 5—7b 所示的进、退刀方式。

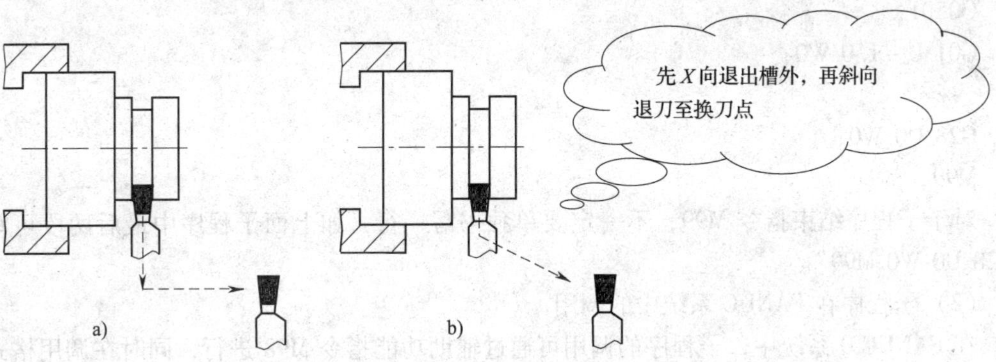

图 5—7　进、退刀路线的确定

三、子程序编程切多槽

1. 子程序的概念

(1) 子程序的定义

机床的加工程序可以分为主程序和子程序两种。主程序是一个完整的零件加工程序，或是零件加工程序的主体部分。它与被加工零件或加工要求一一对应，不同的零件或不同的加工要求，都有唯一的主程序。

在编制加工程序中，有时会遇到一组程序段在一个程序中多次出现，或者在几个程序中都要使用它。这个典型的加工程序可以做成固定程序，并单独加以命名，这组程序段就称为子程序。

子程序一般都不可以作为独立的加工程序使用，它只能通过主程序进行调用，实现加工中的局部动作。子程序执行结束后，能自动返回到调用它的主程序中。

（2）子程序的嵌套

为了进一步简化加工程序，可以允许其子程序再调用另一个子程序，这一功能称为子程序的嵌套，如图5—8所示。FANUC 0i系统最多只允许四级子程序嵌套。

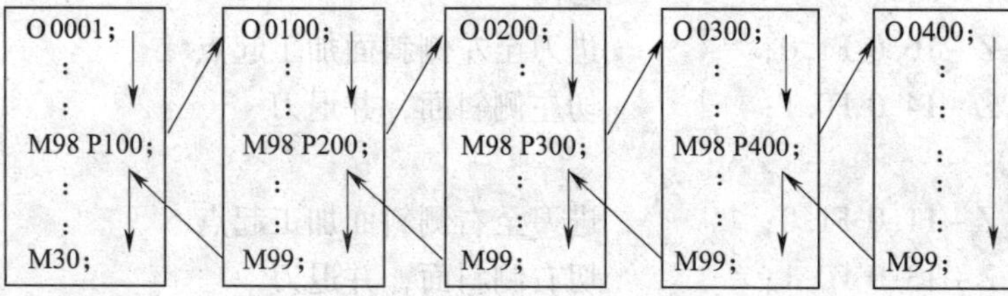

图5—8　子程序的嵌套

a）主程序　b）一级嵌套　c）二级嵌套　d）三级嵌套　e）四级嵌套

2. 子程序的调用

（1）子程序的格式

在大多数数控系统中，子程序和主程序并无本质区别。子程序和主程序在程序号及程序内容方面基本相同，仅结束标记不同。主程序用M02或M30表示其结束，而子程序在FANUC系统中则用M99表示子程序结束，并实现自动返回主程序功能，如下述子程序。

O0501;

G01 U-1.0 W0;

⋮

G28 U0 W0;

M99;

对于子程序结束指令M99，不一定要单独书写一行，如上面子程序中最后两段可写成“G28 U0 W0 M99”。

（2）子程序在FANUC系统中的调用

在FANUC 0系统中，子程序的调用可通过辅助功能指令M98进行，同时在调用格式中将子程序的程序号地址改为P，其常用的子程序调用格式有两种：

格式一：M98 P×××× L××××;

例1　M98 P100 L5;

例2　M98 P100;

其中，地址符P后面的四位数字为子程序号，地址L的数字表示重复调用的次数，子程序号及调用次数前的0可省略不写。如果只调用子程序一次，则地址L及其后的数字可省略。如上例1表示调用O100子程序5次，而例2表示调用O100子程序1次。

格式二：M98 P××××××××;

例 3　M98 P50010；

例 4　M98 P510；

地址 P 后面的八位数字中，前四位表示调用次数，后四位表示子程序号，采用这种调用格式时，调用次数前的 0 可以省略不写，但子程序号前的 0 不可省略。如例 3 表示调用 O10 子程序 5 次，而例 4 则表示调用 O510 子程序 1 次。

> **提示**
>
> 同一系统中，两种子程序调用格式不能混合使用。

子程序的执行过程示例如下。

主程序：

O0502；

N10…；

N20 M98 P0100；

N30…；

⋮

N60 M98 P0200 L2；

⋮

N100 M30；

子程序：

O0100；

⋮

M99；

O0200；

⋮

M99；

3. 编程实例

如图 5—9 所示工件，试用子程序调用编写工件上三处外径槽的加工程序。

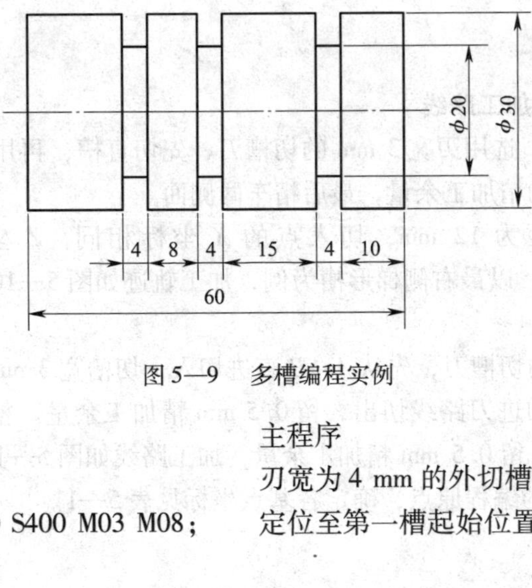

图 5—9　多槽编程实例

O0003；	主程序
T0202；	刃宽为 4 mm 的外切槽刀，左刀尖为刀位点
G00 X31. 0 Z－14. 0 S400 M03 M08；	定位至第一槽起始位置

```
M98 P5001;                     调用子程序切第一个槽
G00 W-19.0;                    第二个槽起始位置
M98 P5001;
G00 W-12.0;                    第三个槽起始位置
M98 P5001;
G00 X100.0 Z100.0;             退刀
M30;
O5001;                         切槽子程序
G01 X20.0 F0.1;
G04 X1.0;
G01 X31.0 F1.0;
M99;
```

想一想

如果三处外径槽均布，程序是否可以进一步简化？

任务实施

一、分析零件图样

本任务中，梯形槽槽顶宽 10 mm、槽底宽 3.89 mm、槽深 10 mm，三处槽定位尺寸分别为 8 mm、12 mm 和 12 mm，对尺寸精度要求不高。

由于槽侧面为带轮工作表面，对其表面粗糙度要求较高，达 *Ra*1.6 μm，所以在加工中应安排精加工工序，分粗、精加工完成。切削加工中应尽可能保证切削刃锋利，切削平稳。

二、分析加工工艺

1. 制定加工方案及加工路线

根据槽底宽度尺寸，选用刃宽 3 mm 的切槽刀，先切直槽，再用切槽刀左右刀尖车出两侧斜面并各留 0.5 mm 的精加工余量，最后精车两侧面。

三处均布槽中心距为 12 mm，切入点的 *X* 坐标相同，*Z* 坐标分别为 -9.5 mm、-21.5mm、-33.5 mm。以最右侧梯形槽为例，加工轨迹如图 5—10 所示。

（1）粗切梯形槽

选择刃宽为 3 mm 的切槽刀，先从 $A \to B$ 直进切入，切槽宽 3 mm，反向退出。槽左侧斜面按照 $A \to B' \to C' \to A$ 的进刀路线切出，留 0.5 mm 精加工余量。槽右侧斜面按照 $A \to B'' \to C'' \to A$ 的进刀路线切出，留 0.5 mm 精加工余量，加工路线如图 5—10a 所示。选择工件右端面的回转中心作为工件的编程原点，确定各基点坐标见表 5—1。

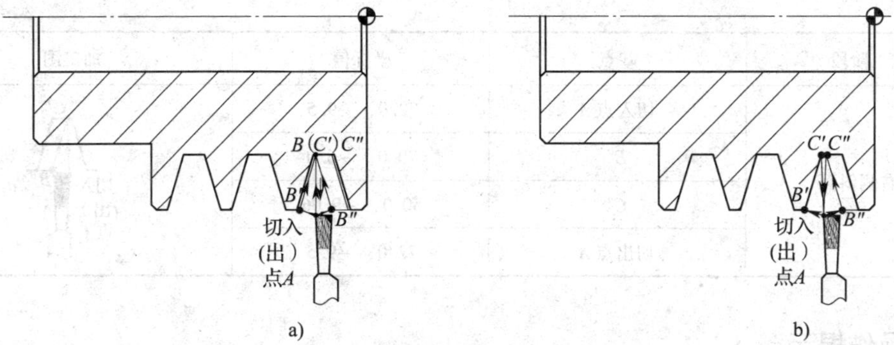

图 5—10　切槽加工轨迹

a）粗切梯形槽　b）精车槽侧面

表 5—1　　**粗切梯形槽基点坐标**

加工阶段	基点	坐标值	加工图
切直槽	切入点 A	72.0，-9.5	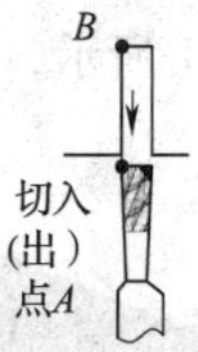
	B	50.0，-9.5	
	切出点 A	72.0，-9.5	
切左侧斜面	切入点 A	72.0，-9.5	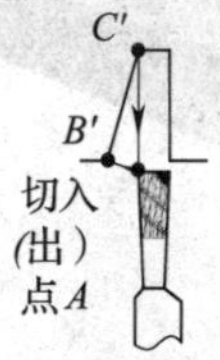
	B′	70.0，-12.5	
	C′	50.0，-9.5	
	切出点 A	72.0，-9.5	
切右侧斜面	切入点 A	72.0，-9.5	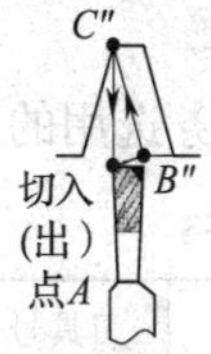
	B″	70.0，-6.5	
	C″	50.0，-9.5	
	切出点 A	72.0，-9.5	

（2）精车槽侧面

槽左侧斜面按照图 5—10b 中 A→B′→C′→A 的进刀路线切出。槽右侧斜面按照 A→B″→C″→A 的进刀路线切出，各基点坐标见表 5—2。

表 5—2　　**精车槽侧面基点坐标**

加工阶段	基点	坐标值	加工图
切左侧斜面	切入点 A	72.0，-9.5	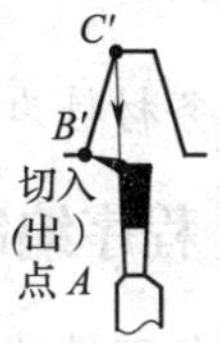
	B′	70.0，-13.0	
	C′	50.0，-9.94	
	切出点 A	72.0，-9.5	

续表

加工阶段	基点	坐标值	加工图
切右侧斜面	切入点 *A*	72.0，-9.5	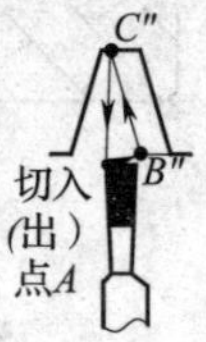
	B″	70.0，-6.0	
	C″	50.0，-9.06	
	切出点 *A*	72.0，-9.5	

操作提示

切右侧斜面时，基点 *Z* 向坐标值用刀位点（左刀尖）的位置确定，即为右侧斜面起点、终点位置向左偏移一个刃宽。

2. 选择刀具及切削用量

本任务刀具可选用焊接式普通车刀（刃宽刃磨至 3 mm），或机械夹固式切断（槽）刀，如图 5—11 所示，刀柄型号 QA2525R03、刀片型号 Q03。

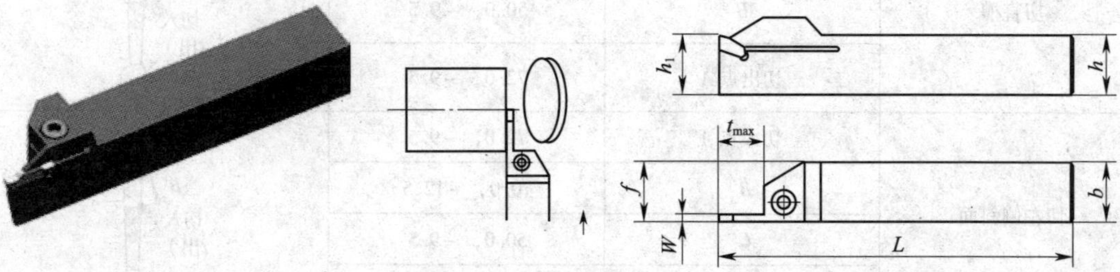

图 5—11　外切槽（断）刀

本任务选用的刀具及切削用量见表 5—3。

表 5—3　　数控车削用刀具及切削用量参数表

刀具名称	刀具号	刀沿号	加工内容	主轴转速（r/min）	进给量（mm/r）	背吃刀量（mm）
外圆车刀	T0101	3	粗车外圆轮廓	400	0.25	2
			精车外圆轮廓	800	0.15	0.3
切断刀	T0202	3	粗切梯形槽	400	0.1	3
			精车槽侧	800	0.08	0.5

操作提示

本任务材料为灰铸铁，牌号为 HT150，注意合理选择切削用量。

三、程序编制及输入、编辑

本任务工件的参考加工程序见表 5—4，手工完成程序输入、编辑操作。

表 5—4　　　　**任务 2 参考程序**

刀具	1 号刀：外圆车刀　2 号：外切槽刀	
程序号	加工程序	程序说明
	O5010；	梯形槽粗加工主程序
⋮	⋮	加工外形轮廓，加工程序略
N90	G00 X100.0 Z100.0；	回换刀点，换 2 号外切槽刀，刃宽 3 mm
N100	T0202；	
N110	M03 S400 M08；	主轴正转，切削液开
N120	G00 X72.0 Z－9.5；	定位至第一槽的切入点
N130	M98 P0010；	调用子程序切槽
N140	G00 W－12.0；	定位至第二槽的切入点
N150	M98 P0010；	调用子程序切槽
N160	G00 W－12.0；	定位至第三槽的切入点
N170	M98 P0010；	调用子程序切槽
N180	G28 U0 W0；	回参考点
N190	M05 M09；	主轴停转
N200	M30；	程序结束

想一想

均布槽加工主程序中，有什么规律吗？是否可以进一步简化编程？

程序号	加工程序	程序说明
	O0010；	梯形槽粗加工子程序
N10	G01 U－22.0 F0.1；	切槽至槽宽 3 mm
N20	G04 X1.0；	槽底暂停 1 s
N30	U22.0 F1.0；	退刀
N40	U－2.0 W－3.0 F1.0；	进刀至槽左侧斜面加工起点
N50	U－20.0 W3.0 F0.1；	切槽左侧斜面
N60	U22.0 F1.0；	退刀
N70	U－2.0 W3.0 F1.0；	进刀至槽右侧斜面加工起点
N80	U－20.0 W－3.0 F0.1；	切槽右侧斜面
N90	U22.0 F1.0；	退刀
N100	M99；	子程序结束

提示

子程序采用增量方式编程，*X* 向、*Z* 向增量坐标之和均为 0。

程序号	加工程序	程序说明
	O5011；	梯形槽精加工主程序
N10	T0202；	
N20	M03 S800 M08；	主轴正转，切削液开
N30	G00 X72.0 Z2.5；	切槽加工起点
N40	M98 P0020 L3	调用子程序三次切均布槽
N50	G28 U0 W0；	回参考点
N60	M05 M09；	主轴停转
N70	M30；	程序结束

想一想

程序中切槽加工起点的 Z 向坐标值如何确定？

程序号	加工程序	程序说明
	O0020；	梯形槽精加工子程序
N10	G00 W－12.0；	定位至切入点
N20	G01 U－2.0 W－3.5 F1.0；	进刀至槽左侧斜面加工起点
N30	U－20.0 W3.06 F0.08；	切槽左侧斜面
N40	U22.0 W0.44 F1.0；	退刀
N50	U－2.0 W3.5 F1.0；	进刀至槽右侧斜面加工起点
N60	U－20.0 W－3.06 F0.08；	切槽右侧斜面
N70	U22.0 W－0.44 F1.0；	退刀
N80	M99；	子程序结束

提示

子程序采用增量方式编程，X 向增量坐标之和为 0，Z 向增量坐标之和等于槽中心距 12 mm，负方向。

四、加工准备

1. 选用 ϕ70 mm×65 mm 的铸件毛坯，预钻孔 ϕ16 mm，材料为 HT150。
2. 加工中使用的工具、量具、刃具见表 5—5。

表 5—5　　工具、量具、刃具清单

序号	名称	规格	数量	备注
1	游标卡尺	0～150 mm，精度为 0.02 mm	1	
2	内径千分尺	5～30 mm，精度为 0.01 mm	1	
3	内径百分表	18～35 mm	1	
4	万能角度尺	0°～320°	1	
5	样板		1	
6	外圆车刀	95°	1	
7	切断（槽）刀	刃宽 3 mm	1	
8	内孔车刀	93°	1	D_{min} = 16 mm

五、装刀及对刀操作

1. 安装切槽刀

本任务中切槽刀装刀是否正确，对车槽的质量有直接影响。装夹切槽刀的注意事项：

（1）切槽刀主切削刃要平直，各角度要适当。

（2）刀具安装时刀刃与工件中心要等高，主切削刃要与轴线平行。

（3）切槽刀切削刃长，切削阻力大，应尽可能减小刀具悬伸量。

2. 切槽刀的对刀及刀补设定相关操作（见表 5—6）

表 5—6　　切槽刀的对刀及刀补设定

序号	操作步骤	图例
1	输入 T02，将切槽刀转到加工位	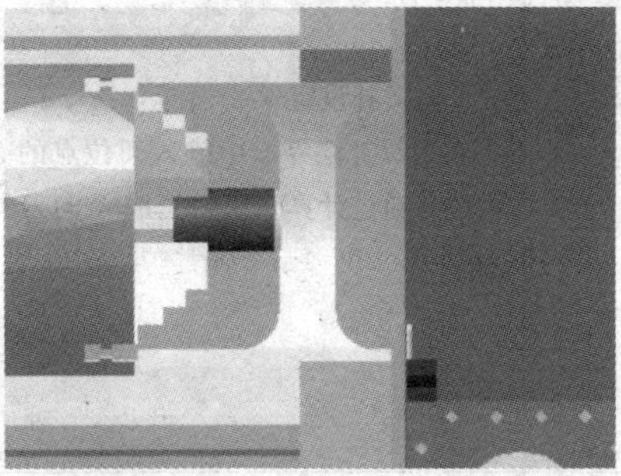
2	*Z* 向对刀操作 先用 JOG 手动方式移动刀架，靠近工件，再用 HANDLE 手轮方式作微调，使刀具的左刀尖靠到工件端面	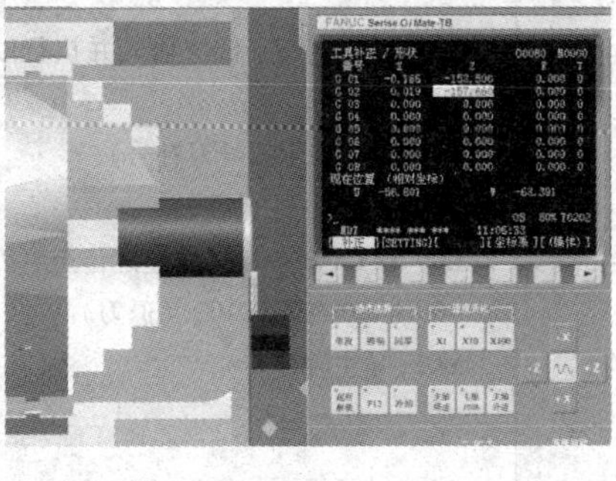

续表

<table>
<tr><th>序号</th><th>操作步骤</th><th>图例</th></tr>
<tr><td>3</td><td>Z 向刀补设定
进入刀具补偿界面，在 02 号刀补中，输入刀位点的 Z 测量值 Z0，计算确认后完成 Z 向刀具偏置补偿的设置</td><td>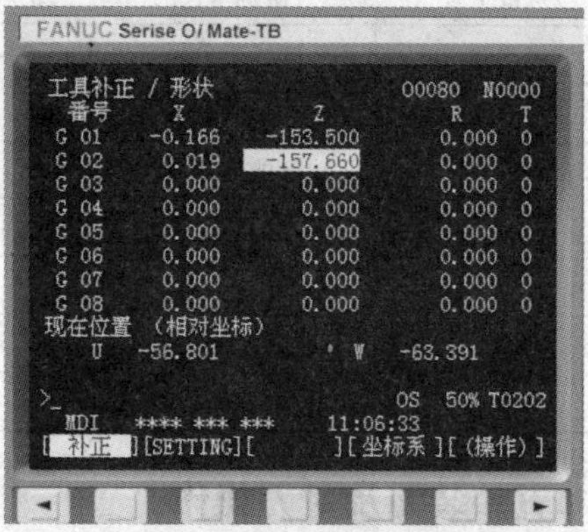
</td></tr>
<tr><td>4</td><td>X 向对刀操作
方法一：用手轮分别沿 + Z→ + X→ − Z→ − X 方向移动刀架，使刀具的主切削刃靠到工件外圆面
方法二：试切外圆，停机测量</td><td>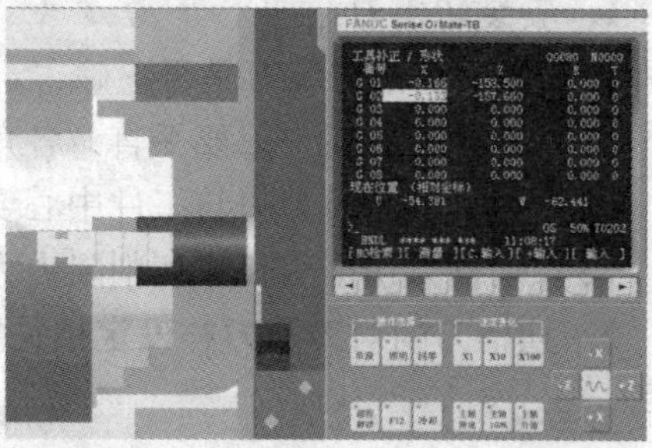</td></tr>
<tr><td>5</td><td>X 向刀补设定
在刀具补偿界面中输入刀位点的 X 测量值（$X = d_{测}$），通过计算确认后完成 X 向刀具偏置补偿的设置</td><td>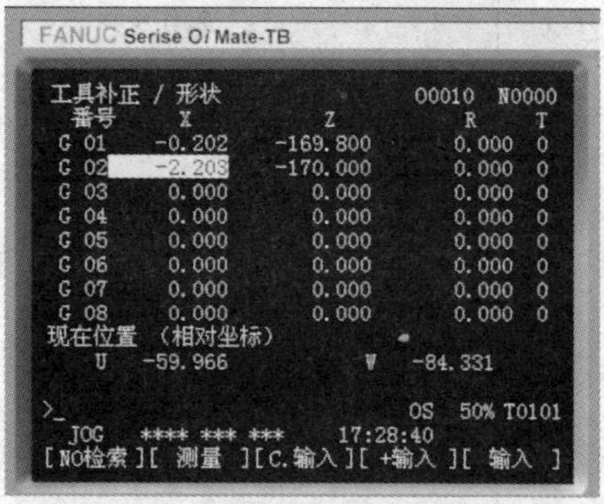
</td></tr>
<tr><td>6</td><td>在 MDI 方式下，依次输入并执行以下程序段验证刀补：
T0101；（调用刀号刀补号）
S500 M03；（主轴正转）
G00 X41.0 Z2.0；（快速定位至对刀点）
G00 X100.0 Z100.0；（退刀）
M05；（主轴停转）</td><td>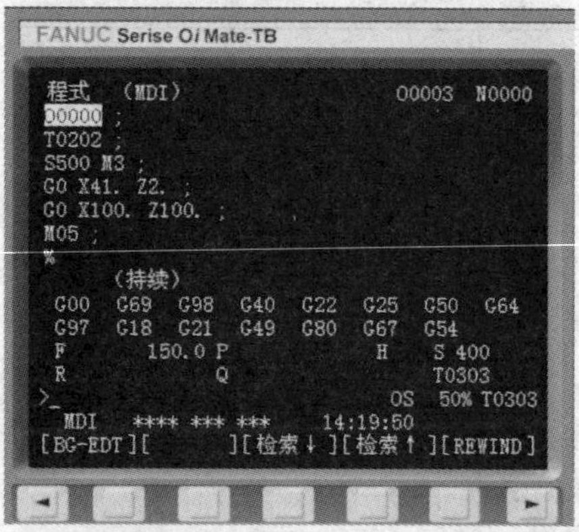
</td></tr>
</table>

六、零件车削

1．零件的加工操作过程（见表 5—7）

表 5—7　　　　　　　　　　零件加工操作过程

步骤	图例
夹住毛坯外圆，伸出长度约 30 mm，找正后夹紧	
对刀设定并验证刀补	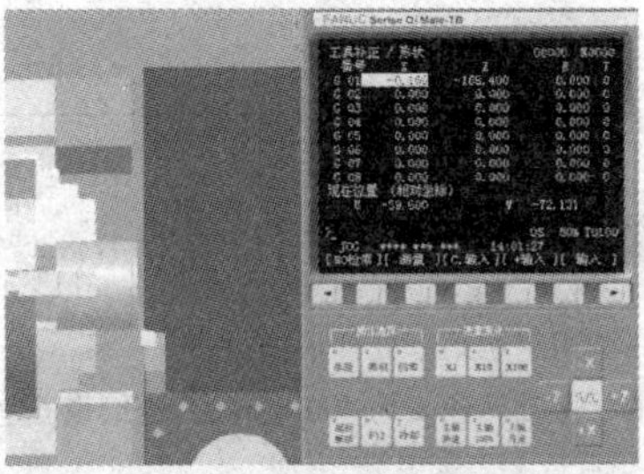
粗、精车 ϕ46 mm 外圆至尺寸	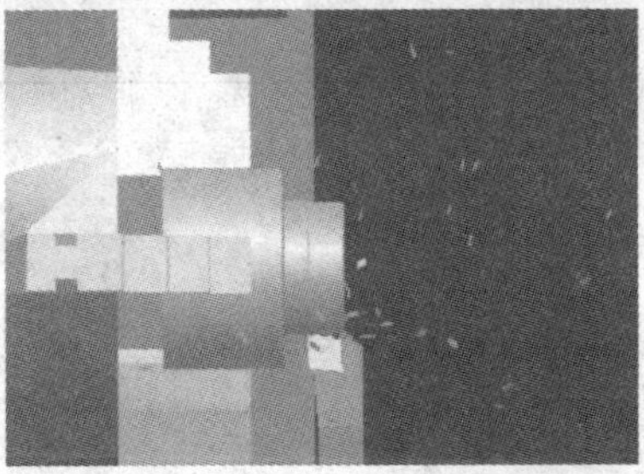
掉头夹住 ϕ46 mm 外圆，找正装夹	

步骤	图例
对刀设定并验证刀补	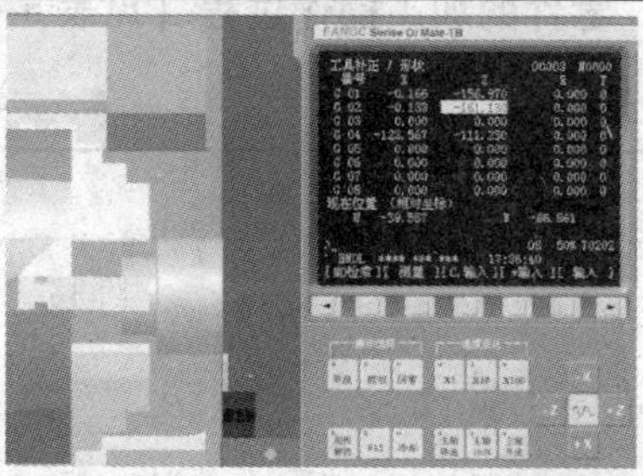
粗、精车 $\phi70$ mm 外圆至尺寸	
子程序调用粗切第一处梯形槽 切直槽，主轴转速 n 为 400 r/min，进给量 f 为 0.1 mm/r	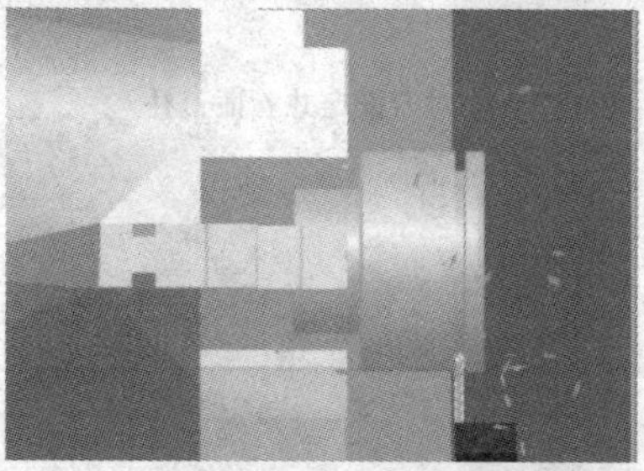
切左侧斜面	
切右侧斜面	

续表

步骤	图例
粗切第二处梯形槽	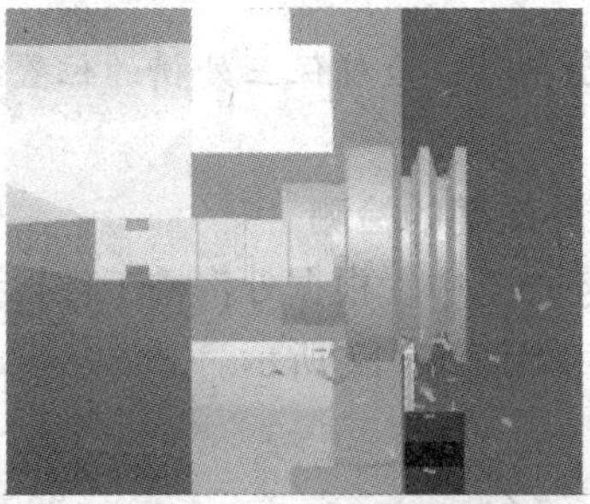
粗切第三处梯形槽	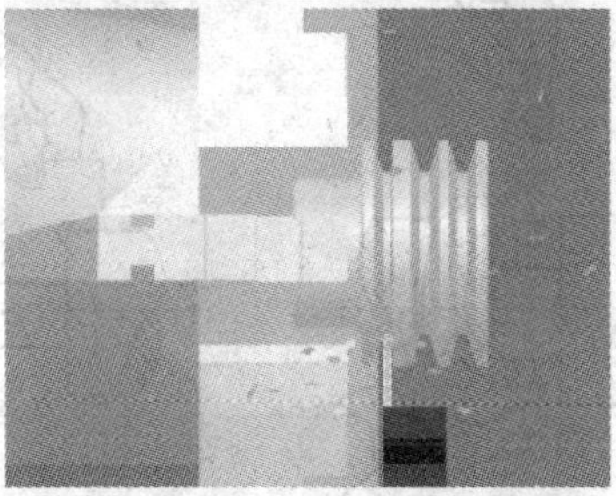
精车三处梯形槽的两侧斜面 主轴转速 n 为 800 r/min，进给量 f 为 0.08 mm/r	
粗、精镗孔至 ϕ20 mm	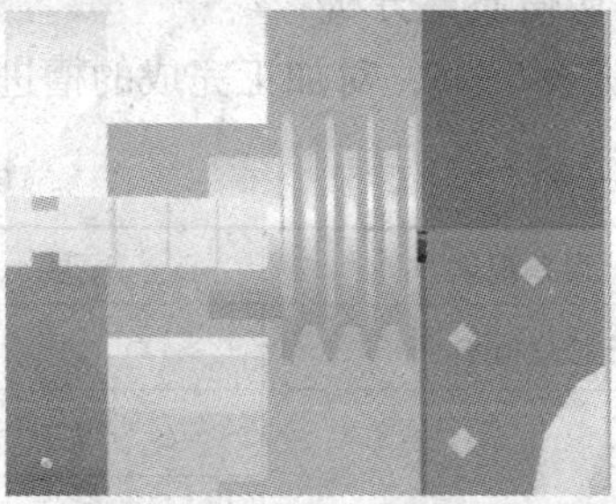
合格后取下工件	

操作提示

粗切槽时，应确保三处槽的位置正确。精车时，应注意保证尺寸精度及槽侧的表面粗糙度要求。

2. 外沟槽的检测

数控加工中，根据外沟槽工件批量大小及精度要求的高低可选用千分尺、样板和游标卡尺测量，如图 5—12 所示。

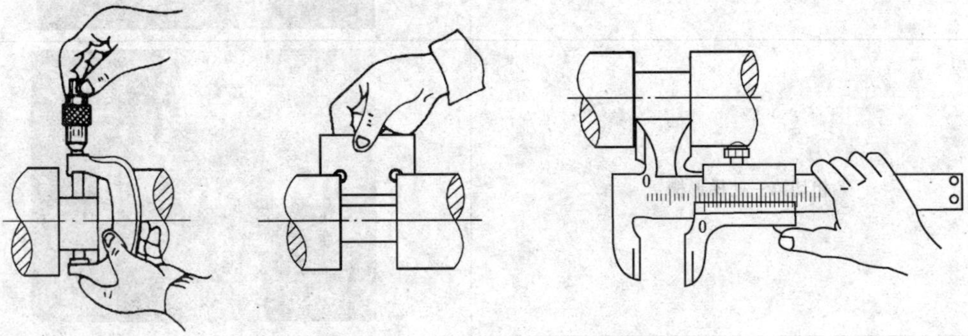

图 5—12　外沟槽测量的几种方法

操作提示

V 形槽可借助样板通过工件中心平面，以透光法来检验，槽形角用万能角度尺测量其半角误差。

3. 切槽质量分析

对照表 5—8，对加工完成的槽进行质量分析。

表 5—8　　　　切槽加工误差原因分析

误差现象	序号	产生原因
槽底倾斜	1	刀具安装不正确
槽的侧面呈现凹凸面	2	刀具刃磨角度不对称
	3	刀具刃磨前小后大
	4	刀具安装角度不对称
	5	刀具两刀尖磨损不对称
槽底出现振动现象，有振纹	6	工件安装不正确
	7	刀具刚度差或刀具伸出太长
	8	切削用量选择不当，导致切削力过大
	9	刀具刃磨参数不正确
	10	在槽底的程序延时时间太长

续表

误差现象	序号	产生原因
切削过程中出现扎刀现象	11	进给量过大
	12	切削阻塞
槽直径或槽宽尺寸不正确	13	对刀不正确
	14	刀具磨损或修改刀具磨损参数不当
	15	编程出错

任务2　复合固定循环 G75 切宽槽

学习目标

1. 掌握径向切槽复合循环 G75 的指令格式。
2. 正确理解 G75 指令段内部参数的意义，能根据加工要求合理确定各参数值。
3. 掌握切槽加工工艺。
4. 运用 G75 指令编写宽槽加工程序。
5. 完成切槽加工，掌握精度控制方法，并进行误差分析。

工作任务

任务要求：如图 5—13 所示工件，外形轮廓加工已完成，试编写工件上宽槽的数控车加工程序并进行加工。

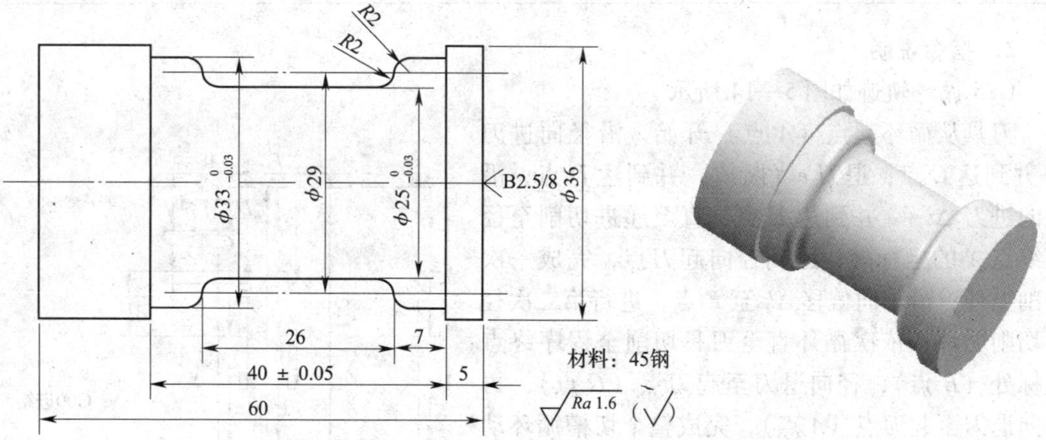

图 5—13　宽槽切削加工实例

任务分析：图示工件中的宽槽，如果采用 G01 指令来编程则程序冗长，容易出错。本任务中引入外径切槽复合循环 G75 指令编程，以达到简化编程的目的。在槽加工过程中，要特别注意切槽的加工工艺。槽侧圆角的处理及槽底尺寸精度的保证也是本任务的重点。

相关理论

一、径向切槽循环 G75

1. 指令格式

G75 R$\underline{e}$；

G75 X(U)__ Z(W)__ P$\underline{\Delta i}$ Q$\underline{\Delta k}$ R$\underline{\Delta d}$ F__；

e：分层切削每次退刀量，半径量，其值为模态值；

X(U)__ Z(W)__：切槽终点处坐标；

Δi：X 方向的每次背吃刀量，半径量；

Δk：刀具完成一次径向切削后，在 Z 方向的偏移量；

Δd：刀具在切削终点处的 Z 向退刀量（可缺省）；

F：径向切削时的进给速度（进给量）。

最后一次背吃刀量和最后一次 Z 向偏移量均由系统自行计算

例 G75 R0.5；

G75 U6.0 W5.0 P1500 Q2000 F0.1；

提示

e、Δi、Δk、Δd 均由不带符号的半径量表示，方向根据切槽循环起点和终点的位置确定，其中 e、Δd 表示退刀量，方向由终点指向起点；Δi、Δk 表示 X、Z 方向的切入量，方向由起点指向终点。

2. 指令说明

G75 循环轨迹如图 5—14 所示。

刀具从循环起点（A 点）开始，沿径向进刀 Δi 并到达 C 点；退刀 e（断屑）并到达 D 点；沿径向进刀 $\Delta i+e$ 并到达 E 点，直至递进切削至径向终点 X 的坐标处；退到径向起刀点，完成一次切削循环；沿轴向偏移 Δk 至 F 点，进行第二次径向切削循环；依次循环直至刀具切削至程序终点坐标处（B 点），径向退刀至起刀点（G 点），再轴向退刀至起刀点（A 点），完成整个切槽循环动作。

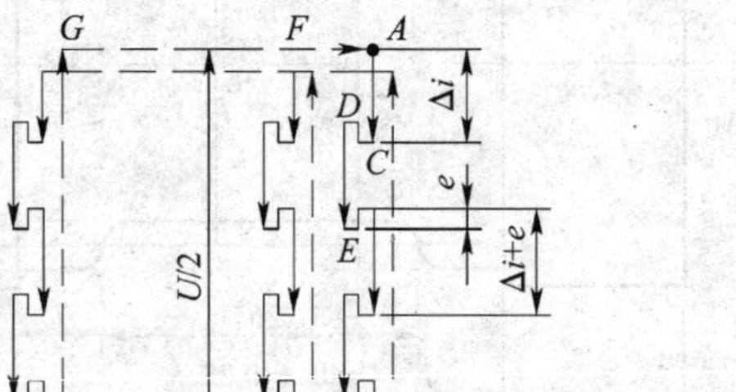

图 5—14 径向切槽循环轨迹图

G75 程序段中的 Z（W）值可省略或设定值为 0，当 Z（W）值设为 0 时，循环执行时刀具仅作 X 向进给而不作 Z 向偏移。

提示

对于程序段中的 Δi、Δk 值，在 FANUC 系统中，不能输入小数点，而直接输入最小编程单位，如 P2000 表示径向每次背吃刀量为 2 mm。

二、径向切槽循环 G75 在宽槽加工中的应用

如图 5—15 所示工件，试编写其外径槽的加工程序。（左刀尖 *M* 为刀位点）

1. 编程分析

（1）循环参数的确定

e：分层切削每次退刀量，半径量，取 0.5 mm；

X(U)__ Z(W)__：切槽终点处坐标为（30.0，－55.0）；

Δi：*X* 方向的每次背吃刀量，取值 2 mm（半径量）；

Δk：刀具完成一次径向切削后，在 *Z* 方向的偏移量 3.5 mm；

Δd：缺省；

F：径向切削时的进给量，取 F0.1。

（2）循环起点的确定

G75 指令的循环起点 *X* 向坐标略大于槽顶直径，*Z* 向坐标为第一次切入处刀位点的 *Z* 坐标值，取为（52.0，－19.0）。

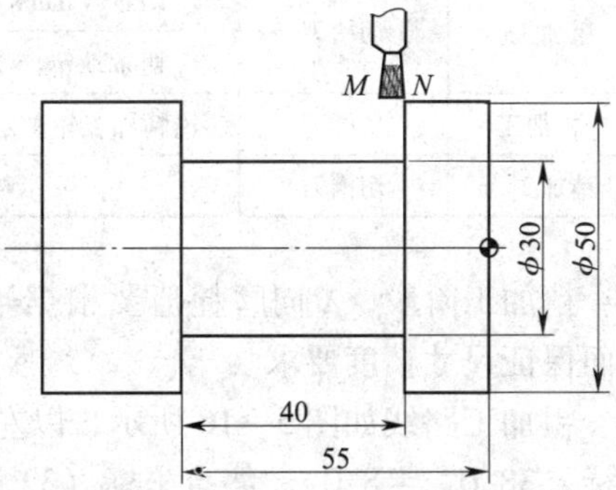

图 5—15　径向切槽循环示例件

2. 程序

程序	说明
O0001；	
T0202；	切槽刀，刃宽为 4 mm
G00 X52.0 Z－19.0 S300 M03；	定位至循环起点
G75 R0.5；	退刀量 0.5 mm
G75 X30.0 Z－55.0 P2000 Q3500 F0.1；	终点坐标（30.0，－55.0），*X* 向每次切入量 2 mm，*Z* 向偏移量 3.5 mm，进给量 0.1 mm/r
G00 X100.0 Z100.0；	
M30；	

想一想

切槽刀为何定位至“Z－19.0”的位置而不是“Z－15.0”的位置？

任务实施

一、分析加工工艺

1. 编程原点的确定

工件的编程原点取在工件右端面的中心处。

2. 制定加工方案及加工路线

本任务中加工表面的尺寸精度及表面粗糙度要求均较高，为达到加工要求制定加工方案见表5—9。

表5—9　　加工方案

加工阶段	加工刀具	加工表面	X向磨耗值
粗加工	切槽刀	切 $\phi33$ mm×40 mm 宽槽，留 0.5 mm 精加工余量	0.5 mm
		切 $\phi25$ mm×22 mm 宽槽，留 0.5 mm 精加工余量	
半精加工	切槽刀	沿精加工轮廓走刀加工槽侧、槽底及四处 R2 mm 圆角	0.2 mm
精加工	切槽刀	沿精加工轮廓走刀加工至尺寸	-0.01 mm（中间公差）

精加工阶段，X 向磨耗值要根据半精加工后 $\phi33$ mm、$\phi25$ mm 外圆实测值进行调整，从而保证尺寸精度要求。

粗加工路线如图5—16所示，以左刀尖为刀位点，切 $\phi33$ mm×40 mm 宽槽，循环起点坐标（38.0，-8.0），终点坐标（33.0，-45.0）。切 $\phi25$ mm×22 mm 宽槽，循环起点坐标（38.0，-17.0），终点坐标（25.0，-36.0）。

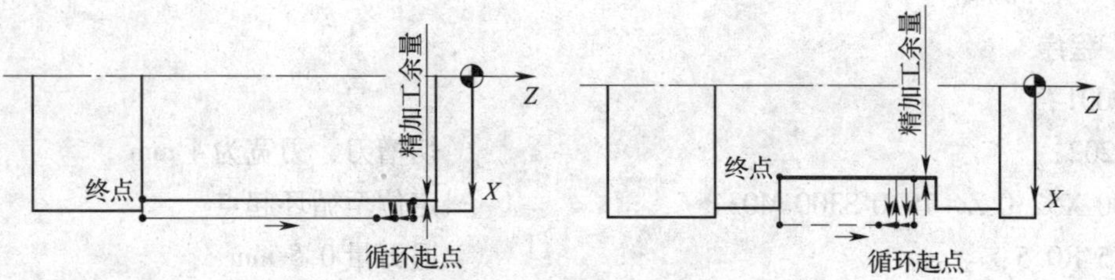

图5—16　粗加工路线

精加工路线（切槽刀的左刀尖为刀位点）如图5—17所示，由学生自行完成轮廓基点坐标的确定。

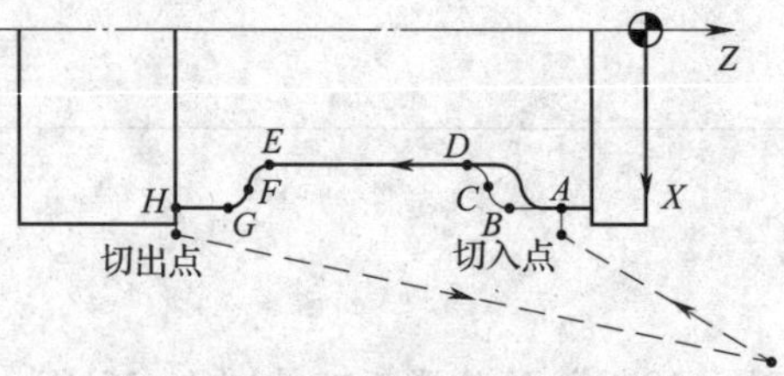

图5—17　精加工路线

3. 工件定位与装夹

为减小切槽加工过程中产生的振动，工件宜采用一夹一顶方式进行定位与装夹，工件伸出卡盘端面外长度约 50 mm。

4. 选择刀具及切削用量

本任务中选用数控刀具，切断（槽）刀，刀柄型号 QA2525R03，刀片型号 Q03。粗加工转速 400 r/min，精加工转速 800 r/min，进给量均为 0.1 mm/r。

二、程序编制及输入、编辑

本任务工件的参考加工程序见表 5—10，手工完成程序输入、编辑操作。

表 5—10　　任务 3 参考程序

刀具	2 号：外切槽刀	
程序号	加工程序	程序说明
	O5020；	工件左端加工程序
N10	T0202；	换 2 号刀，取 2 号刀补
N20	M03 S400 M08；	主轴正转，切削液开
N30	G00 Z－8.0；	定位至循环起点
N40	X38.0；	
N50	G75 R0.5；	循环切 ϕ33 mm×40 mm 宽槽
N60	G75 X33.0 Z－45.0 P2000 Q2500 F0.1；	
N70	G00 X38.0 Z－17.0；	定位至循环起点
N80	G75 R0.5；	循环切 ϕ25 mm×22 mm 宽槽
N90	G75 X25.0 Z－36.0 P2000 Q2500 F0.1；	
N100	G00 X100.0 Z100.0；	退刀
N110	M05 M09；	主轴停转
N120	M00；	程序暂停，检测并修改磨耗值
N130	T0202；	重新调用 02 号刀补
N140	G00 X38.0 Z－8.0 S800 M03 M08；	定位至精加工的切入点，转速为 800 r/min
N150	G01 X33.0 F0.1；	进给量为 0.1 mm/r，精加工轮廓
N160	Z－13.0；	
N170	G03 X29.0 Z－15.0 R2.0；	
N180	G02 X25.0 Z－17.0 R2.0；	
N190	G01 Z－36.0；	
N200	G02 X29.0 Z－38.0 R2.0；	
N210	G03 X33.0 Z－40.0 R2.0；	
N220	G01 Z－45.0；	
N230	X38.0；	

刀具	2 号：外切槽刀	
程序号	加工程序	程序说明
	O5020；	工件左端加工程序
N240	G00 X100.0；	程序结束部分
N250	Z100.0；	
N260	M05 M09；	
N270	M30；	

操作提示

采用一夹一顶方式装夹工件时，应合理选择进、退刀路线，防止刀具与顶尖发生干涉。进刀时先进 Z 方向再进 X 方向，退刀时先退 X 方向再退 Z 方向。

三、加工准备

1. 毛坯为已完成外形轮廓及中心孔加工的 $\phi36$ mm × 60 mm 的圆钢。
2. 本任务加工中使用的工具、量具、刃具见表 5—11。

表 5—11　　工具、量具、刃具清单

序号	名称	规格	数量	备注
1	游标卡尺	0 ~ 150 mm，精度为 0.02 mm	1	
2	千分尺	25 ~ 50 mm，精度为 0.01 mm	1	
3	半径样板	1 ~ 6.5 mm	1	
4	切断（槽）刀	刃宽 3mm	1	
5	尾座顶尖		1	

四、零件车削

零件的加工操作过程见表 5—12。

表 5—12　　宽槽的加工操作过程

步骤	图例
夹住毛坯外圆，伸出长度约 50 mm，找正后夹紧	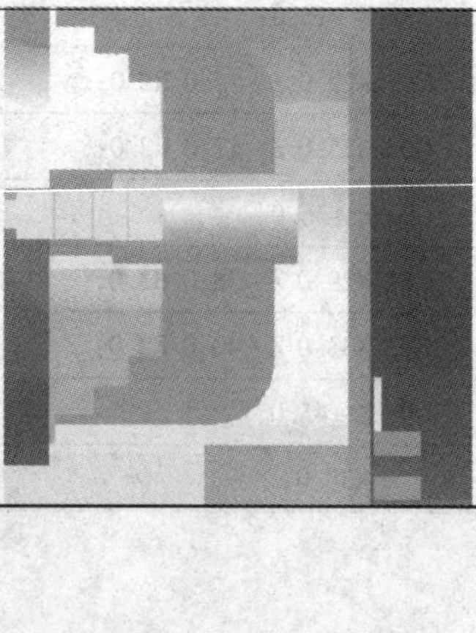

步骤	图例
对刀设定并验证刀补	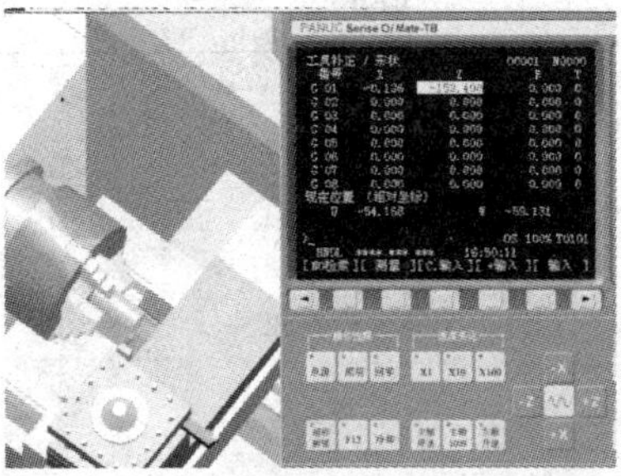
循环粗切 ϕ33 mm×40 mm 宽槽，主轴转速 n 为 400 r/min，进给量 f 为 0.1 mm/r	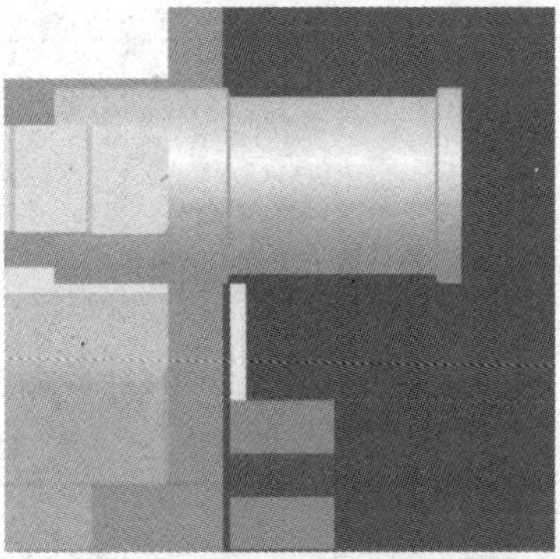
循环粗切 ϕ25 mm×22 mm 宽槽，主轴转速 n 为 400 r/min，进给量 f 为 0.1 mm/r	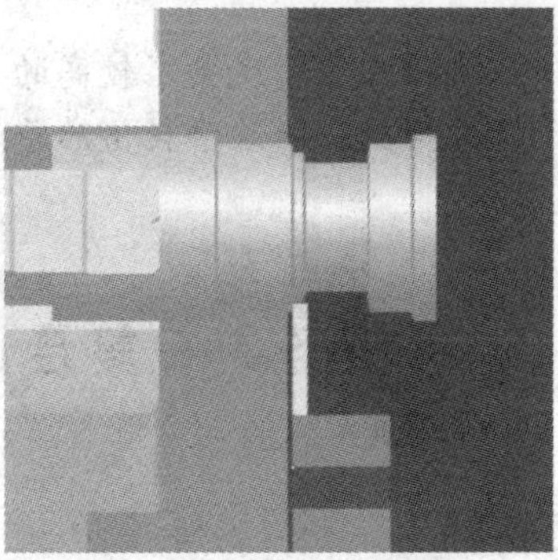
精车槽侧、槽底及四处 R2 mm 圆角至尺寸	

续表

步骤	图例
锐边倒钝，检查卸料	
合格后取下工件	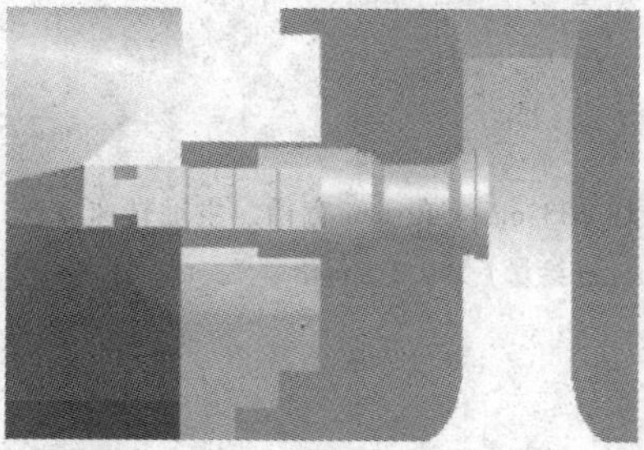

操作提示

对于槽底直径尺寸精度要求较高的工件，加工中可采用预留磨耗的方法，先完成粗、精加工后用千分尺检验，修改磨耗值后重新调用精加工程序段进行二次精加工。具体方法参考外圆车削。

任务 3　复合固定循环 G75 切均布槽

学习目标

1. 巩固径向切槽复合循环指令 G75 的指令格式。
2. 巩固对 G75 指令段内部参数含义的理解，能按照加工要求合理确定各参数值。
3. 运用 G75 指令编写均布槽加工程序。
4. 掌握内沟槽加工的相关工艺知识。
5. 完成切槽加工，掌握槽宽尺寸的控制方法。

工作任务

任务要求：如图 5—18 所示工件，毛坯尺寸为 ϕ50 mm × 70 mm，材料为 45 钢，内孔已预钻至 ϕ16 mm，试编写其内部加工程序并进行加工。

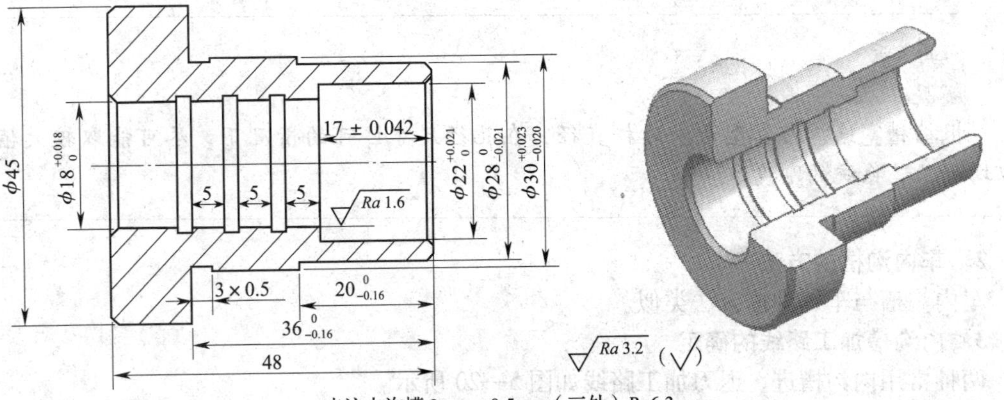

未注内沟槽 2mm × 0.5mm（三处）Ra6.3 μm

图 5—18　内孔均布槽加工实例

任务分析：图示工件为套类零件，加工任务主要放在内部加工这一块，其中三处内沟槽加工中所涉及的加工路线的选择，G75 指令循环起点、终点坐标的确定是任务的重点，均布槽槽宽尺寸的控制方法是难点。另外，内沟槽加工的相关工艺知识也是通过本任务的实施应掌握的内容。

相关理论

一、内沟槽加工工艺

1. 内切槽刀

内切槽刀如图 5—19 所示，车刀的几何参数与外圆切槽刀相似，只是装夹方向相反，且在内孔中车槽。由于内沟槽通常与孔轴线垂直，因此要求内切槽刀的刀体与刀柄轴线垂直。

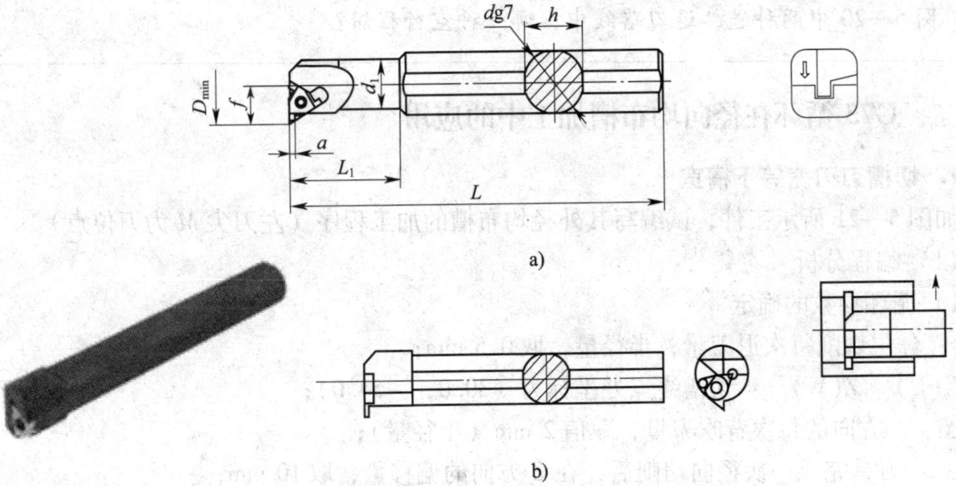

图 5—19　数控内切槽刀具

a）刀片平装　b）刀片端面安装

装夹内切槽刀时，应使主切削刃与内孔中心等高或略高，两侧副偏角必须对称。

提示

根据槽宽选择刀片型号、刀杆直径，在孔径尺寸许可的情况下，尽可能取较大值，以增加工艺系统的刚度。

2. 车内沟槽的方法

车内沟槽与车外沟槽方法类似。

3. 内沟槽加工路线的确定

两种常用内沟槽进、退刀加工路线如图 5—20 所示。

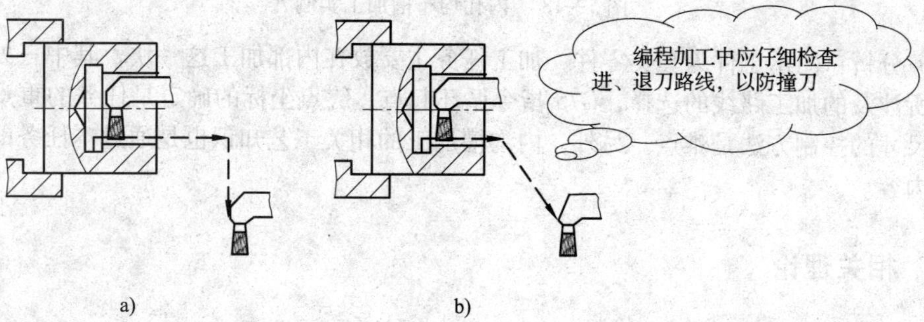

图 5—20　内沟槽加工中的进、退刀路线

想一想

图 5—20 中两种进、退刀路线中，哪一种空行程短？

二、G75 循环在径向均布槽加工中的应用

1. 切槽刀刃宽等于槽宽

如图 5—21 所示工件，试编写其外径均布槽的加工程序（左刀尖 *M* 为刀位点）。

（1）编程分析

1）循环参数的确定

e：分层切削每次退刀量，半径量，取 0.5 mm；

X(U)__ Z(W)__：切槽终点处坐标为（30.0，-54.0）；

Δi：*X* 方向的每次背吃刀量，取值 2 mm（半径量）；

Δk：刀具完成一次径向切削后，在 *Z* 方向的偏移量，取 10 mm；

Δd：缺省；

F：径向切削时的进给量，取 F0.1。

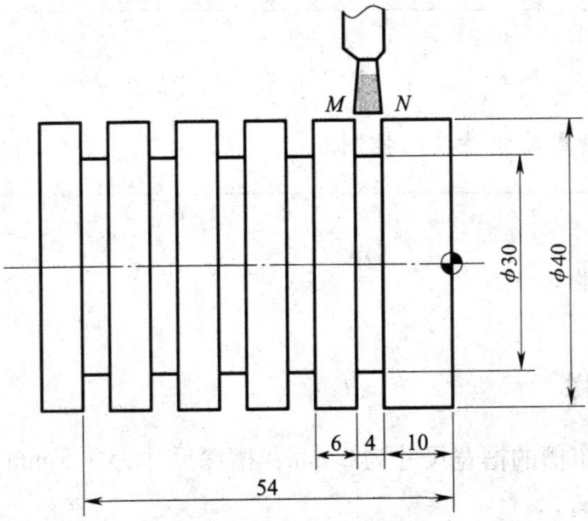

图 5—21　外径均布槽加工

2）循环起点的确定。G75 指令的循环起点 *X* 向坐标略大于槽顶直径，*Z* 向坐标为第一次切入处刀位点的 *Z* 坐标值，取为（42.0，－14.0）。

（2）程序

O0001；	
T0202；	切槽刀，刃宽为 4 mm
G00 X42.0 Z－14.0 S300 M03；	定位至循环起点
G75 R0.5；	退刀量 0.5 mm
G75 X30.0 Z－54.0 P2000 Q10000 F0.1；	终点坐标（30.0，－54.0），*X* 向每次切入量 2 mm，*Z* 向偏移量 10 mm，进给量 0.1 mm/r
G00 X100.0 Z100.0；	
M05；	
M30；	

2. 切槽刀刃宽小于槽宽

切槽刀刃宽小于槽宽时，加工方案的确定。

方案一：将均布槽作为若干独立槽运用 G75 指令逐一切出。此时，程序较繁琐。

方案二：将均布槽第一次循环加工后，根据槽宽方向的余量将循环起点、终点坐标平移（平移量略小于刃宽），然后进行第二次循环加工，以此类推，直至达到图样要求。

方案三：编程及第一次循环加工按照方案二，而后利用 *Z* 向磨耗值调整刀位点的坐标来进行加工，由于不需要修改程序，所以此方法最为简便。以刃宽 3 mm 为例，修调 *Z* 向磨耗值后刀位点坐标值见表 5—13。

表 5—13　*Z* 向磨耗值在均布槽加工中的应用

	循环起点	终点坐标	*Z* 向磨耗值
编程值	42.0，－14.0	30.0，－54.0	
第一次循环加工	42.0，－14.0	30.0，－54.0	0
第二次循环加工	42.0，－13.0	30.0，－53.0	1 mm

提示

此方法也适用于槽宽尺寸精度的控制。

任务实施

一、分析零件图样

本任务中，三处均布槽的槽宽尺寸为 2 mm，槽深尺寸为 0. 5 mm，均为自由公差。表面粗糙度要求为 *Ra*6. 3 μm。

二、分析加工工艺

1. 编程原点的确定

工件的编程原点取在工件右端面的中心处。

2. 制定加工方案及加工路线

本任务中，从精度及表面粗糙度要求看，此三处槽属于宽度小，且要求不高的内沟槽，采用直进法一次切出。

加工路线如图 5—22 所示（左刀尖 *M* 为刀位点）。

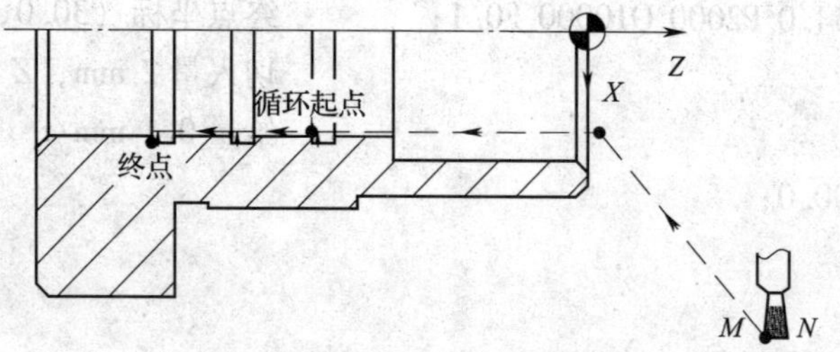

图 5—22　均布内沟槽加工路线

均布内沟槽加工中刀位点坐标见表 5—14。

表 5—14　均布内沟槽加工中刀位点坐标

换刀点	安全位置	循环起点	终点坐标
100. 0，100. 0	17. 0，1. 0	17. 0，−24. 0	19. 0，−38. 0

3. 工件定位与装夹

采用三爪自定心卡盘夹住毛坯一端，毛坯伸出卡盘端面外长度约 50 mm，将尾座顶尖顶入预钻孔中帮助校正工件后夹紧。

4. 选择刀具及切削用量

本任务根据教学实际可选用将刃宽磨成 2 mm 的整体焊接式内切槽刀，也可选用数控刀具，此时，必须考虑刀具的型号及相关尺寸应符合加工孔径及孔深的要求。如内切槽刀

（刀片平装），刀柄型号为 GRVRS20M.16TC11，刀片型号为 TC1102R110 - V。转速为 400 r/min，进给量为 0. 1 mm/r。

> **想一想**
>
> 受孔径尺寸的限制，内切槽刀的规格较小，刀片刃宽仅为 1.1 mm，小于槽宽尺寸 2 mm。怎么办？

三、程序编制及输入、编辑

本任务工件的参考加工程序见表 5—15，手工完成程序输入、编辑操作。

表 5—15　　任务 4 参考程序

刀具	4 号：内切槽刀	
程序号	加工程序	程序说明
	O5030；	工件右端加工程序
⋮	⋮	加工右端内、外圆轮廓，加工程序略
N160	T0404；	换 4 号内切槽刀，刃宽 2 mm
N170	M03 S400 M08；	主轴正转，切削液开
N180	G00 X17. 0 Z1. 0；	进刀至安全位置
N190	Z - 24. 0；	定位至循环起点
N200	G75 R0. 3；	循环切均布槽
N210	G75 X19. 0 Z - 38. 0 P500 Q7000 F0. 1；	
N220	G00 Z1. 0；	退刀至工件外安全位置
N230	G28 U0 W0；	程序结束部分
N240	M05 M09；	
N250	M30；	

操作提示

1. 内孔切槽过程中，必须特别注意进、退刀路线。
2. 循环参数中，X 方向的每次背吃刀量 Δi 值应小于等于 U/2（本任务中为 0. 5 mm）；退刀量 e 值也应不大于每次背吃刀量 Δi。

四、加工准备

1. 毛坯尺寸为 ϕ50 mm × 70 mm，材料为 45 钢，内孔已预钻至 ϕ16 mm。
2. 加工中使用的工具、量具、刀具见表 5—16。

表 5—16　　　　　　　　　　　　**工具、量具、刃具清单**

序号	名称	规格	数量	备注
1	游标卡尺	0～150 mm，精度为 0.02 mm	1	
2	内径千分尺	5～30 mm，精度为 0.01 mm	1	
3	弹簧内卡规		1	
4	钩形游标深度尺	0～150 mm，精度为 0.02 mm	1	
5	外圆车刀	95°	1	
6	外切槽（断）刀	刃宽 3 mm	1	
7	内孔车刀	95°	1	D_{min} = 16 mm
8	内切槽刀	刃宽 2 mm	1	D_{min} = 16 mm

五、装刀及对刀操作

1. 内切槽刀装刀

内切槽刀装刀的注意事项与外切槽刀类似，但由于内切槽刀兼具切槽刀与镗孔刀的特点，装刀时要加以注意，内切槽刀装刀是否正确，不仅对车槽的质量有直接影响，而且决定了切槽刀及刀片的使用寿命及切槽加工能否顺利进行。

2. 切槽刀的对刀及刀补设定相关操作（见表 5—17）

表 5—17　　　　　　　　　　　　**切槽刀的对刀及刀补设定**

序号	操作步骤	图例
1	输入 T04，将内切槽刀转到加工位	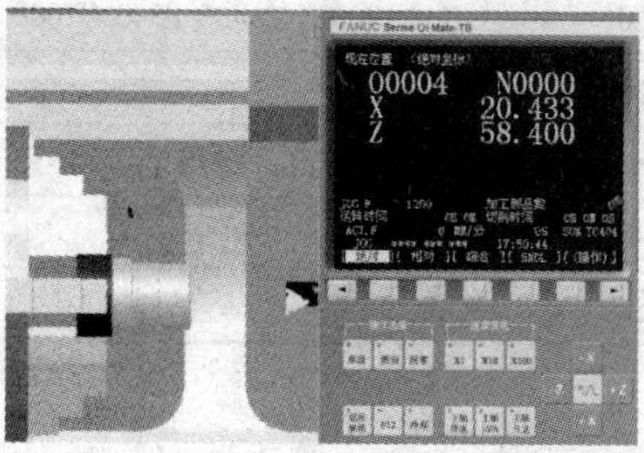
2	*Z* 向对刀操作 先用 JOG 手动方式移动刀架，靠近工件，再用 HANDLE 手轮方式作微调，使刀具的左刀尖靠到工件端面	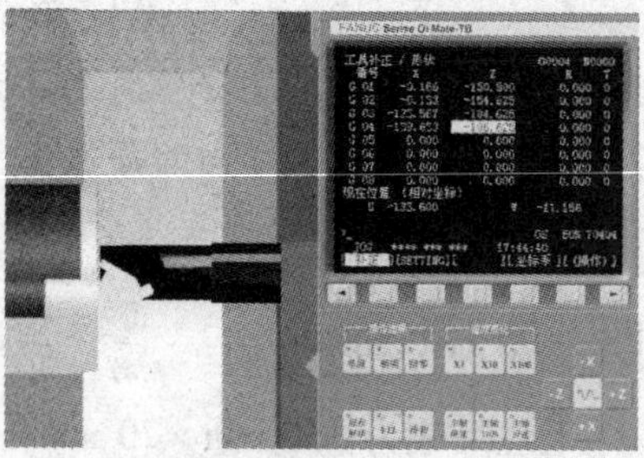

序号	操作步骤	图例
3	*Z* 向刀补设定 进入刀具补偿界面，在 04 号刀补中，输入刀位点的 *Z* 测量值 Z0，计算确认后完成 *Z* 向刀具偏置补偿的设置	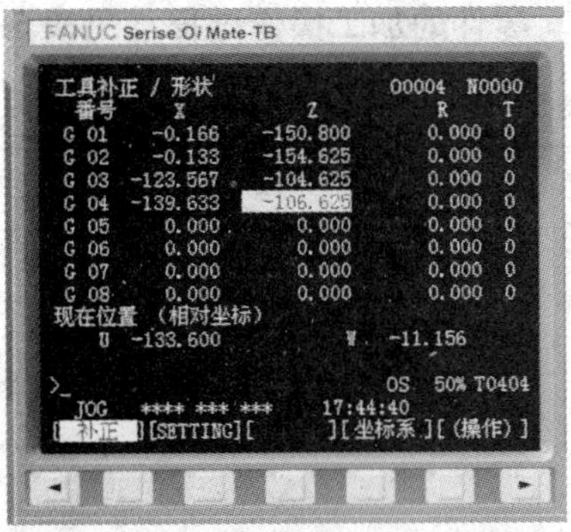
4	*X* 向对刀操作 用手轮分别沿 + *Z*→ − *X*→ − *Z*→ + *X* 方向移动刀架，使刀具的主切削刃靠到工件内孔表面	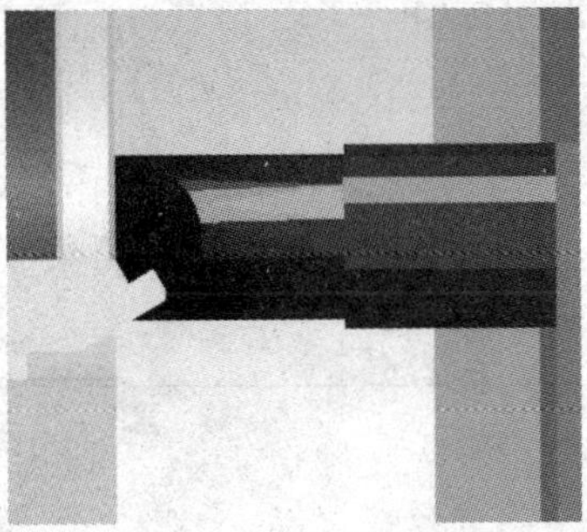
5	*X* 向刀补设定 在刀具补偿界面中输入刀位点的 *X* 测量值（$X = D_{测}$），通过计算确认后完成 *X* 向刀具偏置补偿的设置	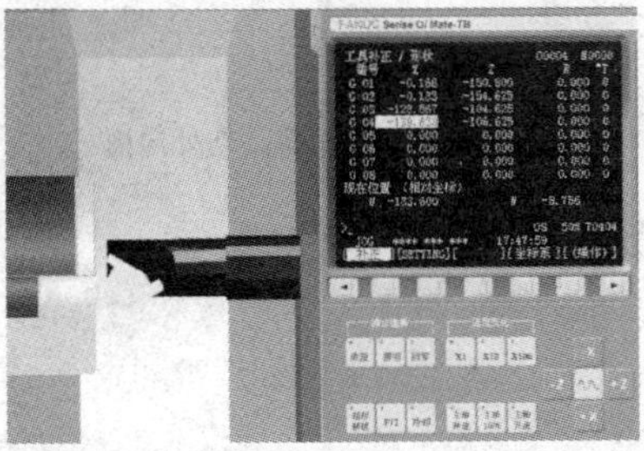
6	内切槽刀刀补验证操作如下 在 MDI 方式下，依次输入并执行以下程序段： T0404；（调用内切槽刀刀号刀补号） S500 M03；（主轴正转） G00 X16.0 Z2.0；（快速定位至对刀点） G00 X100.0 Z100.0；（退刀） M05；（主轴停止）	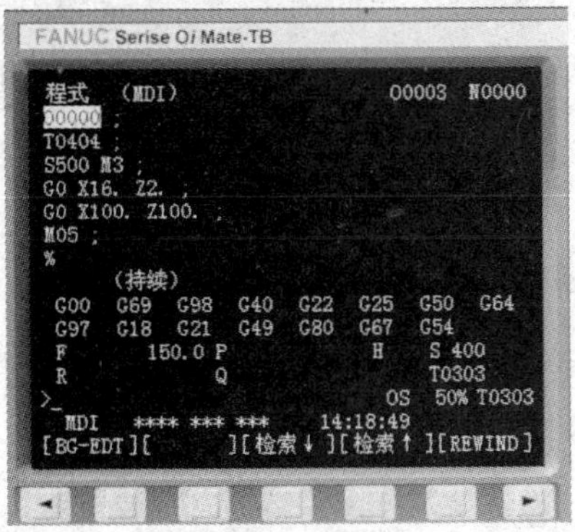

六、零件车削

1. 零件的加工操作过程（见表 5—18）

表 5—18　　　　　　　　轴向均布槽的加工操作过程

<table>
<tr><th>步骤</th><th>图例</th></tr>
<tr><td>夹住毛坯外圆，伸出长度约 50 mm，找正后夹紧，对刀设定并验证刀补</td><td>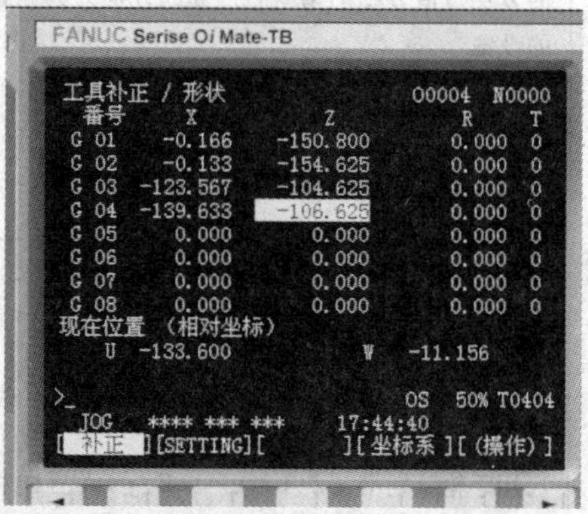
</td></tr>
<tr><td>完成外圆粗、精车，切外沟槽</td><td>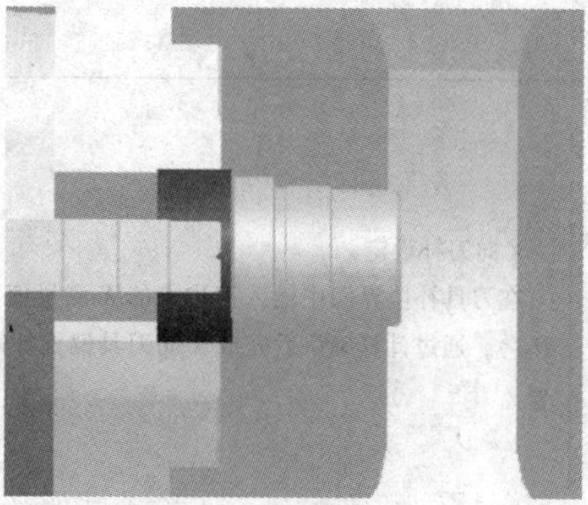</td></tr>
<tr><td>粗、精镗内孔至尺寸精度要求</td><td>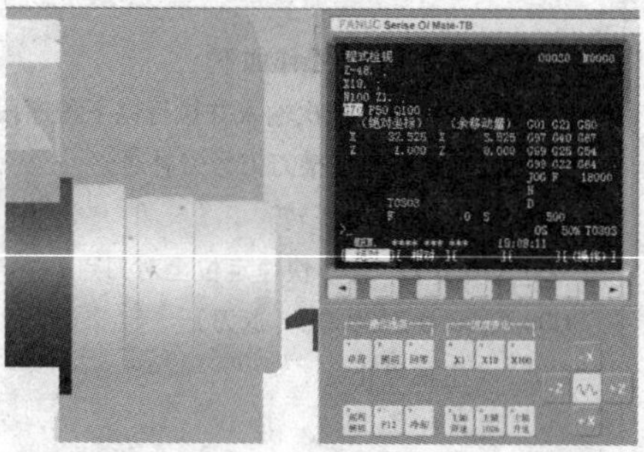
</td></tr>
</table>

续表

步骤	图例
快速定位至循环起点，循环指令切槽 主轴转速 n 为 400 r/min，进给量 f 为 0.1 mm/r	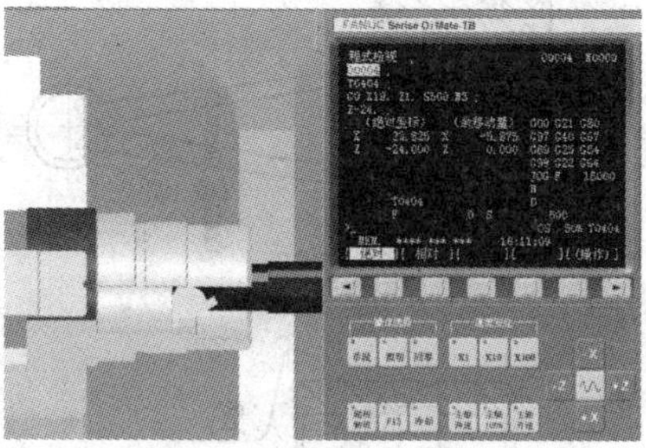
循环切均布内沟槽 主轴转速 n 为 400 r/min，进给量 f 为 0.1 mm/r	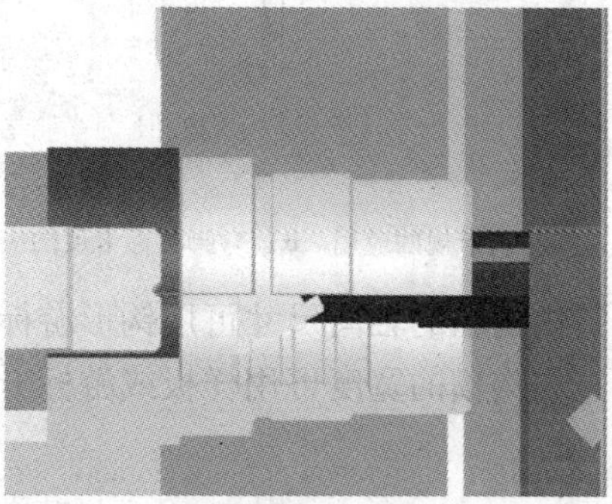
合格后取下工件	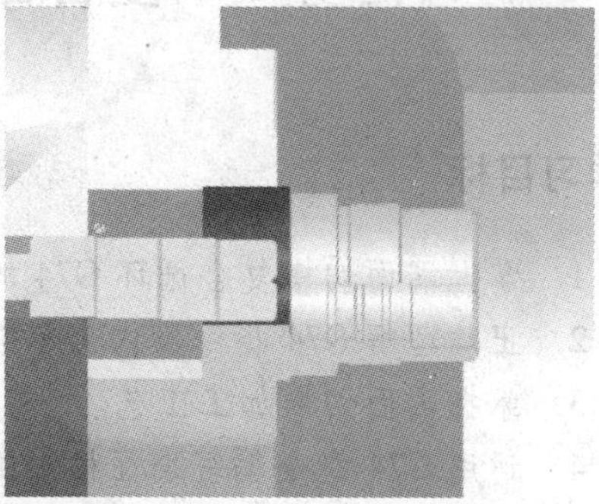

操作提示

1. 切槽过程中，根据切削情况适当调整进给倍率，但不宜低于 50%。

2. 若选用刃宽略小于槽宽的内切槽刀加工，通过修改 Z 向磨耗值（磨耗值 = 槽宽 − 刃宽），执行两次加工程序即可完成。

2. 内沟槽的检测

对加工完成的内沟槽进行检测。

（1）内沟槽的深度一般用弹簧内卡规测量（见图 5—23a），内沟槽直径较大时，可用弯脚游标卡尺测量（见图 5—23b）。

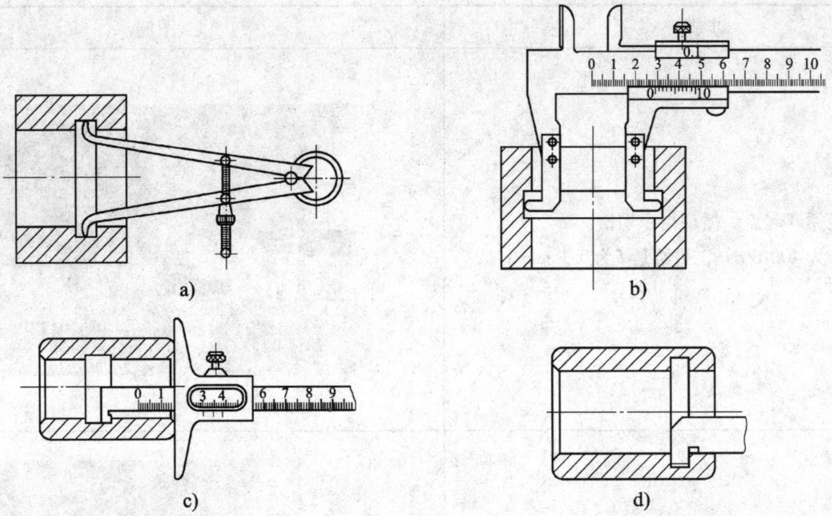

图 5—23　内沟槽的测量

a）内卡规的应用　b）弯脚游标卡尺的应用　c）内沟槽轴向位置测量　d）内沟槽宽度的测量

（2）内沟槽的轴向尺寸可用钩形游标深度尺测量（见图 5—23c）。

（3）内沟槽的宽度可用样板或游标卡尺（当孔径较大时）测量（见图 5—23d）。

任务 4　复合固定循环 G74 切端面槽

学习目标

1. 掌握端面切槽复合循环 G74 的指令格式。
2. 正确理解 G74 指令段内部参数的意义，能根据加工要求合理确定各参数值。
3. 掌握端面切槽加工工艺。
4. 运用 G74 指令编写端面槽加工程序。
5. 完成端面槽加工，掌握精度控制方法，并进行误差分析。

工作任务

任务要求：如图 5—24 所示工件，外形轮廓加工已完成，试编写工件上端面槽的数控车加工程序并进行加工。

任务分析：本任务工件中的端面槽和外沟槽一样，如果采用 G01 指令来编程则程序冗长。因此，引入了端面切槽复合循环 G74 指令进行编程，以达到简化编程的目的。另一方面，端面槽刀的几何参数、装刀及对刀操作，端面切槽加工中切削用量的合理选择等加工工艺知识也是本任务的重点。

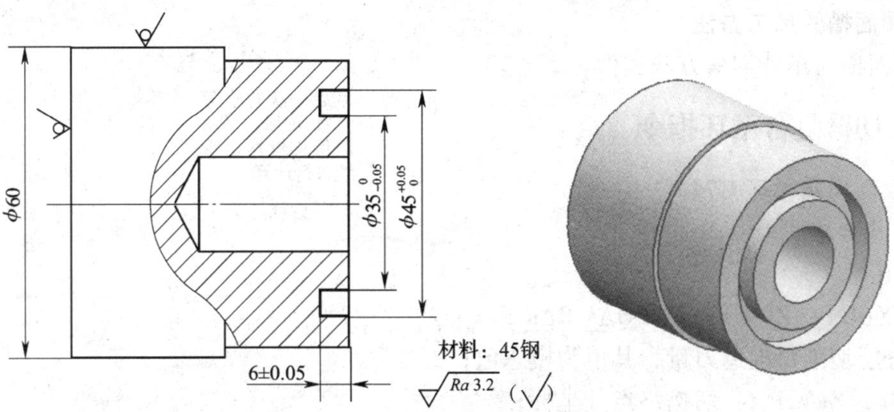

图 5—24　端面槽加工实例

相关理论

一、端面切槽加工工艺

1. 端面直槽刀的形状

在端面上车直槽时，端面直槽车刀的几何形状是外圆车刀与内孔车刀的综合，端面槽刀可由外圆切槽刀具刃磨而成，如图 5—25 所示。切槽刀的刀头部分长度 = 槽深 + （2 ~ 3）mm，刀宽根据需要刃磨。切槽刀主刀刃与两侧副刀刃之间应对称平直。其中，刀尖 *a* 处的副后刀面的圆弧半径 *R* 必须小于端面直槽的大圆弧半径，以防左副后刀面与工件端面槽孔壁相碰。

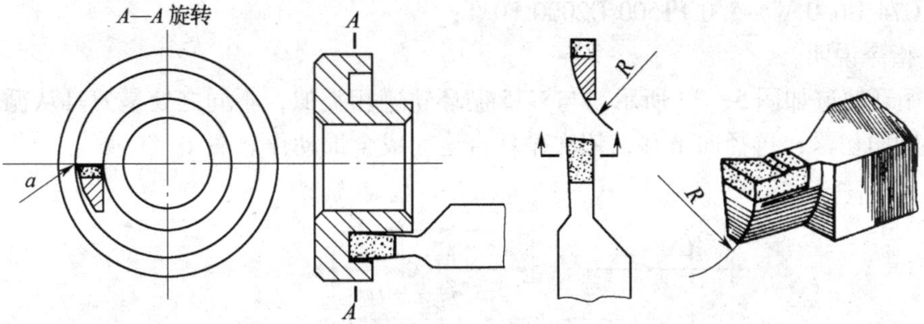

图 5—25　端面直槽刀的形状

数控加工中常用的机夹端面切槽刀具如图 5—26 所示。

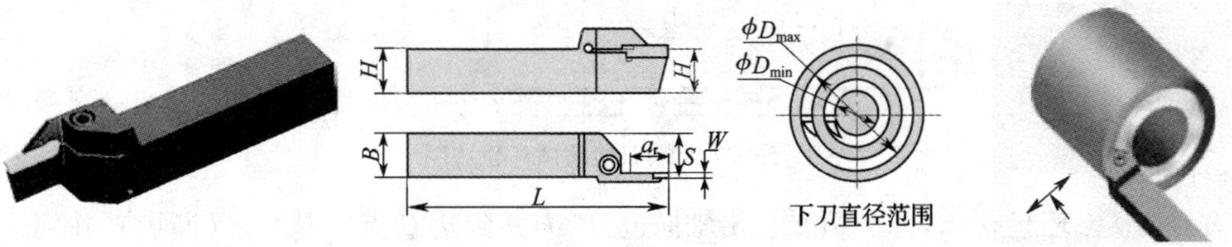

图 5—26　机夹端面切槽刀具

2. 端面槽的加工方法

车端面槽与车外沟槽方法类似。

二、切槽复合循环指令

最后一次背吃刀量和最后一次X向偏移量均由系统自行计算

1. 端面切槽循环 G74

（1）指令格式

G74 R$\underline{e}$;

G74 X(U)＿ Z(W)＿ P$\underline{\Delta i}$ Q$\underline{\Delta k}$ R$\underline{\Delta d}$ F＿;

e：分层切削每次退刀量，其值为模态值；

X(U)＿ Z(W)＿：切槽终点处坐标；

Δi：刀具完成一次轴向切削后，在 X 方向的每次移动量，半径量；

Δk：Z 方向的每次切入量；

Δd：切削到终点时，刀具 X 向退刀量（可缺省）；

F：轴向切削时的进给速度（进给量）。

提示

e、Δi、Δk、Δd 均由不带符号的值表示，方向根据切槽循环起点和终点的位置确定，其中 e、Δd 表示退刀量，方向由终点指向起点；Δi、Δk 表示 X、Z 方向的切入量，方向由起点指向终点。

例 G74 R0.5;

G74 U6.0 W－5.0 P1500 Q2000 F0.1;

（2）指令说明

G74 循环轨迹如图 5—27 所示，与 G75 循环轨迹相类似，不同之处是刀具从循环起点 A 出发，先轴向切深，再径向平移，依次循环直至完成全部动作。

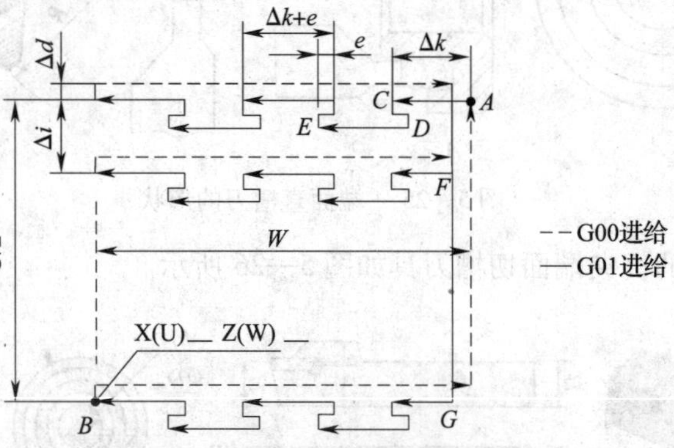

图 5—27 端面切槽循环轨迹图

刀具从循环起点（A 点）开始，沿轴向进刀 Δk 并到达 C 点；退刀 e（断屑）并到达 D 点；沿轴向进刀 $\Delta k+e$ 并到达 E 点，直至递进切削至径向终点的 Z 坐标处；退到轴向起刀点，完成一次切削循环；沿径向偏移 Δi 至 F 点，进行第二次轴向切削循环；依次循环直至刀具切削至程序终点坐标处（*B* 点），轴向退刀至起刀点（*G* 点），再径向退刀至起刀点（*A* 点），完成整个切槽循环动作。

G74 循环指令中的 X(U) 值可省略或设定为 0，当 X(U) 值设为 0 时，在 G74 循环执行过程中，刀具仅作 *Z* 向进给而不作 *X* 向偏移，这时，该指令可用于端面啄式深孔钻削循环，如图 5—28 所示。

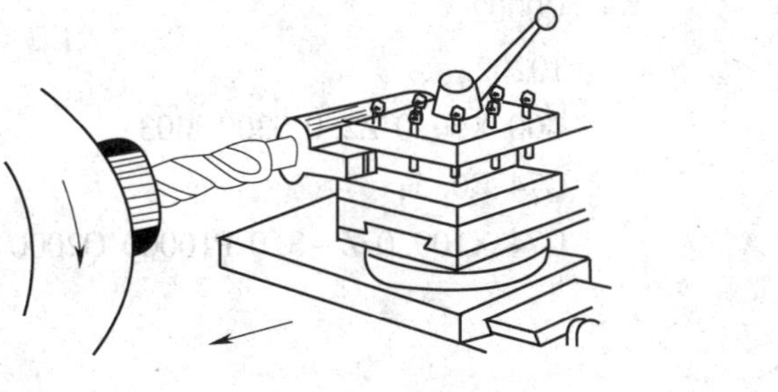

图 5—28　端面啄式深孔钻削

提示

当 G74 指令用于端面啄式深孔钻削循环指令时，装夹在刀架（尾座无效）上的刀具一定要精确定位到工件的旋转中心。

2. 端面宽槽编程实例

如图 5—29 所示工件，其端面槽的加工程序（右刀尖为刀位点）如下：

O0001；	
T0202；	端面切槽刀，刃宽为 4 mm
G00 X30.0 Z2.0 S300 M03；	定位至循环起点
G74 R0.5；	退刀量 0.5 mm
G74 X62.0 Z-5.0 P3500 Q2000 F0.1；	终点坐标（62.0，-5.0），*Z* 向每次切入量 2 mm，*X* 向偏移量 3.5 mm，进给量 0.1 mm/r
G00 X100.0 Z100.0；	
M05；	
M30；	

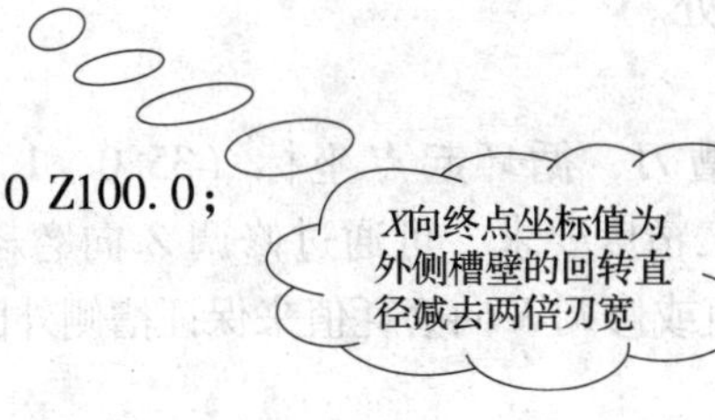

3. 端面均布槽编程实例

如图 5—30 所示工件，其端面均布槽的加工程序（右刀尖为刀位点）如下：

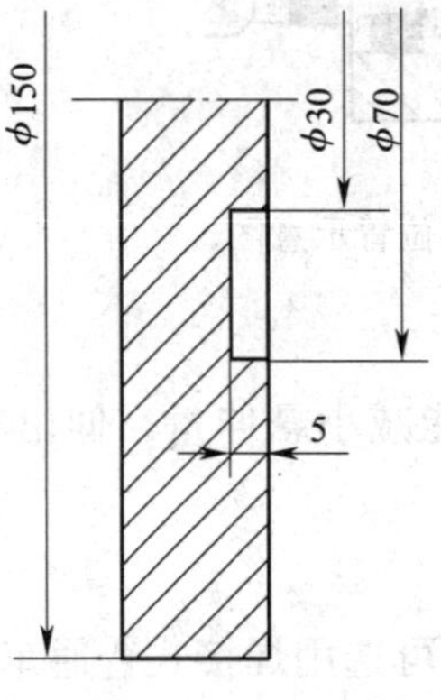

图 5—29　端面宽槽加工件

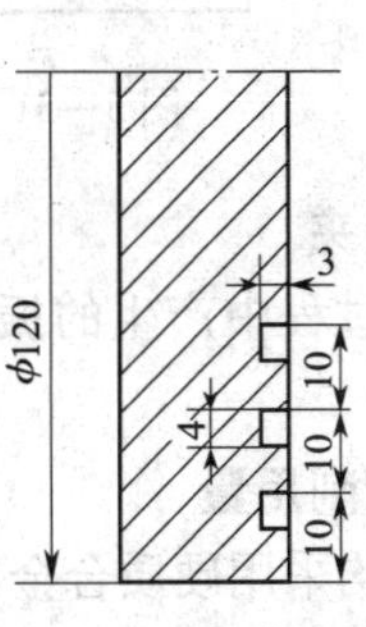

图 5—30　端面均布槽加工件

```
O0002;
T0202;                                      切槽刀，刃宽为 4 mm
G00 X60.0 Z2.0 S300 M03;                    定位至循环起点
G74 R0.5;                                   退刀量 0.5 mm
G74 X100.0 Z-3.0 P10000 Q2000 F0.1;         终点坐标（100.0，-3.0），Z 向每次切入
                                            量 2 mm，X 向偏移量 10 mm，进给量
                                            0.1 mm/r
G00 X100.0 Z100.0;
M05;
M30;
```

任务实施

一、分析零件图样

本任务中，端面槽槽宽 5 mm、槽深 6 mm，端面槽两侧圆弧直径分别为 ϕ35 mm、ϕ45 mm，有一定的尺寸精度要求，表面粗糙度要求为 Ra3.2 μm。

二、分析加工工艺

1. 编程原点的确定

工件的编程原点取在工件右端面的中心处。

2. 制定加工方案及加工路线

本任务中选用刃宽为 3 mm 的端面切槽刀，循环起点坐标（35.0，1.0），终点坐标（39.0，-6.0），如图 5—31 所示。根据加工精度要求，可通过修调 Z 向磨耗值来保证深度尺寸，通过修改程序中循环起、终点的坐标值或修调 X 向磨耗值来保证槽侧外圆、内孔直径。

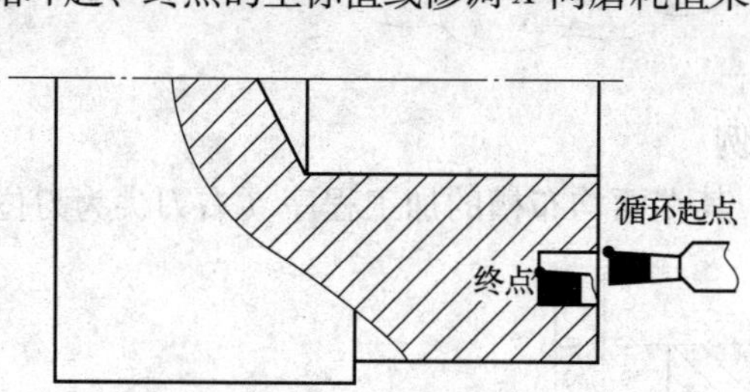

图 5—31　循环起点、终点位置示意图

3. 工件定位与装夹

为减小切槽加工过程中产生的振动，工件尽可能减小悬伸量，伸出卡盘端面外长度约 40 mm。

4. 选择刀具及切削用量

本任务刀具材料均采用硬质合金，根据教学实际可选用焊接式普通车刀或机械夹固式车刀。本任务中选用机械夹固式端面切槽刀，刀柄型号 KFMSR2020M4050-3、刀片型号

FMM30 - 04。粗加工转速 400 r/min，精加工转速 800 r/min，进给量均为 0.1 mm/r。

三、程序编制及输入、编辑

本任务工件的参考加工程序见表 5—19，手工完成程序输入、编辑操作。

表 5—19　　任务 5 参考程序

刀具	2 号：端面切槽刀	
程序号	加工程序	程序说明
	O5040；	工件右端加工程序
N10	T0202；	换 2 号刀，取 2 号刀补
N20	M03 S400 M08；	主轴正转，切削液开
N30	G00 X35.0 Z1.0；	定位至循环起点
N40	G74 R0.5；	循环切端面槽
N50	G74 X39.0 Z - 6.0 P2500 Q2000 F0.1；	
N60	G28 U0 W0；	程序结束部分
N70	M05 M09；	
N80	M30；	

四、加工准备

1. 毛坯为已完成外形轮廓及钻孔加工的 $\phi 60$ mm × 60 mm 的圆钢。
2. 加工中使用的工具、量具、刃具见表 5—20。

表 5—20　　工具、量具、刃具清单

序号	名称	规格	数量	备注
1	游标卡尺	0 ~ 150 mm，精度为 0.02 mm	1	
2	公法线千分尺	25 ~ 50mm，精度为 0.01 mm	1	
3	内径千分尺	5 ~ 30 mm，精度为 0.01 mm	1	
4	游标深度尺	0 ~ 100 mm，精度为 0.01 mm	1	
5	端面切槽刀	刃宽 3 mm	1	

五、装刀及对刀操作

1. 安装切槽刀

端面切槽刀的装刀要点和注意事项与外圆切槽刀基本相同。

2. 切槽刀的对刀及刀补设定相关操作

切槽刀的对刀及刀补设定相关操作见表 5—21。

表 5—21　　　　端面切槽刀的对刀及刀补设定

序号	操作步骤	图例
1	输入 T02，将切槽刀转到加工位	
2	*Z* 向对刀操作 先用 JOG 手动方式移动刀架，靠近工件，再用 HANDLE 手轮方式作微调，使刀具的主切削刃靠到工件端面	
3	*Z* 向刀补设定 进入刀具补偿界面，在 02 号刀补中，输入刀位点的 *Z* 测量值 Z0，计算确认后完成 *Z* 向刀具偏置补偿的设置	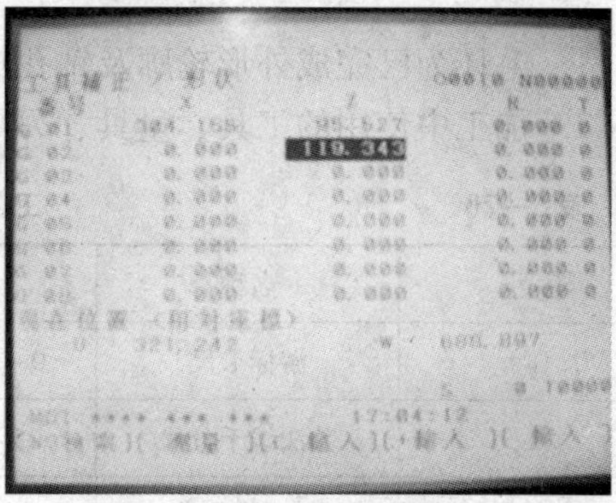
4	*X* 向对刀操作 用手轮分别沿 +*Z*→+*X*→－*Z*→－*X* 方向移动刀架，使刀具的右刀尖靠到工件外圆面	

续表

序号	操作步骤	图例
5	*X* 向刀补设定 在刀具补偿界面中输入刀位点的 *X* 测量值（$X = d_{测}$），通过计算确认后完成 *X* 向刀具偏置补偿的设置	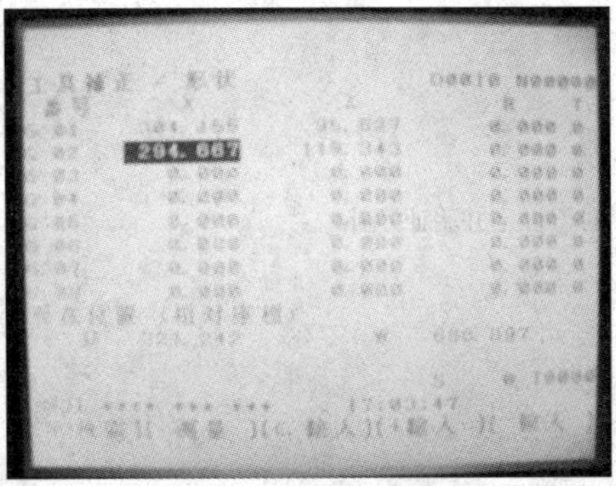
6	端面切槽刀刀补验证操作如下 在 MDI 方式下，依次输入并执行以下程序段： T0202；（调用端面切槽刀刀号刀补号） S500 M03；（主轴正转） G00 X61.0 Z2.0；（快速定位至对刀点） G00 X100.0 Z100.0；（退刀） M05；（主轴停止）	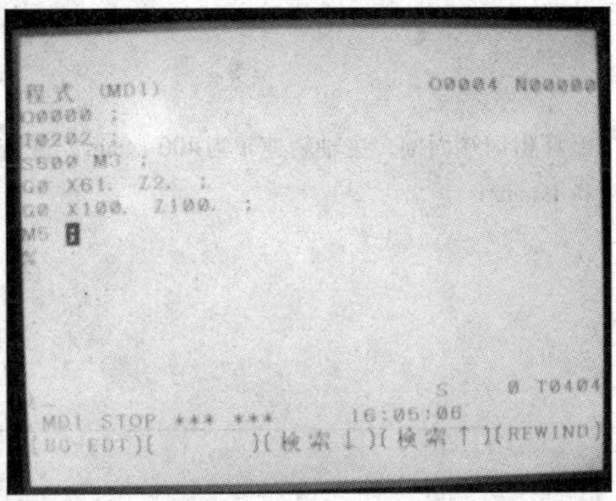

六、零件车削

零件的加工操作过程见表 5—22。

表 5—22　　端面槽加工操作过程

步骤	图例
夹住毛坯外圆，伸出长度约 40 mm，找正后夹紧	

续表

步骤	图例
对刀设定并验证刀补	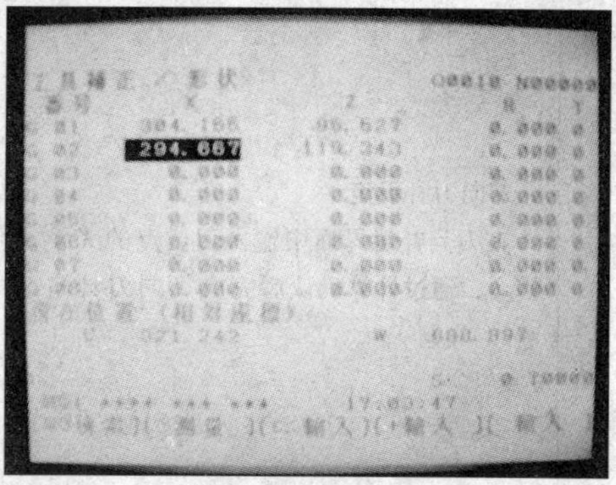
循环粗切端面槽，主轴转速 n 为400 r/min，进给量 f 为0. 1 mm/r	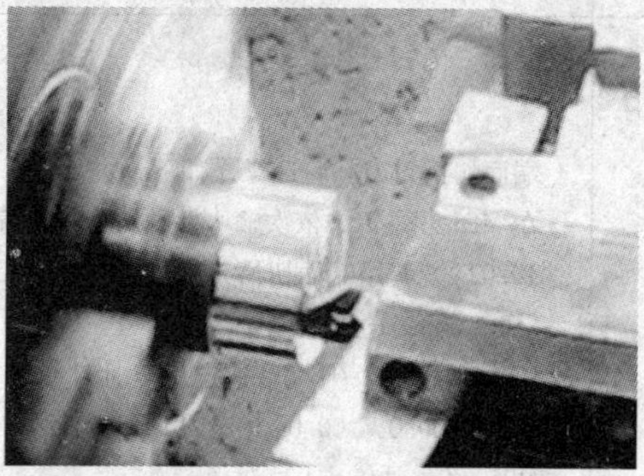
检测并修调磨耗值	
精切端面槽至尺寸（主轴转速 n 为800 r/min，进给量 f 为0. 1 mm/r）	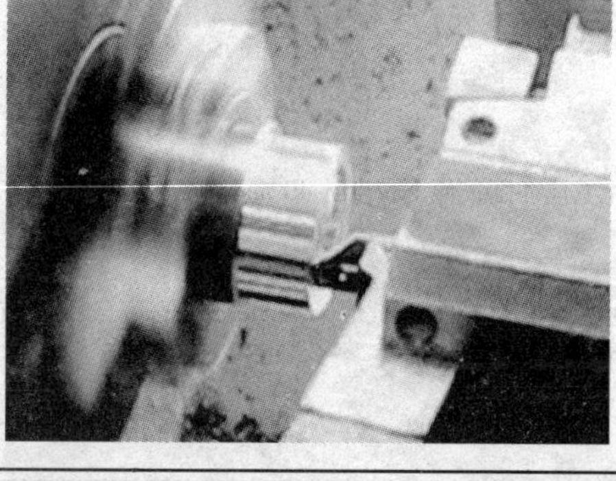

续表

步骤	图例
合格后取下工件	

操作提示

1. 切槽过程中，根据切削情况适当调整进给倍率，但不宜低于50%。
2. 调用两次精加工程序，通过修改磨耗值完成半精加工和精加工。

项目六

螺纹车削

任务1　圆柱外螺纹车削

学习目标

1. 掌握等螺距螺纹切削指令 G32 的格式、功能。
2. 掌握螺纹切削单一固定循环 G92 的指令格式、功能，熟悉 G92 循环加工动作及运动轨迹。
3. 熟悉普通三角螺纹加工的相关工艺知识。
4. 掌握普通三角直螺纹的编程加工及精度检测。

工作任务

任务要求：如图6—1所示工件，毛坯为$\phi42$ mm×57 mm的圆钢，试完成工件右端圆柱螺纹部分的数控编程加工。

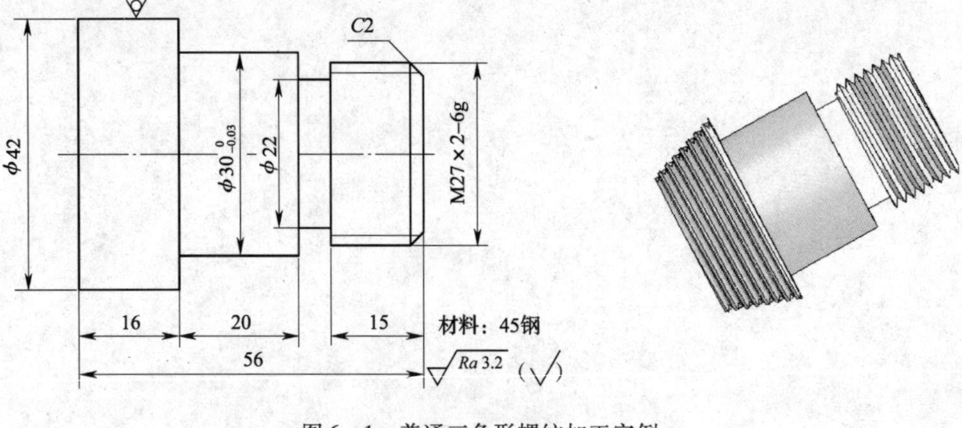

图6—1　普通三角形螺纹加工实例

任务分析：螺纹加工是数控车床的主要功能之一。编写螺纹加工程序时，有多种螺纹加工指令可供选择。本任务中，学习等螺距螺纹切削 G32 指令编程，并在此基础上，引入螺纹切削单一固定循环 G92 指令，以达到简化编程的目的。工艺方面则放在复习巩固普通三角外螺纹加工工艺知识上。

相关理论

一、普通三角螺纹加工工艺知识

普通螺纹是我国应用最为广泛的一种三角形螺纹，牙型角为60°。普通螺纹分粗牙普通螺纹和细牙普通螺纹。粗牙普通螺纹螺距是标准螺距，其代号用字母“M”及公称直径表示，如M16、M12等。细牙普通螺纹代号用字母“M”及公称直径×螺距表示，如M24×1.5、M27×2等。普通螺纹有左旋螺纹和右旋螺纹之分，左旋螺纹应在螺纹标记的末尾处加注“LH”字，如M20×1.5LH等，未注明的是右旋螺纹。

1. 普通螺纹切削径向尺寸计算

（1）基本牙型

螺纹牙型是在通过螺纹轴线的剖面上螺纹的轮廓形状。普通螺纹的基本牙型如图6—2所示，相关要素及径向尺寸的计算如下：

P：螺纹螺距；

H：螺纹原始三角形高度，$H=0.866P$；

h：牙型高度，$h=5H/8=0.54P$；

D、d：螺纹大径，螺纹大径的基本尺寸与螺纹的公称直径相同；

D_2、d_2：螺纹中径，D_2（d_2）$=D$（d）$-0.6495P$；

D_1、d_1：螺纹小径，D_1（d_1）$=D$（d）$-1.08P$。

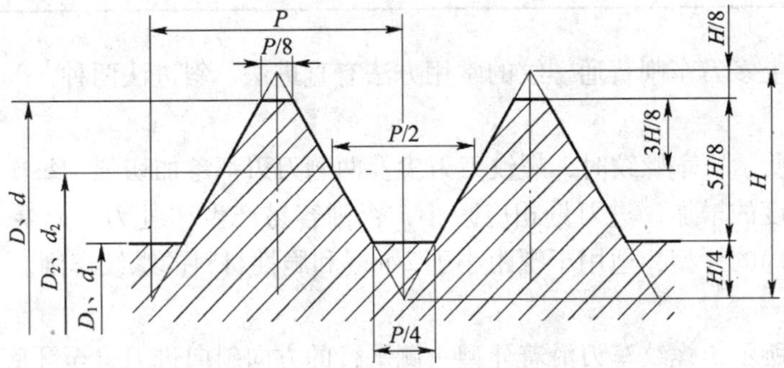

图6—2 普通螺纹的基本牙型

（2）车削螺纹前工件大径的确定

高速车削三角外螺纹时，考虑螺纹的公差要求和螺纹切削过程中对大径的挤压作用，编程或车削过程中的实际大径应比其公称直径略小，按经验公式取值约0.13P，车好螺纹后牙顶处有0.125P的顶宽。即：

车削螺纹前工件大径 $d'\approx d-0.13P$。

（3）螺纹总切深的确定

螺纹总切深与螺纹牙型高度及螺纹中径的公差带有关。考虑到直径编程，在编制螺纹加工程序时，总切深量 $h'=2h+T$，T 为螺纹中径公差带的中值。在实际加工中，螺纹中径会受到螺纹车刀刀尖形状、尺寸及刃磨精度等影响，为了保证螺纹中径达到要求，一般要根据实际作一些调整，通常取总切深量为1.3P，即：

螺纹总切深：$h'\approx 1.3P$。

> **提示**
>
> 实际加工中，还要根据螺纹检测结果进行调整。

2. 螺纹加工的多刀切削

螺纹总切深确定后，如果螺纹的牙型较深，可分多次进给。每次进给的背吃刀量依递减规律分配。常用公制螺纹切削时的进给次数及实际背吃刀量（直径量）选取见表6—1。

表6—1　　常用普通螺纹切削的进给次数与背吃刀量

螺距 P（mm）		1.0	1.5	2.0	2.5
总切深量 1.3P（mm）		1.3	1.95	2.6	3.25
背吃刀量及切削次数	1次	0.8	1.0	1.2	1.3
	2次	0.4	0.6	0.7	0.9
	3次	0.1	0.25	0.4	0.5
	4次		0.1	0.2	0.3
	5次			0.1	0.15
	6次				0.1

在数控车床上多刀车削普通螺纹的常用方法有直进法、斜进法两种。

（1）直进法

如图6—3a所示，车螺纹时，螺纹刀刀尖及两侧刀刃都参加切削，每次进刀只作径向进给，随着螺纹深度的增加，进刀量相应减小，否则容易产生“扎刀”现象。这种切削方法可以得到比较正确的牙型，适用于螺距小于2 mm和脆性材料的螺纹车削。

（2）斜进法

如图6—3b所示，螺纹车刀沿着牙型一侧平行的方向斜向进刀，至牙底处。采用这种方法加工螺纹时，螺纹车刀始终只有一个侧刃参加切削，从而使排屑比较顺利，刀尖的受力和受热情况有所改善，在车削中不易引起“扎刀”现象。斜进法适用于加工螺距较大的螺纹。

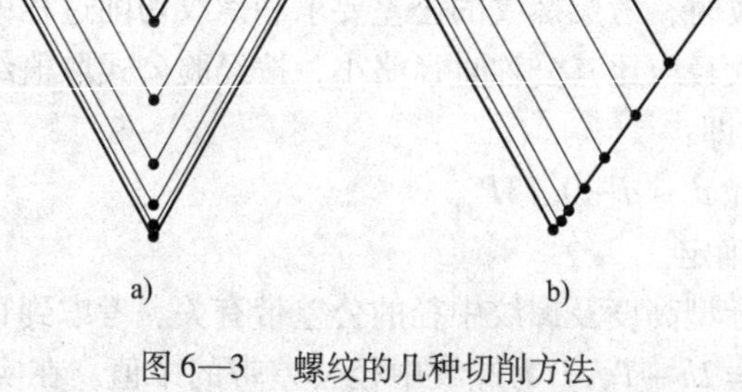

a)　　b)

图6—3　螺纹的几种切削方法

3. 螺纹轴向起点和终点位置的确定

车削螺纹时，沿螺旋线方向的进给应与机床主轴的旋转保持严格的速比关系，即主轴每转一圈，刀尖移动距离为一个导程或螺距值（单线）（见图 6—4a）。但在实际车削螺纹的开始时，伺服系统不可避免地有一个加速过程，结束前也相应地有一个减速过程。在这两个过程中，螺距或导程得不到有效保证。故在安排工艺时必须考虑设置合理的导入距离 δ_1 和导出距离 δ_2，如图 6—4b 所示。

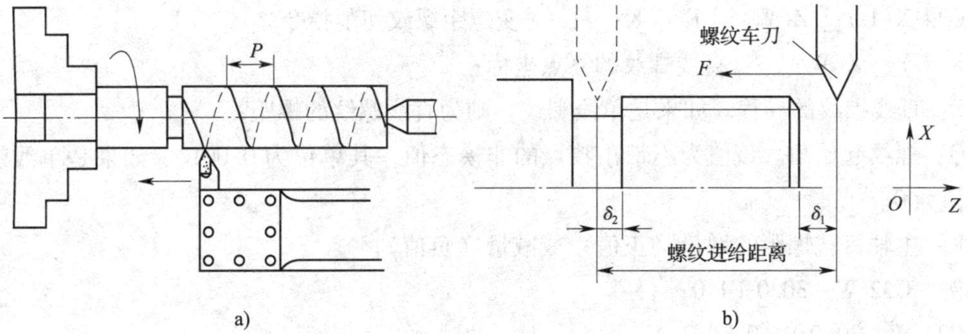

图 6—4　螺纹切削的导入、导出距离

δ_1 和 δ_2 的数值与机床拖动系统的动态特性有关，还与螺纹的导程（或螺距）和螺纹的精度有关。一般 δ_1 取 $2L\sim3L$，对大螺距和高精度的螺纹则取较大值；δ_2 一般取 $L\sim2L$，退刀槽较宽时取较大值。若螺纹退尾处没有退刀槽，取 $\delta_2=0$。此时，该处的收尾形状由数控系统的功能设定。

4. 三角螺纹车削用刀具

（1）车刀材料的选择

车削螺纹时，车刀材料的选择合理与否，对螺纹的加工质量和生产效率有很大的影响。目前广泛采用的螺纹车刀材料，一般有高速钢和硬质合金两类，其中，硬质合金以其高硬度、耐磨性好、耐高温等特性，在高速切削的数控加工中得到了广泛的应用。

（2）三角形外螺纹车削用刀具

数控加工中，常用焊接式和机夹式外螺纹车刀如图 6—5 所示，刀片材料一般为硬质合金或硬质合金涂层刀片。硬质合金外螺纹车刀的几何角度如图 6—6 所示。

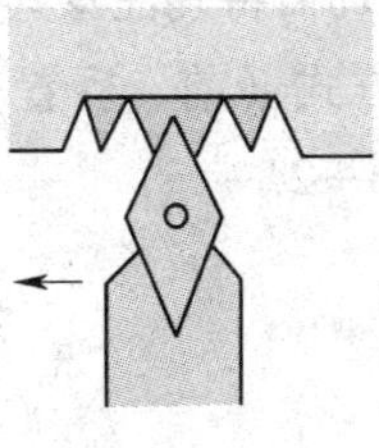

图 6—5　外螺纹车刀

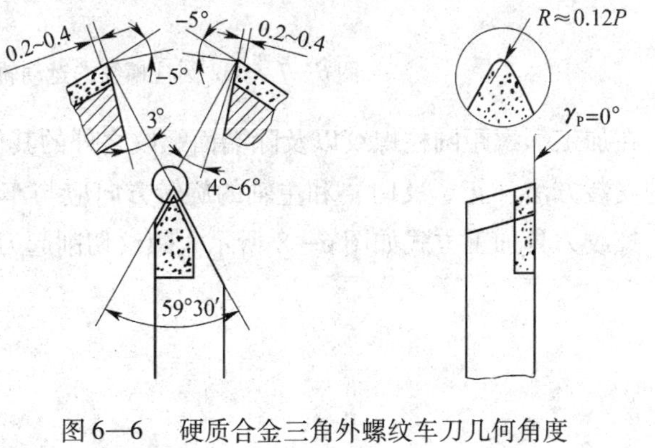

图 6—6　硬质合金三角外螺纹车刀几何角度

二、常用螺纹加工指令

1. 螺纹切削指令

(1) 指令格式

G32 X(U)__ Z(W)__ F__ Q__; （等螺距螺纹切削指令）

G34 X(U)__ Z(W)__ F__ K__; （变螺距螺纹切削指令）

X(U)__ Z(W)__ ：直线螺纹的终点坐标；

F：直线螺纹的导程。如果是单线螺纹，则为直线螺纹的螺距；

Q：螺纹起始角。该值为不带小数点的非模态值，其单位为0.001°。如果是单线螺纹，则该值为0。

K：主轴每转螺距的增量（正值）或减量（负值）；

例 G32 W-30.0 F4.0；

G34 W-30.0 F4.0 K0.1；

(2) 指令说明

G32的执行轨迹如图6—7所示。G32指令近似于G01指令，刀具从*B*点以每转进给一个导程/螺距的速度切削至*C*点。其切削前的进刀和切削后的退刀都要通过其他的程序段来实现，如图中的*AB*、*CD*、*DA*程序段。

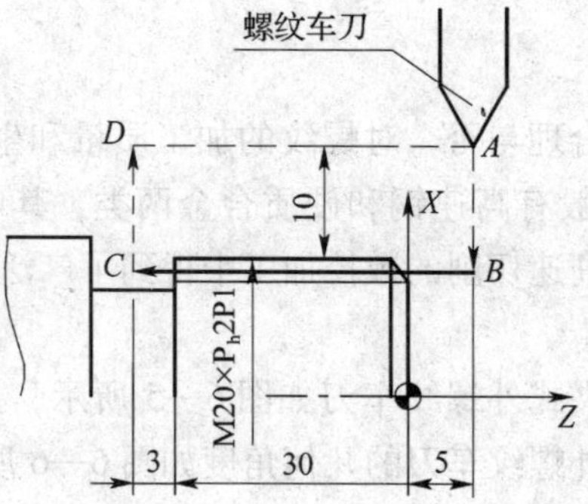

图6—7 G32圆柱螺纹的运动轨迹与编程示例

在加工等螺距圆柱螺纹以及除端面螺纹之外的其他各种螺纹时，均需特别注意其螺纹车刀的安装方法（正、反向）和主轴的旋转方向应与车床刀架的配置方式（前、后置）相适应。螺纹刀具加工方式如图6—8所示。螺纹切削起刀点的选择见表6—2。

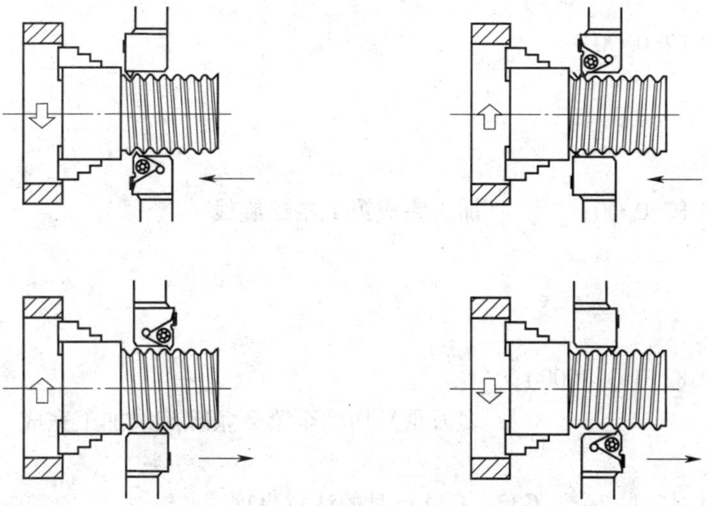

a)　　　　　　　　b)

图 6—8　螺纹刀具加工方式

a）右螺纹加工　b）左螺纹加工

表 6—2　　　　　　　　螺纹切削起刀点的选择

刀架配置方式	螺纹旋向	主轴旋转方向	起刀点
前置刀架	右旋	M03	*A*
	左旋	M03	*D*
后置刀架	右旋	M04	*D*
	左旋	M04	*A*

想一想

如果刀具正装，主轴反转，*A* 点起刀，则加工出的螺纹是左旋还是右旋？

（3）编程实例

例　试用 G32 指令编写如图 6—7 所示工件的螺纹加工程序（螺纹切削导入距离 δ_1 取 5 mm，导出距离 δ_2 取 3 mm）。

```
    O0001；
      ⋮
G00 X40.0 Z5.0；            导入距离 δ1 = 5
    X19.2；
G32 Z-33.0 F2.0 Q0；        加工第 1 条螺旋线，螺纹起始角为 0°
G00 X40.0；
    Z5.0；
```

```
    X18.8;
G32 Z-33.0 F2.0 Q0;
G00 X40.0;
    Z5.0;
    X18.7;
G32 Z-33.0 F2.0 Q0;        加工完成第1条螺旋线
G00 X40.0;
    Z5.0;
    X19.2;
G32 Z-33.0 F2.0 Q180000;
    ⋮                      多刀重复切削至第2条螺旋线加工完成
M30;
```

（4）使用螺纹切削指令（G32、G34）时的注意事项

1）在螺纹切削过程中，进给速度倍率无效。

2）在螺纹切削过程中，进给暂停功能无效，如果在螺纹切削过程中按了进给暂停按钮，刀具将在执行了非螺纹切削的程序段后停止。

3）在螺纹切削过程中，主轴速度倍率功能失效。

4）在螺纹切削过程中，不宜使用恒线速度控制功能，而采用恒转速控制功能较为合适。

2. 圆柱螺纹切削单一固定循环

（1）指令格式

G92 X(U)__ Z(W)__ F__；

X(U)__ Z(W)__：螺纹切削终点处的坐标，U 和 W 后面数值的符号取决于轨迹 *AB* 和 *BC* 的方向（见图 6—9）；

F__：螺纹导程的大小，如果是单线螺纹，则为螺距的大小。

例　G92 X30.0 Z-30.0 F2.0；

（2）指令说明

G92 圆柱螺纹切削轨迹如图 6—9 所示，与 G90 循环相似，运动轨迹也是一个矩形轨迹。刀具从循环起点 *A* 沿 *X* 向快速移动至 *B* 点，然后以工件每转一转进给一个导程的进给速度沿 *Z* 向切削进给至 *C* 点，再从 *X* 向快速退刀至 *D* 点，最后返回循环起点 *A* 点，准备下一次循环。

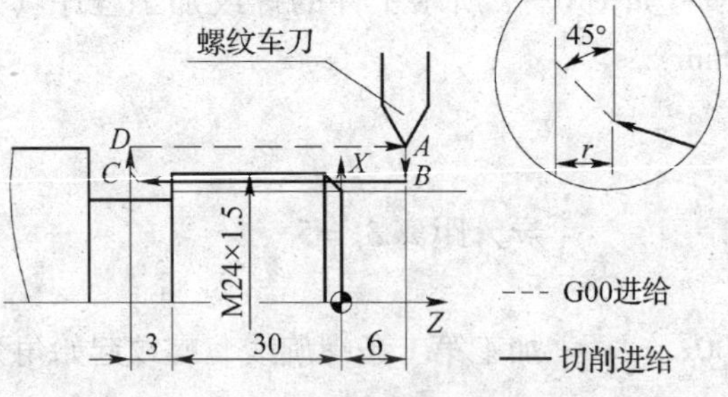

图 6—9　螺纹切削单一固定循环轨迹图

在 G92 循环编程中，应注意循环起点的正确选择。通常情况下，X 向循环起点取在离外圆表面 1 ~ 2 mm（直径量）的地方，Z 向的循环起点根据导入值的大小来进行选取。

执行 G92 循环时，在螺纹切削的退尾处，刀具沿接近 45°的方向斜向退刀，Z 向退刀距离 $r = 0.1S \sim 12.7S$（导程），如图 6—9 所示，该值由系统参数设定。

（3）编程实例

试用 G92 指令编写图 6—9 所示圆柱螺纹加工程序（螺纹切削导入距离 δ_1 取 6 mm，导出距离 δ_2 取 3 mm，螺距为 1.5 mm）。

```
O0002;
 ⋮
T0202;                  （螺纹车刀的前刀面向下）
M03 S600;
G00 X30.0 Z6.0 M08;     （快速定位至螺纹切削循环起点）
G92 X22.9 Z-33.0 F1.5;  （多刀切削螺纹，背吃刀量分别为 1.1 mm、0.5 mm、0.25 mm、
                         0.1 mm）
    X22.4;
    X22.15;
    X22.05;
G00 X100.0 Z100.0;
M05 M09;
M30;
```

任务实施

一、分析零件

根据螺纹标记，确定图样中工件右端螺纹部分为普通细牙螺纹，公称直径为 27 mm，螺距为 2 mm，单线，右旋，螺纹长度 15 mm，螺纹中、顶径公差带代号为 6g。

二、分析工艺

1. 编程原点的确定

工件的编程原点取在工件右端面的中心处。

2. 螺纹切削径向尺寸计算

车削螺纹前工件大径：$d' \approx d - 0.13P = 27 - 0.13 \times 2 = 26.74$（mm）。

螺纹总切深量：$h' \approx 1.3P = 1.3 \times 2 = 2.6$（mm），分 5 次切削，背吃刀量依次为 0.9 mm、0.6 mm、0.6 mm、0.4 mm、0.1 mm。

3. 螺纹加工起点和终点位置的确定

螺纹切削导入距离 $\delta_1 \approx (2 \sim 3)P = 4 \sim 6$（mm），取 5 mm；

导出距离 $\delta_2 \approx (1 \sim 2)P = 2 \sim 4$（mm），取 2 mm；

螺纹加工起点坐标为：(30.0，5.0)；

终点坐标依次为：第一刀（26.1，-17.0）；第二刀（25.5，-17.0）；第三刀（24.9，-17.0）；第四刀（24.5，-17.0）；第五刀（24.4，-17.0）。

4. 选择刀具及切削用量

本任务根据教学实际可选用焊接式普通车刀或机械夹固式车刀。本例中选用数控刀具，如图 6—10 所示的外螺纹车刀，刀柄型号为 SER2020K16T，刀片型号 16ERAG60ISO。

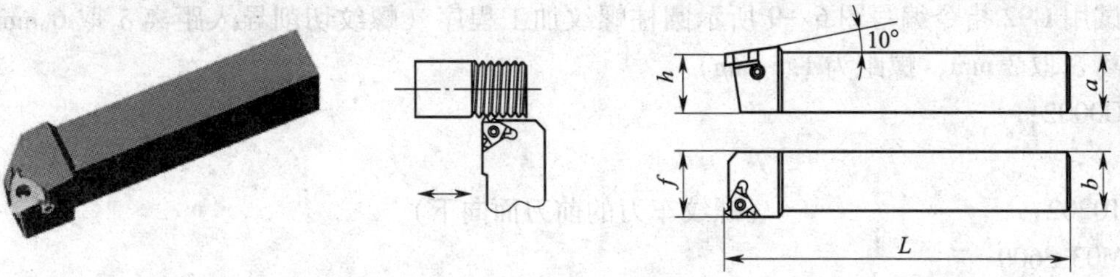

图 6—10　外螺纹车刀

本任务选用的刀具及切削用量见表 6—3。

表 6—3　　数控车削用刀具及切削用量参数表

刀具名称	刀具规格	刀具号	加工内容	主轴转速（r/min）	进给量（mm/r）	背吃刀量（mm）
外圆车刀	93°主偏角	T0101	手动车端面	600/1200	0.2/0.1	2/0.3
			粗、精车外轮廓			
外切槽刀	刃宽 3 mm	T0202	切外沟槽，槽侧倒角	400	0.1	3
外螺纹车刀	60°刀尖角	T0303	车直螺纹	400	2	分层

三、程序编制

本任务工件的参考加工程序见表 6—4。

表 6—4　　任务 1 参考程序

刀具	1 号：93°外圆车刀；2 号：切槽刀；3 号：螺纹车刀	
程序号	加工程序	程序说明
	O6010；	工件右端加工程序
	⋮	轮廓，切槽加工
N200	G28 U0 W0；	换刀后刀具定位
N210	T0303；	
N220	G00 X30.0 Z5.0 S400 M03；	
N230	G92 X26.1 Z-17.0 F2.0；	加工右端圆柱外螺纹
N240	X25.5；	
N250	X24.9；	
N260	X24.5；	
N270	X24.4；	

续表

刀具	1 号：93°外圆车刀；2 号：切槽刀；3 号：螺纹车刀	
程序号	加工程序	程序说明
	O6010；	工件右端加工程序
N280	G28 U0 W0；	程序结束部分
N290	M05 M09；	
N300	M30	

四、加工准备

1. 毛坯为 ϕ42 mm × 57 mm 的圆钢。

2. 加工中使用的工具、量具、刃具见表 6—5。

表 6—5　　　　工具、量具、刃具清单

序号	名称	规格	数量	备注
1	游标卡尺	0 ~ 150 mm，精度为 0.02 mm	1	
2	千分尺	25 ~ 50 mm，精度为 0.01 mm	1	
3	螺纹环规	M27 × 2 - 6g	1 套	
4	外圆车刀	95°	1	
5	切断（槽）刀	刃宽 3 mm	1	
6	外螺纹车刀	60°刀尖角	1	
7	对刀样板		1	

五、装刀及对刀操作

1. 安装外螺纹车刀

装夹外螺纹车刀时，刀尖位置一般应对准工件中心（可根据尾座顶尖高度检查）。车刀刀尖角的对称中心线必须与工件轴线垂直，装刀时可用样板来对刀（见图 6—11a）。如果把车刀装斜，就会产生牙型歪斜（见图 6—11b）。刀头伸出不要过长，一般为刀杆厚度的 1.5 倍左右。螺纹车刀的装夹要求见表 6—6。

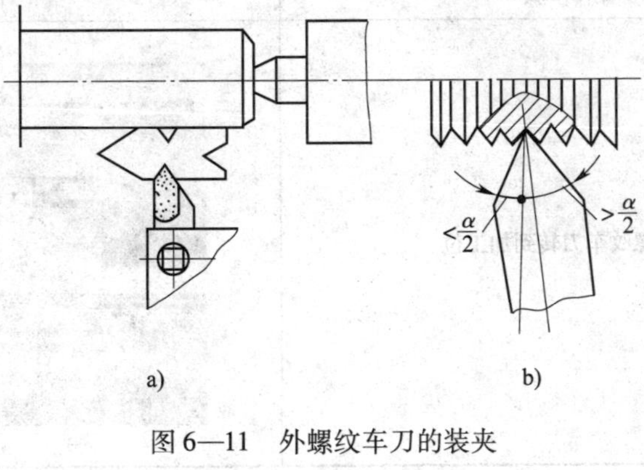

a)　　　　b)

图 6—11　外螺纹车刀的装夹

表 6—6 螺纹车刀的装夹要求

序号	装夹要求	图例
1	螺纹车刀刀尖与车床主轴轴线等高，一般可根据尾座顶尖高度调整和检查。为防止高速车削时产生振动和“扎刀”，外螺纹车刀刀尖也可以高于工件中心 0.1 ~0.2 mm，必要时可采用弹性刀柄螺纹车刀	
2	使用螺纹对刀样板，校正螺纹车刀的安装位置，确保螺纹车刀的两刀尖半角的对称中心线与工件轴线垂直	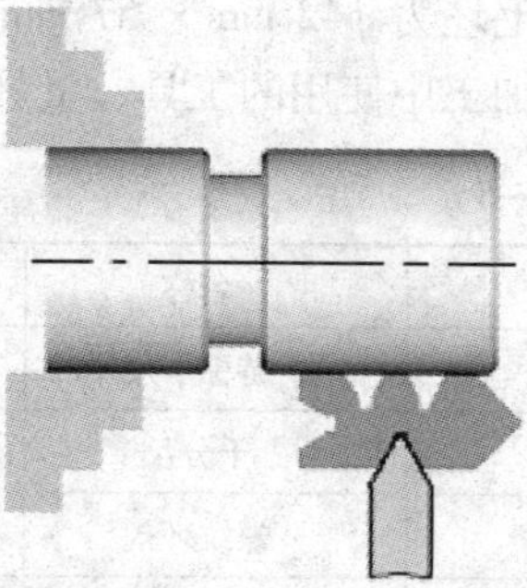
3	螺纹车刀伸出刀架不宜过长，一般伸出长度为刀柄高度的 1.5 倍	

2. 外螺纹车刀的对刀及刀补设定相关操作（见表 6—7）

表 6—7 外螺纹车刀的对刀及刀补设定

序号	操作步骤	图例
1	输入 T03，将外螺纹车刀转到加工位	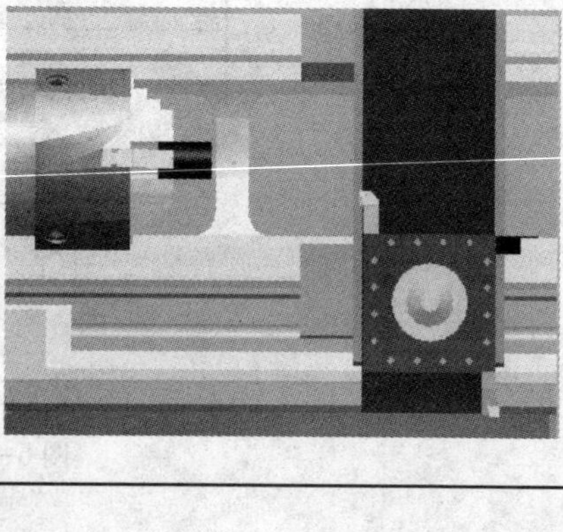

序号	操作步骤	图例
2	*Z* 向对刀操作 先用 JOG 手动方式移动刀架，靠近工件，再用 HANDLE 手轮方式作微调，使刀具的刀尖靠近工件，并目测刀尖与端面在一直线上	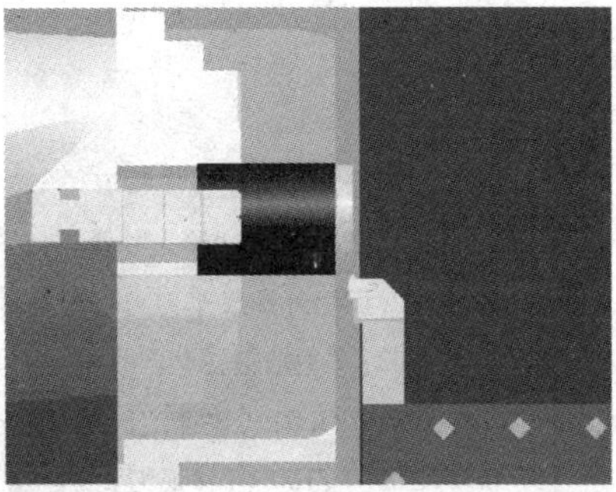
3	*Z* 向刀补设定 进入刀具补偿界面，在 03 号刀补中，输入刀位点的 *Z* 测量值 Z0，计算确认后完成 *Z* 向刀具偏置补偿的设置	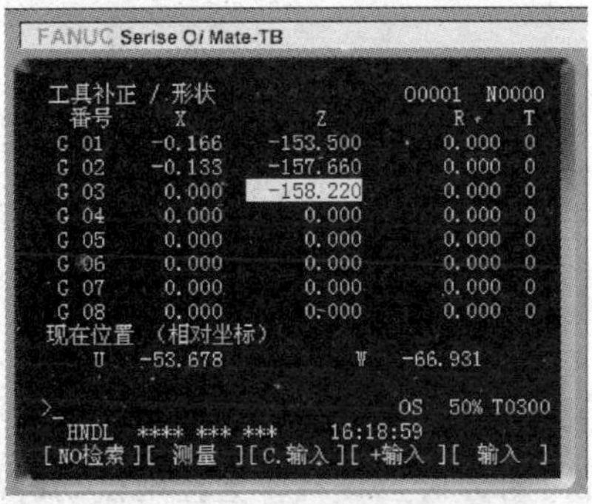
4	*X* 向对刀操作 方法一：用手轮分别沿 + *Z*→ + *X*→ - *Z*→ - *X* 方向移动刀架，使刀尖靠到工件外圆面 方法二：试切外圆，停机测量	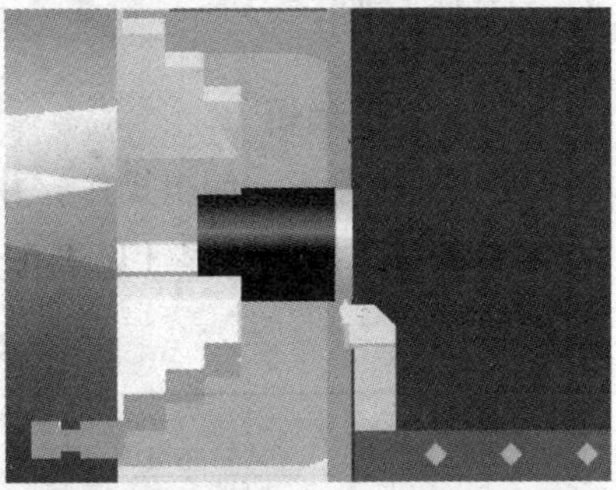
5	*X* 向刀补设定 在刀具补偿界面中输入刀位点的 *X* 测量值（$X = d_{测}$），通过计算确认后完成 *X* 向刀具偏置补偿的设置	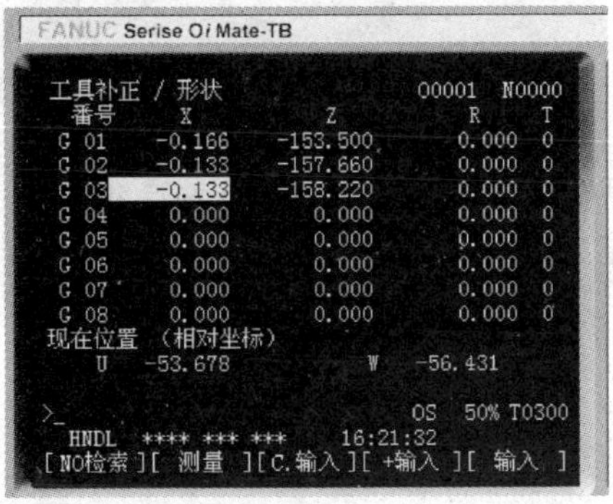

续表

序号	操作步骤	图例
6	外螺纹车刀刀补验证操作如下 在 MDI 方式下，依次输入并执行以下程序段： T0303；（调用外螺纹车刀刀号刀补号） S500 M03；（主轴正转） G00 X43.0 Z2.0；（快速定位至对刀点） G00 X100.0 Z100.0；（退刀） M05；（主轴停止）	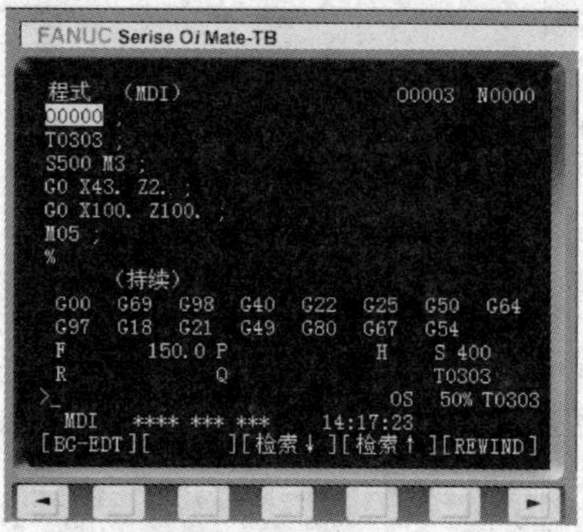

操作提示

1. 外螺纹车刀 *X* 向对刀时，建议采用试切外圆的方法来提高对刀精度。
2. 对刀时应提醒学生控制试切时的背吃刀量和切削长度，防止过切及提高对刀速度。

六、零件车削

1. 程序输入、编辑

手工完成程序输入、编辑操作，并完成关键程序的校验。

2. 零件的加工操作过程（见表 6—8）

表 6—8 零件加工操作过程

步骤	图例
夹住毛坯外圆，伸出长度约 45 mm，找正后夹紧	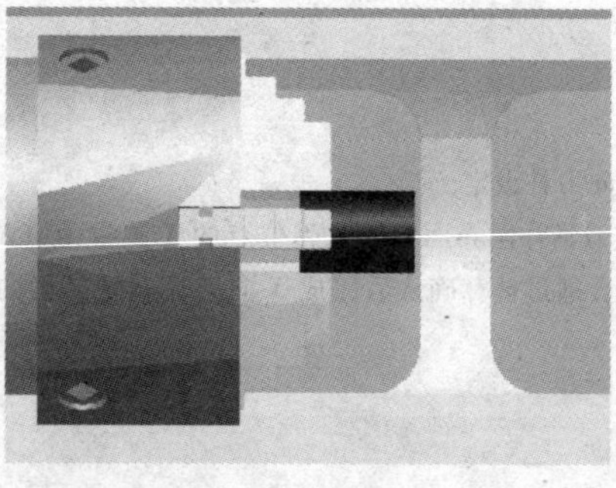

步骤	图例
对刀设定并验证刀补	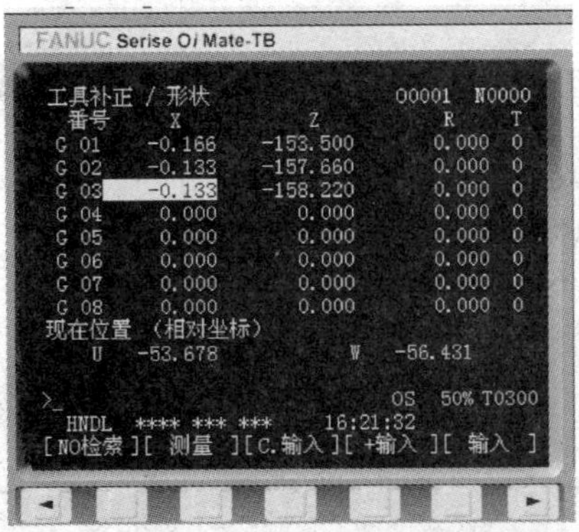
粗、精车工件右端 $C2$ 倒角，螺纹实际大径至 26.74 mm，$\phi30$ mm 外圆至尺寸 粗车时主轴转速 n 为 500 r/min，进给量 f 为 0.2 mm/r；精车选择主轴转速 n 为 1 000 r/min，进给量 f 为 0.1 mm/r	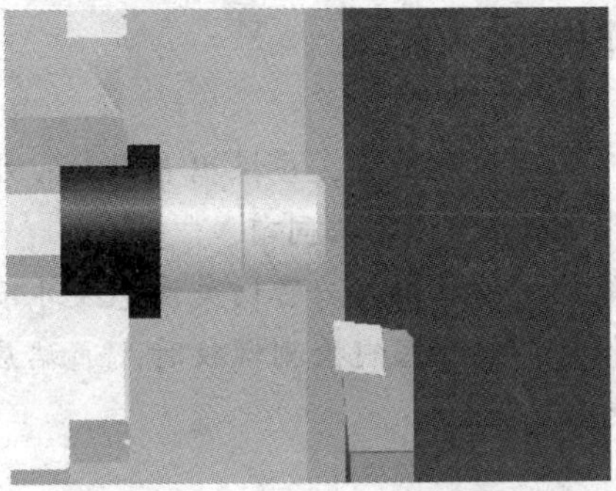
切螺纹退刀槽 $\phi22$ mm × 5 mm 主轴转速 n 为 400 r/min，进给量 f 为 0.1 mm/r	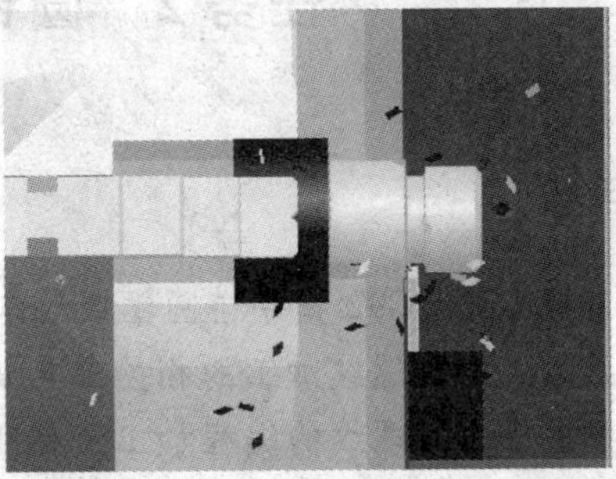
粗、精车外螺纹 M27 × 2 – 6g	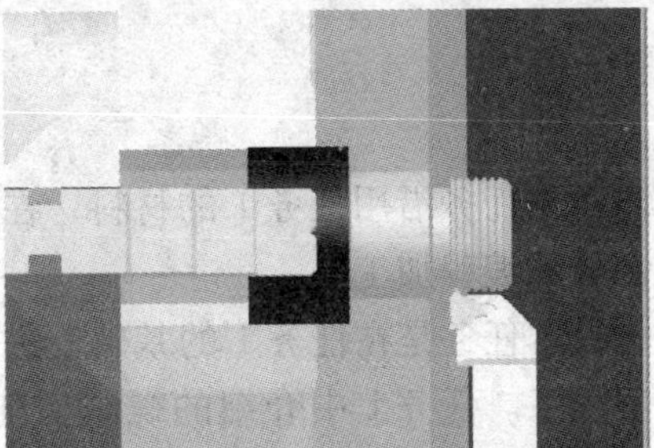

续表

步骤	图例
用 M27×2－6g 螺纹环规综合检测工件（要求通规要通过退刀槽与台阶平面靠平，止规旋入不超过1/2圈）	 

操作提示

1．外形轮廓粗加工后，应根据 ϕ30 mm 外圆处的检测值修调尺寸，间接控制螺纹实际大径 ϕ26.74 mm，修调方法同前。

2．螺纹切削过程中，应密切关注螺纹牙顶的宽度的变化，防止牙顶过尖。

3．用螺纹环规和塞规检测螺纹时，通端应轻松旋入、旋出，不准用力硬旋，否则螺纹有可能“咬死”。

任务2　圆锥外螺纹车削

学习目标

1．掌握 G32、G92 指令在圆锥螺纹车削加工中的编程方法及编程规则。
2．熟悉三角锥螺纹加工的相关工艺知识。
3．掌握三角锥螺纹的编程加工及精度检测。
4．掌握螺纹加工质量的分析方法。

工作任务

任务要求：本任务沿用任务1的材料，在任务1的基础上，完成如图6—12所示工件左端圆锥螺纹部分的编程加工。

任务分析：本任务是在任务1的基础上进一步学习外螺纹加工相关工艺知识，完成圆锥外螺纹的编程加工。任务1中介绍的螺纹切削指令 G32 和螺纹切削单一固定循环指令 G92 均可用于圆锥螺纹编程加工，为简化程序，本任务拟采用 G92 循环编程。

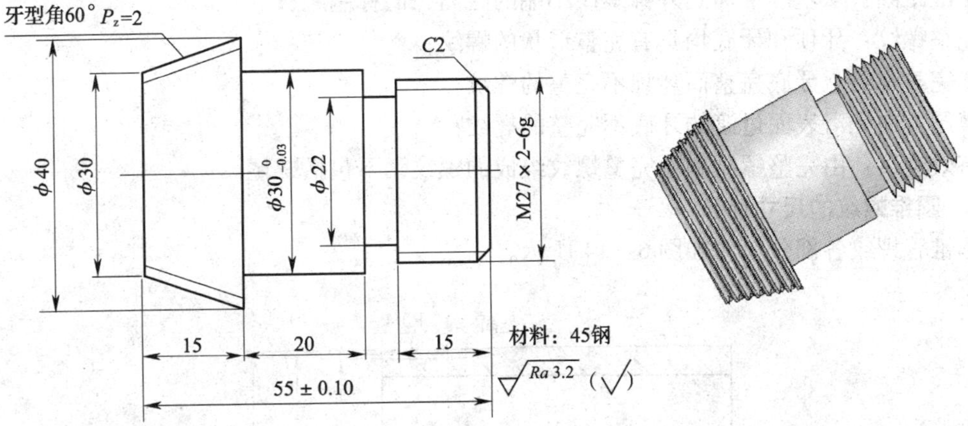

图 6—12　圆锥螺纹加工实例

相关理论

一、圆锥螺纹加工工艺知识

在圆锥表面上，沿螺旋线所形成的具有规定牙型的连续凸起称为圆锥螺纹。圆锥螺纹多出现在用于气体或液体管件连接的管螺纹中，其锥度规定为1∶16，牙型角通常有55°和60°两种。圆锥管螺纹公称直径以英寸（1 in＝25.4 mm）为单位，并以每英寸螺纹长度中有几个牙来表示牙型粗细。

1. 圆锥螺纹的基本牙型和有关术语

其基本牙型和有关术语如图6—13所示。

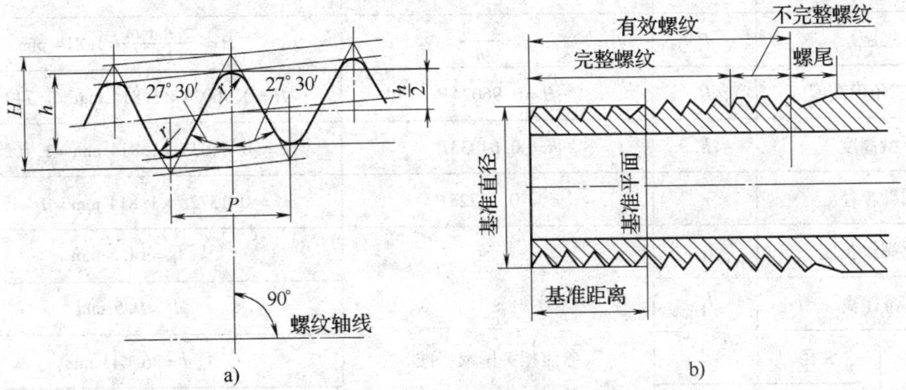

图 6—13　55°圆锥管螺纹基本牙型和术语

a）基本牙型　b）圆锥管螺纹术语

图中：

基准直径：设计给定的内锥螺纹或外锥螺纹的基本大径；

基准平面：垂直于锥螺纹轴线，具有基准直径的平面，简称基面；

基准距离：从基准平面到外锥螺纹小端的距离，简称基距；
完整螺纹：牙顶和牙底均具有完整形状的螺纹；
不完整螺纹：牙底完整而牙顶不完整的螺纹；
螺尾：向光滑表面过渡的牙底不完整的螺纹；
有效螺纹：由完整螺纹和不完整螺纹组成的螺纹，不包括螺尾。

2. 圆锥螺纹的尺寸计算

圆锥管螺纹各部分尺寸如图 6—14 所示。

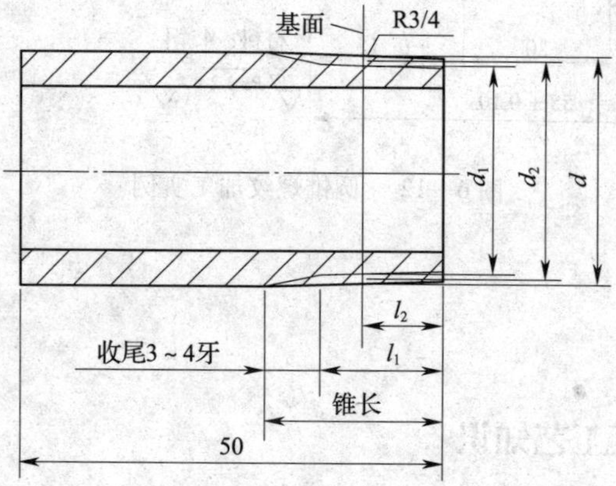

图 6—14　圆锥管螺纹各部分尺寸

（1）55°圆锥管螺纹相关要素及尺寸计算见表 6—9。

表 6—9　　55°圆锥管螺纹的尺寸计算

名称		代号	计算公式	示例
牙型角		α	55°	3/4 in（14 牙）
螺距		P	$P=\frac{25.4}{n}$	$P=\frac{25.4\ \text{mm}}{14}=1.814\ \text{mm}$
原始三角形高度		H	$H=0.96024P$	$H=0.96024\times1.814\ \text{mm}=1.742\ \text{mm}$
牙型高度		h	$h=0.64033P$	$h=0.64033\times1.814\ \text{mm}=1.162\ \text{mm}$
圆弧半径		r	$r=0.13728P$	$r=0.13728\times1.814\ \text{mm}=0.249\ \text{mm}$
有效螺纹长度		l_1	参照相关国家标准	$l_1=14.5\ \text{mm}$
基准距离		l_2		$l_2=9.5\ \text{mm}$
基面上的基本直径	大径	d		$d=26.441\ \text{mm}$
	中径	d_2		$d_2=25.279\ \text{mm}$
	小径	d_1		$d_1=24.117\ \text{mm}$
圆锥长度		L	$L=l_1+$（3～4）牙	取 21 mm
锥度为 1∶16，圆锥半角为 1°47′24″				

（2）60°圆锥管螺纹相关要素及尺寸计算见表 6—10。

表 6—10　　60°圆锥管螺纹的尺寸计算

名称		代号	计算公式	示例
牙型角		α	60°	1/2 in（14 牙）
螺距		P	$P=\frac{25.4}{n}$	$P=\frac{25.4\ \text{mm}}{14}=1.814\ \text{mm}$
原始三角形高度		H	$H=0.866P$	$H=0.866\times1.814\ \text{mm}=1.571\ \text{mm}$
牙型高度		h	$h=0.8P$	$h=0.8\times1.814\ \text{mm}=1.451\ \text{mm}$
有效螺纹长度		l_1	参照相关国家标准	$l_1=13.5\ \text{mm}$
基准距离		l_2		$l_2=8.128\ \text{mm}$
基面上的基本直径	大径	d		$d=21.223\ \text{mm}$
	中径	d_2		$d_2=19.772\ \text{mm}$
	小径	d_1		$d_1=18.321\ \text{mm}$
管端部螺纹底径（参考值）		d_T		$d_T=17.813\ \text{mm}$
圆锥长度		L	$L=l_1+(3\sim4)$ 牙	取 19 mm

锥度为 1:16，圆锥半角为 1°47′24″

提示

圆锥管螺纹的检测通常采用标准管接头进行综合检查。

二、圆锥螺纹切削单一固定循环 G92

1．指令格式

G92 X(U)__ Z(W)__ F __ R __;

X(U)__ Z(W)__：螺纹切削终点处的坐标；

F __：螺纹导程的大小，如果是单线螺纹，则为螺距的大小；

R __：为圆锥螺纹切削起点（图 6—15 中 B 点）处的 X 坐标减其终点（编程终点）处的 X 坐标之值的二分之一。

例　G92 X30.0 Z-30.0 F2.0 R-5.0;

2．指令说明

G92 圆锥螺纹切削循环轨迹如图 6—15 所示，该轨迹与 G92 圆柱螺纹切削循环轨迹相似（即原水平直线 BC 改为倾斜直线）。

对于圆锥螺纹中的 R 值，在编程时除要注意有正、负值之分外，还要根据不同长度

来确定 R 值的大小。如图 6—15 所示，用于确定 R 值的长度为 $30+\delta_1+\delta_2$，其 R 值的大小应按该长度计算，即 $(d_{小端}-d_{大端})/H=2R/(H+\delta_1+\delta_2)$，以保证螺纹锥度的正确性。

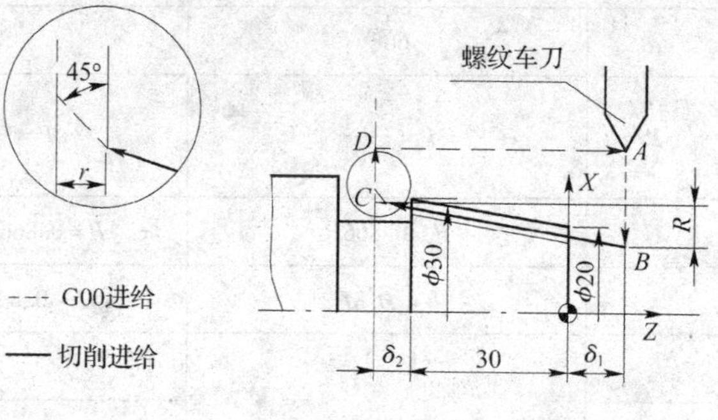

图 6—15　圆锥螺纹切削循环轨迹图

3. 编程实例

试用 G92 指令编写如图 6—15 所示锥螺纹加工程序（螺纹切削导入距离 δ_1 取 6 mm，导出距离 δ_2 取 3 mm，Z 向螺距为 1.5 mm）。

```
O0001;
⋮
T0202;                           （螺纹车刀的前刀面向下）
M03 S600;
G00 X35.0 Z6.0;                  （快速定位至螺纹切削循环起点）
G92 X28.9 Z-33.0 F1.5 R-6.5;     （多刀切削螺纹，背吃刀量分别为 1.1 mm、0.5 mm、
                                  0.25 mm、0.1 mm）
    X28.4 R-6.5;
    X28.15 R-6.5;
    X28.05 R-6.5;
G00 X100.0 Z100.0;
M05;
M30;
```

4. 使用螺纹切削单一固定循环时的注意事项

（1）在螺纹切削过程中，按下循环暂停键时，刀具立即按斜线回退，然后先回到 X 轴的起点，再回到 Z 轴的起点。在回退期间，不能进行另外的暂停。

（2）如果在单段方式下执行 G92 循环，则每执行一次循环必须按 4 次循环启动按钮。

（3）G92 指令是模态指令，当 Z 轴移动量没有变化时，只需对 X 轴指定其移动指令即可重复执行固定循环动作。

（4）执行 G92 循环时，在螺纹切削的退尾处，刀具沿接近 45°的方向斜向退刀，Z 向退刀距离 $r=0.1S\sim12.7S$（导程），如图 6—15 所示，该值由系统参数设定。

（5）在 G92 指令执行过程中，进给速度倍率和主轴速度倍率均无效。

任务实施

一、分析零件

根据螺纹标记，确定图样中工件左端螺纹部分为圆锥螺纹，圆锥螺纹大端直径 ϕ40 mm，小端直径 ϕ30 mm，Z 向螺距为 2 mm，单线，右旋，螺纹长度 15 mm。

二、分析工艺

1. 编程原点的确定

工件的编程原点取在工件左端面的中心处。

2. 螺纹切削径向尺寸计算

圆锥螺纹大端的编程大径：$d' \approx d - 0.13P = 40 - 0.13 \times 2 = 39.74$（mm）。

圆锥螺纹小端的编程大径：$d' \approx d - 0.13P = 30 - 0.13 \times 2 = 29.74$（mm）。

螺纹总切深量：$h' \approx 1.3P = 1.3 \times 2 = 2.6$（mm），分 5 次切削，背吃刀量依次为 0.9 mm、0.6 mm、0.6 mm、0.4 mm、0.1 mm。

3. 螺纹加工起点和终点位置的确定

螺纹切削导入距离 $\delta_1 \approx$（2 ~ 3）$P = 4 \sim 6$ mm，取 4 mm。

导出距离 $\delta_2 \approx$（1 ~ 2）$P = 2 \sim 4$ mm，取 2 mm。

螺纹加工起点坐标为（41.0，4.0）。

> **提示**
>
> 循环起点的 X 坐标应大于毛坯尺寸。

终点坐标依次为：第一刀（39.1，−17.0）；第二刀（38.5，−17.0）；第三刀（37.9，−17.0）；第四刀（37.5，−17.0）；第五刀（37.4，−17.0）。

对于圆锥螺纹中的 R 值，在编程时除要注意有正、负值之分外，还要根据不同长度来确定 R 值的大小。本任务中，用于确定 R 值的长度为 $H + \delta_1 + \delta_2 = 15 + 4 + 2 = 21$（mm），其 R 值的大小应按该长度计算，即（$d_{小端} - d_{大端}$）$/H = 2R/$（$H + \delta_1 + \delta_2$），R 值为 −7 mm。

4. 选择刀具及切削用量

本任务沿用任务 1 的外圆车刀及外螺纹车刀，切削用量选择一致。

三、程序编制

本任务工件的参考加工程序见表 6—11。

表 6—11　　任务 2 参考程序

刀具	1 号：95°外圆车刀　2 号：切槽刀　3 号：螺纹车刀	
程序号	加工程序	程序说明
	O6020；	工件左端加工程序
	⋮	轮廓加工
N90	G00 X41.0 Z4.0；	刀具定位至循环起点
N100	G92 X39.1 Z－17.0 F2.0 R－7.0；	加工圆锥螺纹
N110	X38.5 R－7.0；	
N120	X37.9 R－7.0；	
N130	X37.5 R－7.0；	
N140	X37.4 R－7.0；	
N280	G28 U0 W0；	程序结束部分
N290	M05 M09；	
N300	M30；	

提示

加工圆锥螺纹时，由于有导入距离和导出距离的存在，在编程过程中要特别注意 *R* 值的计算。

四、加工准备

1. 毛坯沿用任务 1 的工件，掉头装夹加工完成本任务。
2. 加工中使用的工具、量具、刃具见表 6—12。

表 6—12　　工具、量具、刃具清单

序号	名称	规格	数量	备注
1	游标卡尺	0～150 mm，精度为 0.02 mm	1	
2	千分尺	25～50 mm，精度为 0.01 mm	1	
3	外圆车刀	95°	1	
4	外螺纹车刀	60°刀尖角	1	

五、零件车削

1. 参照任务 1 完成外螺纹车刀的对刀及刀补设定，零件的加工操作过程见表 6—13。

表 6—13　　零件的加工操作过程

步骤	图例
掉头夹住 $\phi30$ mm 外圆，找正装夹，手动车端面保证总长 55 mm 主轴转速 n 为 500 r/min，进给量 f 为 0.1 mm/r	
对刀设定并验证刀补	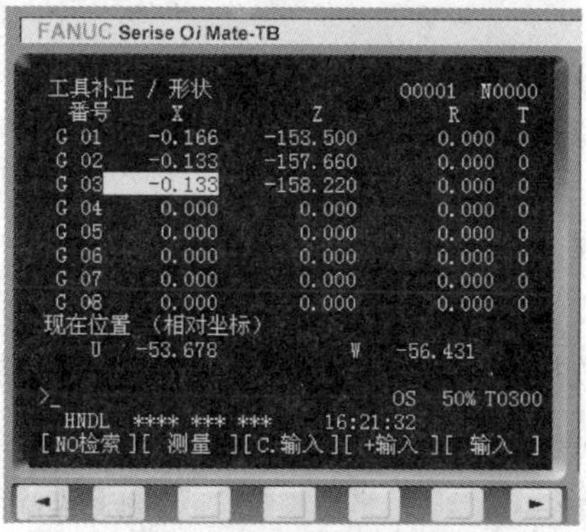
粗、精车工件左端锥螺纹实际大径至尺寸 粗车时主轴转速 n 为 500 r/min，进给量 f 为 0.2 mm/r；精车选择主轴转速 n 为 1 000 r/min，进给量 f 为 0.1 mm/r	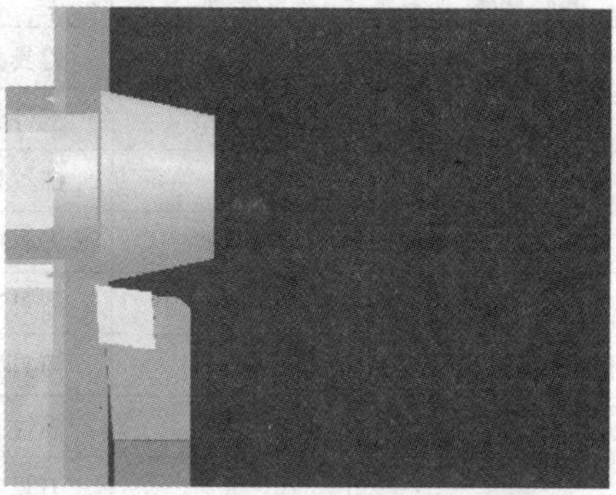
车锥螺纹 主轴转速 n 为 500 r/min，进给量 f 为 2 mm/r	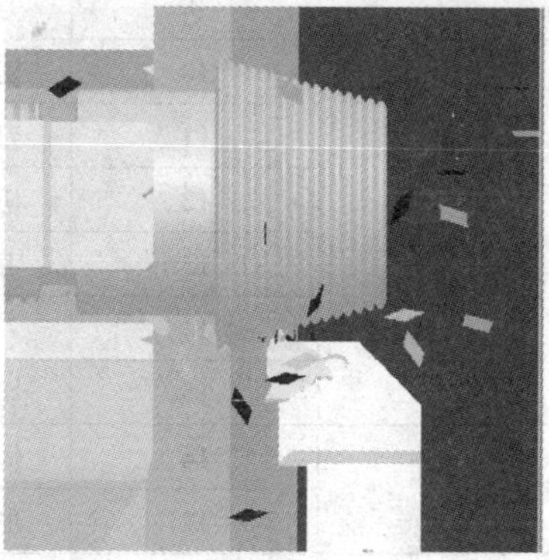

续表

步骤	图例
合格后取下工件	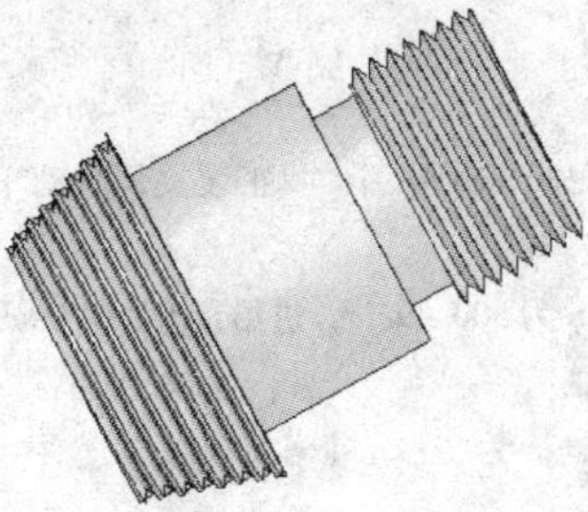

操作提示

螺纹切削过程中，应密切关注螺纹牙顶的宽度的变化，防止牙顶过尖。

2. 车削螺纹加工质量分析

数控车床加工螺纹过程中产生螺纹精度降低的原因是多方面的，尺寸精度降低原因见表6—14，对照表可进行工件螺纹部分的加工质量分析。

表 6—14　　数控车削尺寸精度降低原因分析

问题现象	序号	产生原因
螺纹牙顶呈刀口状或过平	1	刀具角度选择不正确
	2	工件外径尺寸不正确
	3	螺纹切削过深或切削深度不够
	4	刀具中心错误
刀具牙底圆弧过大或过宽	5	刀具选择错误
	6	刀具磨损严重
	7	螺纹有乱牙现象
螺纹牙型半角不正确	8	刀具安装不正确
	9	刀具角度刃磨不正确
螺纹表面质量差	10	切削速度过低
	11	刀具中心过高
	12	切削液选用不合理
	13	刀尖产生积屑瘤
	14	刀具与工件安装不正确，产生振动
	15	切削参数选用不正确，产生振动
螺距误差	16	伺服系统滞后效应
	17	加工程序不正确

任务 3　内螺纹车削

学习目标

1. 掌握螺纹切削复合循环指令 G76 的指令格式。
2. 正确理解 G76 指令段内部参数的意义，能根据加工要求合理确定各参数值。
3. 掌握 G76 指令的编程方法及编程规则。
4. 掌握内螺纹的加工工艺知识。
5. 熟悉综合件加工工艺分析方法，合理确定加工方案。
6. 掌握内螺纹的编程加工。

工作任务

任务要求：本任务要完成如图 6—16 所示工件右端外圆、螺纹底孔及内螺纹加工，毛坯已预制 ϕ20 mm、深 26 mm 的底孔。

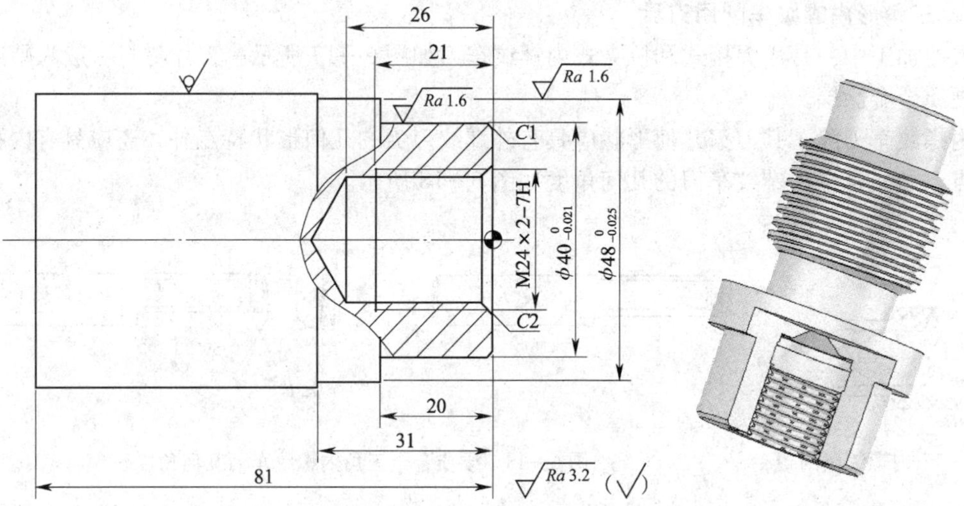

图 6—16　复合循环车削内螺纹实例

任务分析：在工艺方面，本任务重点放在内螺纹加工工艺上。在编程方面，在学习了螺纹切削指令 G32 编程、螺纹切削单一固定循环 G92 指令编程后，引入 FANUC 0i 系统的螺纹切削复合循环 G76 指令编程。由于本任务涵盖了外圆车削、镗孔、内螺纹加工等内容，属于较为典型的内、外形综合，通过本任务的实施，还可以让学生初步掌握综合件的工艺分析方法，为后续综合训练奠定基础。

相关理论

一、普通三角螺纹加工工艺知识

1. 内螺纹径向尺寸计算

（1）内螺纹的顶径

内螺纹的顶径即小径，高速车削三角形内螺纹时，考虑螺纹的公差要求和螺纹切削过程中对小径的挤压作用，所以车削内螺纹前的孔径（即实际小径 D_1'）要比内螺纹小径 D_1 略大些，可采用下列近似公式计算：

车削塑性金属时：$D_1' \approx D - P$。

车削脆性金属时：$D_1' \approx D - 1.05P$ 。

（2）内螺纹的底径

内螺纹的底径即大径，取螺纹的公称直径 D 值，该直径为内螺纹切削终点处的 X 坐标。

（3）内螺纹的中径

在数控车床上，螺纹的中径是通过控制螺纹的削平高度（由螺纹车刀的刀尖体现）、牙型高度、牙型角和底径来综合控制的。

（4）螺纹总切深

内螺纹加工中，螺纹总切深的取值与外螺纹加工相同，即 $h' \approx 1.3P$（直径量）。

2. 三角形内螺纹车削用刀具

数控加工中，常用焊接式和机夹式内螺纹车刀如图 6—17 所示，刀片材料一般为硬质合金或硬质合金涂层。

内螺纹车刀除了其刀刃几何形状应具有外螺纹刀尖的几何形状特点外，还应具有内孔刀的特点，硬质合金内螺纹车刀的几何角度如图 6—18 所示。

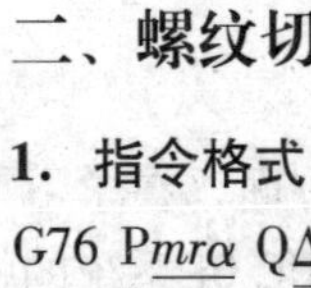

图 6—17 内螺纹车削

图 6—18　硬质合金三角内螺纹车刀几何角度

二、螺纹切削复合循环指令 G76

1. 指令格式

G76 P$\underline{mr\alpha}$ Q$\underline{\Delta d_{min}}$ R$\underline{d}$;

G76 X(U)__ Z(W)__ R$\underline{i}$ P$\underline{k}$ Q$\underline{\Delta d}$ F __;

m：精加工重复次数 01 ~ 99；

r：倒角量，即螺纹切削退尾处（45°）的 Z 向退刀距离。当导程（螺距）由 L 表示时，可以从 $0.1L$ 到 $9.9L$ 设定，单位为 $0.1L$（两位数：从 00 ~ 99）；

α：刀尖角度（螺纹牙型角）。可以选择 80°、60°、55°、30°、29°和 0°共 6 种中的任意一种。该值由 2 位数规定；

Δd_{min}：最小切深，该值用不带小数点的半径值指定；

d：精加工余量，该值用带小数点的半径量表示；

X(U)__ Z(W)__ ：螺纹切削终点处的坐标；

i：螺纹半径差。如果 $i=0$，则进行圆柱螺纹切削；

k：牙型编程高度。该值用不带小数点的半径量表示；

Δd：第一刀切削深度，该值用不带小数点的半径量表示；

L：导程。如果是单线螺纹，则该值为螺距。

例 G76 P011030 Q50 R0. 05；

G76 X27. 6 Z－30. 0 R0 P1200 Q400 F2. 0；

2. 走刀轨迹分析

G76 螺纹切削复合循环的运动轨迹如图 6—19a 所示。以圆锥外螺纹为例，刀具从循环起点 A 处，以 G00 方式沿 X 向进给至螺纹牙顶 X 坐标处（B 点，该点的 X 坐标值 = 小径 + $2k$），然后沿基本牙型一侧平行的方向进给（见图 6—19b），X 向切深为 Δd，再以螺纹切削方式切削至离 Z 向终点距离为 r 处，倒角退刀至 D 点，再沿 X 向退刀至 E 点，最后返回 A 点，准备第二刀切削循环。如此分多刀切削循环，直至循环结束。

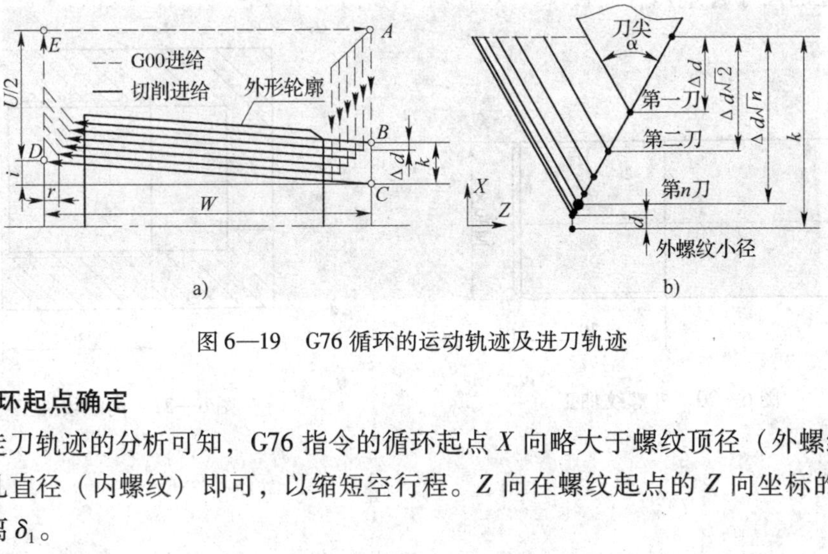

图 6—19　G76 循环的运动轨迹及进刀轨迹

3. 循环起点确定

通过走刀轨迹的分析可知，G76 指令的循环起点 X 向略大于螺纹顶径（外螺纹）、略小于螺纹底孔直径（内螺纹）即可，以缩短空行程。Z 向在螺纹起点的 Z 向坐标的基础上加上导入距离 δ_1。

4. 指令说明

第一刀切削循环时，背吃刀量为 Δd（见图 6—19b），第二刀的背吃刀量为 $(\sqrt{2}-1)\Delta d$，第 n 刀的背吃刀量为（$\sqrt{n}-\sqrt{n-1}$）Δd。因此，执行 G76 循环的背吃刀量是逐步递减的。

G76 指令进刀如图 6—19b 所示，螺纹车刀向深度方向并沿基本牙型一侧的平行方向进刀，从而保证了螺纹粗车过程中始终用一个刀刃进行切削，减小了切削阻力，提高了刀具寿命，为螺纹的精车质量提供了保证。

在 G76 循环指令中，m、r、α 用地址符 P 及后面各两位数字指定，每个两位数中的前置 0 不能省略。这些数字的具体含义及指定方法如下：

例　P001560

该例的具体含义为：精加工次数“00”，即 $m=0$；倒角量“15”，即 $r=15\times0.1L=1.5L$（L 是导程）；螺纹牙型角“60”，即 $\alpha=60°$。

5．编程实例

在前置刀架式数控车床上，试用 G76 指令编写如图 6—20 所示外螺纹的加工程序（未考虑各直径的尺寸公差）。

```
O0001;
⋮
T0404;
M03 S400;
G00 X32.0 Z6.0;
G76 P021060 Q50 R0.1;
G76 X27.6 Z-30.0 P1300 Q300 F2.0;
G00 X100.0 Z100.0;
M05;
M30;
```

在前置刀架式数控车床上，试用 G76 指令编写如图 6—21 所示内螺纹的加工程序（未考虑各直径的尺寸公差）。

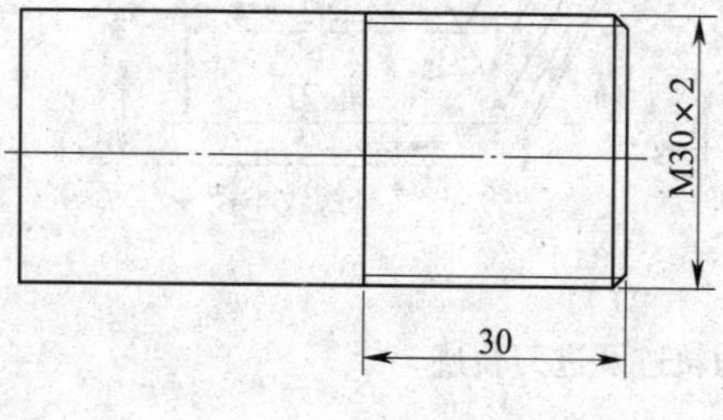

图 6—20　外螺纹加工

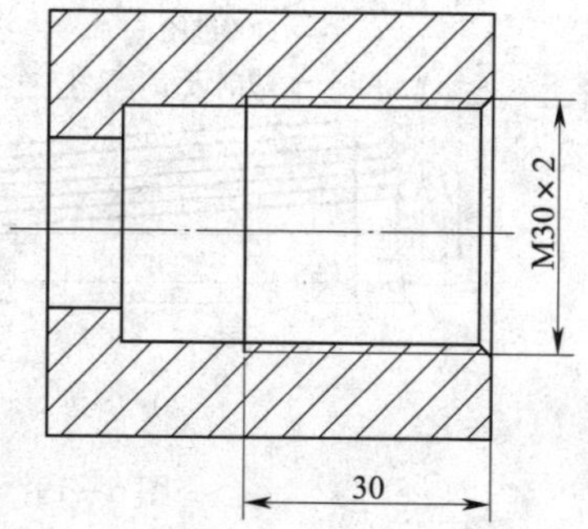

图 6—21　内螺纹加工

```
O0002;
⋮
T0404;
M03 S400;
G00 X26.0 Z6.0;
G76 P021060 Q50 R-0.08;
G76 X30.0 Z-30.0 P1300 Q300 F2.0;
G00 X100.0 Z100.0;
M05;
M30;
```

三、使用螺纹复合循环 G76 时的注意事项

1. G76 可以在 MDI 方式下使用。

2. 在执行 G76 循环时，如按下循环暂停键，则刀具在螺纹切削后的程序段暂停。

3. G76 指令为非模态指令，所以必须每次指定。

4. 在执行 G76 时，如要进行手动操作，刀具应返回到循环操作停止的位置。如果没有返回到循环停止位置就重新启动循环操作，手动操作的位移将叠加在该程序段停止时的位置上，刀具轨迹就多移动了一个手动操作的位移量。

任务实施

一、分析零件

根据图样中螺纹标注可知，零件右端内螺纹为普通细牙螺纹，公称直径为 24 mm，螺距为 2 mm，单线，右旋，螺纹长度 21 mm，螺纹中、顶径公差带代号为 7H。

二、分析工艺

1. 编程原点的确定

工件的编程原点取在工件左端面的中心处。

2. 制定加工方案及加工路线

工件采用通用三爪自定心卡盘进行定位与装夹，工件伸出卡盘端面外长度约 40 mm，在一次装夹中依次完成外形轮廓粗、精加工，螺纹底孔加工，内螺纹加工，加工步骤为：

（1）用 G71、G70 指令粗、精加工外形轮廓。

（2）用 G90 指令粗、精加工内孔轮廓。

（3）用 G76 指令加工内螺纹。

3. 螺纹切削相关计算及参数赋值

（1）螺纹切削径向尺寸计算

内螺纹的编程小径：$D_1' \approx D - P = 24 - 2 = 22$（mm）（车削塑性金属）。

内螺纹的大径：内螺纹的大径取螺纹的公称直径 D 值，该直径为内螺纹切削终点处的 X 坐标。

螺纹总切深：内螺纹加工中，螺纹总切深的取值与外螺纹加工相同，即 $h' \approx 1.3P$（直径量）。

螺纹牙高 $k \approx 0.65P = 0.65 \times 2 = 1.3$（mm）。

想一想

实际加工中，螺纹牙高能否达到 $0.65P$？k 值赋 $0.65P$ 对加工有何影响？

分层切削第一刀切削深度 Δd 取值 0.3 mm（半径量），最小切深 Δd_{min} 取值 0.1 mm（半径量），精加工余量 d 取值 -0.1 mm（半径量）。

（2）螺纹加工起点、终点坐标的确定

1）螺纹加工起点坐标的确定

①螺纹加工起点 X 坐标值的确定。螺纹加工起点的 X 坐标值应小于螺纹底孔直径，取值 20 mm。

②螺纹加工起点 Z 坐标值的确定。螺纹加工起点的 Z 坐标值应在螺纹起点的 Z 坐标值的基础上加上导入距离 δ_1，根据经验公式 $\delta_1 \approx (2\sim3)\ P = 4\sim6$ mm，取 4 mm，则加工起点的 Z 坐标值为 4 mm。

2）螺纹切削终点坐标的确定

①螺纹切削终点 X 坐标的确定。螺纹切削终点的 X 坐标值为螺纹的底径，即内螺纹的大径，取公称直径 $D = 24$ mm。

②螺纹切削终点 Z 坐标的确定。螺纹切削终点的 Z 坐标值为 -21 mm，无退刀槽，所以螺纹切削终点 Z 坐标值为 -21 mm。

内螺纹加工起点、终点坐标值见表 6—15。

表 6—15　　内螺纹加工起点、终点坐标值

内螺纹加工	螺纹加工起点坐标	螺纹切削终点坐标
	（20.0，4.0）	（24.0，-21.0）

（3）其他加工参数赋值

精加工重复次数两次，即 m 值为 02；无退刀槽时，螺纹切削终点处加退尾，退尾处 Z 向退刀距离为 1.0L，即 r 值为 10；普通螺纹牙型角为 60°，α 值为 60；圆柱螺纹加工中，半径差 i 值为 0；单线螺纹，进给量取螺距值，即 L 值为 2。

三、选择刀具及切削用量

完成本任务所需刀具包括外圆车刀、内孔车刀、内螺纹车刀，其中内螺纹车刀如图 6—22 所示，刀柄型号 SNR0016M16、刀片型号 16ERAG60ISO，转速为 400 r/min，进给量为 2.0 mm/r。

本任务选用的刀具及切削用量见表 6—16。

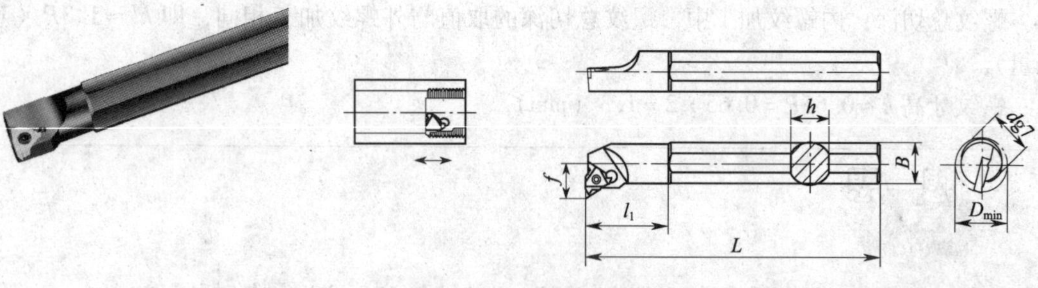

图 6—22　内螺纹车刀

表 6—16　　　　　　　　数控车削用刀具及切削用量参数表

刀具名称	刀具规格	刀具号	加工内容	主轴转速（r/min）	进给量（mm/r）	背吃刀量（mm）
外圆车刀	95°主偏角	T0101	手动车端面	600/1200	0.2/0.1	2/0.3
			粗、精车外轮廓			
内孔车刀	95°主偏角	T0202	粗、精车螺纹底孔	400/800	0.15/0.08	1.5/0.3
内螺纹车刀	60°刀尖角	T0303	车内螺纹	400	2	分层

提示

在数控教学中，刀片选择螺纹代号 AG60，即 60°泛螺距，以适应教学需要。

四、程序编制

本任务工件的参考加工程序见表 6—17。

表 6—17　　　　　　　　任务 3 参考程序

刀具	1 号：外圆车刀　2 号：内孔车刀　3 号：内螺纹车刀	
程序号	加工程序	程序说明
	O6030；	工件右端加工程序
N10	G99 G21 G18；	程序初始化
N20	G28 U0 W0；	回参考点
N30	T0101；	换 1 号刀，取 1 号刀具长度补偿
N40	M03 S600 M08；	主轴正转，切削液开
N50	G00 X52.0 Z1.0；	定位至循环起点
N60	G71 U2.0 R0.5；	粗车循环
N70	G71 P80 Q120 U0.3 W0 F0.2；	
N80	G00 X36.0 S1200；	“*ns*”程序段只能沿 *X* 方向进刀，确定精加工转速为 1 200 r/min，进给量为 0.1 mm/r
N90	G01 X40.0 Z－1.0 F0.1；	
N100	Z－20.0；	精加工轨迹描述
N110	X48.0；	
N120	Z－31.0；	

续表

刀具	1号：外圆车刀　2号：内孔车刀　3号：内螺纹车刀	
程序号	加工程序	程序说明
	O6030；	工件右端加工程序
N130	G70 P80 Q120；	精车循环
N140	G00 X100.0 Z100.0；	
N150	T0202；	换2号刀，取2号刀具长度补偿
N160	G00 X19.0 Z2.0 S400 M03；	粗、精车内孔
N170	G90 X21.5 Z－24.0 F0.15；	
N180	X22.0 S800 F0.08；	
N190	G00 X100.0 Z100.0；	换3号刀，取3号刀具长度补偿
N200	T0303；	
N210	G00 X20.0 Z4.0 S400 M03；	换刀后刀具定位至循环起点
N220	G76 P021060 Q100 R－0.1；	G76指令循环加工右端内螺纹
N230	G76 X24.0 Z－21.0 P1300 Q300 F2.0；	
N240	G28 U0 W0；	程序结束部分
N250	M05M09；	
N260	M30；	

五、加工准备

1. 本任务选用的机床为配备 FANUC 0i 系统的 CK6140 型数控车床，配备四工位刀架。
2. 毛坯为 ϕ50 mm × 82 mm 的圆钢，毛坯已预制 ϕ20 mm、深 26 mm 的底孔。
3. 加工中使用的工具、量具、刃具见表 6—18。

表 6—18　**工具、量具、刃具清单**

序号	名称	规格	数量	备注
1	游标卡尺	0～150 mm，精度为 0.02 mm	1	
2	千分尺	25～50 mm，精度为 0.01 mm	1	
3	内径千分尺	5～30 mm，精度为 0.01 mm	1	
4	内径量表	18～35 mm，精度为 0.01 mm	1	
5	外圆车刀	95°、45°	1	
6	内孔车刀	95°	1	D_{min} = 16 mm
7	内螺纹车刀	60°刀尖角	1	D_{min} = 20 mm

六、装刀及对刀操作

本任务中选用的外圆车刀、内孔车刀等刀具的装刀及对刀操作方法与前任务相同，不再赘述。教学中，教师巡回时应注意学生操作的正确性和熟练程度，并适当加以指导，进一步提高学生的操作能力。

在本任务中，重点放在内螺纹车刀的安装、对刀及刀补设定相关操作上。

1．安装内螺纹车刀

装夹内螺纹车刀时，应使刀尖对准工件中心，同时使两刃夹角中线垂直于工件轴线。实际操作中，必须严格按样板找正刀尖角（见图 6—23a），刀杆伸出长度稍大于螺纹长度，刀装好后应在孔内移动刀架至终点检查是否有碰撞（见图 6—23b）。

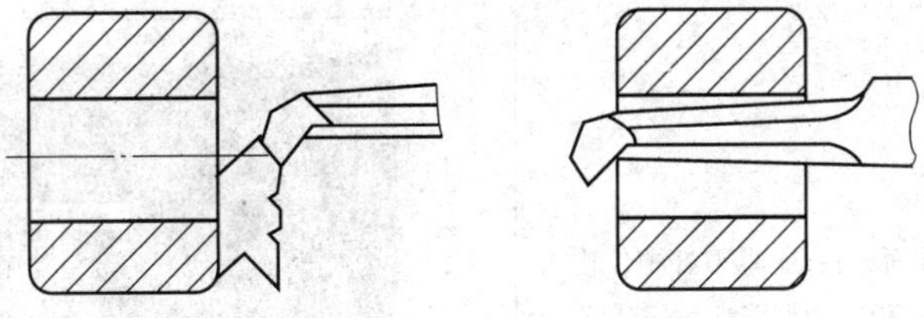

a)　　　　　　　　b)

图 6—23　内螺纹车刀的装夹

操作提示

高速车螺纹时，为了防止振动和“扎刀”，刀尖应略高于工件中心，一般应高 0.1 ~ 0.2 mm。

2．对刀及刀补

内螺纹车刀对刀及刀补设定相关操作与外螺纹车刀基本相同，见表 6—19。

表 6—19　　　　内螺纹车刀的对刀及刀补设定

序号	操作步骤	图例
1	完成 T01 外圆车刀、T02 内孔车刀的对刀操作后，输入 T03，将内螺纹车刀转到加工位	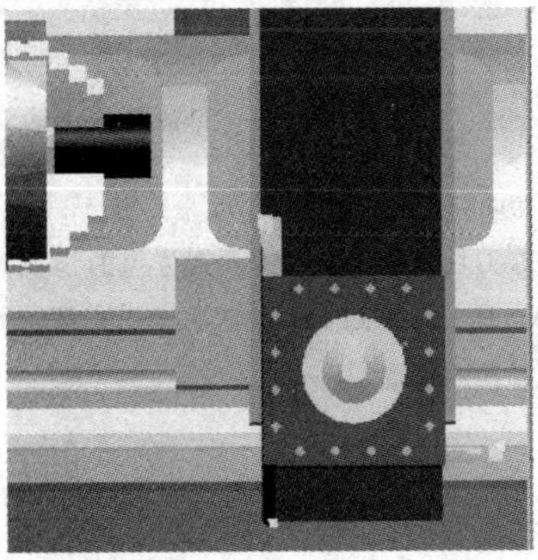

序号	操作步骤	图例
2	*Z*向对刀操作 先用JOG手动方式移动刀架，靠近工件，再用HANDLE手轮方式作微调，使刀具的刀尖靠近工件，并目测刀尖与端面在一直线上	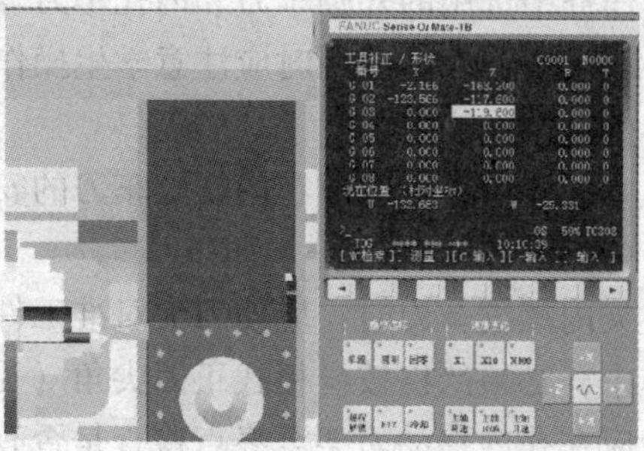
3	*Z*向刀补设定 进入刀具补偿界面，在03号刀补中，输入刀位点的*Z*测量值Z0，计算确认后完成*Z*向刀具偏置补偿的设置	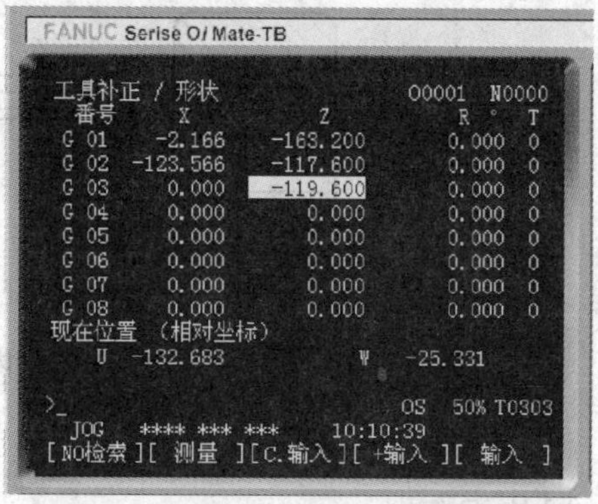
4	*X*向对刀操作 方法一：用手轮分别沿$+Z\to -X\to -Z\to +X$方向移动刀架，使刀尖靠到工件内孔表面 方法二：试切内孔，停机测量	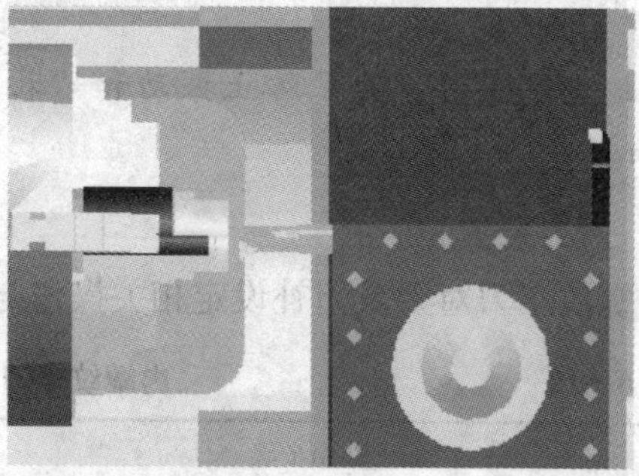
5	*X*向刀补设定 在刀具补偿界面中输入刀位点的*X*测量值（$X=D_{测}$），通过计算确认后完成*X*向刀具偏置补偿的设置	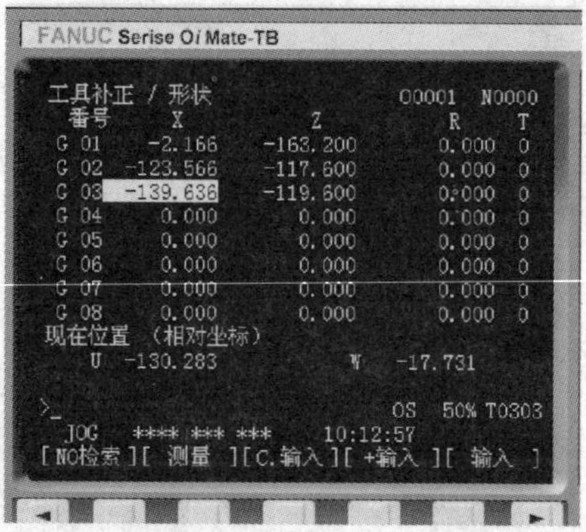

<table>
<tr><th>序号</th><th>操作步骤</th><th>图例</th></tr>
<tr><td>6</td><td>内螺纹车刀刀补验证操作如下
在 MDI 方式下，依次输入并执行以下程序段：
T0303；（调用内螺纹车刀刀号刀补号）
S500 M03；（主轴正转）
G00 X19.0 Z5.0；（快速定位至对刀点）
G00 X100.0 Z100.0；（退刀）
M05；（主轴停止）</td><td>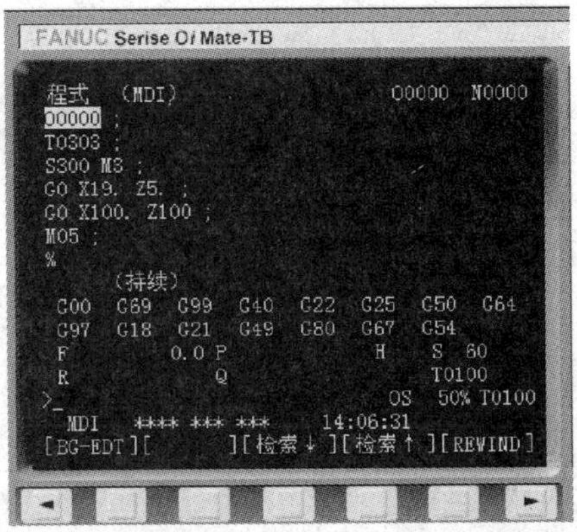
</td></tr>
</table>

操作提示

1. 内螺纹车刀的对刀及刀补设定按以上步骤依次完成，并在刀补界面进行确认。

2. 对刀完成进行刀补验证时，考虑到螺纹车刀的刀位点在刀头的中间，所以对刀点的坐标（即刀位点的位置）与工件应保证合适的距离，防止车刀与工件发生干涉，产生过切，甚至由于进给过快撞刀。

七、零件车削

1. 程序输入、编辑

手工完成程序输入、编辑操作，并完成关键程序的校验。

2. 零件的加工操作过程（见表 6—20）

表 6—20　　零件的加工操作过程

<table>
<tr><th>步骤</th><th>图例</th></tr>
<tr><td>夹住毛坯外圆，伸出长度约 40 mm，找正后夹紧</td><td></td></tr>
</table>

<table>
<tr><th>步骤</th><th>图例</th></tr>
<tr><td>对刀设定并验证刀补</td><td>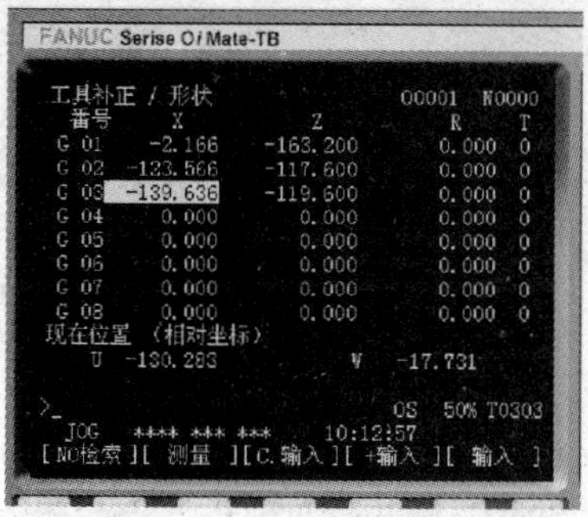
</td></tr>
<tr><td>粗、精车 C1 mm 倒角，φ40 mm 外圆，φ48 mm 外圆至尺寸
粗车时主轴转速 n 为 600 r/ min，进给量 f 为 0.2 mm/r；精车选择主轴转速 n 为 1 200 r/min，进给量 f 为 0.1 mm/r</td><td>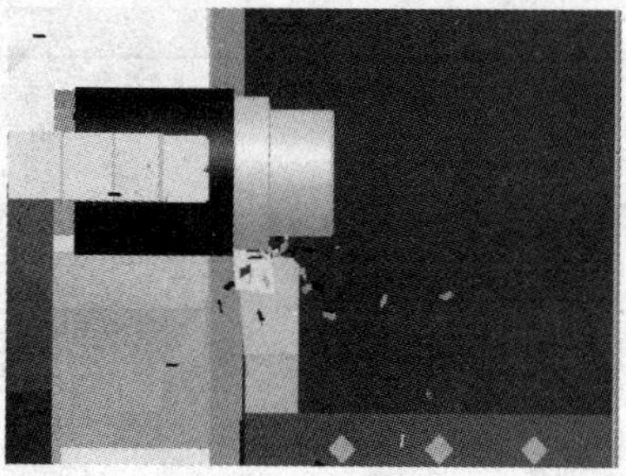</td></tr>
<tr><td>粗、精镗螺纹底孔至 φ22 mm 尺寸，孔口倒角
粗车时主轴转速 n 为 400 r/min，进给量 f 为 0.15 mm/r；精车选择主轴转速 n 为 800 r/min，进给量 f 为 0.08 mm/r</td><td>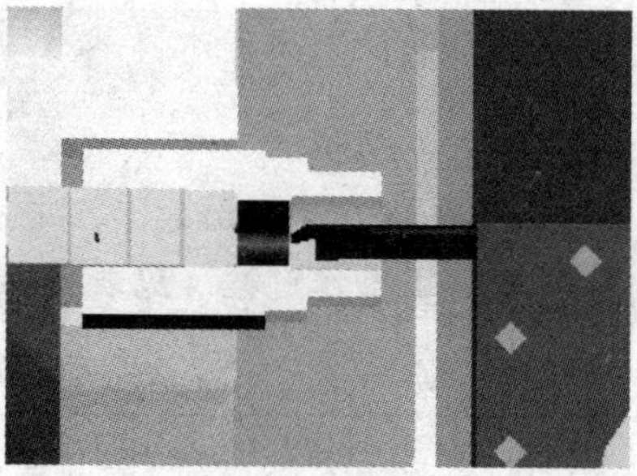</td></tr>
<tr><td>车 M24 ×2 –7H 外螺纹
主轴转速 n 为 400 r/min，进给量 f 为 2 mm/r</td><td>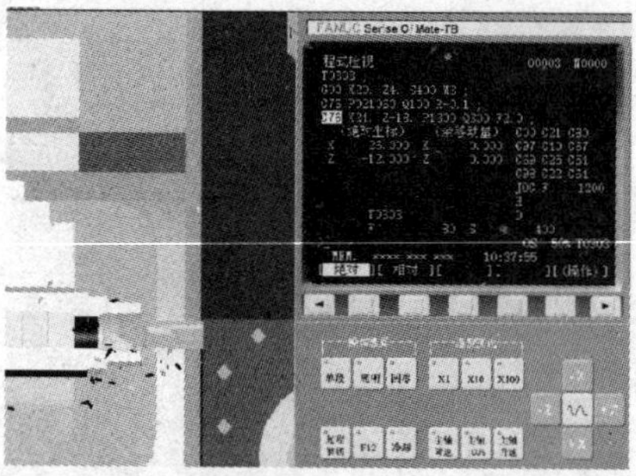</td></tr>
</table>

续表

步骤	图例
用 M24×2－7H 螺纹塞规综合检测工件（要求通规要全通，止规旋入不超过 1/2 圈）	
合格后取下工件	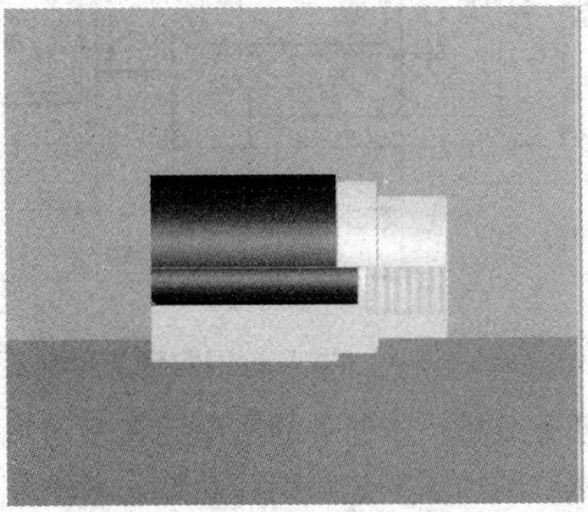

操作提示

在螺纹加工中，通过选用合适的刀具及其几何参数、正确装刀、对刀设定刀补值、合理选择切削用量、准确测量等措施保证螺纹中径、螺距、牙型及表面粗糙度要求。

任务 4　双线螺纹车削

学习目标

1. 巩固螺纹切削复合循环指令 G76 的指令格式，理解内部参数的意义。
2. 掌握多线螺纹的加工工艺。
3. 熟悉综合件加工工艺分析方法，合理确定加工方案。
4. 完成工件加工，熟悉双线螺纹的数控加工。

工作任务

任务要求：本任务沿用任务 3 的材料，在任务 3 的基础上完成如图 6—24 所示工件右端外圆、退刀槽及双线外螺纹加工。

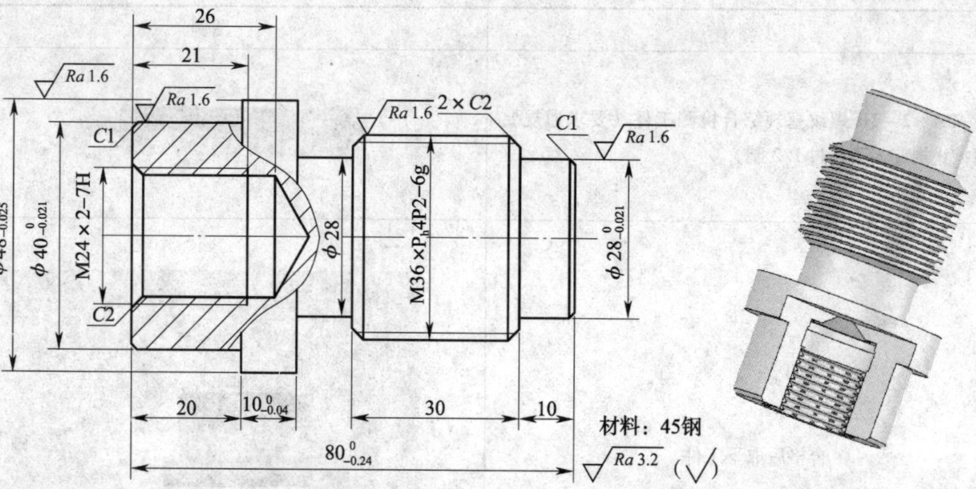

图 6—24　多重复合循环编程实例

任务分析：本任务的实施旨在复习巩固螺纹切削复合循环指令 G76 的相关知识，掌握多线螺纹的加工工艺知识。此外，本任务工件涵盖了外圆、退刀槽及外螺纹等加工内容，属于较为典型的外部综合件。所以，通过对本任务的实施，还可以让学生熟悉综合件的工艺分析方法，为后续综合训练奠定基础。

相关理论

一、多线螺纹加工工艺知识

1. 单线螺纹和多线螺纹

螺纹按螺旋线的线数可分为单线螺纹和多线螺纹，见表 6—21。沿一条螺旋线所形成的螺纹称为单线螺纹。沿两条或两条以上在轴向等距分布的螺旋线所形成的螺纹称为多线螺纹，一般多线螺纹的线数 $n=2\sim6$。多线螺纹的各螺旋槽在轴向是等距离分布的，在圆周上是等角度分布的。

表 6—21　单线螺纹和多线螺纹

螺纹	单线（$n=1$）	双线（$n=2$）	三线（$n=3$）
图示	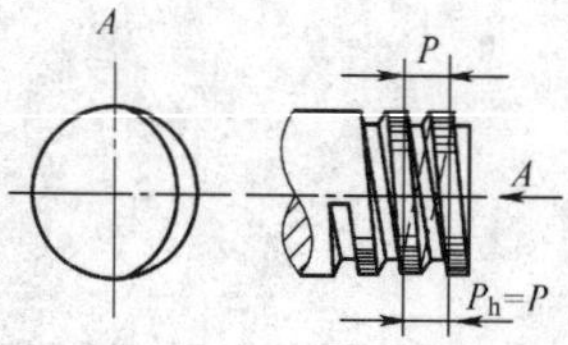 	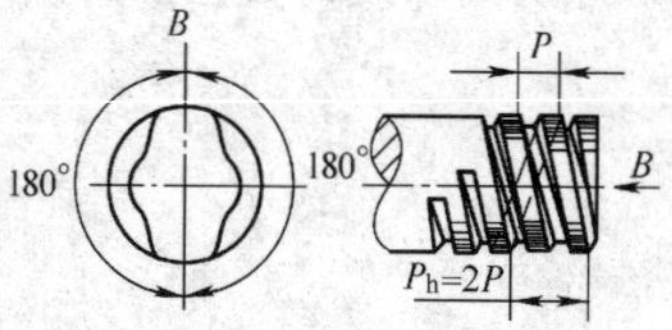 	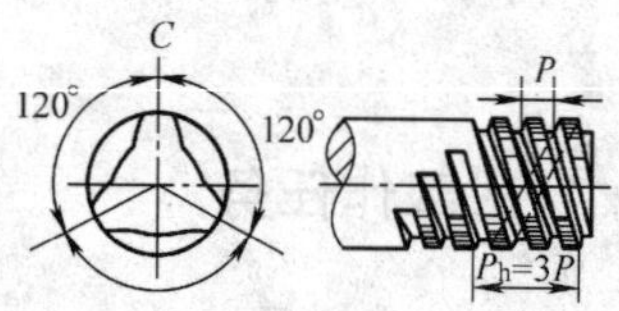

续表

螺纹	单线（$n=1$）	双线（$n=2$）	三线（$n=3$）
分线次数	0	1	2
多线螺纹各起始点在端面上相隔的角度 θ	$\theta=\frac{360°}{n}=\frac{360°}{1}=360°$	$\theta=\frac{360°}{n}=\frac{360°}{2}=180°$	$\theta=\frac{360°}{n}=\frac{360°}{3}=120°$
轴向分线间距	0	P	

2. 多线螺纹的导程（*L*）

多线螺纹的导程是指在同一条螺纹线上相邻两牙在中径线上对应两点之间的轴向距离。多线螺纹的导程与螺距的关系是：$L=nP$（mm）（n 为线数）。对于单线螺纹，其导程等于螺距。

3. 多线螺纹的数控车削

相对普通车削多线螺纹而言，数控车削简便得多，不需要进行繁琐的分线操作，只需对加工程序稍加调整，即可加工出满足精度要求的多线螺纹。常用多线螺纹的加工方法有：

（1）改变螺纹起始角

这种方法主要用于 G32 螺纹切削指令编程中，具体方法详见本项目任务 1 中 G32 指令编程示例。

（2）将螺纹加工起点 Z 坐标按螺距偏移

此加工方法在单一复合循环和多重复合循环指令中均可采用。具体步骤是：第 1 条螺旋线加工完成后，将加工程序中起始点 Z 坐标依次向外偏移 $1P$、$2P$（P 为螺距）等，然后重新执行加工程序，即可完成第 2、3…条螺旋线的加工。

二、螺纹的测量

车削螺纹时，必须根据不同的质量要求和生产批量，选择不同的测量方法，认真进行测量。常用的测量方法有单项测量法和综合测量法。

1. 单项测量法

单项测量法是指测量螺纹的某一单项参数，一般为对螺纹大径、螺距和中径的分项测量。测量项目不同，测量的方法和选用的量具也不相同，见表 6—22。

表 6—22　　　　**螺纹单项测量**

序号	测量参数	测量说明	图例
1	大径	螺纹大径公差较大，一般采用游标卡尺和千分尺测量	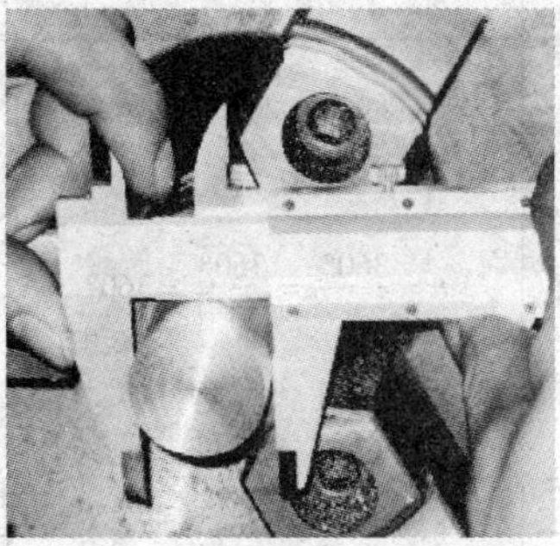 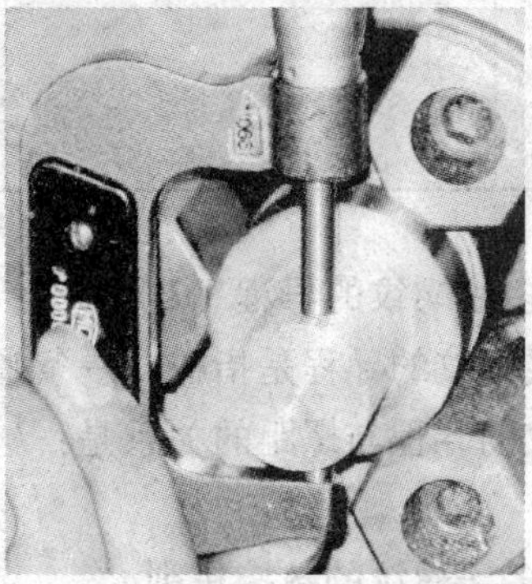
2	螺距	螺距一般可用螺纹样板或钢直尺测量	 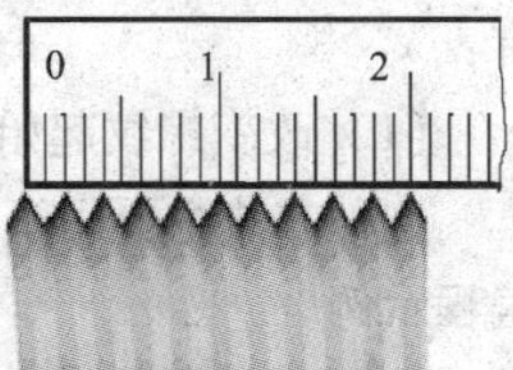
3	中径	中径常用螺纹千分尺或用三针测量法测量（比较精密）	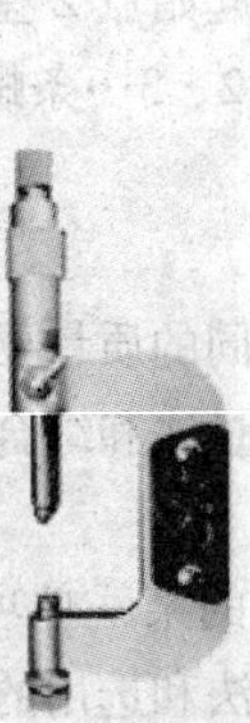 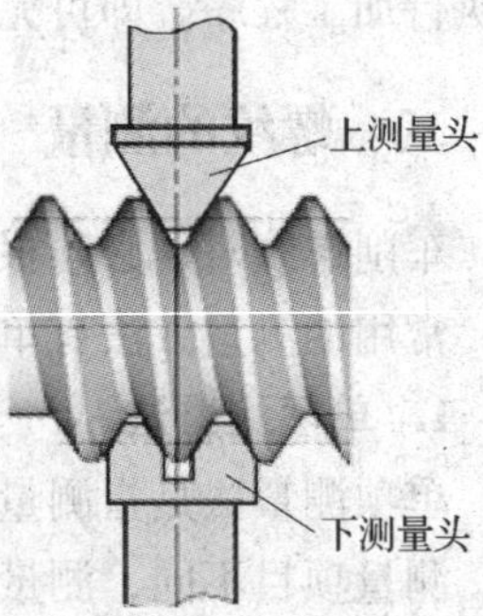

2. 综合测量法

综合测量法是采用极限量规对螺纹的基本要素（螺纹大径、中径和螺距等）同时进行综合测量的一种测量方法，外螺纹测量时采用螺纹环规，如图 6—25 所示；内螺纹测量时采用螺纹塞规，如图 6—26 所示。综合测量法测量效率高，使用方便，能较好地保证互换性，广泛用于标准螺纹或大批量生产螺纹的检测。

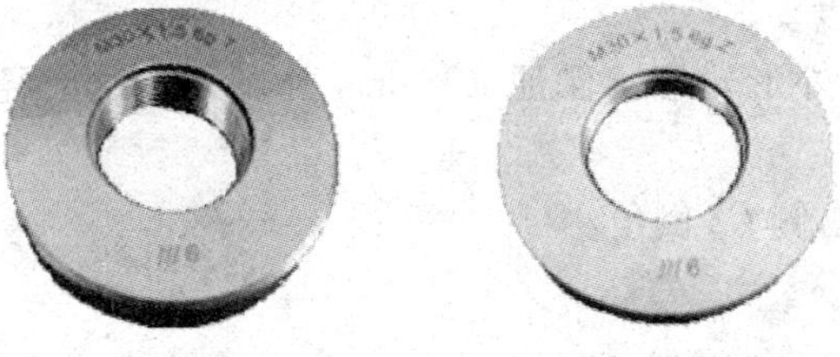

a)　　b)

图 6—25　螺纹环规

a）通规　b）止规

图 6—26　螺纹塞规

测量时，如果螺纹环规的通规能顺利拧入工件螺纹的有效长度范围（有退刀槽的螺纹应旋合到底），而止规不能拧入（不超过 1/4 圈），则说明螺纹符合尺寸要求。

操作提示

1. 螺纹千分尺一般用来测量螺距（或导程）为 0.4 ~ 6 mm 的三角形螺纹。

2. 螺纹千分尺附有两对测量头（牙型角分别为 60°和 55°），在更换测量头时，必须校正螺纹千分尺的零位。

3. 用螺纹环规测量前，应做好量具和工件的清洁工作，并先检查螺纹的大径、牙型、螺距和表面粗糙度，以免尺寸不对而影响测量。

4. 螺纹环规是精密量具，使用时不能用力过大，更不能用扳手硬拧，以免降低环规测量精度，甚至损坏环规。

任务实施

一、分析零件图样

1. 零件分析

零件如图 6—24 所示，根据图样中螺纹标注可知，零件右端外螺纹为公称直径 36 mm 的普通细牙螺纹，导程 4 mm，双线，右旋，中、顶径公称带代号为 6g，螺纹长度为30 mm。

2. 精度分析

本例中精度要求较高的表面主要有 ϕ28 mm 外圆（尺寸精度等级 7 级，粗糙度要求为 $Ra1.6$ μm），外螺纹（中、顶径公差等级 6 级，表面粗糙度要求为 $Ra1.6$μm），轴肩尺寸 10 mm，总长 80 mm 等。此任务中螺纹的精度要求较高，任务实施中通过选用合适的刀具及其几何参数，正确装刀，对刀设定刀补值，合理选择切削用量，准确测量等措施，保证螺纹中、顶径尺寸精度要求以及螺距、牙型、表面粗糙度要求。

二、分析加工工艺

1. 制定加工方案及加工路线

工件以 ϕ40 mm 外圆面、轴肩端面定位，用通用三爪自定心卡盘夹紧，在一次装夹中依次完成外形轮廓粗、精加工，退刀槽加工，双线螺纹加工，加工步骤为：

（1）切端面保证总长尺寸 80 mm 至精度要求。

（2）用 G71、G70 指令循环粗、精车外形轮廓，保证 ϕ28 mm 外圆、螺纹大径尺寸 ϕ35.74 mm 至尺寸公差要求。

（3）用 G75 指令切外沟槽，并加工槽右侧 C2 倒角。

（4）用 G76 指令加工双线外螺纹。

> **提示**
>
> 切槽时，应注意保证轴肩长度尺寸 10 mm。

2. 数值计算及基点坐标的确定

（1）编程原点的确定

工件的编程原点取在工件右端面的中心处。

（2）螺纹切削径向尺寸计算

外螺纹的编程大径：$d' \approx d - 0.13P = 36 - 0.13 \times 2 = 35.74$（mm）。

外螺纹的小径：$d_1' = d - 2h' = d - 1.3P = 36 - 2.6 = 33.4$（mm）。

螺纹牙高 k 值 $\approx 0.65P = 0.65 \times 2 = 1.3$（mm），分层切削第一刀切削深度 Δd 取值 0.4 mm（半径量），最小切深 Δd_{min} 取值 0.1 mm（半径量），精加工余量 d 取值 0.1 mm（半径量）。

> **提示**
>
> 螺纹径向尺寸计算中，无论是单线还是多线螺纹，P 是螺距值，非导程值。

（3）螺纹加工起点坐标的确定

1）螺纹加工起点 X 坐标值的确定。螺纹加工起点的 X 坐标值应大于螺纹大径，取值 40 mm。

2）螺纹加工起点 Z 坐标值的确定。螺纹加工起点的 Z 坐标值应在螺纹起点的 Z 坐标值（−10 mm）的基础上加上导入距离 δ_1，根据经验公式 $\delta_1 \approx (2 \sim 3)P = 4 \sim 6$ mm，第一条螺旋线导入距离 δ_1 取 6 mm，所以第一条螺旋线加工起点的 Z 坐标值为 −4 mm；第二条螺旋线导入距离 δ_1 取值 4 mm，则第二条螺旋线加工起点的 Z 坐标值为 −6 mm。

（4）螺纹切削终点坐标的确定

1）螺纹切削终点 X 坐标的确定。螺纹切削终点的 X 坐标值为螺纹的底径，即外螺纹的小径。

2）螺纹切削终点 Z 坐标的确定。螺纹终点的 Z 坐标值为 −40 mm，导出距离 $\delta_2 \approx (1 \sim 2)P = 2 \sim 4$ mm，考虑退刀槽较宽，取较大值 4 mm，所以螺纹切削终点 Z 坐标值为 −44 mm。

螺纹加工起点、终点坐标见表 6—23。

表 6—23　螺纹加工起点、终点坐标

	螺纹加工起点坐标	螺纹切削终点坐标
第一条螺旋线	（40.0，－6.0）	（33.4，－44.0）
第二条螺旋线	（40.0，－4.0）	（33.4，－44.0）

（5）其他加工参数赋值

精加工重复次数两次，即 m 值为 02；有退刀槽时，螺纹切削终点处不加退尾，即 r 值为 00；普通螺纹牙型角为 60°，α 值为 60；圆柱螺纹加工中，半径差 i 值为 0；多线螺纹，进给量取导程值，即 L 值为 4。

3．选择刀具及切削用量

本任务选用的刀具及切削用量见表 6—24。

表 6—24　数控车削用刀具及切削用量参数表

刀具名称	刀具规格	刀具号	加工内容	主轴转速（r/min）	进给量（mm/r）	背吃刀量（mm）
外圆车刀	95°主偏角	T0101	手动车端面	600/1200	0.2/0.1	2/0.3
			粗、精车外轮廓			
外切槽刀	刃宽 3 mm	T0202	切外沟槽，槽侧倒角	400	0.1	3
外螺纹车刀	60°刀尖角	T0303	车外螺纹	400	4	分层

三、程序编制

本任务工件的参考加工程序见表 6—25。

表 6—25　任务 4 参考程序

刀具	1 号：外圆车刀；2 号：外切槽刀；3 号刀：外螺纹车刀	
程序号	加工程序	程序说明
	O6040；	工件右端加工程序
N10	G99 G40 G21 G18；	程序初始化
N20	G28 U0 W0；	回参考点
N30	T0101；	换 1 号刀，取 1 号刀具长度补偿
N40	M03 S600 M08；	主轴正转，切削液开
N50	G00 X51.0 Z1.0；	定位至循环起点
N60	G71 U2.0 R0.5；	循环参数的设定
N70	G71 P80 Q130 U0.3 W0 F0.2；	
N80	G00 X24.0 S1200；	精加工轮廓的描述
N90	G01 X28.0 Z－1.0 F0.1；	
N100	Z－10.0；	
N110	X31.74；	
N120	G01 X35.74 Z－12.0；	
N130	Z－49.0；	

刀具	1号：外圆车刀；2号：外切槽刀；3号刀：外螺纹车刀	
程序号	加工程序	程序说明
	O6040；	工件右端加工程序
N140	G70 P80 Q130；	精加工
N150	G00 X100.0 Z100.0	回换刀点，换2号刀，取2号刀具长度补偿
N160	T0202；	
N170	G00 X50.0 Z－43.0 S400；	定位至循环起点
N180	G75 R0.5；	循环切外沟槽
N190	G75 X28.0 Z－50.0 P2000 Q2500 F0.1；	
N200	G01 X36.0 Z－41.0 F1.0；	槽侧倒角并退刀
N210	X32.0 Z－43.0 F0.1；	
N220	X50.0 F1.0；	
N230	G00 X100.0 Z100.0；	回换刀点，换3号刀，取3号刀具长度补偿
N240	T0303；	
N250	G00 X40.0 Z－4.0 S600 M03 ；	刀具快速定位至第一条螺旋线循环加工起点
N260	G76 P021060 Q100 R0.1；	循环加工
N270	G76 X33.4 Z－44.0 P1300 Q400 F4.0；	
N280	G00 X40.0 Z－6.0；	刀具快速定位至第二条螺旋线循环加工起点
N290	G76 P021060 Q100 R0.1；	循环加工
N300	G76 X33.4 Z－44.0 P1300 Q400 F4.0；	
N310	G28 U0 W0；	程序结束部分
N320	M05 M09；	
N330	M30；	

四、加工准备

1. 本任务毛坯沿用任务3的工件，掉头装夹完成加工。
2. 加工中使用的工具、量具、刃具见表6—26。

表6—26　　工具、量具、刃具清单

序号	名称	规格	数量	备注
1	游标卡尺	0～150 mm，精度为0.02 mm	1	
2	千分尺	25～50 mm，精度为0.01 mm	1	
3	螺纹千分尺	25～50 mm，精度为0.01 mm	1	
4	外圆车刀	95°、45°	1	
5	外切槽刀	刃宽3 mm	1	
6	外螺纹车刀	60°刀尖角	1	
7	其他	铜棒、毛刷等常用工具		
8		计算机、计算器、编程用书		

五、零件车削

1．程序输入、编辑

手工完成程序输入、编辑操作，并完成关键程序的校验。

2．零件的加工操作过程（见表 6—27）

表 6—27　　　　零件的加工操作过程

<table>
<tr><th>步骤</th><th>图例</th></tr>
<tr><td>夹住 $\phi40$ mm 外圆，轴肩左端面靠紧卡盘端面，找正后夹紧</td><td>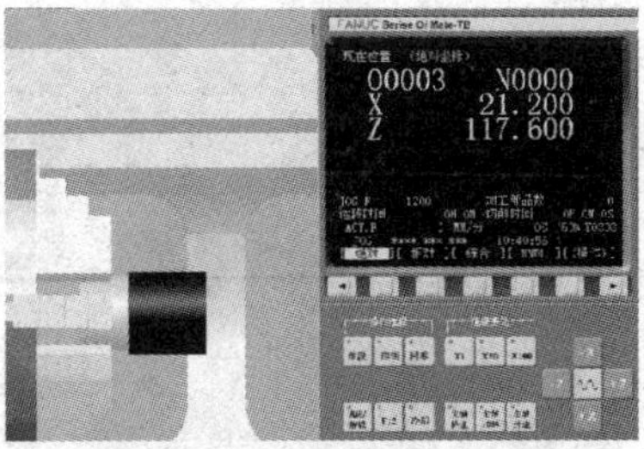
</td></tr>
<tr><td>对刀设定并验证刀补</td><td>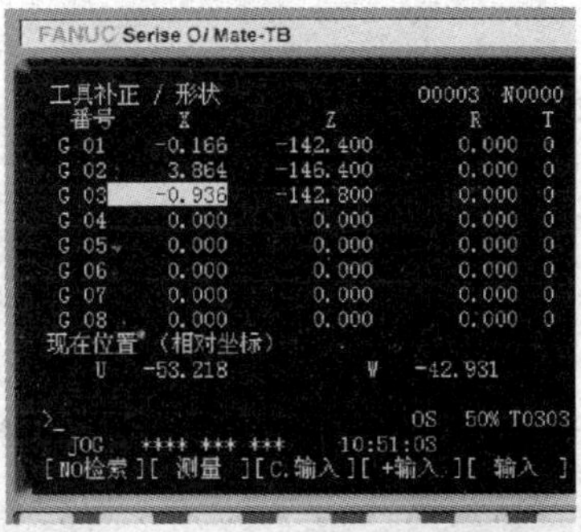
</td></tr>
<tr><td>粗、精车 $C1$ mm 倒角，$\phi28$ mm 外圆，螺纹大径 $\phi35.74$ mm 至尺寸
粗车时主轴转速 n 为 600 r/min，进给量 f 为 0.2 mm/r；精车选择主轴转速 n 为 1 200 r/min，进给量 f 为 0.1 mm/r</td><td>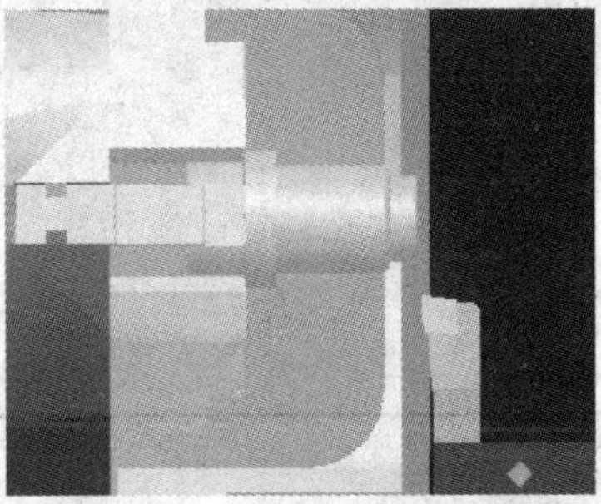</td></tr>
<tr><td>切 $\phi28$ mm × 10 mm 外沟槽至尺寸，并保证轴肩长度 10 mm
主轴转速 n 为 400 r/min，进给量 f 为 0.1 mm/r</td><td>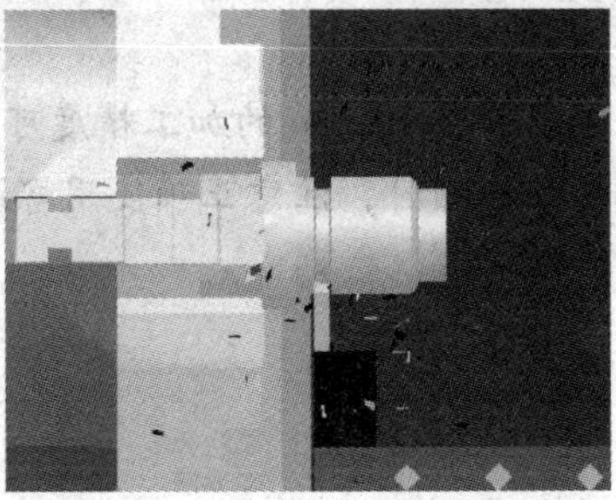</td></tr>
</table>

续表

步骤	图例
车 M36 × P_h4P2 – 6g 外螺纹 主轴转速 n 为 400 r/min，进给量 f 为 4 mm/r	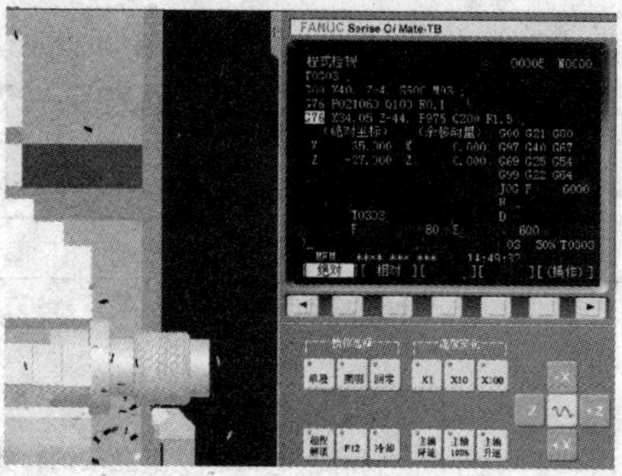
用螺纹千分尺测量中径	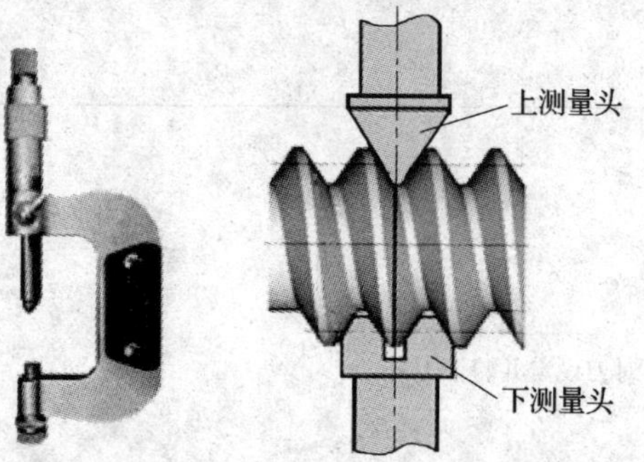
合格后取下工件	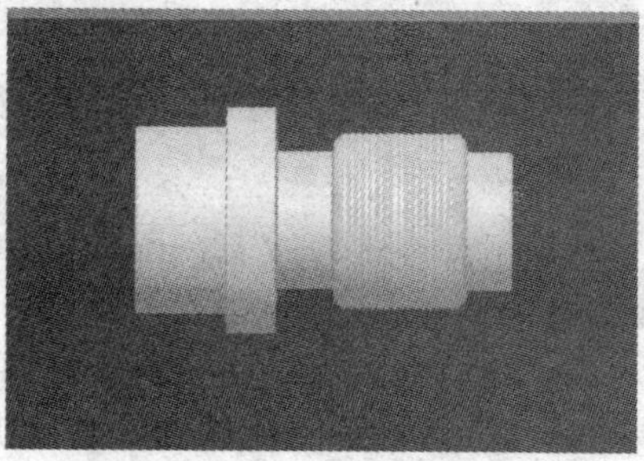

操作提示

1. 轴肩长度 10 mm 的加工精度可通过修调 Z 向磨耗值来保证。
2. 螺纹检测时，注意正确使用螺纹千分尺，并准确读数。

项目七

自动编程

任务1　CAXA数控车软件的使用

学习目标

1. 掌握CAXA数控车软件主要功能。
2. 掌握CAXA数控车软件界面的组成。
3. 掌握CAXA数控车软件的运行、文件操作和设置的操作方法。

工作任务

本任务是通过实际操作如图7—1所示CAXA数控车软件界面，学习CAXA数控车软件的运行、文件操作和设置的操作方法。同时，初步掌握CAXA数控车软件界面的各组成的功能。

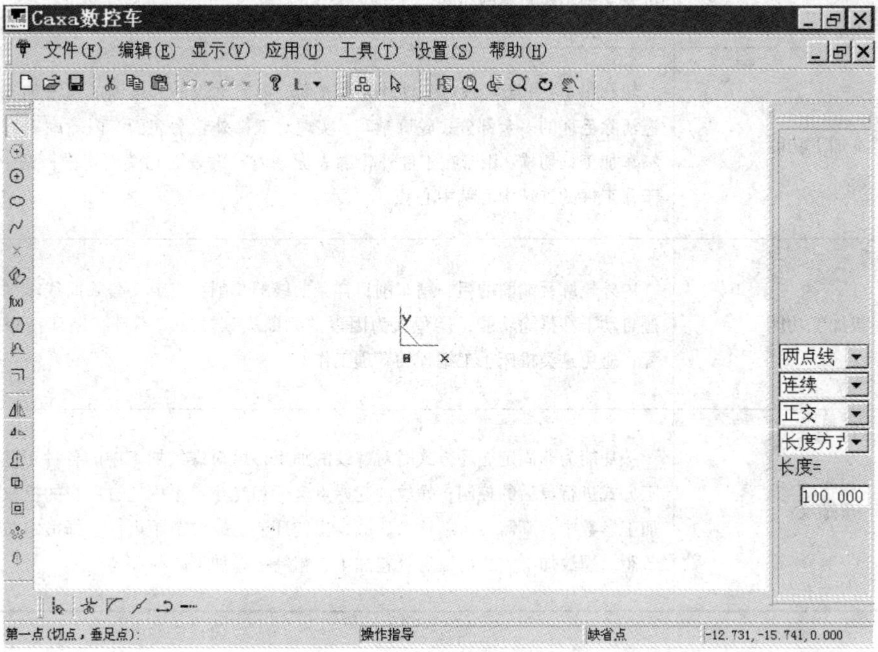

图7—1　CAXA数控车软件界面

相关理论

CAXA 软件是我国自行研制开发的面向数控车床、数控铣床及加工中心的三维 CAD/CAM 软件。CAXA 数控车是在全新的数控加工平台上开发的数控车床加工编程和二维图形设计软件。CAXA 数控车具有 CAD 软件的绘图功能和外部数据接口，可以绘制复杂的图形。CAXA 数控车具有轨迹生成及通用后置处理功能。该软件可按加工要求生成各种复杂图形的加工轨迹。通用的后置处理模块使 CAXA 数控车可以满足各种机床的代码格式，可输出 G 代码，并对生成的代码进行校验及加工仿真。CAXA 数控车软件主要功能见表 7—1。

表 7—1　　CAXA 数控车软件主要功能

功能	说明
图形编辑功能	CAXA 数控车中的图形编辑功能，把曲线分成点、直线、圆弧、样条、组合曲线等类型。提供拉伸、删除、裁剪、曲线过渡、曲线打断、曲线组合等操作，还提供平移、旋转、镜像、阵列、缩放等多种功能。具有图层、颜色、拾取过滤工具。工作坐标系可任意定义，并在多坐标系间随意切换
通用后置	开放的后置设置功能，用户可根据企业的机床自定义后置，允许根据特种机床自定义代码，自动生成符合特种机床的代码文件，用于加工。支持小内存机床系统加工大程序，具有自动将大程序分段输出的功能。根据数控系统要求确定是否输出行号，行号是否自动填满。编程方式可以选择增量或绝对方式编程，坐标输出格式可以定义到小数及整数位数
基本加工功能	轮廓粗车：用于实现对工件外轮廓表面、内轮廓表面和端面的粗车加工，用来快速清除毛坯的多余部分；轮廓精车：实现对工件外轮廓表面、内轮廓表面和端面的精车加工；切槽：用于在工件外轮廓表面、内轮廓表面和端面切槽；钻中心孔：用于在工件的旋转中心钻中心孔
高级加工功能	内外轮廓及端面的粗、精车削；样条曲线的车削；自定义公式曲线车削；加工轨迹自动干涉排除功能，避免人为因素的判断失误。支持不具有循环指令的机床编程，避免这类机床手工编程的繁琐工作
车螺纹	该功能为非固定循环方式时对螺纹的加工，可对螺纹加工中的各种工艺条件、加工方式进行灵活的控制；螺纹的起始点坐标和终止点坐标通过用户的拾取自动计入加工参数中，不需要重新输入，减少出错环节。螺纹节距可以选择恒定节距或者变节距。螺纹加工方式可以选择粗加工、粗精一起加工两种方式

CAXA 数控车软件界面组成如图 7—2 所示。

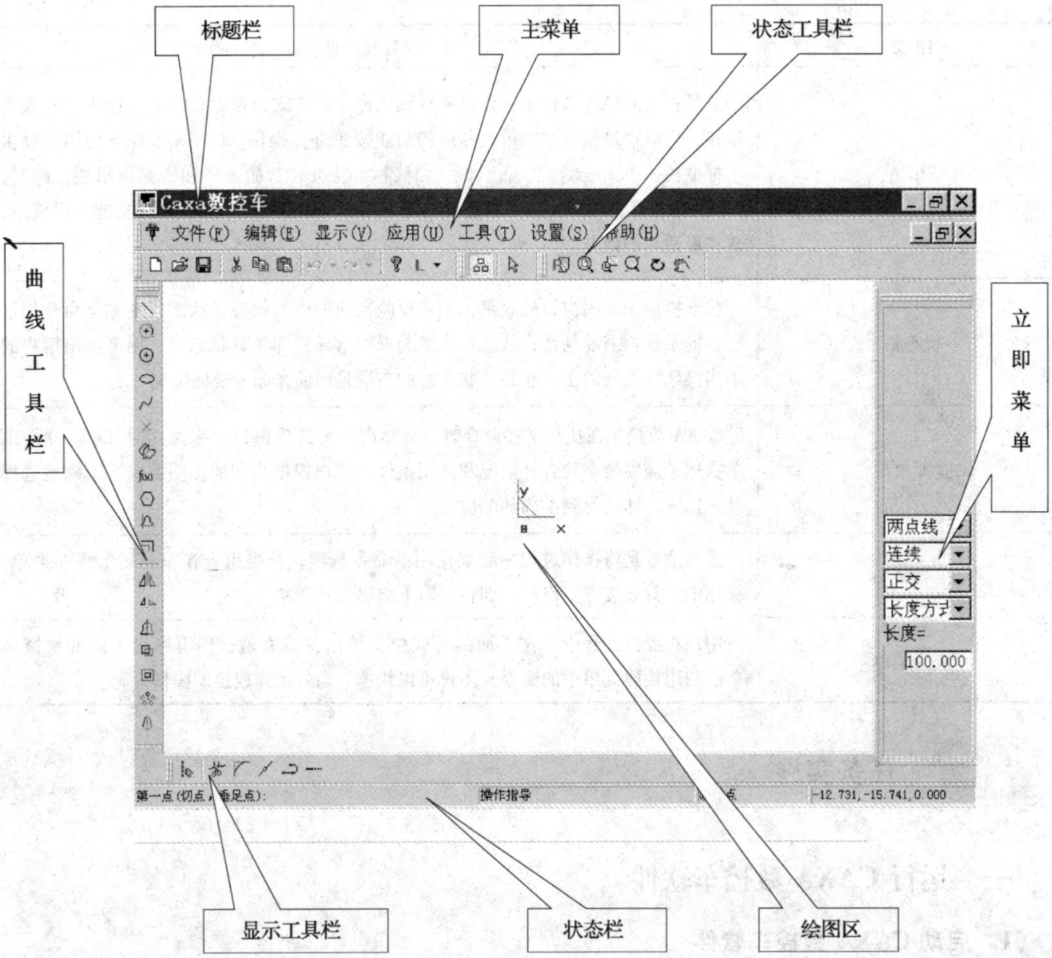

图 7—2　CAXA 数控车软件界面组成

CAXA 数控车软件界面各组成的内容及功能见表 7—2。

表 7—2　　CAXA 数控车软件界面各组成的内容及功能

组成	内容及功能
标题栏	标题栏位于工作界面的最上方，用来显示 CAXA 数控车的程序图标以及当前正在运行文件的名字等信息。如果是新建文件并且未经保存，则文件名显示为“无名文件”；如果文件经过保存或打开已有文件，则以存在的文件名显示文件
主菜单	主菜单位于屏幕的顶部。它由一行菜单条及其子菜单组成，菜单条由“文件”“编辑”“显示”“应用”“工具”“设置”“帮助”等菜单项组成，每个部分都含有若干个下拉菜单，几乎包括 CAXA 数控车的全部功能和命令
绘图区	绘图区是用户进行绘图设计的工作区域，位于屏幕的中心，并占据了屏幕的大部分面积。在绘图区的中央设置了一个二维直角坐标系，它的坐标原点为（0.0000，0.0000）。CAXA 数控车以当前用户坐标系的原点为基准，水平方向为 X 方向，并且向右为正，向左为负；垂直方向为 Y 方向，向上为正，向下为负

续表

组成	内容及功能
工具栏	工具栏是 CAXA 数控车提供的一种调用命令的方式，包含多个由图标表示的命令按钮，可以通过鼠标左键单击相应的功能按钮进行操作，CAXA 数控车为用户提供了标准栏、草图绘制栏、显示栏、曲线栏、特征栏、曲面栏和线面编辑栏，同时，CAXA 数控车为用户提供了自定义功能，用户可以把自己经常使用的功能编辑成组，放在最适当的地方
状态栏	状态栏位于绘图窗口的底部，用来反映当前的绘图状态。状态栏左端是命令提示栏，提示用户当前动作；状态栏中部为操作指导栏和工具状态栏，用来指出用户的不当操作和当前的工具状态；状态栏的右端是当前光标的坐标位置
立即菜单	CAXA 数控车在执行某些命令时，会弹出一个选项窗口，称为立即菜单。立即菜单描述了该项命令的各种情况和使用条件。用户根据当前的作图要求，正确地选择某一选项，即可得到准确的响应
工具菜单	工具菜单是将操作过程中频繁使用的命令选项，分类组合在一起而形成的菜单。操作中，只要按下空格键，即在屏幕上弹出工具菜单
快捷菜单	用户在操作过程中，在界面的不同位置单击鼠标右键，即可弹出不同的快捷菜单。利用快捷菜单中的命令，用户可以快速、高效地完成绘图操作

任务实施

一、运行 CAXA 数控车软件

1. 启动 CAXA 数控车软件

有两种方法可以启动 CAXA 数控车，运行 CAXA 数控车的方法及步骤见表 7—3。

表 7—3　运行 CAXA 数控车的方法及步骤

方法	步骤
方法一	在正常安装完成时在 Windows 桌面会出现“CAXA 数控车”的图标，双击“CAXA 数控车”图标就可以运行软件
方法二	单击桌面左下角的【开始】→【程序】→【CAXA 数控车】→【CAXA 数控车】来运行软件

2. 退出 CAXA 数控车软件

退出 CAXA 数控车软件的操作步骤见表 7—4。

表 7—4　退出 CAXA 数控车软件的操作步骤

操作步骤	操作内容
1. 选择退出路径	单击“文件”菜单中的“退出”选项或右上角的关闭按钮
2. 退出	弹出一个确认对话框，如图 7—3 所示。对对话框提示作出选择后，即退出系统

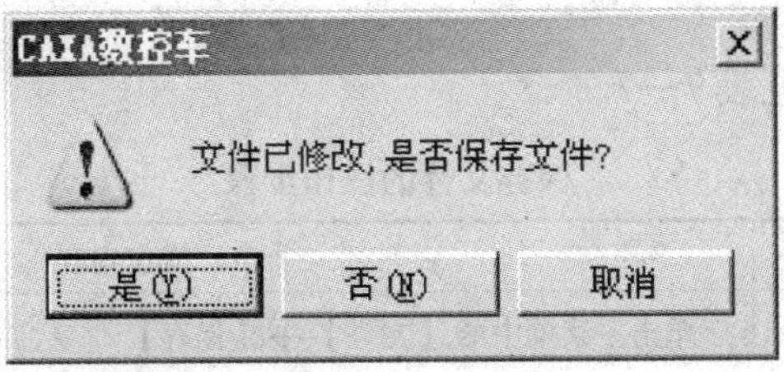

图 7—3　对话框

二、文件操作

1. 建立新文件

建立新文件的操作步骤见表 7—5。

表 7—5　　**建立新文件的操作步骤**

操作步骤	操作内容
建立新文件	单击主菜单中的【文件】→【新建】命令，或单击标准工具栏中的“新建”图标

要点提示

建立一个新文件后，用户即可以进行图形绘制和轨迹生成等各项功能的操作。当前的所有操作结果都被记录在内存中，只有在进行存盘操作以后，前面的工作结果才会被永久地保存下来。

2. 打开文件

打开文件的操作步骤见表 7—6。

表 7—6　　**打开文件的操作步骤**

操作步骤	操作内容
1. 打开“打开”对话框	单击主菜单【文件】→【打开】，弹出“打开”对话框，如图 7—4 所示
2. 处理“打开”对话框	在对话框中选择保存项目文件的文件夹和文件
3. 打开	单击“打开”键打开

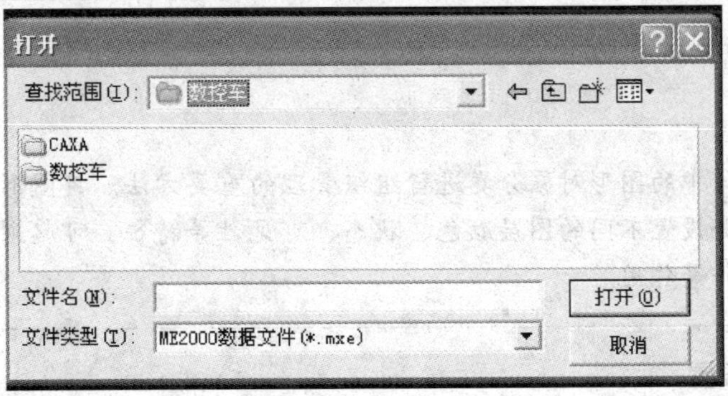

图 7—4　“打开”对话框

3. 保存文件

保存文件的操作步骤见表7—7。

表7—7　　保存文件的操作步骤

操作步骤	操作内容
1. 打开“存储文件”对话框	单击主菜单中的【文件】→【保存】命令，或单击标准工具栏中的“保存”图标。如果当前文件名不存在，则系统弹出“存储文件”对话框
2. 处理“存储文件”对话框	选择相应的文件目录、文件类型和文件名
3. 保存	单击“保存”键保存

三、设置

1. 当前颜色

当前颜色设置的操作步骤见表7—8。

表7—8　　当前颜色设置的操作步骤

操作步骤	操作内容
1. 打开“颜色管理”对话框	单击主菜单中的【设置】→【当前颜色】命令，或单击“当前颜色”图标，系统弹出“颜色管理”对话框
2. 处理“颜色管理”对话框	选择一种基本颜色或扩展颜色中的任意颜色
3. 设置当前颜色	单击“确定”键

2. 层设置

图层设置的操作步骤见表7—9。

表7—9　　图层设置的操作步骤

操作步骤	操作内容
1. 打开“图层管理”对话框	单击主菜单中的【设置】→【层设置】命令，系统弹出“图层管理”对话框
2. 处理“图层管理”对话框	选定某个图层，双击相应选项，可对其进行修改。单击对话框右侧相应按钮，进行相应操作
3. 设置图层	单击“确定”键

要点提示

图层是将设计中的图形对象分类进行组织管理的重要方法。将图形对象分类放置在不同的图层上，并设置不同的图层颜色、状态、可见性等特征，可起到方便操作、图面清晰、防止误操作等作用。

3. 拾取过滤设置

拾取过滤设置的操作步骤见表7—10。

表 7—10 拾取过滤设置的操作步骤

操作步骤	操作内容
1. 打开“拾取过滤器”对话框	单击主菜单中的【设置】→【拾取过滤设置】命令，系统弹出“拾取过滤器”对话框
2. 处理“拾取过滤器”对话框	如果要修改图形元素的类型、图形元素的颜色，只要直接单击项目对应的复选框即可。对于图形元素的类型和图形元素的颜色，可单击下方的按钮。拖动窗口右下方的滚动条可以修改拾取盒的大小
3. 拾取过滤设置	单击“确定”键

4. 系统设置

系统设置的操作步骤见表 7—11。

表 7—11 系统设置的操作步骤

操作步骤	操作内容
1. 打开“系统设置”对话框	单击主菜单中的【设置】→【系统设置】命令，弹出“系统设置”对话框
2. 处理“系统设置”对话框	根据绘图的需要，用户可以对系统的默认设置参数进行修改
3. 系统设置	单击“确定”键

任务 2 CAXA 数控车自动编程加工实例

学习目标

1. 进一步掌握 CAXA 数控车软件的使用方法。
2. 掌握 CAXA 数控车自动编程加工零件的方法。

工作任务

如图 7—5 所示零件，毛坯为 45 钢的棒料，试用 CAXA 数控车自动编程加工零件。

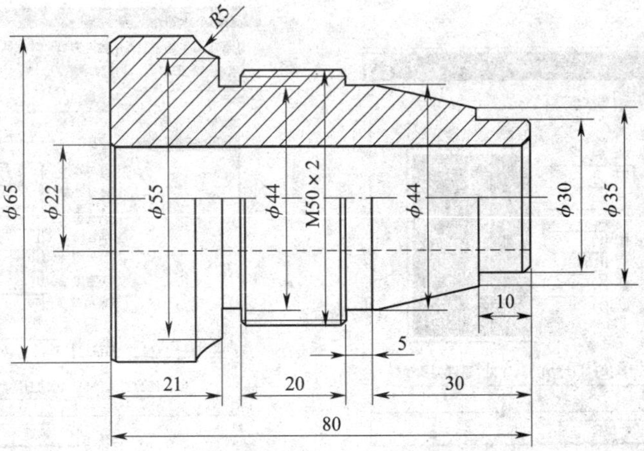

图 7—5 CAXA 数控车自动编程加工实例

相关理论

一、刀具管理

CAXA 数控车刀具库管理功能包括轮廓车刀、切槽刀具、螺纹车刀、钻孔刀具 4 种刀具类型的管理。

可通过刀具库管理对话框，添加新的刀具，对已有刀具的参数进行修改，更换使用的当前刀等。当需要定义新的刀具时，按“增加刀具”按钮可弹出添加刀具对话框。在刀具列表中选择要删除的刀具名，按“删除刀具”按钮可从刀具库中删除所选择的刀具。在刀具列表中选择要使用的当前刀具名，按“置当前刀”可将选择的刀具设为当前刀具，也可在刀具列表中用鼠标双击所选的刀具。改变参数后，按“修改刀具”按钮即可对刀具参数进行修改。如图 7—6 所示为轮廓车刀参数对话框，图 7—7 所示为切槽刀具参数对话框，图 7—8 所示为钻孔刀具参数对话框，图 7—9 所示为螺纹车刀参数对话框。

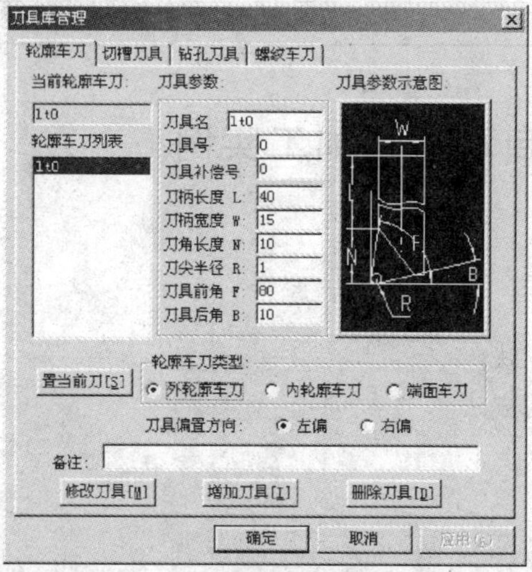

图 7—6　轮廓车刀参数对话框

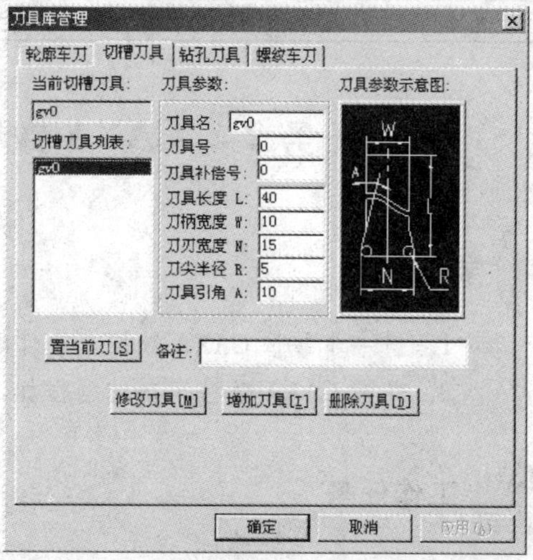

图 7—7　切槽刀具参数对话框

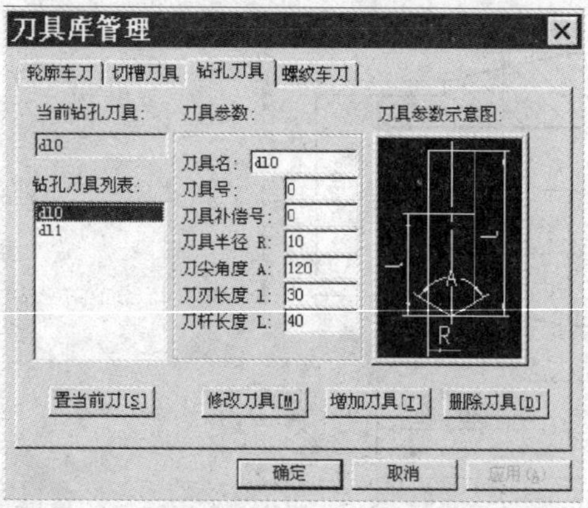

图 7—8　钻孔刀具参数对话框

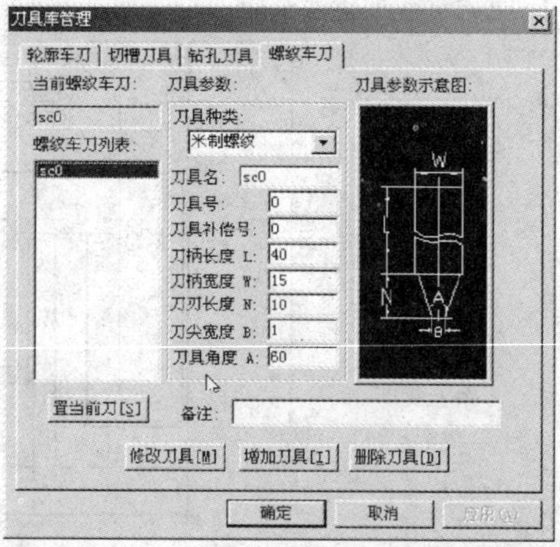

图 7—9　螺纹车刀参数对话框

二、轮廓粗车

轮廓粗车功能用于实现对工件外轮廓表面、内轮廓表面和端面的粗车加工，用来快速清除毛坯的多余部分。

轮廓粗车时要确定被加工轮廓和毛坯轮廓，被加工轮廓就是加工结束后的工件表面轮廓，毛坯轮廓就是加工前毛坯的表面轮廓。被加工轮廓和毛坯轮廓两端点相连，两轮廓共同构成一个封闭的加工区域，在此区域的材料将被加工去除。被加工轮廓和毛坯轮廓不能单独闭合或自相交。如图 7—10 所示为轮廓粗车加工参数表。

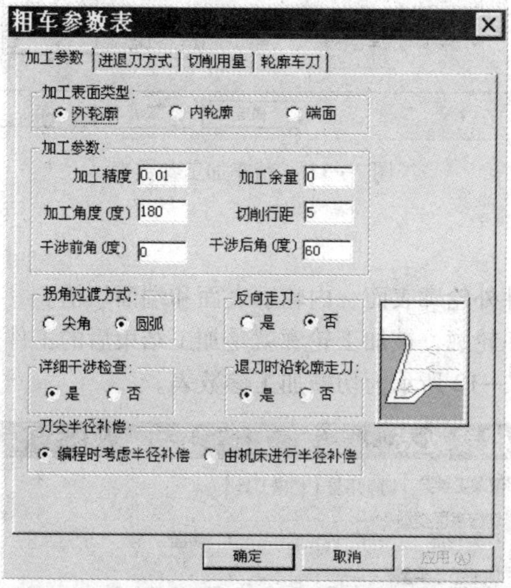

图 7—10 轮廓粗车加工参数表

在参数表中首先要确定被加工的是外轮廓表面还是内轮廓表面或端面，接着按加工要求确定其他各加工参数。

确定参数后通过拾取被加工的轮廓和毛坯轮廓，确定进退刀点，生成轮廓粗车加工轨迹等一系列操作，即可生成加工指令。

三、轮廓精车

轮廓精车功能用于实现对工件外轮廓表面、内轮廓表面和端面的精车加工。轮廓精车时要确定被加工轮廓，被加工轮廓就是加工结束后的工件表面轮廓，被加工轮廓不能闭合或自相交。如图 7—11 所示为精车加工参数表。

在参数表中首先要确定被加工的是外轮廓表面还是内轮廓表面或端面，接着按加工要求确定其他各加工参数。

确定参数后通过拾取被加工轮廓，确定进退刀点，生成精车加工轨迹等一系列操作，即可生成加工指令。

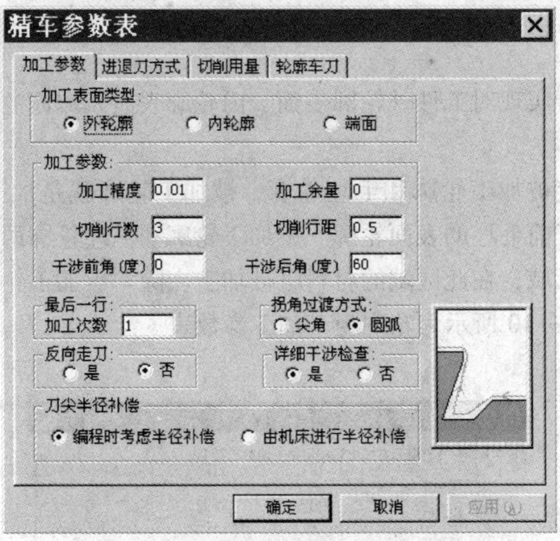

图 7—11　精车加工参数表

四、车槽

车槽功能用于在工件外轮廓表面、内轮廓表面和端面切槽。

车槽时要确定被加工轮廓，被加工轮廓就是加工结束后的工件表面轮廓，被加工轮廓不能闭合或自相交。如图 7—12 所示为切槽加工参数表。

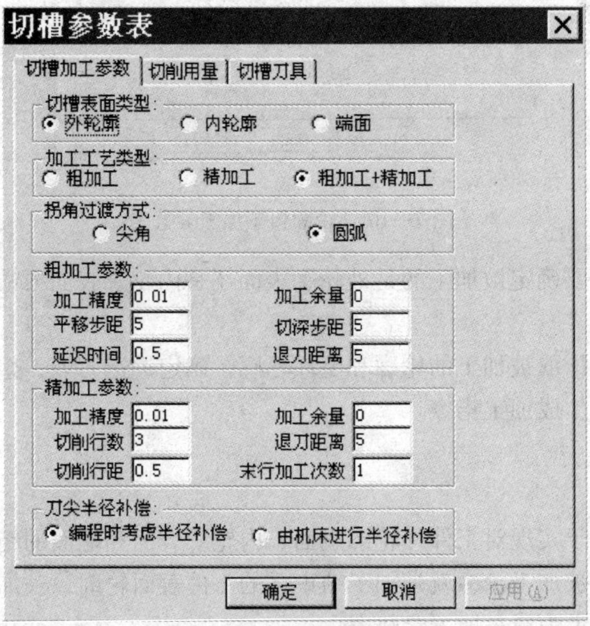

图 7—12　切槽加工参数表

在参数表中首先要确定被加工的是外轮廓表面，还是内轮廓表面或端面，接着按加工要求确定其他各加工参数。

确定参数后通过拾取被加工轮廓，确定进退刀点，生成切槽加工轨迹等一系列操作，即可生成加工指令。

五、钻中心孔

钻中心孔功能用于在工件的旋转中心钻中心孔。该功能提供了多种钻孔方式，包括高速啄式深孔钻、左攻螺纹、精镗孔、钻孔、镗孔、反镗孔等。如图 7—13 所示为钻孔加工参数表。

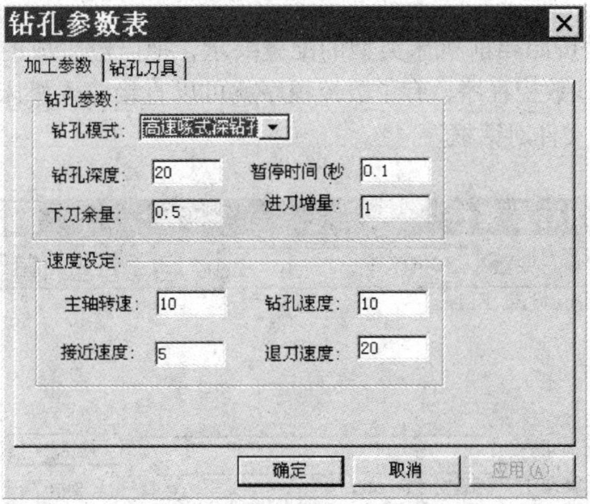

图 7—13　钻孔加工参数表

在参数表中确定各参数后，拾取钻孔的起始点，因为轨迹只能在系统的 X 轴上（机床的 Z 轴)，所以把输入的点向系统的 X 轴投影，得到的投影点作为钻孔的起始点，然后生成钻孔加工轨迹。拾取完钻孔点之后即生成加工指令。

六、车螺纹

车螺纹功能用于加工螺纹，可对螺纹加工中的各种工艺条件、加工方式进行更为灵活的控制。如图 7—14 所示为螺纹车削参数表。

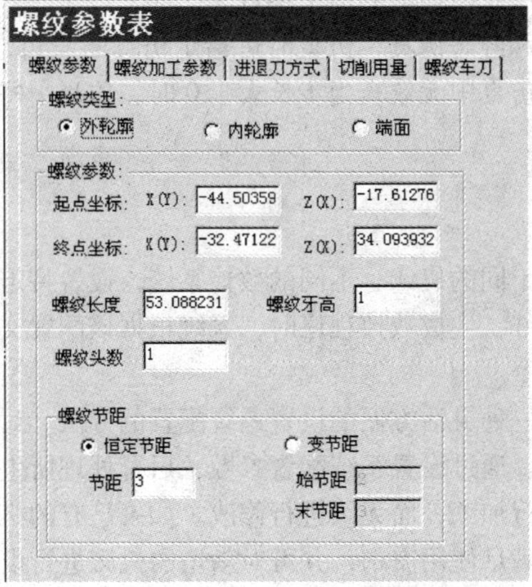

图 7—14　螺纹车削参数表

在参数表对话框中确定各加工参数后，选择确认按钮，即生成螺纹车削刀具轨迹。

在“数控车”菜单区中选取“生成代码”功能项，拾取刚生成的刀具轨迹，即可生成螺纹加工指令。

七、生成代码

生成代码功能就是按照当前机床类型的配置要求，把已经生成的加工轨迹转化生成 G 代码数据文件，即 CNC 数控程序，有了数控程序就可以直接输入机床进行数控加工。如图 7—15 所示为选择后置文件对话框。

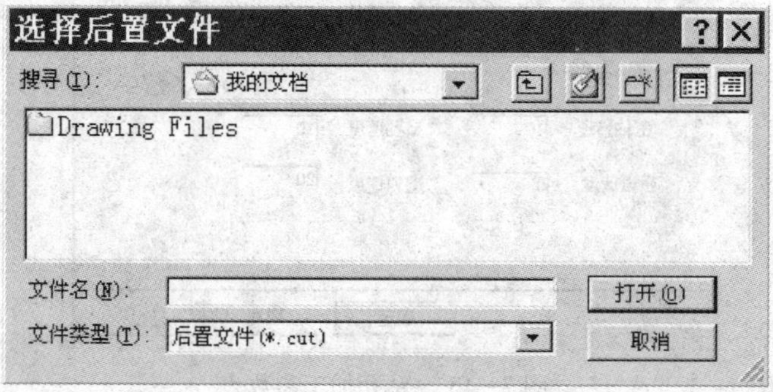

图 7—15　选择后置文件对话框

在选择后置文件对话框中，填写后置程序文件名。通过系统提示，进行一系列操作，系统即生成数控程序。

八、轨迹仿真

轨迹仿真功能可以对已有的加工轨迹进行加工过程模拟，以检查加工轨迹的正确性。对系统生成的加工轨迹，仿真时用生成轨迹时的加工参数，即轨迹中记录的参数；对从外部反读进来的刀位轨迹，仿真时用系统当前的加工参数。

轨迹仿真分为动态仿真和静态仿真，仿真时可指定仿真的步长，用来控制仿真的速度。当步长设为 0 时，步长值在仿真中无效；当步长大于 0 时，仿真中每一个切削位置之间的间隔距离即为所设的步长。

九、机床设置

机床设置功能就是针对不同的机床、不同的数控系统，设置特定的数控代码、数控程序格式及参数，并生成配置文件。生成数控程序时，系统根据该配置文件的定义生成用户所需要的特定代码格式的加工指令。

机床配置给用户提供了一种灵活方便的设置系统配置的方法。对不同的机床进行适当的配置，具有重要的实际意义。通过设置系统配置参数，后置处理所生成的数控程序可以直接输入数控机床或加工中心进行加工，而无须进行修改。如果已有的机床类型中没有所需的机床，可增加新的机床类型以满足使用需求，并可对新增的机床进行设置。如图 7—16 所示为机床类型设置对话框。

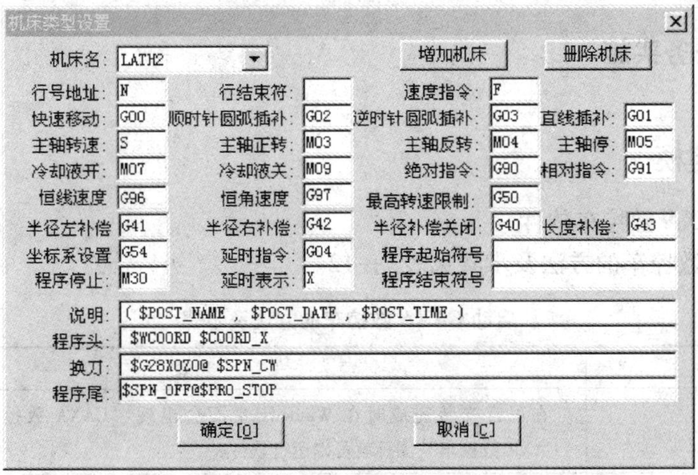

图 7—16　机床类型设置对话框

十、后置设置

后置设置功能就是针对特定的机床，结合已经设置好的机床配置，对后置输出的数控程序的格式，如程序段行号、程序大小、数据格式、编程方式、圆弧控制方式等进行设置。本功能可以设置缺省机床及 G 代码输出选项。机床名选择已存在的机床名作为缺省机床。如图 7—17 所示为后置处理设置对话框。

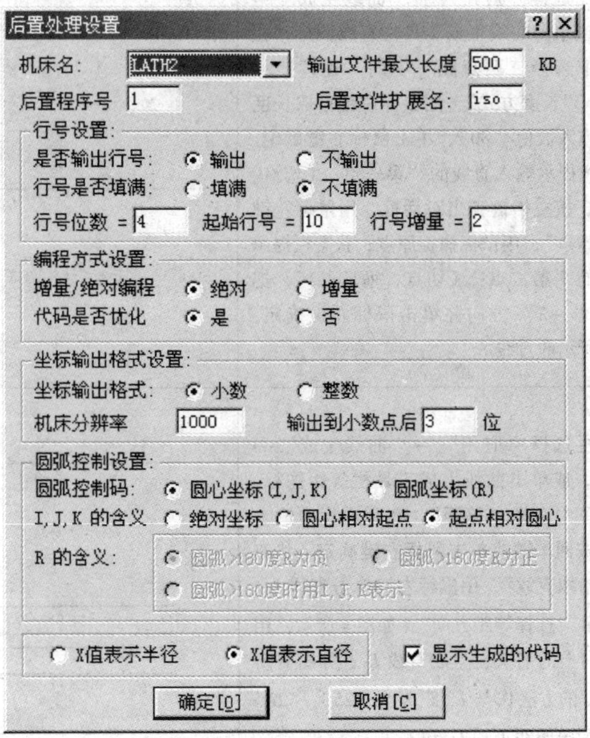

图 7—17　后置处理设置对话框

任务实施

一、加工建模

1. 启动 CAXA 数控车软件

启动 CAXA 数控车的方法及步骤见表 7—12。

表 7—12　　启动 CAXA 数控车的方法及步骤

方法	步骤
方法一	在正常安装完成时在 Windows 桌面会出现“CAXA 数控车”的图标，双击“CAXA 数控车”图标就可以运行软件
方法二	单击桌面左下角的【开始】→【程序】→【CAXA 数控车】→【CAXA 数控车】来运行软件

2. 加工造型

加工造型的方法及步骤见表 7—13。

表 7—13　　加工造型的方法及步骤

操作步骤	操作内容	图示
作水平线	从菜单栏选择“应用”→“曲线生成”→“直线”，或单击曲线生成工具栏直线图标，在立即菜单中选择“两点线”中的“连续”→“正交”→“长度方式”，用鼠标左键拾取长度对话框，填入数值“80”，单击鼠标右键确定。根据状态栏提示输入直线的“第一点：（切点、垂足点）”，按空格键弹出对话框，用鼠标左键选取“缺省点”，用鼠标捕捉原点；状态栏提示输入直线的“第二点：（切点、垂足点）”，把鼠标指向“ - X”方向并单击鼠标左键确定，生成如图所示的直线 L_1	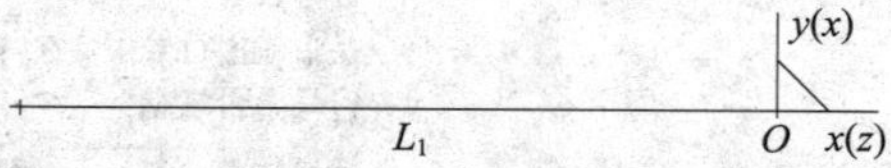
作水平线 L_1 的等距线	从菜单栏选择“应用”→“曲线生成”→“等距线”，或单击曲线生成工具栏等距图标，在立即菜单中选择“等距”，在距离栏中输入“32. 5”，按回车键或单击鼠标右键确定。状态栏提示“拾取直线”，用鼠标左键单击直线 L_1；状态栏提示“选择等距方向”，如图 a 所示，用鼠标单击向上的箭头，生成直线 L_2，如图 b 所示。用同样的方法作与 L_1 距离为“25”“22”和“15”的等距线 L_3、L_4 和 L_5	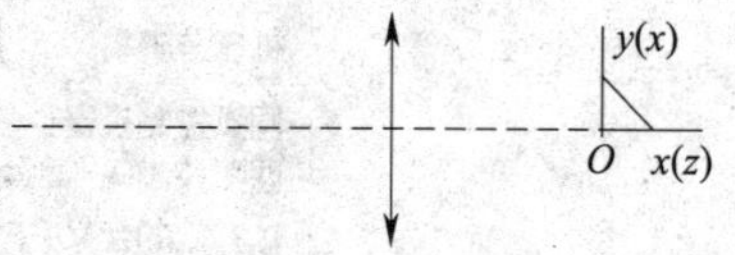 a) 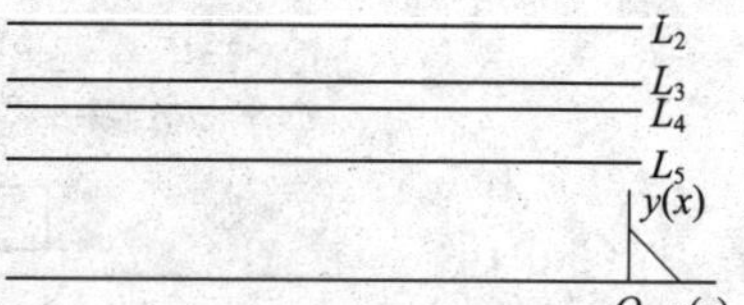 b)

<table>
<tr><th>操作步骤</th><th>操作内容</th><th>图示</th></tr>
<tr><td>作直线 L_1 的垂直线</td><td>单击曲线生成工具栏直线图标，在立即菜单中选择“水平/铅垂线”中的“铅垂”，输入长度为“65”，按确定。根据状态栏提示“输入直线中点”，按空格键弹出点位对话框，选取“端点”，用鼠标拾取直线 L_1 的左端点，单击鼠标右键确定，生成如图所示的垂直线 L_6</td><td>
</td></tr>
<tr><td>作直线 L_6 的等距线</td><td>从菜单栏选择“应用”→“曲线生成”→“等距线”，或单击曲线生成工具栏等距图标，在立即菜单中选择“等距”，在距离栏中输入“21”，按回车键或单击鼠标右键确定。状态栏提示“拾取直线”，用鼠标单击直线 L_6；状态栏提示“选择等距方向”，用鼠标单击向右的箭头，生成直线 L_7。用同样的方法生成直线 L_8、L_9、L_{10}和 L_{11}、L_{12}，如图所示</td><td>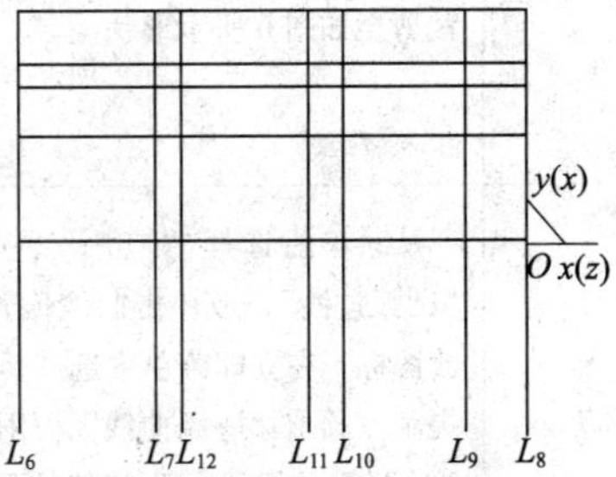
</td></tr>
<tr><td>曲线裁剪和删除</td><td>从菜单栏选择“应用”→“曲线编辑”→“裁剪”，或单击曲线编辑工具栏的曲线裁剪图标，在立即菜单中选“快速裁剪”；状态栏提示“拾取被裁剪线（选取被裁剪段）”，用鼠标直接拾取被裁剪的线段即可。从菜单栏选择“编辑”→“删除”，或单击曲线编辑工具栏的删除图标，状态栏提示“拾取元素”，用鼠标左键拾取曲线裁剪后多余的线段，被拾取的线段变成点画线，拾取完毕后单击鼠标右键确定，修改图形至如图所示</td><td>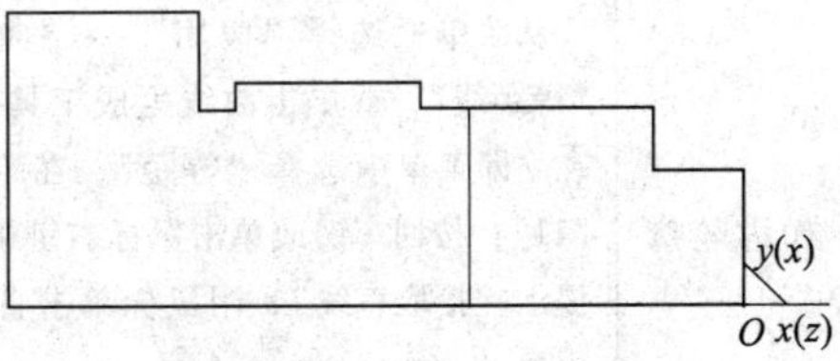
</td></tr>
<tr><td>作圆锥线</td><td>作直线 L_1 的等距线 L_{13}，距离为“17.5”。单击曲线生成工具栏直线图标；在立即菜单中选择“两点线”→“连续”→“非正交”；根据状态栏提示，按空格键弹出点位对话框，选“交点”；用鼠标依次拾取点 1 和点 2，单击鼠标右键确定，如图 a 所示。用曲线裁剪和删除功能修改图形至如图 b 所示形状</td><td>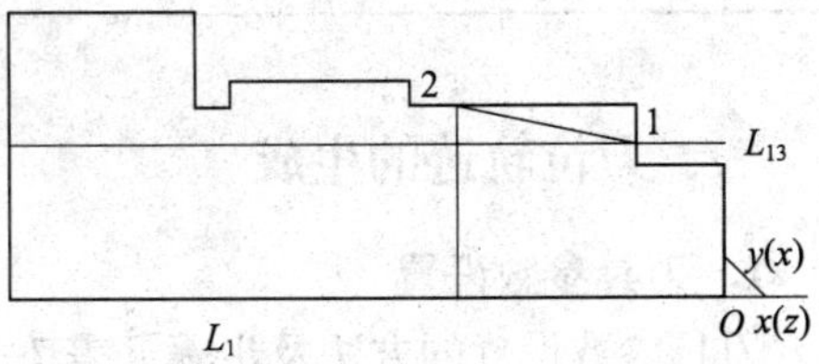

a)
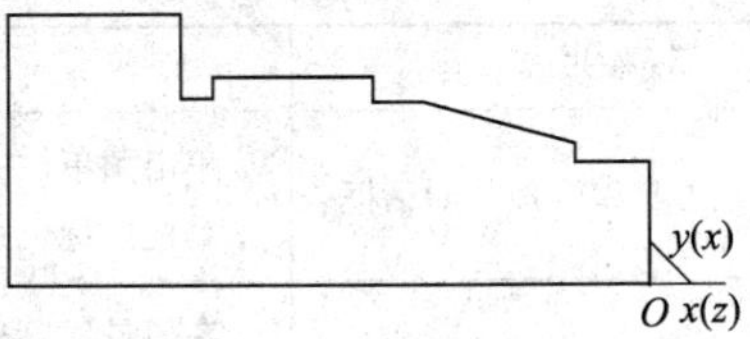

b)</td></tr>
</table>

续表

操作步骤	操作内容	图示
作圆弧	从菜单栏选择“应用”→“曲线生成”→“圆”，或单击曲线生成工具栏图标，在立即菜单中选择“圆心＋半径”；根据状态栏提示“圆心点”，按空格键弹出点位对话框，选“交点”；用鼠标拾取交点“3”，状态栏提示“输入圆上一点（切点）或半径”，按回车键弹出输入对话框，键入“5”并回车，单击鼠标右键确定，生成圆如图 a 所示；利用曲线裁剪功能裁剪至如图 b 所示形状	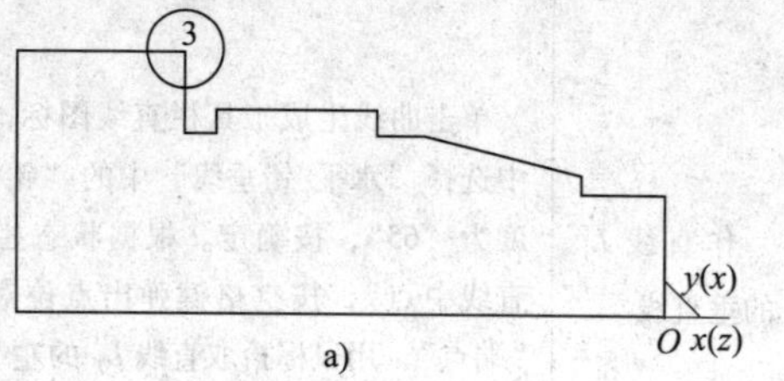 a) 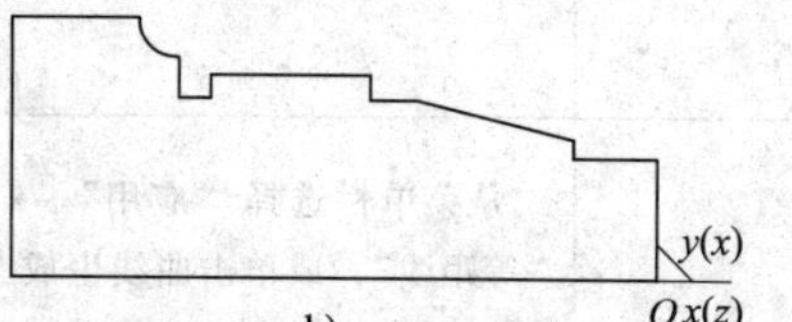 b)
作倒角	从菜单栏选择“应用”→“曲线编辑”→“圆弧过渡”，或单击曲线编辑工具栏的圆弧过渡图标，在立即菜单中选“倒角”；根据状态栏提示“拾取第一条曲线”，用鼠标依次拾取位置 4 处两侧的线段，两侧的线段被裁剪，如图所示；用同样的方法分别对位置 5、位置 6、位置 7 处的两侧线段进行裁剪	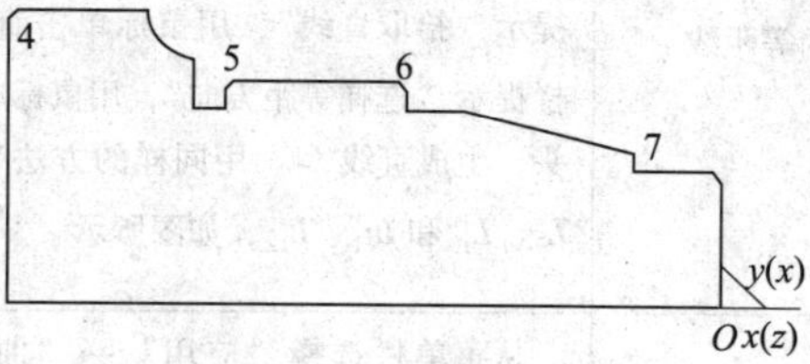
作内轮廓线	从菜单栏选择“应用”→“曲线生成”→“等距线”，或单击曲线生成工具栏等距图标，在立即菜单中选择“等距”，在距离栏中输入“11”，按回车键或单击鼠标右键确定。状态栏提示“拾取直线”，用鼠标单击直线 L_1；状态栏提示“选择等距方向”，用鼠标单击向上的箭头，生成内轮廓线；做倒角并裁剪删除多余线段。至此完成整个零件的加工造型，如图所示	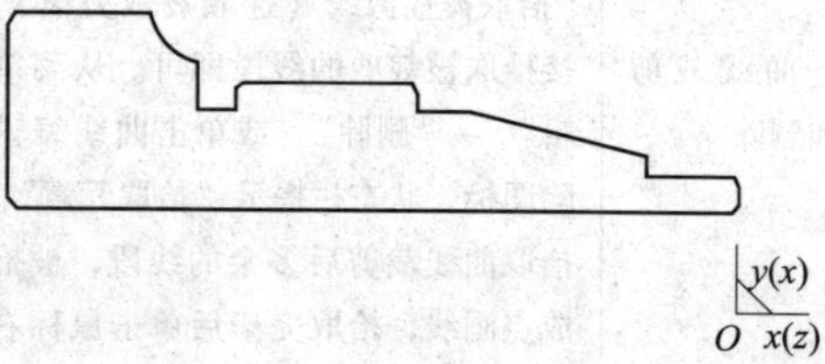

二、刀位轨迹的生成

1. 刀具参数设置

刀具参数设置的方法及步骤见表 7—14。

表 7—14　　刀具参数设置的方法及步骤

操作步骤	操作内容
打开“刀具库管理”对话框	单击菜单栏中“应用”→“数控车”→“刀具库管理”菜单项，或单击数控车工具栏图标，系统弹出刀具库管理对话框，如图 7—18 所示
增加刀具	在刀具库管理对话框中，增加 T01 号 93°硬质合金车刀、T02 号 93°内孔车刀、T04 号 3 mm 硬质合金切槽车刀和 T03 号 60°螺纹车刀

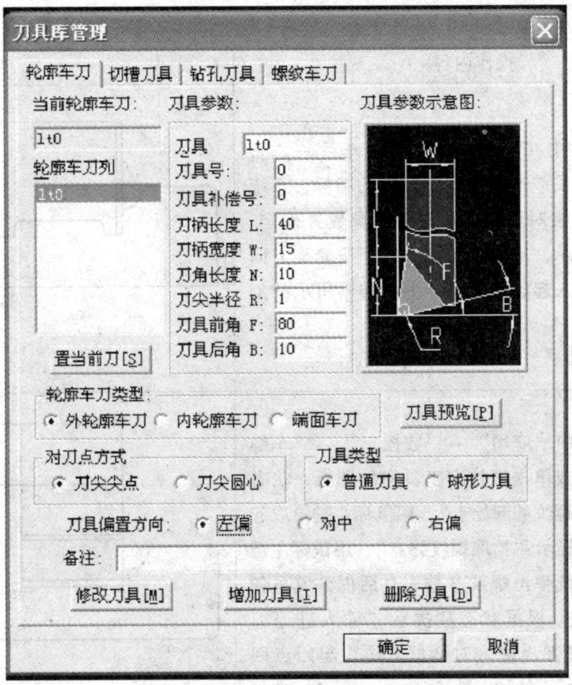

图 7—18　刀具库管理对话框

2. 生成零件的加工轨迹

生成零件的加工轨迹的方法及步骤见表 7—15。

表 7—15　　生成零件的加工轨迹的方法及步骤

操作步骤	操作内容	图示
生成车外圆的粗、精加工轨迹	单击菜单栏中“应用”→“数控车”→“轮廓粗车”菜单项，或单击数控车工具栏的图标，系统弹出粗车参数表对话框，然后分别填写参数表。根据状态栏提示“拾取被加工表面轮廓”，按空格键弹出工具菜单，选“单个拾取”。当拾取第一条轮廓线后，此轮廓线变成红色的虚线，系统给出提示：选择方向。顺序拾取加工轮廓线并单击鼠标右键确定。状态栏提示“拾取定义的毛坯轮廓”，顺序拾取毛坯的轮廓线并单击鼠标右键确定。状态栏提示“输入进退刀点”，按回车键弹出输入对话框，输入“90，45”后再回车，生成如图 a 所示的加工轨迹	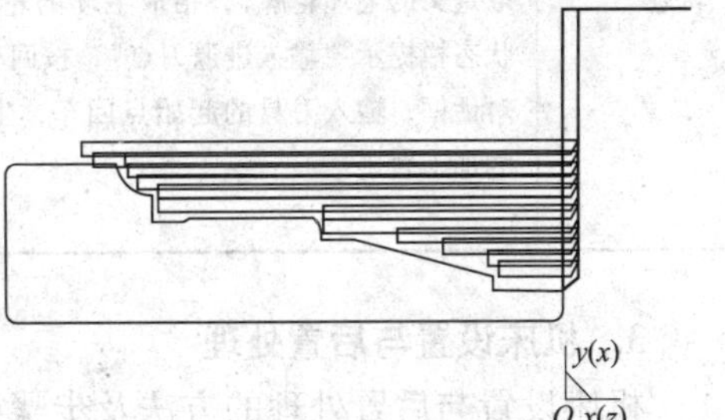 a)
	单击菜单栏中“应用”→“数控车”→“轮廓精车”菜单项，或单击数控车工具栏的图标，系统弹出精车参数表对话框，处理对话框内容。根据状态栏提示“拾取被加工表面轮廓”，按方向拾取加工轮廓线并单击鼠标右键确定。状态栏提示“输入进退刀点”，按回车键弹出输入对话框，输入起始点回车，生成如图 b 所示的加工轨迹	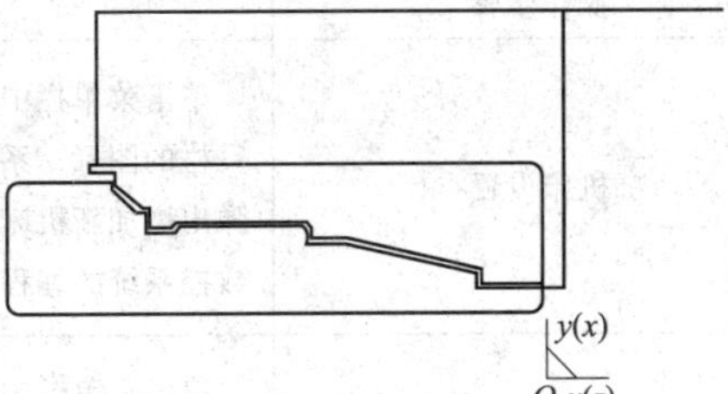 b)

续表

操作步骤	操作内容	图示
生成车外沟槽加工轨迹	单击菜单栏中“应用”→“数控车”→“切槽”菜单项，或单击数控车工具栏的图标，系统弹出切槽参数表对话框，填写各项参数并确定。根据状态栏提示，拾取加工轮廓线，按箭头方向顺序完成。输入起始点回车，生成如图所示的加工轨迹	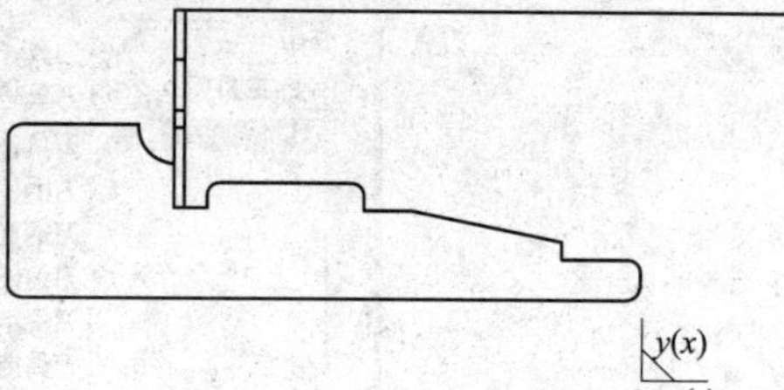
生成车螺纹加工轨迹	单击菜单栏中“应用”→“数控车”→“车螺纹”菜单项，或单击数控车工具栏的图标，状态栏提示“拾取螺纹的起始点”，用鼠标左键拾取起始点；状态栏提示“拾取螺纹终点”，用鼠标左键拾取终点。系统弹出螺纹参数表对话框，填写各项参数并确定。根据状态栏提示“输入进退刀点”，按回车键弹出输入对话框，输入起始点回车，生成如图所示的加工轨迹	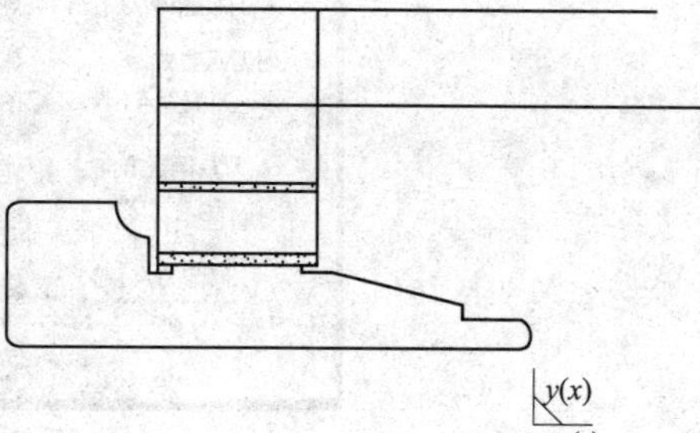
生成车内孔加工轨迹	单击菜单栏中“应用”→“数控车”→“轮廓粗车”菜单项，或单击数控车工具栏的图标，系统弹出粗车参数表对话框，填写各项参数并确定。根据状态栏提示“拾取被加工表面轮廓”，拾取加工轮廓线并单击鼠标右键确定。状态栏提示“拾取定义的毛坯轮廓”，拾取毛坯的轮廓线并确定。状态栏提示“输入进退刀点”，按回车键弹出输入对话框，输入刀具的起始点回车，生成如图所示的加工轨迹	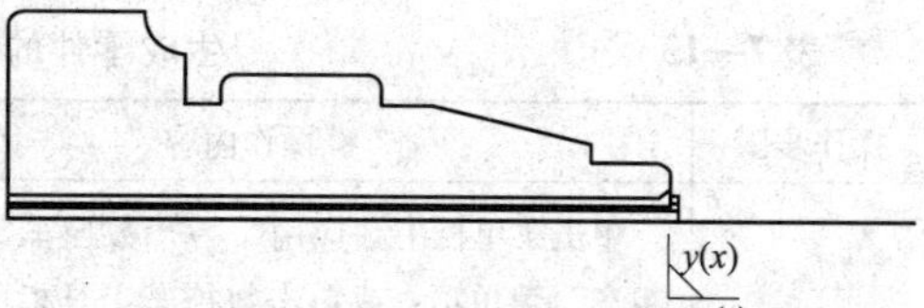

3. 机床设置与后置处理

机床设置与后置处理的方法及步骤见表 7—16。

表 7—16　　机床设置与后置处理的方法及步骤

操作步骤	操作内容
机床设置	单击菜单栏中“应用”→“数控车”→“机床设置”菜单项，或单击数控车工具栏的图标，系统弹出机床类型设置对话框。单击对话框中的“增加机床”，系统弹出增加新机床对话框，输入“FANUC”，并单击“确定”按钮。按照 FANUC 0i 数控系统的编程指令格式，填写各项参数
后置处理	单击菜单栏中“应用”→“数控车”→“后置设置”菜单项，或单击数控车工具栏的图标，系统弹出后置处理设置对话框，填写各项参数

4. 后置处理生成加工程序（NC 代码）

后置处理生成加工程序的方法及步骤见表 7—17。

表 7—17　　后置处理生成加工程序的方法及步骤

操作步骤	操作内容
打开输入文件名的对话框	单击菜单栏中“应用”→“数控车”→“生成代码”菜单项，或单击数控车工具栏的图标，系统弹出一个需要用户输入文件名的对话框，填写后置程序文件名如“1234”
创建文件	单击“打开”按钮，系统弹出对话框，问是否创建该文件，选择“是”，创建文件
拾取刀具轨迹	状态栏提示“拾取刀具轨迹”，顺序拾取外轮廓粗、精加工轨迹，切槽加工轨迹，螺纹加工轨迹和内孔加工轨迹，单击鼠标右键确定
生成加工程序	自动生成加工程序

项目八

综合训练

任务1 综合实例一

学习目标

1. 了解数控车床加工工艺文件的内容。
2. 掌握数控车床加工零件的工艺分析方法。
3. 掌握典型零件的加工方法和过程。

工作任务

如图 8—1 所示工件，毛坯为 ϕ52 mm × 97 mm 的棒料，材料为 45 钢，试在 FANUC 0i Mate－TB 系统的 CAK6140 型数控车床上进行加工。

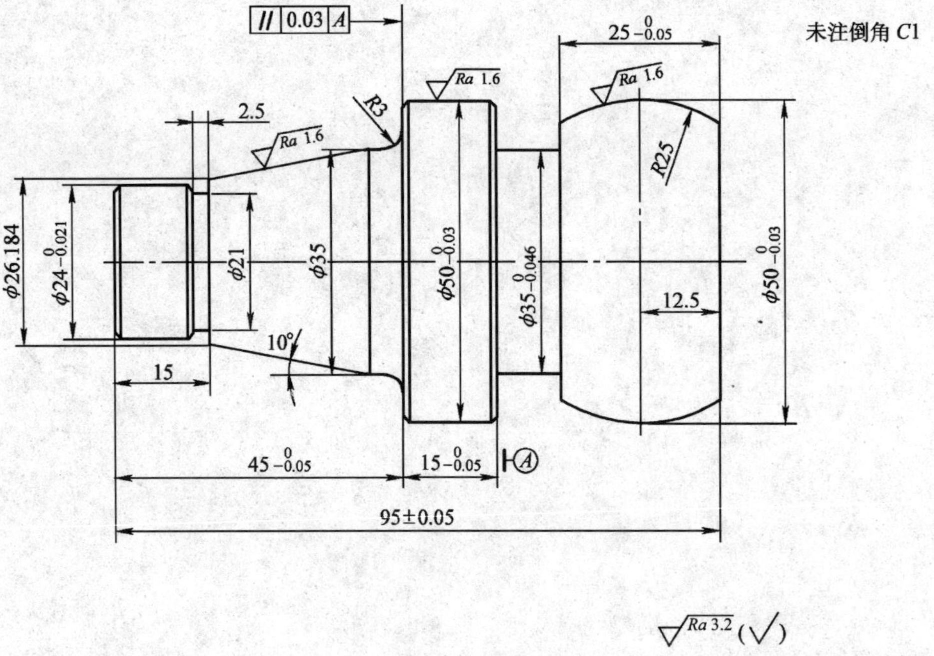

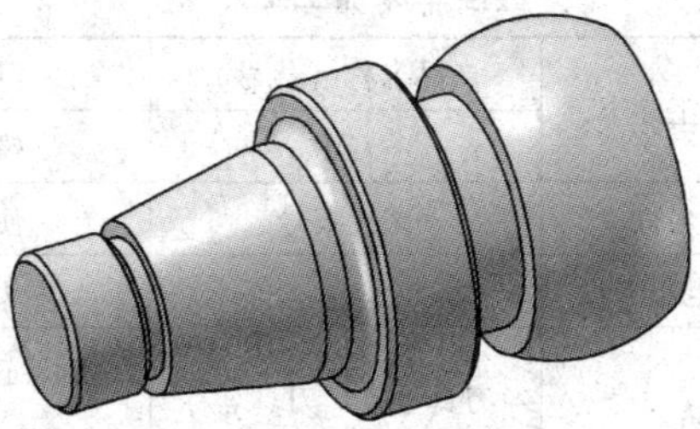

图 8—1　综合实例一

相关理论

一、数控车床加工工艺文件

数控车床加工工艺文件是数控车床加工工艺设计的内容之一。数控车床加工工艺文件主要包括编程任务书、数控车床加工工序卡、数控车床加工刀具调整单以及数控车床加工程序单等。目前，这些文件尚无统一的标准、格式、规范和要求。应用时可根据实际情况制定出相应的数控车床加工工艺文件。

1. 编程任务书

编程任务书阐明了工艺人员对数控车床加工工序的技术要求和工序说明，以及数控车床加工前应保证的加工余量，见表 8—1。它是编程人员与工艺人员协调工作和编制数控车床加工程序的重要依据之一。

表 8—1　　数控加工编程任务书

××技师学院 数控实习工厂		数控编程任务书		产品代号		零件名称	零件图号
				GM		模具型芯	GM1
主要工艺说明及技术要求 数控车粗、精加工型芯外圆表面……							
设备	CAK6140	工艺员		编程员		收到日期	
编制		审核		批准		共__页　第__页	

2. 数控车床加工工序卡

数控车床加工工序卡是编程人员编制程序时必须遵循的基本工艺文件，同时也是指导操作人员进行数控车床操作和加工的主要资料。数控车床加工工序卡不仅包含每一工步的加工内容，还应包含其程序段号、夹具、所用刀具及切削用量等内容。需要时，还可把零件草图画在数控车床加工工序卡上。不同的数控车床，数控车床加工工序卡的格式和内容可不同。数控车床加工工序卡的参考格式见表 8—2。

表 8—2　　　　　　　　　　　　　**数控车床加工工序卡**

××技师学院 数控实习工厂	数控车床加工工序卡			产品名称（代号）		零件名称	零件图号
				GM		模具型芯	GM1
工艺序号	程序编号	夹具名称		夹具编号		使用设备	车间
02	GM01	三爪自定心卡盘				CK6140	

工步号	工步内容	刀具号	刀具名称	主轴转速（r/min）	进给量（mm/r）	背吃刀量（mm）
1	手动车削左端面	T01	外圆车刀	600	手动	0.5
2	粗加工外圆轮廓			500	0.2	2.0
3	精加工外圆轮廓	T02	外圆车刀	1 200	0.1	0.4
…	…	…	…	…	…	…
编制		审核		批准		共__页　第__页

3. 数控车床加工刀具调整单

数控刀具调整单主要包括数控刀具卡片（简称刀具卡）和数控刀具明细表（简称刀具表）两部分。

数控车床刀具卡片分别详细记录了每一把数控刀具刀具编号、刀具结构、组合件名称代号、刀片型号和材料等，它是组装刀具和调整刀具的依据。

数控刀具明细表是调刀人员调整刀具输入的主要依据。刀具明细表格式见表 8—3。

表 8—3　　　　　　　　　　　　　**数控刀具明细表**

零件图号	零件名称	材料		数控刀具明细表			程序编号		车间	使用设备
GM－1	模具型芯	45 钢								CK6140
刀号	刀尖号	刀具名称	刀具号	刀具 位置/mm X 向	刀具 位置/mm Z 向	刀尖圆弧半径/mm	刀补地址 直径	刀补地址 长度	加工部位	
T13001	T03	外圆粗车刀	01	由每把刀具的对刀值确定		0.6	T0101			
T13002	T03	外圆精车刀	02			0.3	T0202			
T13003	T03	外切槽刀	03			0.3	T0303			
…	…	…		…	…	…	…	…	…	
编制		审核		批准			年　月　日		共　页	第　页

4. 数控车床加工程序单

数控车床加工程序单是编程员根据工艺分析情况和走刀路线图，经过数值计算，按照数控车床的程序格式和指令代码编制而成的。它是记录数控车床加工工艺过程、工艺参数、位移数据的清单，是实现数控车床加工的主要依据，同时还可帮助数控车床操作人员正确理解加工程序内容。数控车床加工程序单的参考格式见表 8—4。

表 8—4　　　　　　　　　　数控车床加工程序单

零件号		零件名称			编制			日期	
程序号	O0001（工件左端加工程序）								
程序段号	程序内容				程序说明				
N10	G99 G40 G21；				程序初始化				
N20	G28 U0 W0；				回参考点				
N30	T0101；				换 1 号刀，取 1 号刀具长度补偿				
N40	M03 S500 M08；				主轴正转，切削液开				
⋮	⋮				⋮				

二、数控车床加工零件的工艺分析

数控车床加工零件的工艺分析是工艺准备过程中的首要工作，主要是对零件图样进行分析。通过对零件的工艺分析，可以深入全面地了解零件，及时对零件图样、结构和技术要求等作必要的修改。

数控车床加工零件的工艺分析包括零件轮廓几何要素分析、零件技术要求分析和零件结构工艺性分析等方面。

1. 零件轮廓几何要素分析

数控车床加工零件的轮廓都是由直线、圆弧曲线和螺纹等几何要素组成的。零件轮廓几何要素分析内容见表 8—5。

表 8—5　　　　　　　　　　零件轮廓几何要素分析内容

内容	说明
尺寸标注方法分析	零件图样上的尺寸标注对编程的可能性与方便性有较大影响。在数控编程中，所有点、线、面的尺寸和位置都是以编程原点为基准的。因此零件图样上最好直接给出坐标尺寸，或尽量以同一基准标注尺寸
零件图样的完整性与正确性分析	由于设计等多方面的原因，在图样上可能出现加工轮廓的数据不充分、尺寸模糊不清及尺寸封闭等缺陷，增加了编程工作难度，有时甚至无法编程。如图 8—2 所示为几何元素缺陷示例

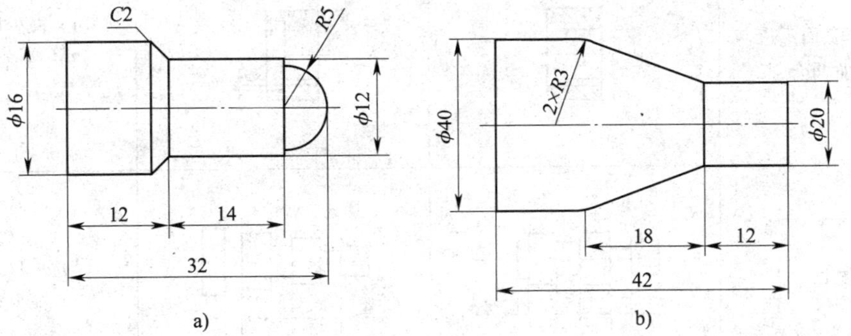

图 8—2　几何元素缺陷示例

2. 零件技术要求分析

零件的技术要求包括加工表面的尺寸精度、主要加工表面的形状精度、主要加工表面之间的相互位置精度、加工表面的表面粗糙度及表面质量方面的其他要求、热处理要求和其他方面要求（如动平衡、未注圆角或倒角、去毛刺、毛坯要求等）。零件的技术要求分析主要包括以下内容：

（1）分析各项技术要求的完整性和合理性。

（2）分析各项技术要求，选择相应的数控车床。

（3）分析形状和位置公差要求。

（4）分析主要表面的技术要求。

（5）分析零件的热处理要求及其他技术要求。

3. 零件结构工艺性分析

零件的结构工艺性是指零件对加工方法的适应性，即所设计的零件结构是否有利于加工成型。零件结构工艺性好与差对其工艺过程的影响非常大，不同结构的两个零件尽管都能满足使用性能要求，但它们的加工方法和制造成本却可能有很大的差别。良好的结构工艺性，能保证零件以较高的生产率和最低的成本方便地加工出来。在数控车床上加工零件时，就应根据数控车削的特点，认真审查零件结构的合理性。

数控车床上，加工的零件典型结构有悬伸结构、空间狭小类结构、台阶式曲线深孔结构、薄壁结构和相似结构等几种。

零件结构工艺性对比的实例见表 8—6。

表 8—6　　零件结构工艺性对比的实例

主要要求	结构工艺性		工艺性好的结构的优点
	结构工艺性差	结构工艺性好	
键槽尺寸、方位应尽量相同	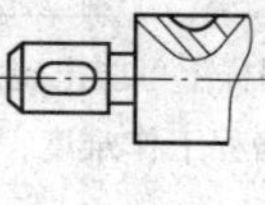	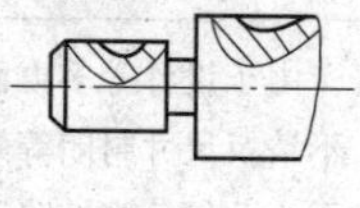	键槽尺寸、方位相同，则可在一次装夹中加工出全部键槽
槽与沟的表面不应与其他的加工面重合	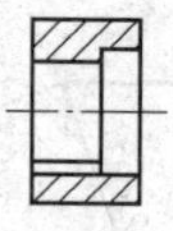	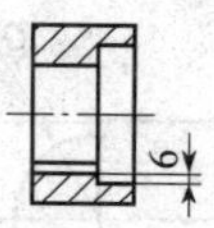	（1）减少加工量 （2）改善刀具工作条件
凹槽尺寸相同	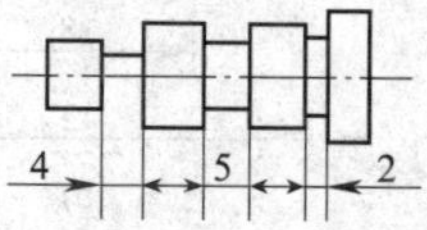	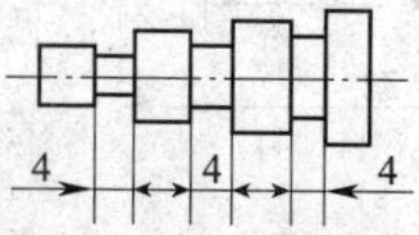	（1）可减少刀具种类 （2）减少换刀时间

任务实施

一、零件图样分析

1. 零件分析

零件表面由圆柱、圆锥、圆弧及沟槽等表面组成。零件结构合理，尺寸标注完整，轮廓描述清楚。

2. 尺寸及精度分析

（1）尺寸精度

本零件中精度要求较高的尺寸主要有：外圆 $\phi 24_{-0.021}^{0}$ mm、$\phi 50_{-0.03}^{0}$ mm、$\phi 35_{-0.046}^{0}$ mm、$\phi 50_{-0.03}^{0}$ mm；长度 $45_{-0.05}^{0}$ mm、$15_{-0.05}^{0}$ mm、（95 ± 0.05） mm。

（2）形位精度

零件主要的形位精度有角度 10°、平行度公差等。

（3）表面粗糙度

外圆表面粗糙度要求为 $Ra1.6$ μm，端面、切槽等表面粗糙度为 $Ra3.2$ μm。

二、毛坯的选择

零件材料为 45 钢，毛坯取 $\phi 52$ mm × 97 mm 的棒料，无热处理和硬度要求。

三、工件定位与装夹方式的选择

加工工件两端时，均采用三爪自定心卡盘进行定位与装夹。工件装夹过程中，应对工件进行找正，以保证工件轴线与主轴轴线同轴。

四、加工工艺路线的拟定

1. 编程原点的确定

该工件的编程原点取在工件的左、右端面与主轴轴线相交的交点上。

2. 制定加工方案及加工路线

采用两次装夹后完成粗、精加工的加工方案，先加工右端外形，完成粗、精加工后，掉头加工另一端。

本任务工件的轮廓表面较为复杂，在运用多种复合固定循环编程时，应注意合理确定循环起点，正确计算各轮廓基点坐标。

五、选择刀具及切削用量

根据加工要求，选用三把刀具。T01 为粗、精加工外轮廓车刀，选硬质合金 93°外圆车刀。T02 为刃宽 3 mm 的硬质合金切槽刀。T03 为刃宽 2 mm 的硬质合金切槽刀。如图 8—3 所示为加工刀具。切削用量详见工序卡片。

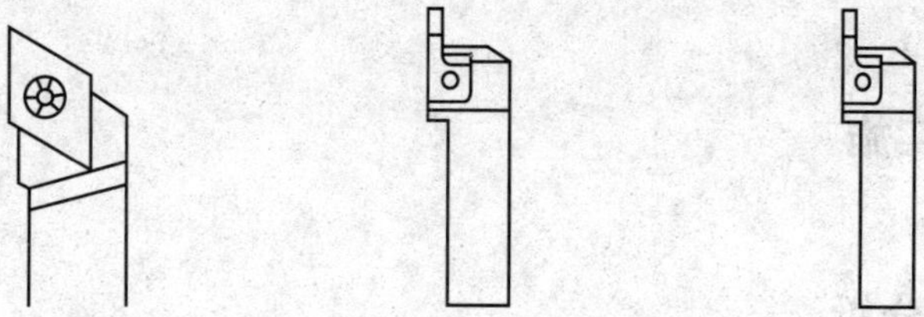

a)　　　b)　　　c)

图 8—3　加工刀具

a）T01 外圆车刀　b）T02 刀头宽 3 mm 的切槽刀　c）T03 刀头宽 2 mm 切槽刀

六、填写数控车床加工工序卡

根据以上数控车床加工工艺分析，填写数控车床加工工序卡，为编程做好准备工作。数控车床加工工序卡见表 8—7。

表 8—7　　　　**数控车床加工工序卡**

××× 数控实训中心	数控加工 工艺卡片		产品代号		零件名称	零件图号
工艺序号	程序编号	夹具名称		夹具编号	使用设备	车间
5	O0070				CKA6132	
工步号	工步内容（加工面）	刀具号	刀具规格	主轴转速（r/min）	进给量（mm/r）	背吃刀量（mm）
1	手动加工右端面			600	0.1	0.5
2	粗加工右端外圆轮廓	T01	外圆车刀	600	0.15	1.4
3	精加工左端外圆轮廓			1 200	0.08	0.25
4	加工右端外圆槽	T02	外切槽刀	500	0.1	3.0
5	掉头手动加工左端面			600	0.1	0.5
6	粗加工左端外圆轮廓	T01	外圆车刀	600	0.15	1.5
7	精加工左端外圆轮廓			1 200	0.08	0.25
8	加工左端外圆槽	T03	外切槽刀	500	0.1	2.0
9	工件精度检测					
编制	审核	批准		共__页　第__页		

七、编写加工程序

1. 计算基点坐标

采用三角函数法计算出右端圆弧起点 *X* 坐标为 X43.30，左端圆锥大端处的 *Z* 坐标为 Z－40.0。

2. 编制加工程序

采用复合固定循环指令编写加工程序，并填写数控车床加工程序单。数控车床加工程序单见表 8—8。

表 8—8 数控车床加工程序单

零件号		零件名称	综合实例一	编制		日期	

程序号	O0010（工件右端加工程序）	
程序段号	程序内容	程序说明
N10	G99 G40 G21；	程序初始化
N20	G28 U0 W0；	回参考点
N30	T0101；	换 1 号刀，取 1 号刀具长度补偿
N40	M03 S600 M08；	主轴正转，切削液开
N50	G00 X54. 0 Z2. 0；	定位至循环起点
N60	G73 U4. 2 W0 R3. 0；	粗车外圆，背吃刀量为 1. 4 mm
N70	G73 P80 Q140 U0. 5 W0 F0. 15；	精车外圆，背吃刀量为 0. 25 mm
N80	G01 X43. 3 Z0 S1200 F0. 08；	粗、精车右端外圆轮廓
N90	G03 Z－25. 0 R25. 0；	
N100	G01 Z－35. 0；	
N110	X48. 0；	
N120	X50. 0 Z－36. 0；	
N130	Z－52. 0；	
N140	X54. 0；	
N150	G70 P80 Q140；	
N160	G28 U0 W0；	换刀宽为 3 mm 的切槽刀后刀具定位
N170	T0202；	
N180	G00 Z－28. 0；	
N190	X45. 0；	
N200	G75 R0. 3；	加工右端外圆槽
N210	G75 X35. 0 Z－35. 0 P2000 Q2500 F0. 1；	
N220	G28 U0 W0；	程序结束部分
N230	M05 M09；	
N240	M30；	

程序号	O0020（工件左端加工程序）	
程序段号	程序内容	程序说明
N80	……	程序开始部分及轮廓加工
N90	G00 X54. 0 Z2. 0；	刀具定位至循环起点
N100	G71 U1. 5 R0. 3；	粗、精加工左端外轮廓

续表

程序号	O0020（工件左端加工程序）	
程序段号	程序内容	程序说明
N110	G71 P120 Q220 U0.5 W0 F0.15 S600;	
N120	G01 X22.0 F0.08 S1200;	
N130	Z0;	
N140	X24.0 Z-1.0;	
N150	Z-15.0;	
N160	X26.184;	
N170	X35.0 Z-40.0;	
N180	Z-42.0;	
N190	G02 X41.0 Z-45.0 R3.0;	
N200	G01 X48.0;	
N210	X50.0 Z-46.0;	
N220	X54.0;	
N230	G70 P120 Q220;	
N240	G28 U0 W0;	换 2 mm 切槽刀后刀具定位
N250	T0303;	
N260	G00 X26.0 Z-14.5 S500;	
N270	G75 R0.3;	加工左端外圆槽
N280	G75 X21.0 Z-15.0 P1500 Q500 F0.1;	
N290	G28 U0 W0;	程序结束部分
N300	M05 M09;	
N310	M30;	

八、程序校核

可以通过数控车床的空运行来检查程序格式有无出错，或用模拟仿真软件来检查刀具加工轨迹的正误。加工程序必须经过校验才能正式使用。

九、加工准备

1. 选用机床为 FANUC 0i 系统的 CAK6140 型数控车床。
2. 毛坯为 $\phi 52$ mm × 97 mm 的圆钢。
3. 加工中使用的工具、量具、刃具见表 8—9。

表 8—9　　工具、刃具、量具及材料清单

序号	名称	规格	数量	备注
1	游标卡尺	0 ~ 150 mm，精度为 0.02 mm	1	
2	千分尺	0 ~ 25 mm、25 ~ 50 mm、50 ~ 75 mm，精度为 0.01 mm	各 1	
3	万能量角器	0 ~ 320°，精度为 2′	1	
4	百分表	0 ~ 10 mm，精度为 0.01 mm	1	
5	磁性表座		1	
6	半径样板	*R*7 ~ *R*14.5，*R*15 ~ *R*25		
7	外圆车刀	93°、45°	1	
8	不重磨外圆车刀	R 型、V 型、T 型、S 型刀片	各 1	选用
9	外切槽刀	刃宽 3 mm、刃宽 2 mm	各 1	
10	辅具	莫氏钻套、钻夹头、活顶尖	各 1	
11	其他	铜棒、铜皮、毛刷等常用工具		选用
		计算机、计算器、编程用书等		

十、零件加工

启动数控车床进行自动加工。

任务 2　综合实例二

学习目标

1. 掌握数控车床加工工件时定位基准的选择方法。
2. 掌握数控车床加工工件时工件的装夹方法。
3. 掌握数控车床加工切削用量的优化选择方法。
4. 进一步掌握典型零件的加工方法和过程。

工作任务

如图 8—4 所示工件，零件材料为 45 钢，毛坯取 ϕ60 mm × 102 mm 的棒料，试在 FANUC 0i Mate – TB 系统的 CAK6140 型数控车床上进行加工。

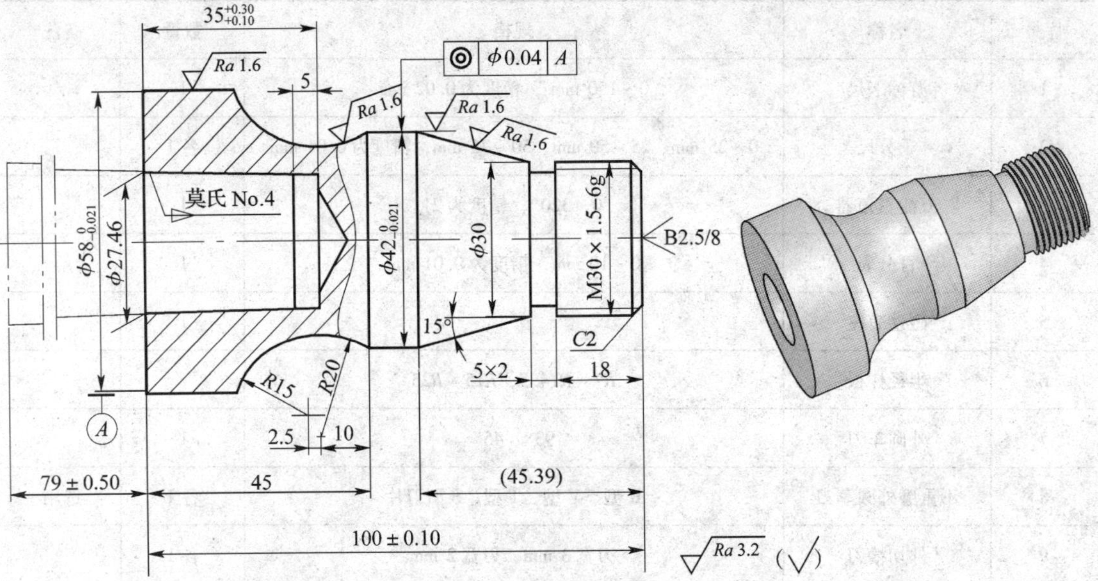

技术要求

1. 未注倒角C1。
2. 圆弧连接光滑无接痕。
3. 内锥面用涂色法进行检验，接触面积大于60 %。

材料：45钢

图 8—4　综合实例二

相关理论

一、定位基准的选择

在数控车床上零件加工的工艺过程中，合理选择定位基准对保证零件的尺寸和相互位置精度起着决定性的作用。定位基准有粗基准、精基准和辅助基准三种。在机加工的第一道工序中，只能用毛坯上未加工的表面作为定位基准，这种定位表面称为粗基准。在随后的工序中，用已加工过的表面作为定位基准，称为精基准。有时为方便装夹或易于实现基准统一，在工件上专门制出一种定位基准，称为辅助基准。

1. 粗基准的选择

粗基准主要影响不加工表面与加工表面之间的相互位置精度，以及加工表面的余量分配。选择粗基准主要需解决两个问题：一是使所有加工表面都有足够的加工余量；二是保证各加工表面对不加工表面具有一定的位置精度。

数控车床上加工的主要是轴类零件和盘套类零件。根据零件的几何特征，特别是实心轴，通常采用外圆表面作为粗基准，但有些盘套类零件有较大的或较精确的内孔时，也可选用内孔作为粗基准，以便使孔的余量均匀。

具体选择粗基准时一般应考虑的选择原则见表 8—10。

表 8—10　　具体选择粗基准时一般应考虑的选择原则

选择原则	说明
余量均匀原则	选择工件上余量最小的表面作为粗基准，以保证各加工表面有足够的加工余量。如图 8—5 所示的阶梯轴，毛坯大小端外圆有 3 mm 的偏心，应以余量较小的 ϕ55 mm 外圆表面作粗基准。如果选 ϕ108 mm 外圆作粗基准加工 ϕ55 mm 外圆，则无法加工出 ϕ50 mm 的内孔
保证不加工表面位置正确原则	对于同时具有加工表面与不加工表面的工件，为了保证加工表面与不加工表面间的位置要求，应选择不加工表面作为粗基准。如图 8—6 所示为选择不加工表面为粗基准实例 如果工件上有多个不加工表面，则应以其中与加工表面相互位置要求较高的表面作为粗基准。如图 8—7 所示零件，有 3 个不加工表面，若表面 4 与表面 2 组成的壁厚均匀度要求较高时，则应选择表面 2 作为粗基准进行加工
粗基准只能有效使用一次原则	粗基准在同一尺寸方向上只能使用一次。因为毛坯面粗糙且精度低，重复使用将产生较大的误差。如图 8—8 所示的阶梯轴，如果重复使用 2 面作为粗基准加工 1、3 面，则必然会使 1 面与 3 面产生较大的同轴度误差
粗基准平整、光滑、可靠原则	作为粗基准的表面，应尽量平整、光洁，无飞边，有一定面积，以使工件定位准确、夹紧可靠

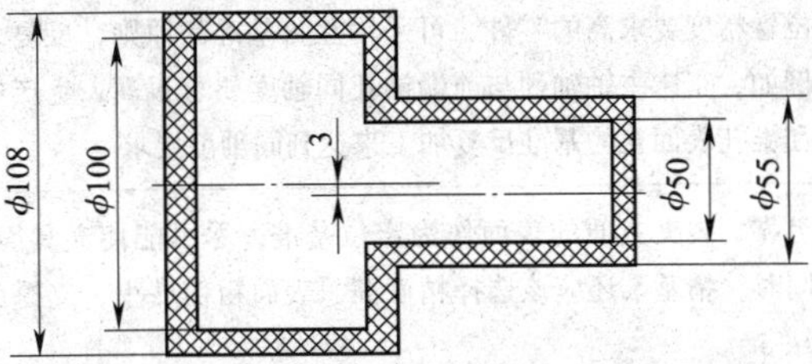

图 8—5　选择余量最小的表面为粗基准的实例

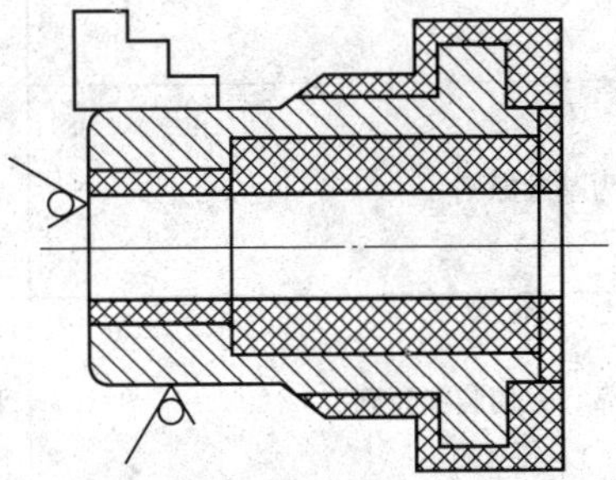

图 8—6　选择不加工表面为粗基准实例

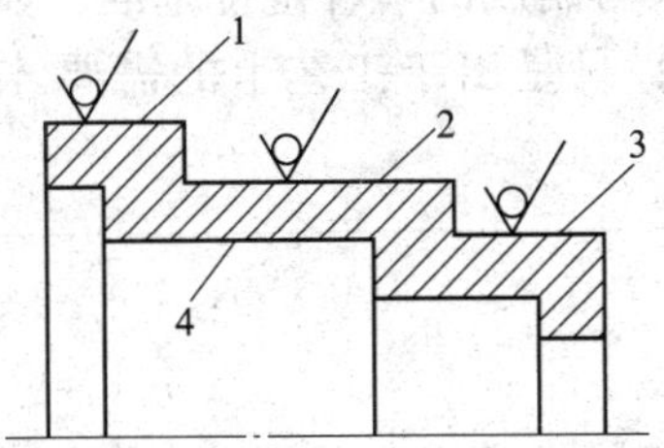

图 8—7　有 3 个不加工表面零件的粗基准选择实例

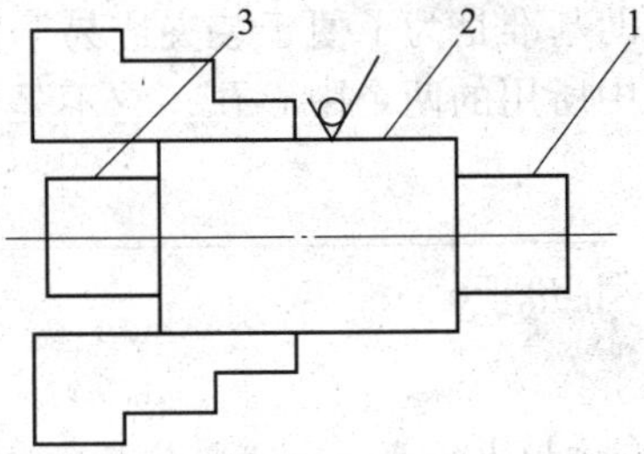

图 8—8　粗基准重复使用产生误差实例

2. 精基准选择

精基准的选择主要应从如何减少加工误差、保证加工精度（特别是加工表面的相互位置精度），以及实现工件装夹的方便、简单、可靠与准确等方面考虑。

在数控车削加工中，对轴类零件来说，由于零件各主要表面的设计基准都是轴线，所以一般都选其两顶尖孔作为精基准；对盘套类零件来说，一般选择内孔作为精基准，这是因为以内孔为基准的夹具多为心轴，其结构简单、刚度好。另外，当盘套类零件内孔的直径或长度太小不适合定位时，也可以外圆作为精基准。

具体选择精基准时一般应考虑的选择原则见表8—11。

表8—11　具体选择精基准时一般应考虑的选择原则

选择原则	说明
基准重合原则	对于加工过程中的某道工序，尽量采用设计基准作为定位基准，这样可以避免由于定位基准与设计基准不重合而引起的定位误差（即基准不重合误差）
基准统一原则	在加工同一零件的多道工序时，应尽量采用统一的定位基准，以避免因基准转换而产生误差。基准统一可使各工序夹具结构统一，简化夹具的设计制造工作，降低成本，缩短生产准备周期。例如，轴类零件加工，通常采用两端中心孔作为精基准，采用顶尖装夹工件，这样既简单方便，又易于保证各个外圆表面的同轴度
自为基准原则	当一些高精度加工或光整加工工序要求余量小而均匀时，可以选择加工表面自身作为定位基准找正加工。采用自为基准原则时，只能提高加工表面本身的尺寸精度、形状精度，而不能提高加工表面的位置精度，加工表面的位置精度应由前道工序保证。铰孔即为自为基准的一个实例
互为基准原则	对于相互位置精度要求高的零件，可采用互为基准的原则，反复多次进行加工。例如，车床主轴轴颈与前端锥孔同轴度要求很高，生产中常以主轴轴颈和锥孔表面互为基准反复加工来达到同轴度要求
可靠、方便装夹原则	选择定位可靠、装夹方便的表面作为定位基准，尽可能使夹具简单，操作方便。同时，精基准还应该选择精度高、表面粗糙度小、支撑面积大的表面

3. 辅助基准的选择

辅助基准是为了便于装夹或易于实现基准统一而人为制成的一种定位基准，如轴类零件加工中所用的两个中心孔，它不是零件的工作表面，只是出于工艺上的需要才加工出来的。

要点提示

应该指出的是，上述定位基准选择原则在具体应用时常常会互相矛盾，必须结合具体情况进行分析，抓住主要矛盾，兼顾其他要求，综合灵活应用。

二、工件的装夹

在数控车床上加工工件时，为了使加工表面能达到图样规定的尺寸、几何形状以及与其他表面间的相互位置精度等技术要求，在加工前，必须首先将工件装夹牢靠。工件装夹包括定位与夹紧两项内容。工件定位和夹紧见表 8—12。

表 8—12　　工件定位和夹紧

内容	说明
工件定位	要使工件在加工后各个表面的尺寸及位置精度符合图样或工艺文件所规定的要求，必须在进行切削前就使工件在数控车床上或夹具中占有一个确定的位置，使其相对于刀具或机床的切削运动具有正确的位置。工件定位就是指工件在数控车床上或夹具中占有正确位置的过程
工件夹紧	工件在加工过程中会受到切削力、离心力和重力等外力的作用，而产生移动或振动，为防止工件的定位被破坏，必须将工件可靠地夹牢

要点提示

工件的定位与夹紧是两个既有本质区别又有密切联系的工作过程。

装夹工件的目的，就是通过定位和夹紧，使工件在加工过程中始终保持其正确的加工位置，以保证达到该加工工序所规定的加工技术要求。

在数控车床上，工件装夹除了须保证加工工序所规定的加工技术要求外，还应适应数控车床加工的特点，充分发挥数控车床的加工效能，工件的装夹必须快速。

数控车床对工件装夹的要求是：首先应具有可靠的夹紧力，以防止在加工过程中工件松动。其次应具有较高的定位精度，并便于迅速和方便地装、拆工件。

一般情况下，数控车床与普通车床加工时使用相同的夹具，如三爪自定心卡盘、四爪单动卡盘、前顶尖、后顶尖、拔齿顶尖、可调卡爪式卡盘和快速可调卡盘等。其定位方式与普通车床的定位方式也基本相同。如图 8—9 所示为三爪自定心卡盘上采用心轴定位方式进行工件的装夹。由于该工件内孔较小，在心轴上做一个定位销与工件固定，通过销钉来传递车削时的切削力，增大扭矩并防止工件打滑。

三、切削用量的优化选择

数控车床加工中的切削用量包括背吃刀量 a_p、主轴转速 S（n）或切削速度 v_c、进给量 f 或进给速度 F，这些参数均应在数控车床给定的允许范围内选取。

在工件材料、刀具材料、刀具几何参数、数控车床等切削条件一定的情况下，编制加工程序时，合理选择切削用量，形成最佳切削参数，是工艺处理的重要内容之一。合理选择切削用量，不仅对切削力、切削热、积屑瘤、工件的加工精度、表面粗糙度有很大的影响，而且还与提高生产率，降低生产成本有密切的关系。

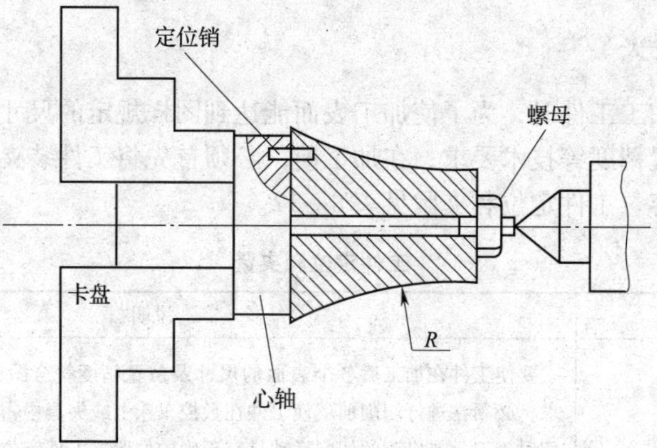

图 8—9　三爪自定心卡盘上采用心轴定位方式进行工件的装夹

合理的切削用量应满足以下要求：在保证安全生产，不发生人身、设备事故，保证工件加工质量的前提下，能充分地发挥数控车床的潜力和刀具的切削性能，在不超过数控车床的有效功率和工艺系统刚度所允许的额定负荷的情况下，尽量选用较大的切削用量。

粗、精加工时切削用量的选择原则见表 8—13。

表 8—13　　粗、精加工时切削用量的选择原则

选择原则	说明
粗加工时切削用量的选择原则	首先，选取尽可能大的背吃刀量；其次，根据机床动力和刚度的限制条件等，选取尽可能大的进给量；最后，根据刀具耐用度确定最佳的切削速度
精加工时切削用量的选择原则	首先，根据粗加工后的余量确定背吃刀量；其次，根据已加工表面的粗糙度要求，选取较小的进给量；最后，在保证刀具耐用度的前提下，尽可能选取较高的切削速度

具体选择切削用量时，应根据数控车床使用说明书、切削用量手册，并结合实际经验加以修正确定。数控车床加工时切削用量参考见表 8—14。

表 8—14　　数控车床加工时切削用量参考表（供参考）

工件材料	加工内容	背吃刀量 a_p（mm）	切削速度 v_c（m/min）	进给量 f（mm/r）	刀具材料
碳素钢 $R_m>600$ MPa	粗加工	5~7	60~80	0.2~0.4	YT 类
	粗加工	2~3	80~120	0.2~0.4	
	精加工	2~6	120~150	0.1~0.2	
	钻中心孔		500~800 r/min		W18Cr4V
	钻孔		15~30	0.1~0.2	
	切断（宽度<5 mm）		70~110	0.1~0.2	YT 类
铸铁 200HB 以下	粗加工		50~70	0.2~0.4	YG 类
	精加工		70~100	0.1~0.2	
	切断（宽度<5 mm）		50~70	0.1~0.2	

任务实施

一、零件图样分析

1. 零件分析

零件表面由圆柱、圆锥、圆弧、锥孔、沟槽及螺纹等表面组成。零件结构合理，尺寸标注完整，轮廓描述清楚。

2. 尺寸及精度分析

（1）尺寸精度

本工件中精度要求较高的尺寸主要有：外圆 $\phi58_{-0.021}^{\ 0}$ mm、$\phi42_{-0.021}^{\ 0}$ mm，内孔 $\phi27.46$ mm，长度（100 ± 0.10）mm、$35_{+0.10}^{+0.50}$ mm，螺纹的中径等。

对于尺寸精度要求，主要通过在加工过程中的准确对刀、正确设置刀补及磨耗，以及正确制定合适的加工工艺等措施来保证。

（2）形位精度

本任务中主要的形位精度有：角度 15°、莫氏 4 号锥度；外圆 $\phi42$ mm 轴线对 $\phi58$ mm 基准轴线 *A* 的同轴度公差为“◎ | $\phi0.04$ | *A*”。

对于形位精度要求，主要通过调整机床的机械精度、制定合理的加工工艺及工件的装夹、定位与找正等措施来保证。

（3）表面粗糙度

外圆表面粗糙度要求为 *Ra*1.6 μm，内孔、螺纹、端面、切槽等表面的粗糙度为 *Ra*3.2 μm。

对于表面粗糙度要求，主要通过选用合适的刀具及其几何参数，正确的粗、精加工路线，合理的切削用量及冷却等措施来保证。

二、毛坯的选择

零件材料为 45 钢，毛坯取 $\phi60$ mm×102 mm 的棒料，无热处理和硬度要求。

三、工件定位与装夹方式的选择

加工工件左端时，采用三爪自定心卡盘进行定位与装夹。加工工件右端时使用三爪自定心卡盘和尾座顶尖，采用一夹一顶装夹方式进行定位与装夹。

工件装夹时的夹紧力要适中，既要防止工件的变形与夹伤，又要防止工件在加工过程中产生松动。工件装夹过程中，应对工件进行找正，以保证工件轴线与主轴轴线同轴。

四、加工工艺路线的拟定

1. 编程原点的确定

由于工件在长度方向的要求较低，根据编程原点的确定原则，该工件的编程原点取在加工完成后工件的左、右端面与主轴轴线相交的交点上。

2．制定加工方案及加工路线

采用两次装夹后完成粗、精加工的加工方案，先加工左端内、外形，完成粗、精加工后，掉头加工另一端。

进行数控车削加工时，加工的起始点定在离工件毛坯 2 mm 的位置处。尽可能采用沿轴向切削的方式进行加工，以提高加工过程中工件与刀具的刚度。

五、刀具的选用

根据加工要求，选用四把刀具。T01 为粗、精加工外轮廓车刀，选硬质合金 93°外圆车刀。T02 为硬质合金切槽、切断刀。T03 为硬质合金 60°外螺纹车刀。T04 为硬质合金盲孔车刀。如图 8—10 所示为加工刀具。切削用量详见工序卡片。

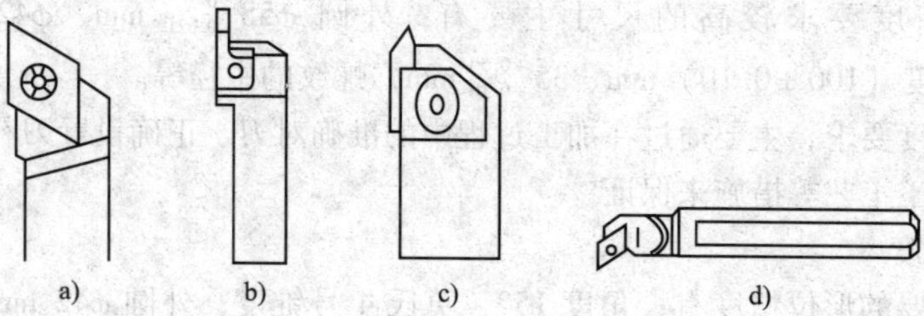

图 8—10　加工刀具

a）T01 外圆车刀　b）T02 切槽、切断刀　c）T03 60°外螺纹车刀　d）T04 内孔车刀

六、填写数控车床加工工序卡

根据以上数控车床加工工艺分析，填写数控车床加工工序卡，为编程做好准备工作。数控车床加工工序卡见表 8—15。

表 8—15　　**数控车床加工工序卡**

××× 数控实训中心	数控加工 工艺卡片	产品代号		零件名称		零件图号
工艺序号	程序编号	夹具名称	夹具编号	使用设备		车间
5	O0070			CKA6132		
工步号	工步内容（加工面）	刀具号	刀具规格	主轴转速（r/min）	进给量（mm/r）	背吃刀量（mm）
1	手动钻孔		ϕ22 mm 钻头	250	手动	
2	手动加工左端面	T01	外圆车刀	600	0.1	0.5
3	粗加工左端外圆轮廓	T01	外圆车刀	500	0.2	1.0
4	精加工左端外圆轮廓	T01	外圆车刀	1 000	0.08	0.15
5	粗加工左端内轮廓	T04	盲孔车刀	500	0.15	1.0
6	精加工左端内轮廓	T04	盲孔车刀	1 000	0.05	0.25

续表

<table>
<tr><td colspan="1">×××
数控实训中心</td><td colspan="2">数控加工
工艺卡片</td><td colspan="2">产品代号</td><td colspan="2">零件名称</td><td>零件图号</td></tr>
<tr><td>工艺序号</td><td>程序编号</td><td>夹具名称</td><td colspan="2">夹具编号</td><td colspan="2">使用设备</td><td>车间</td></tr>
<tr><td>5</td><td>O0070</td><td></td><td colspan="2"></td><td colspan="2">CKA6132</td><td></td></tr>
<tr><td>工步号</td><td colspan="2">工步内容（加工面）</td><td>刀具号</td><td>刀具
规格</td><td>主轴转速
（r/min）</td><td>进给量
（mm/r）</td><td>背吃刀量
（mm）</td></tr>
<tr><td>7</td><td colspan="2">掉头手动加工右端面</td><td rowspan="3">T01</td><td rowspan="3">外圆
车刀</td><td>600</td><td>0.1</td><td>0.5</td></tr>
<tr><td>8</td><td colspan="2">粗加工右端外圆轮廓</td><td>600</td><td>0.15</td><td>1.5</td></tr>
<tr><td>9</td><td colspan="2">精加工右端外圆轮廓</td><td>1 200</td><td>0.08</td><td>0.25</td></tr>
<tr><td>10</td><td colspan="2">加工外圆槽</td><td>T02</td><td>外切槽刀</td><td>600</td><td>0.1</td><td>刀宽</td></tr>
<tr><td>11</td><td colspan="2">加工普通外螺纹</td><td>T03</td><td>外螺纹车刀</td><td>400</td><td>1.5</td><td>分层</td></tr>
<tr><td>12</td><td colspan="2">工件精度检测</td><td colspan="5"></td></tr>
<tr><td></td><td colspan="2"></td><td colspan="5"></td></tr>
<tr><td>编制</td><td></td><td>审核</td><td></td><td>批准</td><td></td><td colspan="2">共__页　第__页</td></tr>
</table>

七、编写加工程序

完成零件加工程序的编写，并填写数控车床加工程序单。数控车床加工程序单见表8—16。

表 8—16　　数控车床加工程序单

<table>
<tr><td>零件号</td><td></td><td>零件名称</td><td>综合实例二</td><td>编制</td><td></td><td>日期</td><td></td></tr>
<tr><td>程序号</td><td colspan="7">O0010（工件左端加工程序）</td></tr>
<tr><td>序号</td><td colspan="3">程序内容</td><td colspan="4">程序说明</td></tr>
<tr><td>N10</td><td colspan="3">G99 G40 G21；</td><td colspan="4">程序初始化</td></tr>
<tr><td>N20</td><td colspan="3">G28 U0 W0；</td><td colspan="4">回参考点</td></tr>
<tr><td>N30</td><td colspan="3">T0101；</td><td colspan="4">换 1 号刀，取 1 号刀具长度补偿</td></tr>
<tr><td>N40</td><td colspan="3">M03 S500 M08；</td><td colspan="4">主轴正转，切削液开</td></tr>
<tr><td>N50</td><td colspan="3">G00 X62.0 Z2.0；</td><td colspan="4">定位至循环起点</td></tr>
<tr><td>N60</td><td colspan="3">G90 X58.3 Z－25.0 F0.2；</td><td colspan="4">粗车外圆，背吃刀量为 1 mm</td></tr>
<tr><td>N70</td><td colspan="3">X58.0 F0.08 S1000；</td><td colspan="4">精车外圆，背吃刀量为 0.15 mm</td></tr>
<tr><td>N80</td><td colspan="3">G28 U0 W0；</td><td colspan="4" rowspan="3">换内孔车刀后快速定位</td></tr>
<tr><td>N90</td><td colspan="3">T0404；</td></tr>
<tr><td>N100</td><td colspan="3">G00 X20.0 Z2.0；</td></tr>
</table>

续表

零件号		零件名称	综合实例二	编制		日期	
程序号	O0010（工件左端加工程序）						
序号	程序内容			程序说明			
N110	G71 U1.0 R0.3；			粗、精加工莫氏4号内孔			
N120	G71 P130 Q150 U0.5 W0 F0.15 S500；						
N130	G01 X27.46 F0.05 S1000；						
N140	X26.0 Z－30.0；						
N150	X20.0；						
N160	G70 P130 Q150；						
N170	G28 U0 W0；			程序结束部分			
N180	M05 M09；						
N190	M30；						

程序号	O0020（工件右端加工程序）	
序号	程序内容	程序说明
N80	…	程序开始部分及轮廓加工
N90	G00 X62.0 Z2.0；	刀具定位至循环起点
N100	G73 U34.2 W0 R12.0；	粗、精加工右端外轮廓
N110	G73 P120 Q210 U0.5 W0 F0.15 S600；	
N120	G01 X25.8 F0.08 S1200；	
N130	Z0；	
N140	X29.8 Z－2.0；	
N150	Z－23.0；	
N160	X30.0；	
N170	X42.0 Z－45.39；	
N180	Z－55.0；	
N190	G02 Z－75.0 R20.0；	
N200	G02 X58.0 Z－81.33 R15.0；	
N210	G01 X62.0；	
N220	G70 P120 Q210；	
N230	G28 U0 W0；	换切槽刀后刀具定位
N240	T0202；	
N250	G00 X32.0 Z－21.0；	
N260	G75 R0.3；	加工外圆槽
N270	G75 X26.0 Z－23.0 P1500 Q2000 F0.1 S600；	

续表

零件号		零件名称	综合实例二	编制		日期	
程序号	O0020（工件右端加工程序）						
序号	程序内容			程序说明			
N280	G28 U0 W0；			换螺纹车刀后刀具定位			
N290	T0303；						
N300	G00 X32.0 Z2.0 S400；						
N310	G76 P021060 Q100 R0.1；			加工外螺纹			
N320	G76 X27.4 Z-20.0 P975 Q300 F1.5；						
N330	G28 U0 W0；			程序结束部分			
N340	M05 M09；						
N350	M30；						

八、程序校核

可以通过数控车床的空运行来检查程序格式有无出错，或用模拟仿真软件来检查刀具加工轨迹的正误。加工程序必须经过校验才能正式使用。

九、加工准备

1. 选用 FANUC 0i 系统的 CKA6140 型数控车床。
2. 毛坯为 ϕ60 mm×102 mm 的 45 钢。
3. 工具、量具、刃具见表 8—17。

表 8—17　　工具、量具、刃具清单

序号	名称	规格	数量	备注
1	游标卡尺	0～150 mm，精度为 0.02 mm	1	
2	千分尺	25～50 mm，50～75 mm，精度为 0.01 mm	各 1	
3	万能量角器	0～320°，精度为 2′	1	
4	螺纹环规	M30×1.5-6g	1	
5	百分表	0～10 mm，精度为 0.01 mm	1	
6	磁性表座		1	
7	半径样板	*R*7～*R*14.5，*R*15～*R*25		
8	塞规	4 号莫氏锥孔	1	
9	塞尺	0.02～1 mm	1 副	
10	外圆车刀	93°，45°	1	
11	不重磨外圆车刀	R 型、V 型、T 型、S 型刀片	各 1	选用

续表

序号	名称	规格	数量	备注
12	外切槽刀	刃宽 3 mm	1	
13	内孔车刀	95°盲孔	1	D_{min} = 20 mm
14	麻花钻	中心钻，ϕ10 mm，ϕ20 mm	各 1	
15	辅具	莫氏钻套、钻夹头、活顶尖	各 1	
16	其他	铜棒、铜皮、毛刷等常用工具		选用
		计算机、计算器、编程用书等		

十、零件加工

启动数控车床进行自动加工。

任务 3　综合实例三

学习目标

1. 掌握数控车削加工工艺路线的拟定方法。
2. 进一步掌握典型零件的加工方法和过程。

工作任务

如图 8—11 所示工件，毛坯为 ϕ50 mm × 82 mm 的棒料，材料为 45 钢，试在 FANUC 0i 系统的 CKA6140 型数控车床上进行加工。

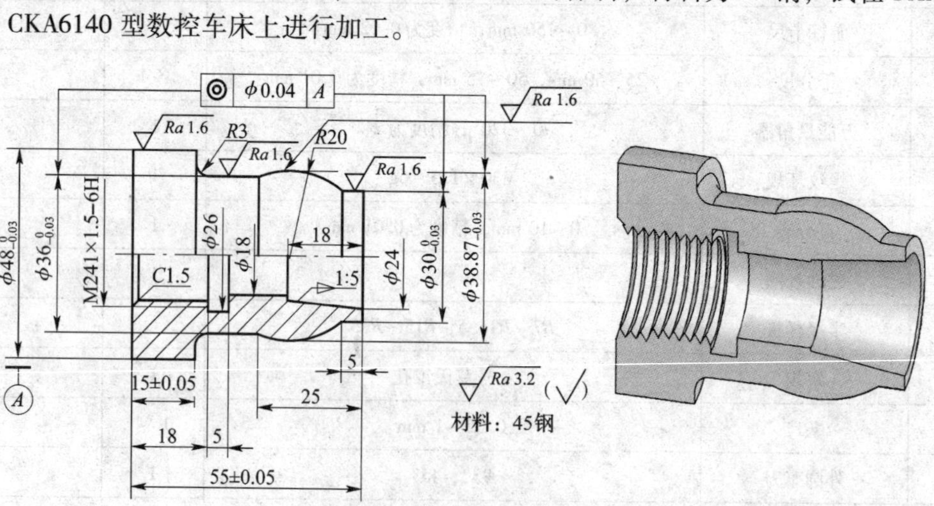

图 8—11　综合实例三

相关理论

下面介绍数控车削加工工艺路线的拟定。

一、加工方法的选择

在数控车床上加工的零件，其结构形状是多种多样的，但它们都是由平面、外圆柱面、内圆柱面、螺纹或曲面、成型面等基本表面组成的。

拟定工艺路线首先就要选择零件各表面的加工方法。每一种表面都有多种加工方法，不同的数控车床具有不同的加工范围。如车削中心除能完成一般数控车床所能完成的内外回转体表面的车削内容外，还能完成铣削、钻孔、镗孔、铰孔和攻螺纹等加工内容。

具体选择零件各表面的加工方法时，应根据零件的加工精度、表面粗糙度、材料、结构形状、尺寸及生产类型等因素，选用相应的加工方法。

要点提示

零件各表面加工方法的选择，应充分发挥数控车床加工的优势，同时满足加工质量、生产率和经济性等方面的要求。

二、加工阶段的划分

当零件的加工质量要求较高时，往往不可能用一道工序来满足其要求，而要用几道工序逐步达到所要求的加工质量。零件的加工过程通常可分为粗加工、半精加工、精加工和光整加工四个阶段。加工阶段的划分见表 8—18。

表 8—18　　加工阶段的划分

加工阶段	说明
粗加工阶段	其任务主要是切除毛坯上大部分多余的金属，使毛坯在形状和尺寸上尽量接近零件成品，因此，主要目标是提高生产率
半精加工阶段	其任务主要是在粗加工的基础上，使主要表面达到一定的精度，留有一定的精加工余量，为主要表面的精加工（如精车）做好准备。同时，可完成一些次要表面加工，如扩孔、攻螺纹、铣键槽等
精加工阶段	其任务是保证各主要表面达到规定的尺寸精度和表面粗糙度要求。主要目标是全面保证加工质量
光整加工阶段	对零件的精度和表面粗糙度要求很高（IT6 级以上，表面粗糙度为 $Ra0.2\ \mu m$ 以下）的表面，需进行光整加工，其主要目标是提高尺寸精度，减小表面粗糙度。一般不用来提高位置精度

要点提示

划分加工阶段的目的是保证加工质量，合理使用设备，便于及时发现毛坯缺陷，便于安排热处理工序。

三、工序的划分

1．工序集中与分散

工序的划分可以采用两种不同原则，即工序集中原则和工序分散原则。工序集中就是在一台机床上尽可能多地加工出工件表面，从而有效地保证加工质量，提高生产率。工序分散就是在每台机床上完成的加工内容较少，整个工艺过程的工序数目较多，工艺路线较长。

要点提示

在数控车床上加工零件，一般应按工序集中的原则划分工序。这是因为工序集中具有如下优点：减少工件装夹次数。当零件各加工表面相互位置精度要求较高时，最好在一次装夹下把各表面都加工出来。这样既有利于保证各加工表面间的加工位置精度，又可减少装卸工件次数，节省辅助时间，减轻工件定位面磨损；减少机床数量和操作工人以及占地面积；简化生产组织和计划工作，缩短物流。

2．数控车床加工工序划分方法

数控车床加工根据零件的结构形状不同，通常选择外圆、端面或内孔、端面装夹工件。常用划分工序的方法见表 8—19。

表 8—19　　常用划分工序的方法

划分方法	说明
按零件加工表面划分	将位置精度要求较高的表面安排在一次安装下完成，以免多次安装所产生的安装误差影响位置精度
按粗、精加工划分	根据零件的加工精度、刚度和变形等因素来划分工序时，可按粗、精加工分开的原则来划分工序，即先粗加工后精加工。这种划分方法适用于加工后变形较大，需粗、精加工分开的零件，如毛坯为铸件、焊接件或锻件。轴类零件粗加工后，应搁置一段时间使内应力部分释放或进行去应力退火后再进行半精加工和精加工 将粗车安排在精度较低、功率较大的数控车床或普通车床上，将精车安排在精度较高的数控车床上。如果工件刚度较好，或加工精度不高，也可利用粗车复合固定循环同时完成粗车、半精车工序

续表

划分方法	说明
按所用刀具划分	为了减少换刀次数、空行程时间、不必要的定位误差，可以用同一把刀具加工完零件上所有该刀具应加工的表面后，再换第二把刀具。这种方法适用于零件的待加工表面较多，机床连续工作时间较长，加工程序的编制和检查难度较大等情况
按加工部位划分	对于加工内容很多的工件，可按其结构特点将加工部位分成几个部分，如内腔、外形、曲面或平面，以完成相同型面的那一部分工艺过程为一道工序

四、加工顺序的安排

在分析了零件图样、选定了加工方法和划分工序后，就要合理安排这些加工方法和加工工序的顺序。零件车削加工顺序的安排原则见表 8—20。

表 8—20　　零件车削加工顺序的安排原则

原则	说明
基面先行原则	零件加工一般先加工用做精基准的表面，然后以精基准定位加工其他主要表面和次要表面。例如，轴类零件总是先加工中心孔，再以中心孔为精基准加工外圆表面和端面
先粗后精原则	当零件要分段进行加工时，应按照粗加工→半精加工→精加工→光整加工的顺序依次进行，逐步提高表面的加工精度和减小表面粗糙度 如图 8—12 所示为数控车削中先粗后精的加工示例。按照粗车→半精车→精车的顺序进行。粗车将在较短的时间内将工件表面上的大部分加工余量（图中的虚线内所示大部分）切掉，以提高生产效率。若粗车后所留余量的均匀性满足不了精加工的要求时，如图中 *R* 圆弧处余量比其他处多，则要安排半精车，以此为精车做准备。精车要保证加工精度，一般是让刀具沿工件轮廓连续走刀，将工件加工成形
先主后次原则	零件的主要表面是加工精度和表面质量要求较高的表面，加工质量对零件质量的影响较大，应先行加工。次要表面加工可适当穿插在主要表面加工工序之间进行。如数控车削中，倒角可在车削最后一道工序中和外圆表面一起加工，或者在切断、车沟槽时用切断（槽）刀倒角
先近后远原则	这里所说的远与近，是按加工部位相对于对刀点的距离大小而言的。一般情况下，在数控车床的加工中，通常安排离刀具起点近的部位先加工，离刀具起点远的部位后加工，这样，不仅可缩短刀具移动距离、减少空走刀次数、提高效率，还有利于保证坯件或半成品件的刚度，改善其切削条件 如图 8—13 所示为先近后远加工示例。当加工零件时，如果按 ϕ38 mm→ϕ36 mm→ϕ34 mm 的顺序安排车削，刀具车削走刀和退刀有 3 次往返过程，这样不仅增加了空运行时间，增加导轨的磨损，而且一开始就削弱了工件的刚度，还可能使台阶的外直角处产生毛刺（飞边）。在这类直径相差不大的车削场合（最大切深单边为 3 mm），应按照 ϕ34 mm→ϕ36 mm→ϕ38 mm 的顺序先近后远地安排车削加工
内外交叉原则	既有内表面（内孔），又有外表面需加工的零件，应先安排进行内外表面粗加工，后进行内外表面精加工，这样易控制其内外表面的尺寸和表面形状的精度。不可以将零件上一部分表面（外表面或内表面）粗精加工完毕后，再加工其他表面（内表面或外表面）

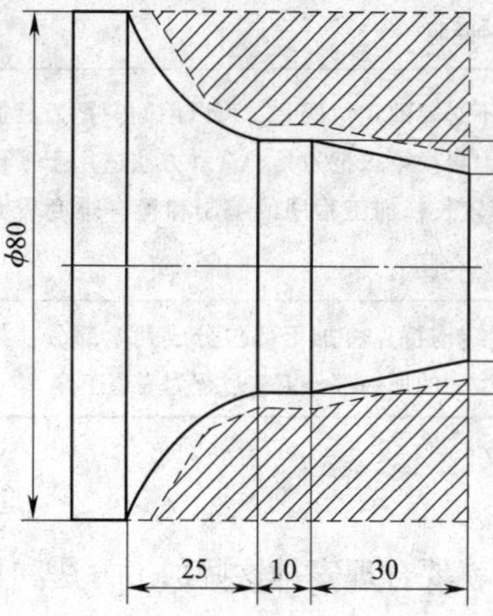

图 8—12　数控车削中先粗后精加工示例

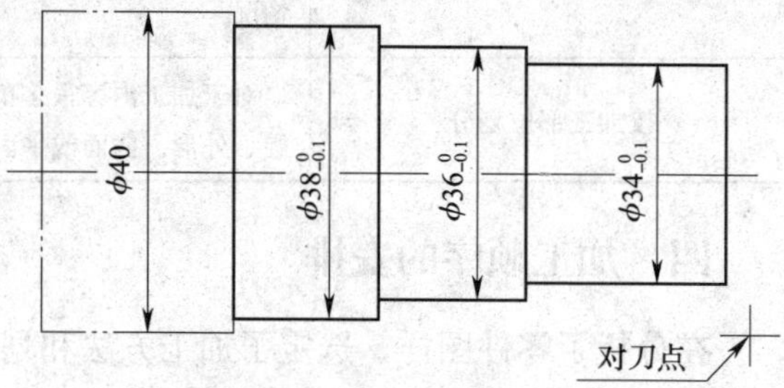

图 8—13　先近后远加工示例

五、刀具走刀路线的确定

刀具的走刀路线是编写程序的重要依据之一。刀具的走刀路线是指刀具从程序启动开始运动起直至程序结束停止运动所经过的路径，包括了切削加工的路径及刀具切入、切出等非切削空行程所经过的路径。

确定刀具的走刀路线，重点是确定粗加工及空行程的刀具走刀路线，精加工切削过程的走刀路线基本上都是沿着零件轮廓进行的。

常用的刀具走刀路线的设计方法或思路如下：

1. 切削开始前的引刀与切入

切削加工开始前，由于要进行工件的装夹以及刀具的安装与交换等操作，刀具处于远离工件位置。这时刀具的走刀路线一般以机床较大的运动速度（G00）较快地接近工件。

快速引刀终点与切入点的距离，需视切入点处的坯料情况而定。基本原则是在保证安全不碰撞的前提下，尽可能减小切入距离，以节省时间，提高效率。

刀具的切入是以工进的速度切入的。对于精加工，特别是连续轮廓零件，刀具的切入应注意平滑连续过渡，即沿轮廓切入处的切线方向切入，以避免在切入点处留下刀痕缺陷。

2. 切削时的走刀路线的安排

切削时的走刀路线的安排见表 8—21。

表 8—21　　　　**切削时的走刀路线的安排**

走刀路线	说明
最短的空行程路线	通过合理设置换刀点和起刀点的位置，可以使空行程最短。根据需要，换刀点和起刀点可以分别设置于不同位置，也可以设置在同一点。换刀点的设置应尽量离工件近些，但要保证换刀时不与工件、尾座或顶尖发生碰撞，同时要便于刀具装夹和测量

续表

走刀路线	说明
最短的切削走刀路线	在粗加工时，毛坯余量较大，可采取不同的循环加工方式，获得不同的切削走刀路线。在安排粗加工或半精加工的切削走刀路线时，应兼顾被加工零件的刚度及加工工艺性等要求，采取最短的切削走刀路线。如图 8—14 所示为粗车零件时几种不同切削走刀路线的安排
轮廓精加工连续走刀路线	数控车削加工中，为保证工件轮廓表面加工后的粗糙度要求，精加工时，最终轮廓应由最后一次走刀连续加工出来 在最终轮廓连续走刀过程中，应尽量考虑不要在连续的轮廓中安排切入、切出或换刀及停顿，以免因切削力突然变化造成弹性变形，致使光滑连接的轮廓上产生表面划伤、形状突变或滞留刀痕等缺陷，影响零件的表面质量
特殊的走刀路线	在数控车削加工中，一般情况下，Z 坐标轴方向的进给运动都是沿着负方向进给的，但有时按负方向安排进给走刀路线并不合理，甚至可能车坏工件 例如，当采用尖形车刀（主偏角为 100°～105°）加工大圆弧内表面零件时，有两种进给走刀路线可选择，其加工结果不相同。如图 8—15 所示为两种不同的进给方法及加工结果
车螺纹时的走刀路线	在数控车床上车螺纹时，沿轴向进给的走刀路线长度，除保证螺纹长度外，还应增加刀具引入距离 δ_1 和超越距离 δ_2。这样可以避免在进给加减速阶段进行切削，保证在切削时主轴转数和螺距间的正确速比关系。一般引入距离 δ_1 取 2～5 mm，对大螺距和高精度的螺纹取大值，超越距离 δ_2 相对 δ_1 可取小些。如图 8—16 所示为车螺纹时的引入距离和超越距离
车削大余量毛坯的走刀路线	车削大余量毛坯的两种走刀路线：一是阶梯切削走刀路线；二是轴向和径向双向进刀切削走刀路线 如图 8—17 所示为阶梯切削走刀路线，按 1～5 的顺序切削，每次切削所留余量基本相等。如图 8—18 所示为轴向和径向双向进给走刀路线，是顺着工件毛坯轮廓进给切削的走刀路线
车削圆弧的走刀路线	数控车床上加工圆弧，一般需要多次走刀，先粗车将大部分余量切除，最后精车成形。如图 8—19 所示为车圆弧的同心圆弧切削走刀路线，图 8—20 所示为车圆弧的阶梯切削走刀路线，图 8—21 所示为车圆弧的圆锥法切削走刀路线
减少编程工作量的走刀路线	在数控车床的加工中，在保证加工效率的前提下，总是希望以最少的程序段数实现对零件的加工，以使程序简洁，减少编程工作量和编程出错率，也便于程序的检查和修改 正确选用加工指令能有效地缩短走刀路线，简化程序编制工作。目前，数控车床的编程功能日益完善，许多仿形、循环车削指令的车削走刀路线都是按最便捷的方式运行的。对重复的加工动作，可编写成子程序，由主程序调用，以简化编程，缩短程序长度

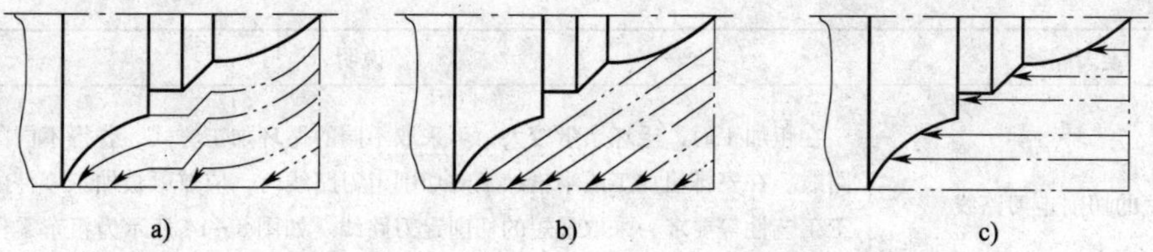

图 8—14　粗车零件时几种不同切削走刀路线的安排

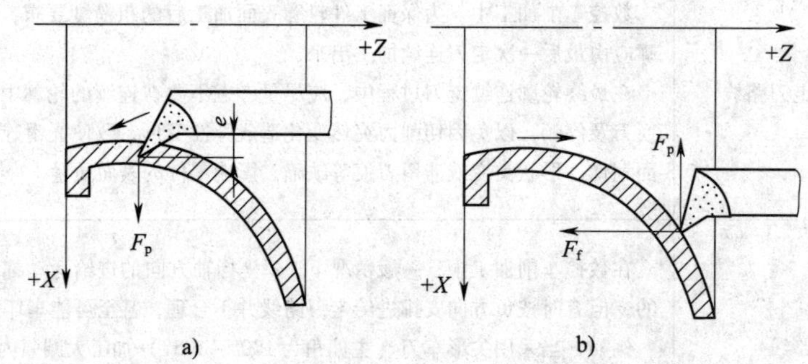

图 8—15　两种不同的进给方法及加工结果

a）有嵌刀现象　b）合理的进给走刀路线

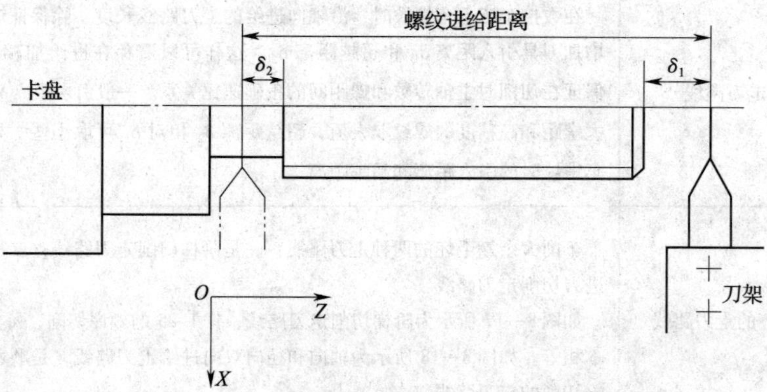

图 8—16　车螺纹时的引入距离和超越距离

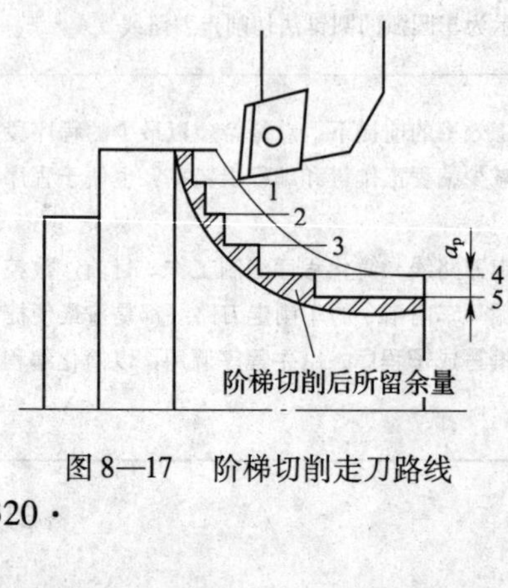

图 8—17　阶梯切削走刀路线

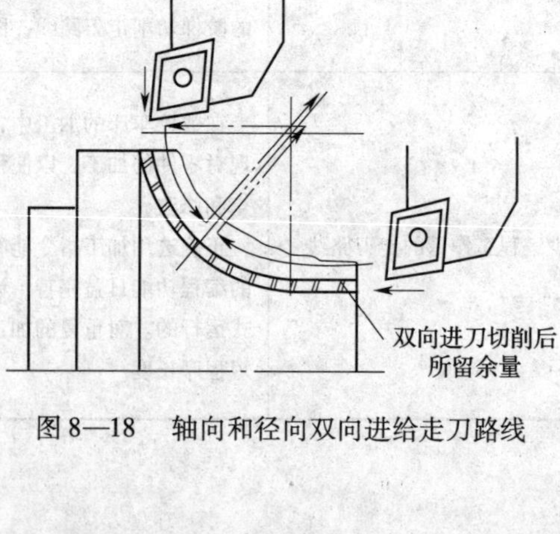

图 8—18　轴向和径向双向进给走刀路线

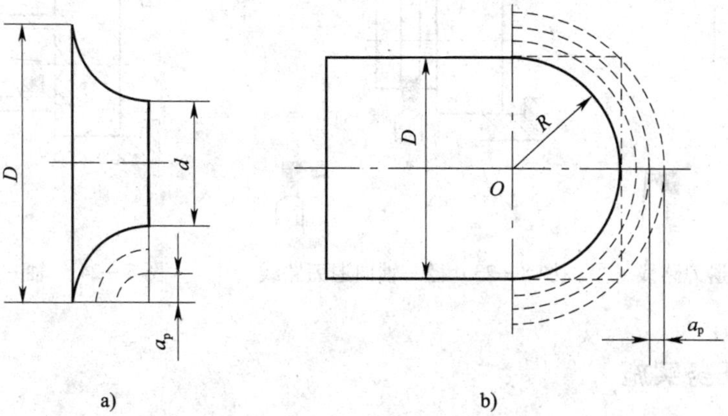

图 8—19　车圆弧的同心圆弧切削走刀路线

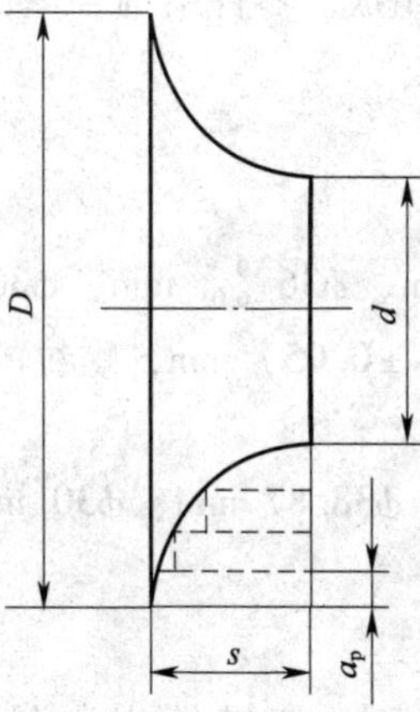

图 8—20　车圆弧的阶梯切削走刀路线

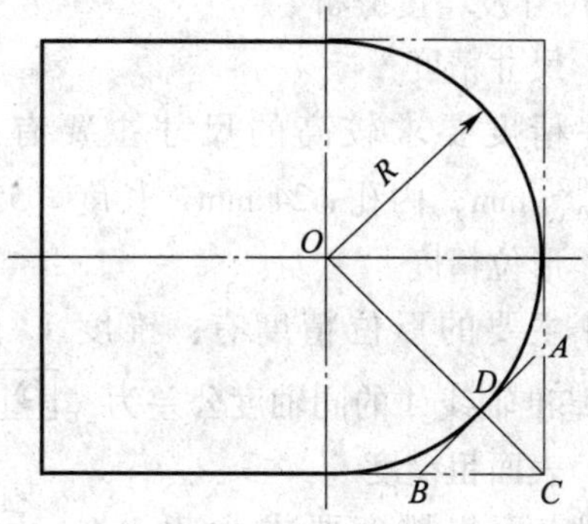

图 8—21　车圆弧的圆锥法切削走刀路线

3. 切削结束后的切出与退刀

刀具在切削加工结束后切出工件时，一般在轮廓终点处沿轮廓长度方向多切出一小段距离。对于精加工，特别是连续轮廓零件，应尽量避免在轮廓中间切出，如果必须在轮廓中间切出，则须沿轮廓切出处的切线方向切出，以避免在切出点处留下刀痕缺陷。

根据刀具加工零件部位的不同，数控车床加工过程中常采用的退刀路线有斜线退刀路线、径—轴向退刀路线和轴—径向退刀路线。斜线退刀路线路线最短，适用于用偏刀加工外圆表面的退刀；径—轴向退刀路线一般适用于切槽时的退刀；轴—径向退刀路线适用于镗孔时的退刀。

如图 8—22 所示为斜线退刀路线，图 8—23 所示为径—轴向退刀路线，图 8—24 所示为轴—径向退刀路线。

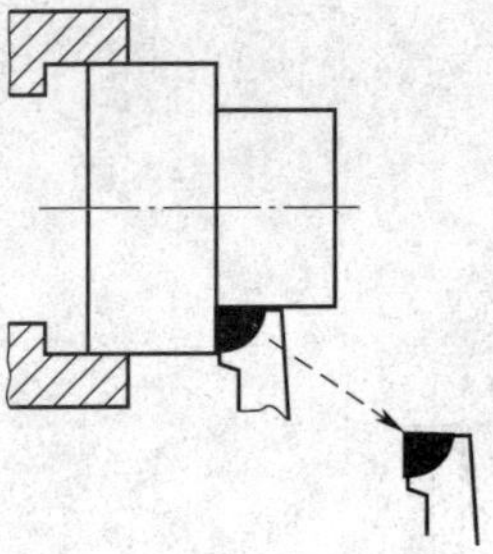

图 8—22　斜线退刀路线

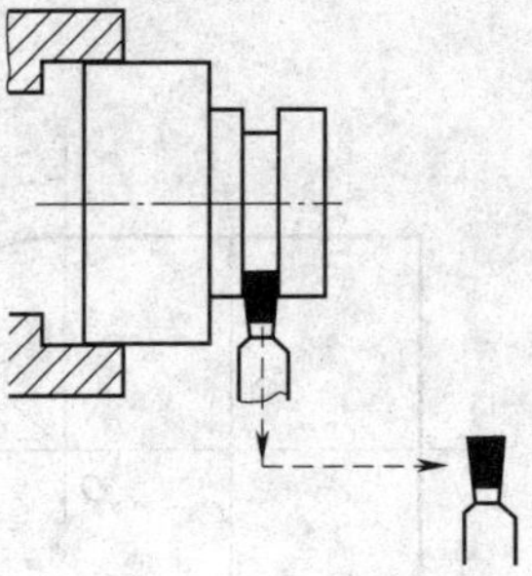

图 8—23　径—轴向退刀路线

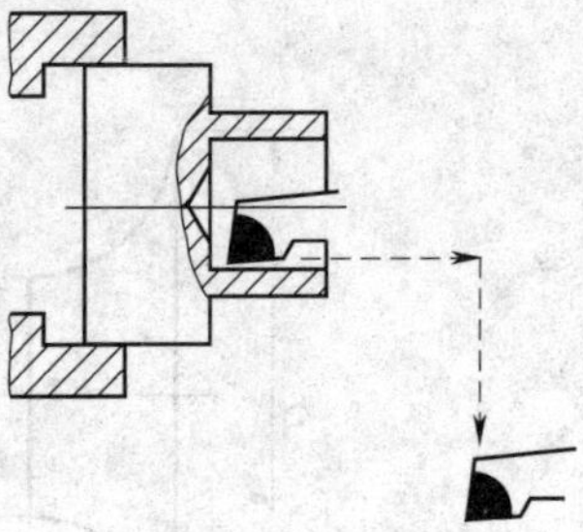

图 8—24　轴—径向退刀路线

任务实施

一、零件图样分析

1. 零件分析

零件表面由圆柱、圆弧、锥孔、内沟槽及内螺纹等表面组成。零件结构合理，尺寸标注完整，轮廓描述清楚。

2. 尺寸及精度分析

（1）尺寸精度

零件精度要求较高的尺寸主要有：外圆 $\phi48^{\ 0}_{-0.03}$ mm、$\phi36^{\ 0}_{-0.03}$ mm、$\phi30^{\ 0}_{-0.03}$ mm、$\phi38.87^{\ 0}_{-0.03}$ mm，内孔 $\phi24$ mm，长度（55 ±0.05）mm、（15 ±0.05）mm，螺纹的中径等。

（2）形位精度

零件主要的形位精度有：锥度 1∶5，外圆 $\phi36$ mm、$\phi38.87$ mm、$\phi30$ mm 轴线对 $\phi48$ mm基准轴线 A 的同轴度公差为“◎ $\phi0.04$ A”。

（3）表面粗糙度

外圆表面粗糙度要求为 $Ra1.6$ μm，内孔、螺纹、端面、切槽等表面的粗糙度为 $Ra3.2$ μm。

二、毛坯的选择

零件材料为 45 钢，毛坯取 $\phi50$ mm × 82 mm 的棒料，无热处理和硬度要求。

三、工件装夹方法的确定

采用通用夹具三爪自定心卡盘进行装夹，在装夹（特别是掉头装夹）过程中，一定要仔细对工件进行找正，以减小工件的位置误差。

四、加工工艺路线的拟定

1. 编程原点的确定

为了方便对刀，工件的编程原点分别取在完工工件的左、右端面与主轴轴线相交的交点上。

2. 制定加工方案及加工路线

（1）以工件右端毛坯面作为装夹基准装夹工件，手动车削外圆与端面进行对刀。

（2）粗、精加工外圆轮廓，保证外圆 ϕ58 mm 的尺寸及公差要求，长度为 20 mm。

（3）粗、精车内孔轮廓，加工至尺寸 ϕ22.5 mm。

（4）加工内螺纹退刀槽。

（5）加工内螺纹，保证螺纹的各项加工精度。

（6）工件掉头装夹后校正，手动车削对刀，同时保证工件总长。

（7）粗、精车右端外圆轮廓，保证尺寸精度、同轴度和表面粗糙度等要求。

（8）粗、精车工件右端内轮廓。

（9）工件去毛倒棱后进行自检。

五、选择刀具及切削用量

除钻头采用高速钢材料外，其余的刀具材料均采用硬质合金，选择的刀具及切削用量见表 8—22。

表 8—22　　数控车削用刀具及切削用量参数表

刀具名称	刀具号	刀沿号	加工内容	主轴转速（r/min）	进给量（mm/r）	背吃刀量（mm）
外圆粗车刀	T0101	3	粗车外圆轮廓	600	0.2	1.0
			手动车端面			
外圆精车刀	T0202	3	精车外圆轮廓	1 200	0.08	0.25
内孔车刀	T0303	2	粗车内孔	500	0.15	1.0
			精车内孔	1 000	0.08	0.25
内切槽车刀	T0404	2	车内沟槽	500	0.1	3.0
内螺纹车刀	T0505	6	车内螺纹	500	1.5	分层

六、编写加工程序

综合上述内容，完成零件加工程序的编写，并填写数控车床加工程序单。数控车床加工程序单见表 8—23。

表 8—23　　数控车床加工程序单

零件号		零件名称	综合实例三	编制		日期	
程序号	O0010（工件左端加工程序）						
序号	程序内容			程序说明			
N10	G99 G40 G21;			程序初始化			
N20	G28 U0 W0;			回参考点			
N30	T0101;			换 1 号刀，取 1 号刀具长度补偿			

续表

零件号		零件名称	综合实例三	编制		日期	

程序号	O0010（工件左端加工程序）	
序号	程序内容	程序说明
N40	M03 S500 M08；	主轴正转，切削液开
N50	G00 X52.0 Z2.0；	定位至循环起点
N60	G90 X48.5 Z－25.0 F0.2；	粗车外圆，背吃刀量为 1 mm
N70	X48.0 F0.08 S1000；	精车外圆，背吃刀量为 0.25 mm
N80	G28 U0 W0；	
N90	T0303；	换内孔车刀后快速定位
N100	G00 X16.0 Z2.0；	
N110	G71 U1.0 R0.3；	
N120	G71 P130 Q180 U0.5 W0 F0.15 S500；	
N130	G01 X25.5 F0.08 S1000；	
N140	Z0；	
N150	X22.5 Z－1.5；	粗、精加工左端内轮廓
N160	Z－23.0；	
N170	X18.0；	
N180	Z－38.0；	
N190	G70 P130 Q180；	
N200	G28 U0 W0；	
N210	T0404；	换内切槽刀（刀宽为 3 mm）后刀具定位
N220	G00 X20.0 Z2.0；	
N230	Z－21.0；	
N240	G75 R0.3；	
N250	G75 X26.0 Z－23.0 P1500 Q2000 F0.1 S500；	内切槽加工
N260	G00 Z2.0；	
N270	G28 U0 W0；	换内螺纹车刀后刀具定位
N280	T0505；	
N290	G00 X22.0 Z2.0；	
N300	G76 P021060 Q100 R－0.1；	加工内螺纹
N310	G76 X24.0 Z－20.0 P975 Q300 F1.5；	
N320	G28 U0 W0；	
N330	M05 M09；	程序结束部分
N340	M30；	

程序号	O0020（工件右端加工程序）	
序号	程序内容	程序说明
N80	…	程序开始部分及轮廓加工

续表

零件号		零件名称	综合实例三	编制		日期	
程序号	O0020（工件右端加工程序）						
序号	程序内容			程序说明			
N90	G00 X52.0 Z2.0；			刀具定位至循环起点			
N100	G73 U20.0 W0 R10.0；			粗加工右端外轮廓			
N110	G73 P120 Q170 U0.3 W0 F0.15 S600；						
N120	G01 X30.0 F0.08 S1200；			精加工轮廓描述			
N130	Z-5.0；						
N140	G03 X36.0 Z-25.0 R20.0；						
N150	G01 Z-37.0；						
N160	G02 X42.0 Z-40.0 R3.0；						
N170	G01 X50.0；						
N180	G28 U0 W0；			换精加工车刀后刀具定位			
N190	T0202；						
N200	G00 X52.0 Z2.0；						
N210	G70 P120 Q170；			精加工右端外轮廓			
N220	G28 U0 W0；			换内孔车刀后刀具定位			
N230	T0303；						
N240	G00 X16.0 Z2.0；						
N250	G71 U1.0 R0.3；			粗、精加工右端内轮廓			
N260	G71 P270 Q300 U0.3 W0 F0.15 S500；						
N270	G01 X24.0 F0.08 S1000；						
N280	Z0；						
N290	X20.4 Z-18.0；						
N300	X16.0；						
N310	G70 P270 Q300；						
N320	G28 U0 W0；			程序结束部分			
N330	M05 M09；						
N340	M30；						

七、程序校核

可以通过数控车床的空运行来检查程序格式有无出错，或用模拟仿真软件来检查刀具加工轨迹的正误。加工程序必须经过校验才能正式使用。

八、加工准备

1. 本任务选用的机床为配备 FANUC 0i 系统的 CK6150 型数控车床，配备六工位转塔刀架。

2. 毛坯为 $\phi50$ mm × 82 mm 的圆钢。

3. 加工中使用的工具、量具、刃具见表 8—24。

表 8—24　　工具、量具、刃具清单

序号	名称	规格	数量	备注
1	游标卡尺	0 ~ 150 mm，精度为 0.02 mm	1	
2	千分尺	25 ~ 50 mm，精度为 0.01 mm	1	
3	螺纹塞规	M24 × 1.5 - 6H	1	
4	百分表	0 ~ 10 mm，精度为 0.01 mm	1	
5	磁性表座		1	
6	半径样板	$R1 \sim R6.5$，$R15 \sim R25$	各 1	
7	万能角度尺	0 ~ 320°，精度为 2′	1	
8	内径千分尺	5 ~ 30 mm，精度为 0.01 mm	1	
9	内径量表	18 ~ 35 mm，精度为 0.01 mm	1	
10	塞尺	0.02 ~ 1 mm	1	
11	外圆车刀	93°、45°	各 1	
12	不重磨外圆车刀	R 型、V 型、T 型、S 型刀片	各 1	选用
13	内孔车刀	95°，D_{min} = 16 mm	1	
14	内切槽刀	刃宽 3 mm	1	
15	内螺纹车刀	60°刀尖角	1	
16	钻头	中心钻、ϕ16 mm	各 1	
17	辅具	莫氏钻套、钻夹头、活顶尖	各 1	
18	其他	铜棒、铜皮、毛刷等常用工具		
		计算机、计算器、编程用书		

九、零件加工

启动数控车床进行自动加工。

项目九

数控车床的结构与维护

任务1　数控车床的主传动系统与主轴部件的维护

学习目标

1. 了解数控车床主传动系统的特点。
2. 了解数控车床主轴部件的结构组成。
3. 掌握主轴部件的维护保养。

工作任务

数控车床是一种能进行各种操作的高精度复杂设备，其主传动系统与普通车床相比发生了很大的改变，主传动系统是数控车床重要的组成部分之一。主轴部件是机床的重要执行元件之一，其回转精度、结构尺寸、形状等直接影响机床的加工精度。

本任务通过教师带领学生参观数控车间（见图9—1），了解数控车床主传动系统、主轴部件的基本结构（见图9—2），熟悉各部件的名称和作用。并对主轴部件进行维护保养操作，让学生了解主轴部件结构特点，同时，掌握主轴部件的日常维护保养方法。

图9—1　数控车削车间

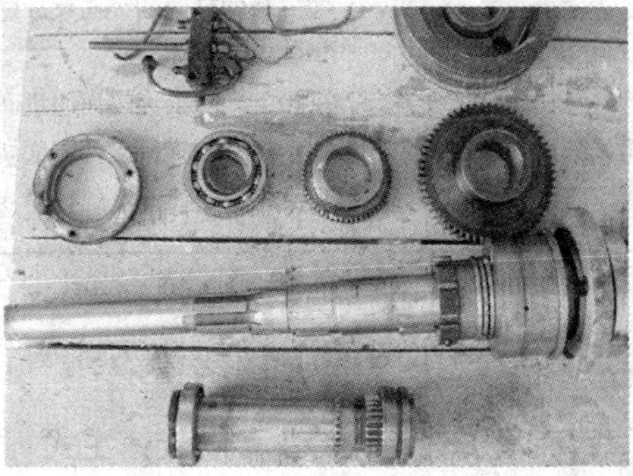

图9—2　主轴结构零部件

相关理论

一、对主传动的要求

数控车床的主传动系统即主轴驱动是指产生主切削运动的传动，它是数控车床的重要组成部分之一。在数控机床上，主运动的最高与最低转速、转速范围、传递功率和动力特性，决定了数控车床的切削加工效率和加工工艺能力。主轴组件的回转精度、刚度、抗振性和热变形，直接影响加工零件的尺寸、位置精度和表面质量。随着数控技术的不断发展，现代数控车床对主轴驱动提出了更高的要求，主要要求见表9—1。

表9—1　对主传动系统的要求

要求	内容
主传动要有宽的调速范围及尽可能实现无级变速	数控加工时切削用量的选择，特别是切削速度的选择，关系到表面加工质量和机床生产率。对于自动换刀数控机床，为适应各种工序和不同材料加工的要求，更需要主传动有宽的自动变速范围 数控机床的主轴变速是依指令自动进行的，要求能在较宽转速范围内进行无级变速，并减少中间传递环节，以简化主轴箱。目前数控机床的主驱动系统要求 L 在 1:（100～1 000）范围内进行恒转矩和 1:10 范围内的恒功率调速。由于主轴电动机与驱动的限制，为满足数控机床低速强力切削的需要，常采用分段无级变速的方法，即在低速段采用机械减速装置，以提高输出转矩
功率大	要求主轴有足够的驱动功率或输出转矩，在整个速度范围内均能提供切削所需的功率或转矩，特别是在强力切削时。并且有一定的过载能力和较硬的调速机械特性，即在负载变化的情况下，电动机转速波动小
动态响应性要好	要求主轴升降速时间短，调速时运转平稳。对有的数控机床需同时能实现正、反转切削，则要求换向时均可进行自动加减速控制，即要求主轴有四象限驱动能力
精度高	主要指主轴回转精度。要求主轴部件具有足够的刚度和抗振性，具有较好的热稳定性，即主轴的轴向和径向尺寸随温度变化较小。另外，要求主传动的传动链要短
恒线速度切削功能	为了提高工件表面质量和加工效率，有时要求数控机床能实现表面恒线速度切削。如数控车床对大直径工件端面切削时，要求主轴转速随切削端面的直径变小而变快，并以切削表面为恒定线速度的规律变化

二、数控车床的主轴变速方式

1. 带有变速齿轮的主传动变速主式

主要适用于大中型的数控车床，通过少数几对齿轮降速，扩大输出转矩，以满足主轴低速时输出扭矩的要求，这种主转动系统的主轴箱结构复杂，滑移齿轮的移动大都用液压缸加拨叉或直接由液压缸带动滑移齿轮实现变速（见图9—3）。

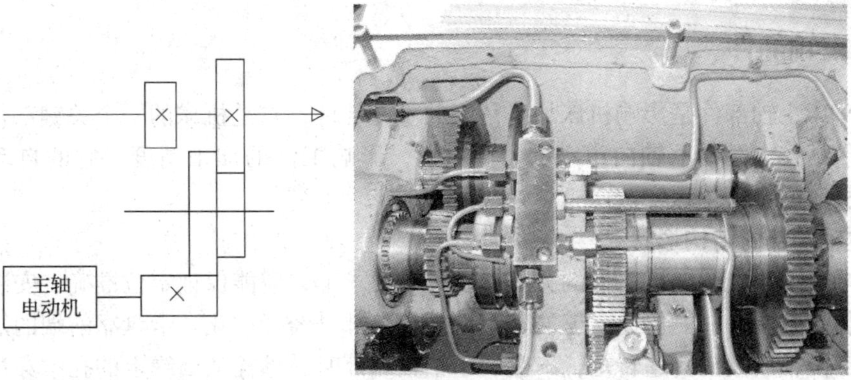

图 9—3　变速齿轮传动方式

2. 通过带传动的主传动变速方式

主要适用于高转速低扭矩的小型数控车床。变速范围小、传动平稳、噪声低、主轴箱结构较复杂，由于带有过载打滑的特性，对电动机起过载保护，但只适用于低扭矩的数控机床（见图 9—4）。

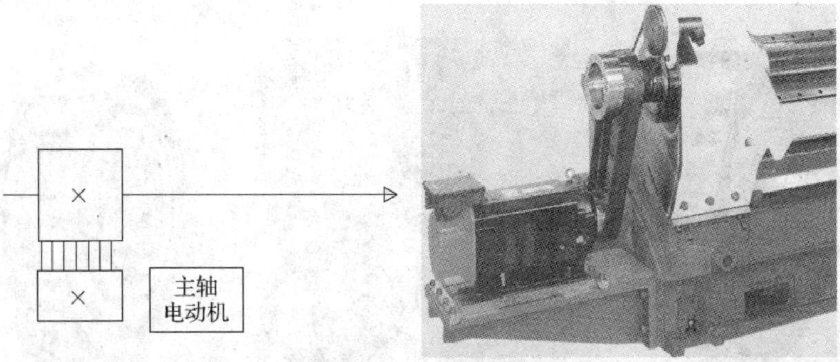

图 9—4　带传动方式

3. 电动机直接驱动的主传动变速方式

如图 9—5 所示为电动机直接驱动主轴方式，主要适用于小型数控车床。这种主传动系统大大简化了主轴体与主轴的结构，调速范围宽。还有的数控机床直接在电动机内装主轴，刚度高，但输出扭矩小，故只适用于小型数控车床。

图 9—5　电动机直接驱动主轴方式

三、主轴部件

数控车床主轴部件是影响机床加工精度的主要部件，它是机床的一个关键部件，它有回转误差，包括径向跳动、轴向窜动、角度摆动，影响工件的加工精度，它的自动变速、准停，影响机床的自动化程度。

1．主轴端部的结构形状

主轴端部用于安装夹持工件的夹具。在设计要求上，应能保证定位准确、安装可靠、连接牢固、装卸方便，并能传递足够的转矩。主轴端部已经标准化。卡盘靠前端的短圆锥面和凸缘端面定位，用拨销传递转矩，卡盘装于主轴端部时，螺栓从凸缘上的孔中穿过，转动快卸卡板将数个螺栓同时拴住，再拧紧螺母将卡盘固牢在主轴端部。主轴为空心，前端有莫氏锥度孔，用以安装顶尖或心轴。

2．主轴轴承

为适应数控车床高刚度高精度的要求，主轴轴承采用双列圆柱滚子轴承、推力角接触球轴承及滚子轴承（见图9—6）。

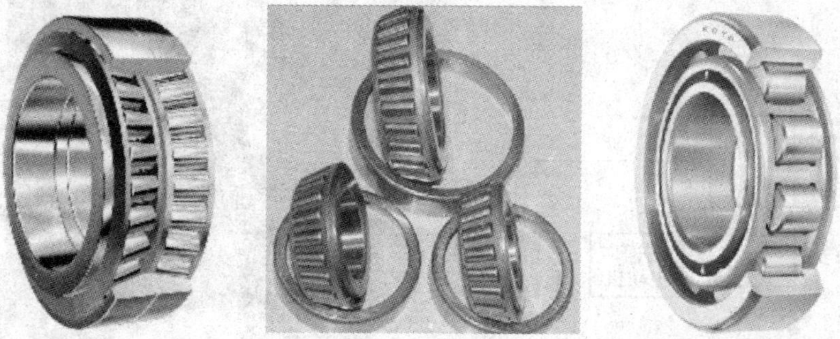

a)　　　　b)　　　　c)

图9—6　主轴轴承

a）双列圆柱滚子轴承　b）推力角接触球轴承　c）滚子轴承

四、主传动系统的维护

数控车床的机械结构比传统普通车床的机械结构简单，但机械部件的精度提高了，对维护提出了更高的要求，具体内容如下。

1．熟悉数控机床主传动系统的结构、性能参数和主轴调整方法，严禁超性能使用。出现不正常现象时，应立即停机排除故障。

2．使用带传动的主轴系统，需定期调整主轴驱动带的松紧程度，防止因驱动带打滑造成的丢转现象。

3．操作者应每天检查主轴润滑的恒温油箱，注意观察主轴箱温度，调节温度范围，及时补充油量，使油量充足。防止各种杂质进入油箱，保持油液清洁。每年清理润滑油池底一次，更换一次润滑油，清洗过滤器并更换液压泵滤油器。

4．对采用液压系统平衡主轴箱质量的系统，需定期观察液压系统的压力，当油压低于要求值时，要及时补油调整。

5．经常检查油管及各处密封，防止润滑油液的泄漏。

6．对于使用啮合式电磁离合器变速的传动系统，离合器必须在低于 1 ~ 2 r/min 的转速下变速，对于使用液压拨叉变速的主传动系统，必须在主轴停车后变速。

五、主轴部件的维护

数控车床主轴部件是影响机床加工精度的主要部件，它的回转精度影响工件的加工精度，它的功率大小与回转速度影响加工效率，它的自动变速、准停等影响机床的自动化程度。因此，要求主轴部件具有与本机床工作性能相适应的高回转精度、刚度、抗振性、耐磨性和低的温升。在结构上，必须很好地解决刀具和工件的装夹、轴承的配置、轴承间隙调整和润滑密封等问题。数控车床主轴部件的精度、刚度和热变形对加工质量都有直接影响。由于加工过程中不对数控机床进行人工调整，因此这些影响就更为严重。

主轴的结构根据数控车床的规格、精度采用不同的主轴轴承。一般中、小规格的数控车床的主轴部件多采用成组高精度滚动轴承。数控车床主轴的转速高，为减少主轴的发热，必须改善轴承的润滑方式。润滑的作用是在摩擦副表面形成一层薄油膜，以减小摩擦和发热。

任务实施

一、参观数控机床厂或到数控车间，认识数控车床主轴系统的基本结构

通过参观现场，并指定一台数控车床，打开其主轴箱，如图 9—7 所示。对主轴结构进行观察，更深刻地认识机床主轴的结构，了解各部件的作用。在使用机床加工过程中才能更好地发挥机床的性能，延长主轴的使用寿命。

图 9—7　主轴箱

数控车床主轴系统的主要组成部件的名称、结构和用途见表 9—2。

表 9—2　　主轴部件的名称和作用

名称	图示	特点、作用
主轴		主轴是主传动系统最重要的零件，完成零件的切削任务
轴承		常用数控车床的轴承为滚动轴承，主要用于支撑与安装主轴
带轮		用于安装传动带，通过传动带传递转矩和运动。安装在电动机上的称主动轮，安装在主轴端上的称从动轮
传动带		与传动带轮组合成带传动，带传动的工作原理是带紧套在主动轮和从动轮上，因而带与轮的接触表面存在着正压力，当原动机驱动主动轮回转时，在带与主动轮接触表面间便产生摩擦力，使主动轮牵动带，继而带又牵动从动轮，将主动轴上的转矩和运动传给从动轴。摩擦传动工作平稳、噪声低、结构简单、造价低，具有过载保护能力，缺点是外廓尺寸较大、传动比不准确、传动效率较低、元件寿命较短

续表

名称	图示	特点、作用
润滑管		在主轴元件上定时浇注润滑油，用于主轴润滑
齿轮		用于传递动力和变速
主轴电动机	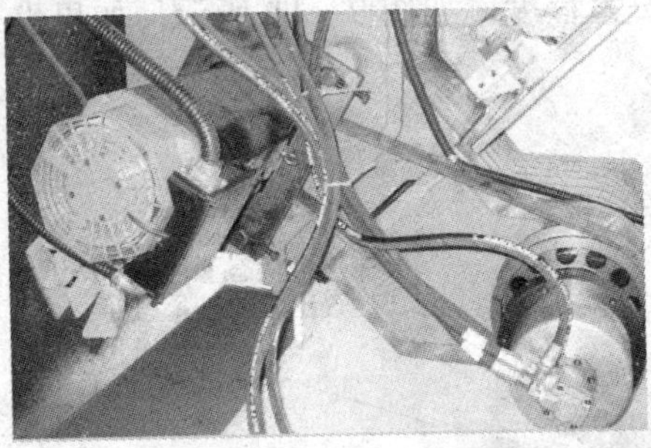	主轴电动机是机床加工的动力元件，电动机的功率大小直接关系到机床的切削力度

二、主传动系统维护

检查机床主轴的润滑系统、传动带、各支撑和传动元件，保证主轴能正常运行，延长其使用寿命。

1. 每次操作数控车床前，都要先检查主轴箱上油标（见图 9—8），看看润滑油是否在使用范围内，如果油位低于使用范围，必须加好油之后才能操作机床。加油步骤如下：

（1）拆开主轴箱上盖，如图 9—9 所示。

图 9—8　油标

图 9—9　拆开主轴箱上盖

（2）打开上盖，往主轴箱内加油，如图 9—10 所示，加油过程中要查看油标油位，油到位即可。

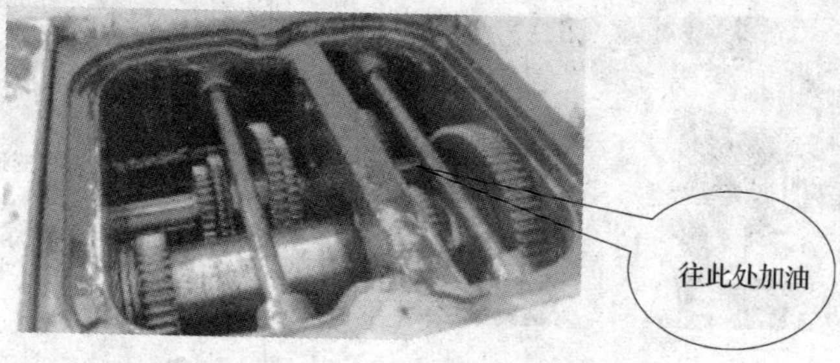

图 9—10　加油

2. 定时打开传动箱，检查传动带的松紧程度，如图 9—11 所示，如果发现带过松时，调整电动机位置，防止带过松时产生打滑。

图 9—11　检查传动带的松紧

任务2　数控车床的进给传动系统与传动元件的维护

学习目标

1. 了解数控车床进给传动系统的特点。
2. 了解数控车床进给传动部件的结构组成。
3. 掌握传动部件的维护保养。

工作任务

进给传动系统是数控车床最关键的部分之一，负责接受数控系统发出的脉冲指令，并放大和转换后驱动机床执行元件实现预期的运动。进给传动系统很大程度上决定了零件加工的精度和效率。

本任务通过教师带领学生参观数控车间或数控车床装配车间，如图9—12所示，熟悉进给传动部件名称及其功能，并掌握对传动元件的维护保养操作，如图9—13所示。

图9—12　数控车床装配车间

图9—13　进给传动系统

相关理论

一、对进给传动系统的性能要求

数控车床的进给系统包括引导和支撑执行部件的导轨、丝杠螺母副、齿轮齿条副、蜗杆蜗轮副、齿轮或齿链副及其支撑部件。如图 9—14 所示为一典型半闭环进给系统的机械结构。

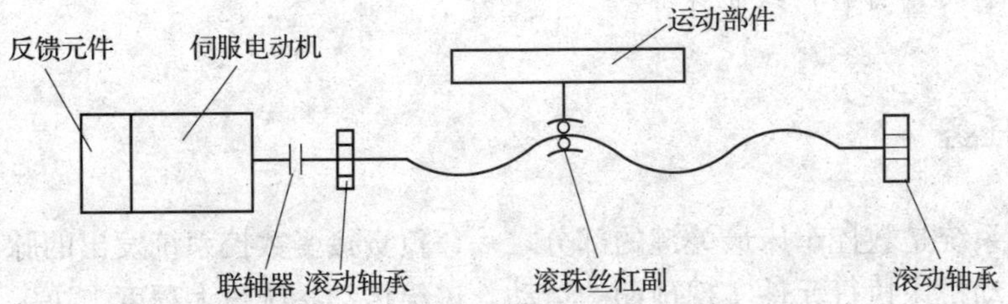

图 9—14　典型半闭环进给系统的机械结构

数控车床进给传动装置的精度、灵敏度和稳定性，将直接影响工件的加工精度，对数控车床进给传动系统的要求见表 9—3。

表 9—3　　对进给传动系统的要求

要求	内容
提高传动精度和刚度，消除传动间隙	从机械结构方面考虑，进给传动系统的传动精度和刚度主要取决于丝杠螺母副、传动齿轮副的传动精度及其支撑结构的刚度。加大丝杠直径，对丝杠螺母副、支撑部件、丝杠本身施加预紧力，是提高传动刚度的有效措施。传动间隙主要来自于传动齿轮副、丝杠螺母副及其支撑部件之间，因此进给传动系统中广泛采用施加预紧力或其他消除间隙（缩短传动链及采用高精度的传动装置）的措施来提高传动精度
减小摩擦阻力	为了提高数控车床进给系统的快速响应性能，除了对伺服元件提出要求外，还必须减小运动件之间的摩擦阻力和动、静摩擦力之差。在数控机床进给系统中，为了减小摩擦阻力，普遍采用滚珠丝杠螺母副、静压丝杠螺母副、滚动导轨、静压导轨和塑料导轨等
减小运动部件惯量	传动部件的惯量对伺服机构的启动和制动特性都有影响，尤其是高速运转的零件。因此，在满足部件强度和刚度的前提下，应尽可能减小运动部件的质量，减小旋转零件的直径和质量，以降低其惯量
系统要有适度阻尼	阻尼一方面降低进给伺服系统的快速响应性，另一方面增加系统的稳定性。在刚度不足时，运动件之间的运动阻尼对降低工作台爬行、提高系统的稳定性起重要作用

二、滚珠丝杠螺母副

1. 滚珠丝杠螺母副工作原理

在数控车床进给系统中，通常采用滚珠丝杠螺母副将旋转运动与直线运动相互转换。滚珠丝杠螺母副是一种在丝杠和螺母间装有滚珠作为中间元件的丝杠副，其结构原理如图9—15所示。在丝杠和螺母上都有半圆弧形的螺旋槽，当它们套装在一起时便形成了滚珠的螺旋滚道。螺母上有滚珠回路管道，将几圈螺旋滚道的两端连接起来构成封闭的循环滚道，并在滚道内装满滚珠。当丝杠旋转时，滚珠在滚道内沿滚道循环转动即自转，迫使螺母轴向移动。

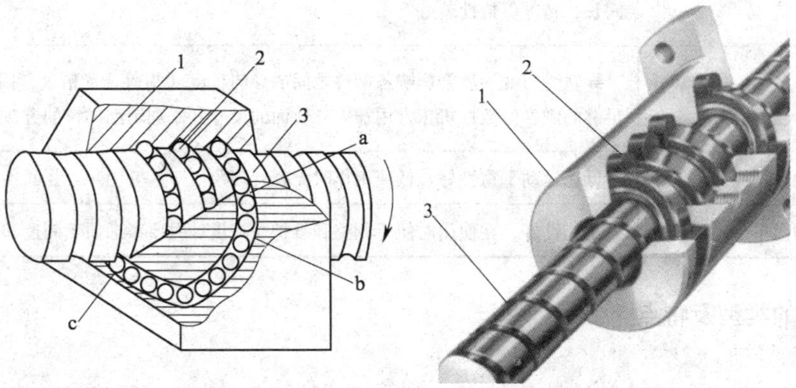

图9—15　滚珠丝杠副的结构原理图

1—螺母　2—滚珠　3—丝杠　a、b、c—滚珠回路管道

2. 滚珠丝杠螺母副的特点

滚珠丝杠螺母副主要特点见表9—4。

表9—4　　**滚珠丝杠螺母副的特点**

特点	简述
传动效率高	一般为 $\eta=0.92\sim0.98$
传动灵敏，摩擦力小	动静摩擦力之差极小，能保证运动平稳，不易产生低速爬行现象
具有可逆性	不仅可以将旋转运动转变为直线运动，也可将直线运动变成旋转运动
轴向运动精度高	施加预紧力后，可消除轴向间隙，反向时无空行程
制造工艺复杂	滚珠丝杠和螺母等元件的加工精度高，表面粗糙度要求高，制造成本高
不能自锁	对于垂直丝杠，由于自重惯性力的作用，当传动切断后，不能立刻停止运动，需要添加制动装置

三、导轨副

机床上的运动部件都是沿着它的床身、立柱、横梁等部件上的导轨而运行，导轨起支撑和导向的作用。导轨在很大程度上决定数控机床的刚度、精度与精度保持性。所以，导轨是传动系统中非常重要的传动元件。

1. 数控车床对导轨的要求

数控车床对导轨的主要要求见表9—5。

表 9—5　　对导轨的要求

要求	简述
导向精度高	导向精度是指机床的运动部件沿导轨移动时的直线性和准确性。因为导轨上要放置刀架或工作台，而加工过程就是依靠刀具与工件的相对运动而形成工件的轮廓，所以导向精度直接决定了工件的形状误差。为保证工件的精度，要求导轨有足够的精度。导轨精度主要与制造精度、结构、装配、质量及其支撑件的刚度、受热变形有关
耐磨性好	耐磨性是导轨在长期工作中是否保持精度一致性的重要指标。耐磨性好，使用时间长，精度保持性就好
刚度高	导轨受力变形后会影响各部件之间的导向精度和相对位置精度，因而要求导轨有足够的刚度。数控机床常用加大导轨面的尺寸和添加辅助导轨的方法来提高刚度
低速运动平稳性好	低速运动平稳性好，低速工作时无爬行现象
结构简单	工艺性好，在使用时便于调整和维护，在设计时要考虑便于制造和维修

2. 导轨的类型及特点

（1）滑动导轨

如图 9—16 所示，滑动导轨结构简单，抗振性好，制造方便，刚度高；但静摩擦因数大，在低速时易出现爬行现象，从而降低了运动部件的定位精度。为提高滑动导轨的耐磨性和降低摩擦，在原来金属导轨的基础上粘贴摩擦因数低、耐磨吸振的塑料材料变为贴塑导轨。另外，还有用工程塑料制造的导轨，主要有以聚四氯乙烯（PTFE）为基体的塑料导轨，以环氧树脂为基体的塑料导轨等。适用于中小型数控机床。

（2）滚动导轨

如图 9—17 所示，在导轨面之间放置滚动体（滚珠或滚针），变导轨面的滑动摩擦为滚动摩擦，减小了摩擦因数。这种导轨的特点是灵敏度高，摩擦阻力小，运动均匀，低速移动不易爬行，定位精度高，牵引力小，移动轻便，磨损小，精度保持性好，寿命长；但缺点是抗振性差，刚度低，对防护要求较高，结构复杂，制造比较困难，成本高。由于数控机床主要是利用其高精度和高生产率，而且利用了滚动导轨的优点，所以滚动导轨是目前数控机床使用最广泛的一种导轨形式。

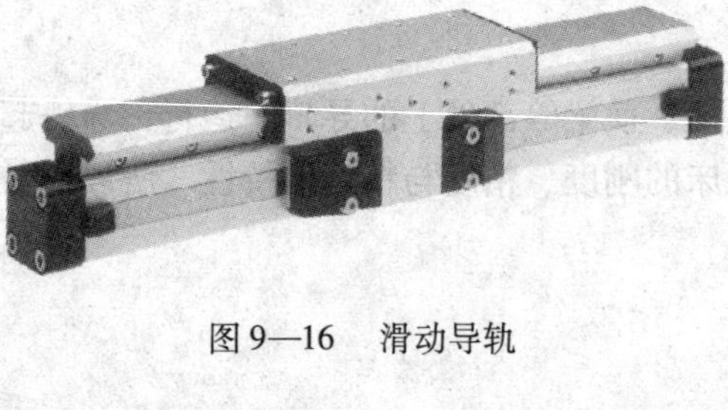

图 9—16　滑动导轨

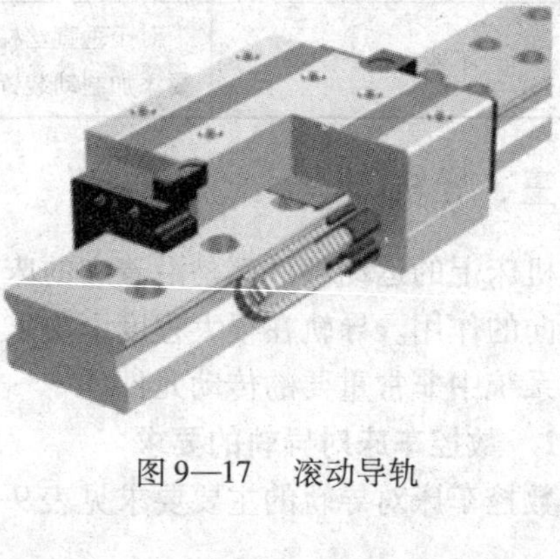

图 9—17　滚动导轨

四、传动元件的维护

1. 滚珠丝杠螺母副的维护

（1）滚珠丝杠的保护

如果滚珠丝杠螺母副的滚道上落入了脏物或使用不清洁的润滑油，不仅会妨碍滚珠的正常运转，而且会使磨损急剧增加。对于制造误差和预紧变形以微米计算的滚珠丝杠螺母副来说，这种磨损特别敏感。因此，有效的防护、密封和保持润滑油的清洁显得十分必要。如果滚珠丝杠螺母副在机床上外露，应采用封闭的防护罩，如采用螺旋弹簧钢带套管、伸缩套管以及折叠式防护罩等，以防止尘埃和磨粒黏附到丝杠表面，安装时将防护罩的一端连接在滚珠螺母的端面，另一端固定在滚珠丝杠的支撑座上。如果滚珠丝杠螺母副处于隐蔽的位置，则可采用毛毡圈进行密封防护，毛毡圈的厚度为螺距的 2～3 倍，密封圈装在螺母的两端。接触式的弹性密封圈用耐油橡胶或尼龙制成，其内孔做成与丝杠螺纹滚道相配的形状，接触式密封圈直接与丝杠紧密接触，防尘效果好，但因有接触压力，使摩擦力矩略有增加。非接触式密封圈又称迷宫式密封圈，它用硬质塑料制成，其内孔与丝杠螺纹滚道的形状相反，并稍有间隙，这样可避免摩擦力矩，但防尘效果差。工作中应避免硬质灰尘或切屑进入丝杠防护罩和工作中碰击防护装置，防护装置有损坏要及时更换。

（2）丝杠螺母副的轴向间隙

定期检查、调整丝杠螺母副的轴向间隙，保证反向传动精度和轴向刚度。双螺母滚珠丝杠副消除间隙的方法是利用两个螺母的相对轴向位移，使两个滚珠螺母中的滚珠分别贴紧在螺纹滚道的两个相反的侧面上。用这种方法预紧消除轴向间隙时，应注意预紧力不宜过大，预紧力过大会使空载力矩增加，从而降低传动效率，缩短使用寿命。此外还要消除丝杠安装部分和驱动部分的间隙。

（3）丝杠支撑与床身的连接

定期检查丝杠支撑与床身的连接是否有松动以及支撑轴承是否损坏等。如有以上问题，要及时紧固松动部位并更换支撑轴承。

（4）滚珠丝杠螺母副的润滑

滚珠丝杠螺母副也可用润滑剂来提高耐磨性及传动效率。润滑剂可分为润滑油和润滑脂两大类，润滑油一般为全损耗系统用油，润滑脂可采用锂基润滑脂。润滑脂一般加在螺纹滚道和安装螺母的壳体空间内，而润滑油则经过壳体上的油孔注入螺母的空间内。每半年对滚珠丝杠上的润滑脂更换一次，清洗丝杠上的旧润滑脂，涂上新的润滑脂。用润滑油润滑的滚珠丝杠螺母副，可在每次机床工作前加油一次。

2. 导轨副的维护

（1）导轨的防护

为了防止切屑、磨粒或冷却液散落在导轨面上而引起磨损、擦伤和锈蚀，导轨面上应有可靠的防护装置。常用的防护装置有刮板式、卷帘式和叠层式防护套，大多用于长导轨上。在机床使用过程中应防止损坏防护罩（见图 9—18），对叠层式防护罩应经常用刷子蘸机油清理移动接缝，以避免碰壳现象的产生。

图 9—18　导轨防护罩

（2）导轨的润滑

导轨润滑的目的是减少阻力和摩擦磨损，避免低速爬行，降低高速时的温升，并且可防止导轨面锈蚀。导轨常用的润滑剂有润滑油和润滑脂，滑动导轨主要用润滑油，而滚动导轨两种都可采用。滑动导轨的润滑主要采用压力润滑。

导轨最简单的润滑方式是人工定期加油或用油杯供油。这种方法简单、成本低，但不可靠，一般用于调节辅助导轨及运动速度低、工作不频繁的滚动导轨。对运动速度较高的导轨大都采用润滑泵，以压力强制润滑。这样不但可连续或间歇供油给导轨进行润滑，而且可利用油的流动冲洗和冷却导轨表面。为实现强制润滑，必须备有专门的供油系统（见图9—19）。

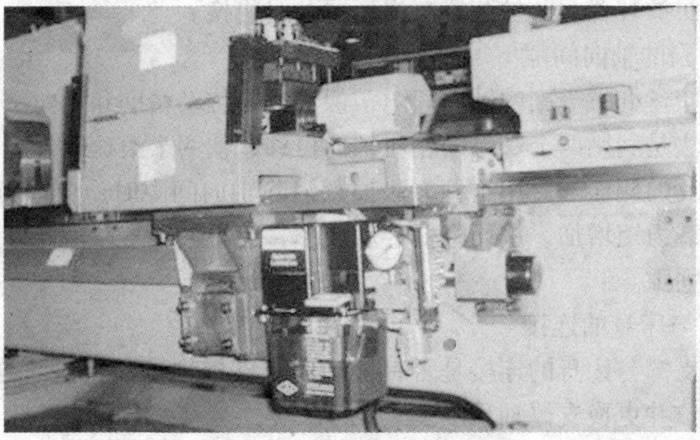

图 9—19　数控车床润滑系统

任务实施

一、参观生产现场或数控机床厂，了解进给传动系统的结构组成

参观设备现场，深刻认识数控车进给传动系统的结构，各传动元件的作用。传动元件的名称、特点、作用见表 9—6。

二、传动系统的日常维护

1. 每次操作机床前都要先检查润滑油箱里的油是否在使用范围内，如果低于最低油位，需加油后方可操作机床，如图 9—20、图 9—21 所示。

表 9—6　　传动元件的名称、特点、作用

名称	图示	作用
滚珠丝杠		由电动机传出的旋转运动通过滚珠丝杠副转变成直线运动，带动托板进行进给运动
导轨		起支撑和导向作用，引导进给部件作进给运动
轴承		主要用于安装、支撑丝杠，使其能够灵活转动。丝杠的两端均要安装轴承
伺服电动机	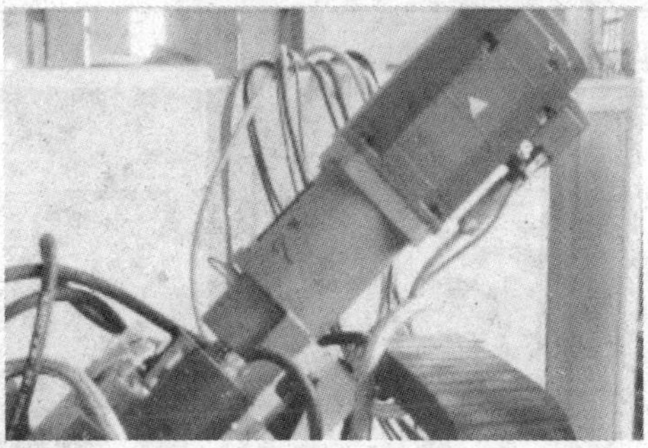	驱动进给部件的动力元件，传动系统中传动元件的动力均由伺服电动机产生，每根丝杠端部都装有一个伺服电动机
润滑管道	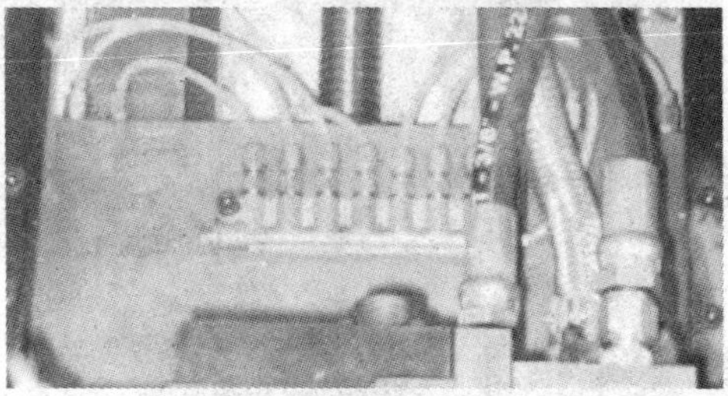	对导轨面、滚珠丝杆润滑，并可防止锈蚀，常用的润滑剂为润滑油

图 9—20　检查润滑油油位

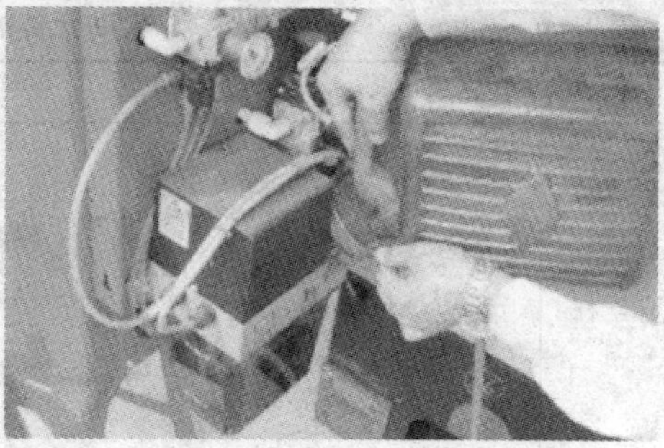

图 9—21　加润滑油

2．每天操作完数控车床，下班时都要清理机床卫生，对机床传动元件进行保养，延长元件的使用寿命，保证机床的加工精度。具体操作方法如下：

（1）操作前准备

准备好清理润滑工具如棉布、油壶和气枪等，如图 9—22 所示。

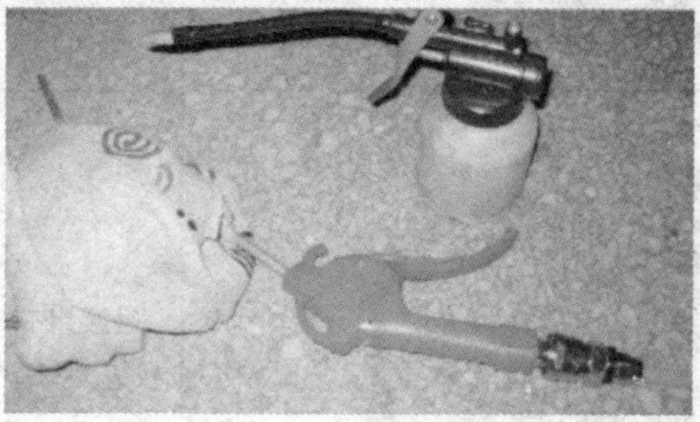

图 9—22　清理润滑工具

（2）操作步骤（见表 9—7）

表 9—7　　**传动系统的维护**

步骤	图示
用气枪吹掉导轨等部件上的铁屑	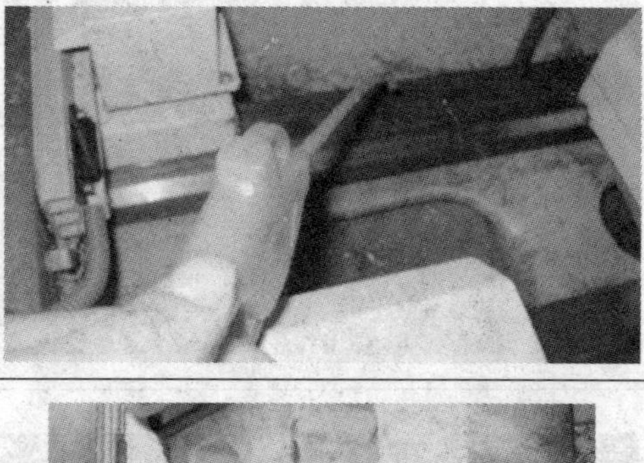
用棉布擦去导轨上的切削液、杂质等	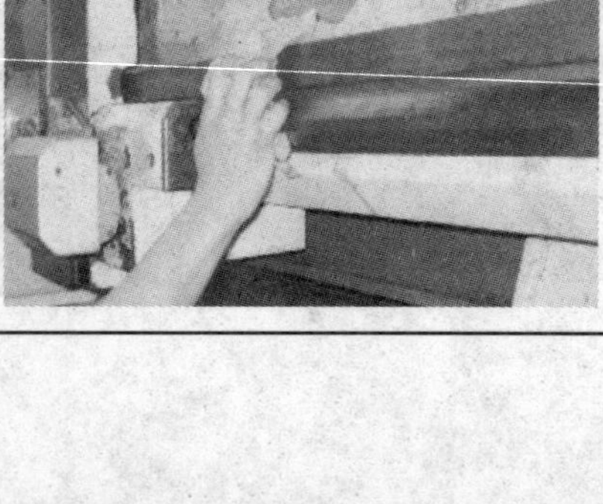

续表

步骤	图示
对导轨、丝杠加上防锈油	

任务3　刀架的结构与维护

学习目标

1. 了解刀架基本结构。
2. 了解刀架的工作原理。
3. 掌握四工位自动刀架的拆装与日常维护。

工作任务

刀架是数控车床的一个重要组成部分，如图9—23、图9—24所示。在数控车床加工中，刀架故障是最常见的故障之一。本任务是带领学生现场拆装四工位自动刀架，并对刀架部件进行清洗维护保养，让学生了解四工位刀架的结构特点及掌握刀架的日常维护保养。

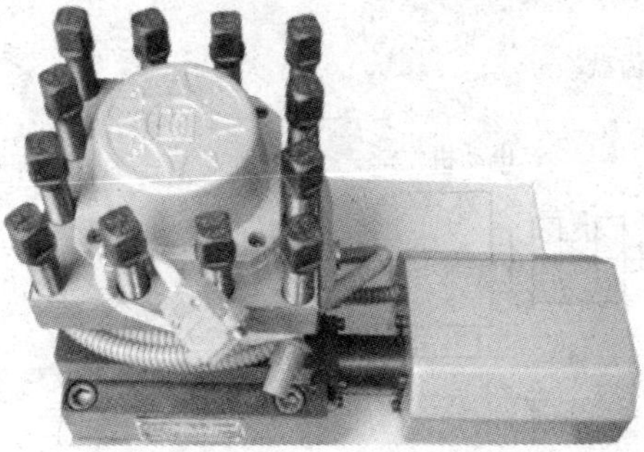

图9—23　四工位自动刀架

图9—24　转塔式自动刀架

相关理论

刀架是数控车床的重要部件，用于夹持切削刀具。刀架是直接完成切削加工的执行部件，因此其结构直接影响机床的切削性能和切削效率。在一定程度上，刀架的结构和性能体现了机床的设计和制造技术水平，刀架在结构上必须具有良好的强度和刚度，以承受粗加工时的切削抗力和减少刀架在切削力作用下的位移变形，提高加工精度。刀架的设计还应满足换刀时间短、结构紧凑和安全可靠等要求。

根据刀架回转轴与安装位置的不同，刀架分为立式回转刀架和卧式回转刀架。

一、立式回转刀架

立式回转刀架是数控车床最常用的一种换刀刀架，如图 9—25 所示，通过刀架的旋转分度定位来实现机床的自动换刀动作，根据加工要求可设计成四工位、六工位刀架。

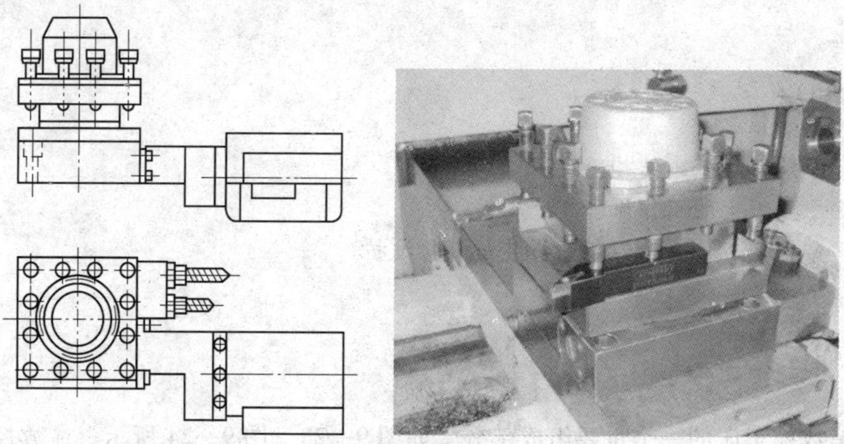

图 9—25　立式四工位回转刀架

立式回转刀架的基本结构原理如图 9—26 所示。

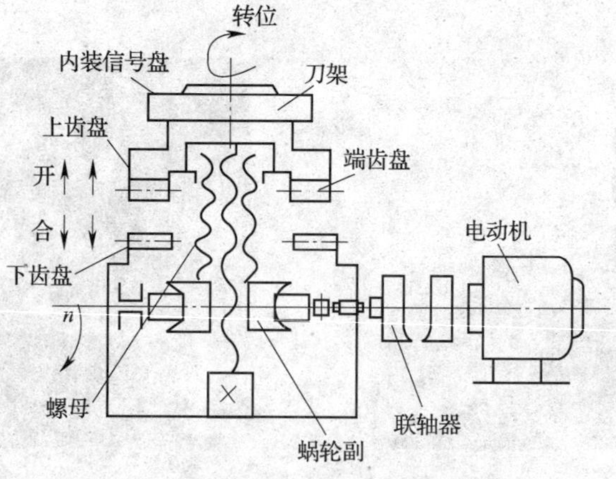

图 9—26　立式回转刀架的基本结构原理图

立式回转刀架采用了蜗杆传动、上下齿盘啮合、螺杆夹紧的工作原理。其工作过程包括：刀架上抬、刀架转位、刀架定位和刀架压紧四个过程。

1. 刀架上抬

当数控系统发出换刀指令后，通过接口电路使刀架电动机正转。经传动装置驱动蜗杆蜗轮机构，蜗轮带动丝杠螺母机构环绕中心轴旋转，此时由于端齿盘处于啮合状态，在丝杠螺母机构转动时，使上刀架体产生向上的轴向力，将齿盘松开并抬起，直至两定位齿盘脱离啮合状态，从而带动上刀架和齿盘产生“上抬”动作。

2. 刀架转位

当刀架抬到一定距离后，上下端齿盘完全脱开。这时与蜗轮丝杠连接的转位套随蜗轮丝杠一起转动。齿盘完全脱开时，球头销在弹簧作用下进入转位盘的凹槽中，带动刀架体转位，刀架体转位的同时带动磁钢也转动，并与信号盘（霍尔开关电路板）配合进行刀号的检测。

3. 刀架定位

当系统程序的刀号与实际刀架检测的刀号一致时，此时霍尔开关反馈信号使电动机反转，这时球头销从转位套的槽中被挤出，使定位销在弹簧作用下进入粗定位盘的凹槽中进行粗定位。这时上刀架停止转动，电动机继续反转，使其在该位置落下，通过螺母丝杠机构使上齿盘与下齿盘重新啮合，实现精确定位。

4. 刀架压紧

刀架精确定位后，电动机继续反转（反转时间由系统 PLC 控制），夹紧刀架，当两齿盘增加到一定夹紧力时，电动机由数控装置停止反转，从而完成一次换刀过程。

二、卧式回转刀架

卧式回转刀架通常用于斜床身的卧式数控车床，如图 9—27 所示，刀架通常装在主轴的后方，故又称后置刀架。此刀架换刀速度快，定位准确，直接转动刀架驱动电动机即可进行换刀，应用非常广泛。

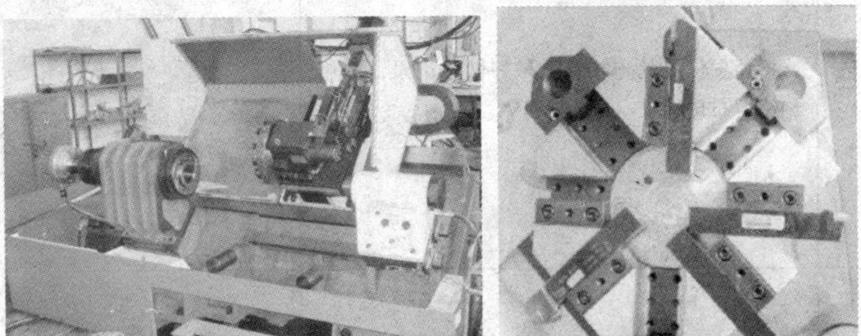

图 9—27　卧式后置回转刀架

任务实施

本任务以立式四工位回转刀架为例，熟悉刀架各部件的名称和作用，并练习刀架的拆装与维护保养。

一、准备相关工具与材料

工具：六角扳手、铜棒、锤子、大小旋具、M6 螺钉、增力钢管、钳子、钢盆、毛刷等，如图 9—28 所示。

材料：润滑脂、煤油、绝缘胶布、棉布等。

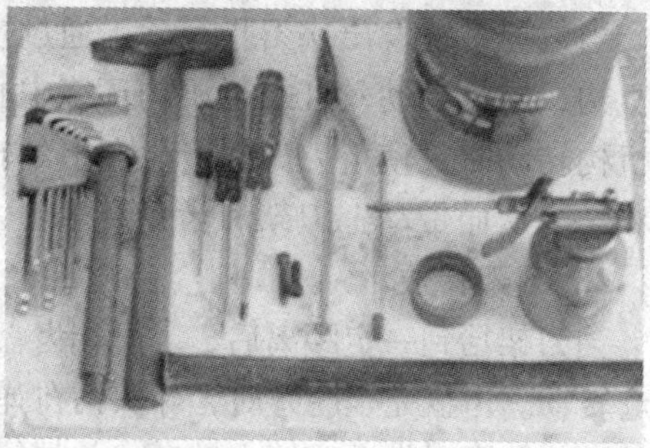

图 9—28　相关工具与材料

二、刀架的拆卸

刀架的拆卸应按照一定的顺序进行，否则有可能引起零部件的损坏或失效。为安全起见，刀架拆卸时应在机床断电情况下进行。

拆卸步骤见表 9—8。

表 9—8　　回转刀架的拆卸步骤

步骤	内容	图示
（1）拆上防护盖	上防护盖有保护刀架内部结构和提示刀号的作用，用十字旋具拧下 4 颗固定螺钉即可	
（2）拆发信盘连接线	拆掉发信盘的连接线，最好做好记录，并用绝缘胶布包起来	
（3）拆发信盘锁紧螺母	把工具放在螺母拆卸辅助孔上，轻轻旋出锁紧螺母，然后便可拆出发信盘	

续表

步骤	内容	图示
（4）拆磁钢	磁钢是一块永久磁铁，用螺钉固定在一个塑料圈上，塑料圈底部装有橡胶密封圈，拆卸时注意防护。用旋具把塑料圈固定螺钉拆卸下来即可	
（5）拆转位盘锁紧部件	转位盘锁紧部件包括锁紧螺钉、止动螺母、轴承固定盘、键、端面轴承，按顺序依次拆出即可	
（6）拆转位盘	转位盘锁紧部件拆完后即可看到转位盘，转位盘上除两个插销孔外，还有两个工艺孔，把两颗螺钉旋进去即可方便拆出转位盘	
（7）拆刀架体	由于刀架一般处于锁紧状态，拆卸时应先手工拧松刀架，然后才可旋出整个刀架体 刀架左侧端面与电动机轴轴线延伸方向相交部位有一手动转刀螺钉，用六角扳手即可进行手动转刀操作。用一字旋具拆开侧盖螺钉，把六角扳手伸至转刀螺钉，然后按顺时针方向转动扳手，可进行手动松刀（抬刀）	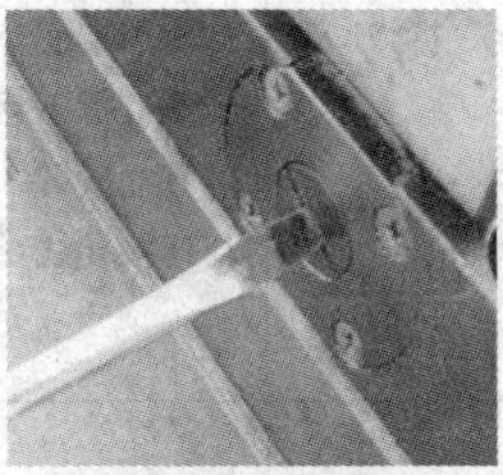 

续表

步骤	内容	图示
（8）旋出刀架体	刀架体拆松到一定程度之后，刀架端齿盘便会脱开，此时用双手按逆时针方向转动刀架体即可旋出刀架体。刀架体拆除时应注意以下事项： 1．刀架体质量较大，在旋转刀架体至丝杠顶端时应用双手承载刀架体的质量，以避免损伤丝杠副末端螺纹 2．拆刀架体时应避免销孔内细小部件的遗失，刀架体销孔内含有球头销、弹簧和粗定位销各两件，刀架体拆出后立即取出集中放置 3．刀架体拆出后应颠倒或侧立放置，以免损坏底部定位端齿盘	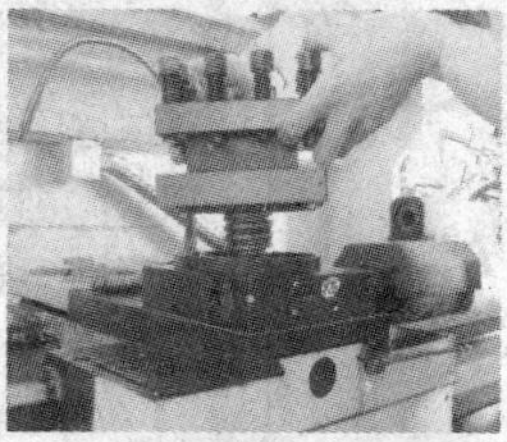 
（9）拆粗定位盘	刀架体旋出后，用合适规格的六角扳手拧下粗定位盘上的锁紧螺钉	
（10）拆刀架底座	刀架底座由4颗螺钉固定，拆卸力矩比较大，当用六角扳手扭不动时可加一增力钢管辅助拆卸。刀架底座右侧连接有信号线和电源线，固定螺钉拆下后，为拆下刀架轴，把刀架底座原位直立放置，但是移动幅度不可太大，以免损坏连接导线	
（11）拆刀架轴和蜗轮－丝杠	刀架轴中空设计，内通发信盘连接导线，拆刀架轴时应先将内部导线拉出一部分或全部，再用旋具拆下刀架轴固定螺钉，此时即可取出刀架轴	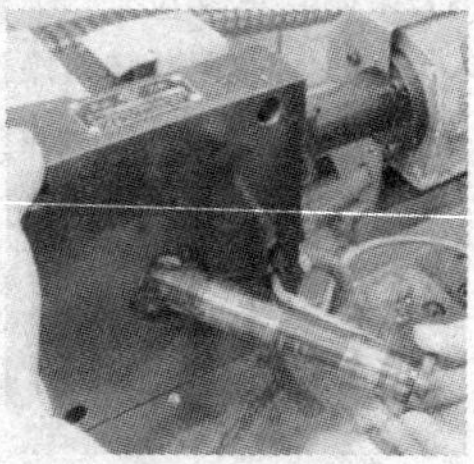

续表

步骤	内容	图示
（12）拆分丝杠－蜗轮	刀架轴取出后，即可取出蜗轮－丝杠和端面轴承。丝杠与蜗轮通过紧键连接，必须用敲打的方法分离丝杠－蜗轮。敲打时用手托住蜗轮，然后敲击中心的丝杠	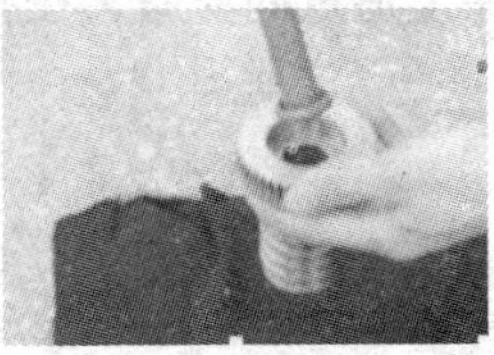

提示

在刀架的拆卸过程中，应将各零部件集中放置，特别注意细小零件的存放，避免遗失。

三、刀架的保养

刀架是数控车床的执行部件，换刀动作频繁，良好的保养工作对刀架的使用寿命和加工精度有直接的影响。刀架的机械结构比较复杂，为保证刀架的使用性能，应定期对刀架进行保养。保养工作的内容主要是清洗、防锈和润滑。

1. 清洗

刀架零部件的清洗如图9—29所示，清洗时，用煤油或柴油把刀架零部件上的油污洗去，然后用棉布擦干或风干。当油污比较多时，先用布把油污擦去然后再进行清洗。

图9—29　刀架零部件的清洗

2. 润滑和防锈

油脂具有润滑和防锈的作用，把各零部件清洗干净后，要在刀架上各相对运动部位、啮合部位涂上适量润滑脂，在各安装面等易生锈表面涂上防锈油，如图 9—30 所示。

图 9—30　零部件的润滑和防锈

四、刀架的安装

刀架的安装基本上是拆卸的逆过程，按正确的安装顺序把刀架装好即可。在操作时要注意保持双手的清洁，并注意零部件的防护，避免铁屑、杂物带进刀架，并防止在安装时敲坏零部件。